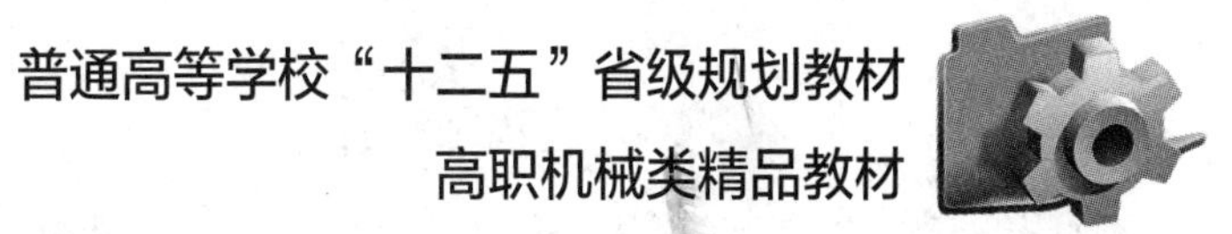

普通高等学校“十二五”省级规划教材

高职机械类精品教材

工程材料及成形技术基础

GONGCHENG CAILIAO JI CHENGXING JISHU JICHU

修订版

主　编　亓四华

副主编　王小平　安　荣

参编人员　张　焱　张新建

　　　　　张书权　顾　伟

中国科学技术大学出版社

内 容 简 介

本教材体现了应用型教育的特点，强调对学生应用能力和实践能力的培养，在对传统的“工程材料及成形技术基础”课程体系进行改造、重组、充实的过程中，根据工程材料成形技术与现代机械制造技术的发展实际，建立现代应用型教育大材料课程体系的全新概念。

全书共 11 章，其中第 1～2 章讲述工程材料的性能、材料的组成和内部结构特征；第 3～4 章讲述金属材料相图的建立和热处理技术；第 5～7 章讲述黑色金属和有色金属材料、非金属材料及新型材料；第 8 章讲述材料的选择及质量控制；第 9～11 章讲述铸造、锻压、焊接成形技术。在每章后都有可供选择的思考题。

本书可作为高职高专院校机械类、数控类、模具类、机电类及近机类各专业的通用教材，也可供应用型本科、职工大学、函授大学、电视大学、业余大学、高级职业学校选用，还可供有关工程技术人员参考。

图书在版编目(CIP)数据

工程材料及成形技术基础/亓四华主编. —2 版. —合肥：中国科学技术大学出版社，2014.8 (2019.8 修订重印)

安徽省高等学校“十二五”省级规划教材

ISBN 978-7-312-03483-1

Ⅰ.工… Ⅱ.亓… Ⅲ.工程材料—成形—高等学校—教材 Ⅳ.TB3

中国版本图书馆 CIP 数据核字(2014)第 146840 号

出版 中国科学技术大学出版社
安徽省合肥市金寨路 96 号
http://press.ustc.edu.cn
https://zgkxjsdxcbs.tmall.com

印刷 安徽省瑞隆印务有限公司

发行 中国科学技术大学出版社

经销 全国新华书店

开本 787 mm×1092 mm 1/16

印张 17

字数 435 千

版次 2008 年 9 月第 1 版 2014 年 8 月第 2 版 2019 年 8 月修订

印次 2019 年 8 月第 6 次印刷

定价 35.00 元

前　言

“工程材料及成形技术基础”是高等工科职业技术院校机械类专业必修的一门重要的技术基础课程。该课程主要介绍工程材料及成形技术的基础理论和相关工艺知识，是学生了解和认知机械制造的基础平台。

本书在编写过程中，力求体现职业技术教育特色，注重职业岗位的需求，贯彻“必需、够用”的原则，内容上力求少而精，注重理论与实际的结合。以突出机械产品制造对工程材料的选择和材料成形技术的特殊需求为特色，以材料的成分-工艺-组织-性能-应用为主线，以典型产品的材料选择和成形工艺为重点。

本书系统地阐述了工程材料及成形技术的基本原理、基本知识和工程应用的内容。主要内容包括：工程材料及成形技术在制造业中的地位与作用，工程材料及成形技术的发展，工程材料的力学性能，材料科学的基础知识，热处理原理及各种热处理工艺方法，热处理在机械零件生产过程中的作用。工程材料的分类及编号，各种工程材料成分、组织、性能特点及用途，工程材料的成形方法（包括铸造成形、压力加工成形和焊接成形）等。

为了保持教材的先进性，书中引入了较多的新材料与新技术等知识，并采用最新国家标准。为便于学生复习，提高学习成效，全书每章均附有习题。

本书自 2008 年第一版出版以来，受到广大师生和读者的欢迎和支持，多次重印，并于 2014 年 5 月获得安徽省“十二五”省级规划教材。

为了适应近年来工程材料的发展和教学改革的需要，并吸取广大读者使用后的意见和建议，决定对本书第一版进行部分修订，基本保持原有的课程体系，为了满足非机械类专业的教学需要，增加了一些内容，特别是第七章非金属材料这一章，增加了一些新材料的介绍。把第一版的第五章常用工程金属材料分解为两章（第五章钢铁材料和第六章有色金属及其合金），以使章节更加精简。

本书共分十一章，由安徽职业技术学院亓四华担任主编，参加本书编写的有：亓四华（前言、绪论、第八章、第九章）、安徽职业技术学院安荣（第一章、第二章）、安徽机电职业技术学院张书权（第三章）、安徽机电职业技术学院顾伟（第四章）、安徽职业技术学院张焱（第五章、第六章、第七章）、安徽机电职业技术学院张新建（第十章）、安徽机电职业技术学院王小平（第十一章），全书由亓四华统稿。

本书在编写过程中参阅并引用了国内有关教材、手册及相关文献，在此谨向原作者表示诚挚的感谢！

各位读者可登陆中国科学技术大学出版社网站下载本书配套的教学 PPT。

本书涉及的专业面较广，由于编者水平有限，编写时间仓促，书中的缺点和错误在所难免，恳请广大读者批评指正。谢谢！

编　者

目　　录

绪　论

一、工程材料及成形技术在制造业中的地位与作用

制造业是工业时代国民经济增长的源泉，综观发达国家经济的高速发展进程中，制造业均起着关键的作用。目前制造业在各国国民经济中仍然占有十分重要的地位，特别是制造技术的高低成为一个国家核心竞争力的标志之一，而制造技术的提高离不开工程材料的发展和材料成形技术的进步。

众所周知，材料是人们生活和生产赖以进行的物质基础，而任何材料在被人们制造成有用物品(无论是生活用品或是生产工具等)的过程中，都要经过成形加工处理。任何设备或机器，无论是飞机、船舶、火车、大型发电机组、各种流水生产线等大型工具和装备，还是微电子产品、仪器、仪表等细微的零件产品；无论是工业、农业、能源、化工、建筑、军工等领域的工艺装备，还是到各种民用家用电器，都是由许多零件组装而成。这些零件无一例外的都是由具备一定使用性能和工艺性能的工程材料经过若干工序加工成形的。

机械制造过程一般是先根据零件的服役条件，选择满足使用性能和工艺性能要求的工程材料，然后经过铸造、锻压或焊接等成形工艺方法将材料制作成零件的毛坯(或半成品)，再经切削加工制成形状、尺寸和表面粗糙度符合设计要求的零件，在此过程中根据需要还要适时地进行热处理，以改进毛坯或零件的工艺性能和使用性能，最后把质量合格的各种零部件装配成机器，其过程如图 0－1 所示。

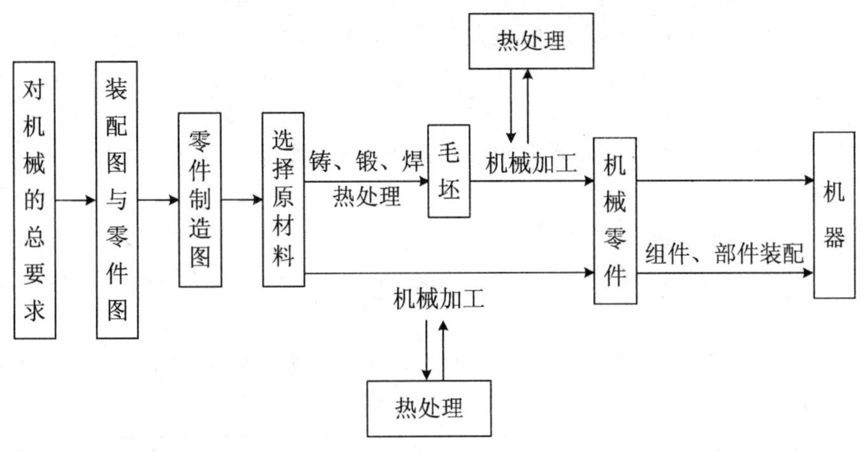

图 0－1　机械制造的一般过程

由上可知，机械零件的生产制造过程是把设计者的思想转变为实际产品的过程，因此必须着重考虑以下两方面的问题：首先必须考虑选择何种工程材料来制造，通常由设计者根据零件的工作条件、工作环境、价格等因素作出选择；其次考虑选择何种方法来加工成形，目的

是以较高的效率、较低的成本获得符合设计要求的毛坯或零件。工程材料的选择是进行毛坯或零件生产的前提，而合理的加工成形工艺是获得最终的毛坯或零件产品的必经阶段，两者是相互联系、密不可分的。而且材料的选择是否得当、成形方法是否合理直接决定了技术上是否可行、质量上是否可靠、成本是否低廉、用户是否满意。

如今，由各种工程材料制造的大量机械零件和工程结构件被用在机械、能源、化工、建筑、船舶、车辆、仪器仪表、航空航天等工程领域中，这些工程材料是制造业发展的重要物质基础。因为在各种装备研制过程中，材料本身的性质是装备中各种机械零件和工程结构件使用性能达到其设计要求的基本保证，而且越是先进的装备对材料的性能要求越高。据估算，燃气涡轮发动机效率与性能的提高大约有50%来自材料的改进；飞机性能的提高，材料的贡献所占比例达70%左右；汽车每减重100kg，每升油就多行驶0.5km。也正是由于材料在各种装备研究制造过程中的基础和支撑作用，各国在制定国家与产业发展计划时，都将新材料开发与技术应用作为优先发展的关键技术。

材料成形技术是一门研究将材料如何加工成毛坯或零件，并研究如何保证和提高零件的安全可靠度和寿命的技术科学。传统上的材料成形技术有液态成形（铸造）、塑性成形（锻造）、连接成形（焊接）等方法，随着非金属材料和复合材料的广泛应用，非金属材料的成形等工艺技术也获得了快速发展。在大部分的材料成形过程中，材料除了发生几何尺寸的变化外，还会发生成分、组织结构及性能的变化。因此，材料成形技术的任务不仅要研究如何使机器零件获得必要的几何尺寸，更重要的是通过一定的技术措施使加工的零件获得需要的成分、组织结构及性能，从而保证机器零件安全可靠度和寿命。因此，材料成形技术包括获得零件形状和尺寸的工艺过程，如铸、锻、焊等，也包括保证成分、组织结构及性能的热处理工艺。

材料科学及材料成形技术在国民经济各个部门和行业都有着广泛的应用，尤其对于制造业来说更是具有举足轻重的作用。制造业是指所有生产和装配制成品的企业群体的总称，包括机械制造、运输工具制造、电气设备、仪器仪表、食品工业、服装、家具、化工、建材、冶金等，它在整个国民经济中占有很大的比重。统计资料显示，近年来我国制造业占国民生产总值GDP的比例已超过35%，因此，制造技术的高低是一个国家综合经济实力的象征。在高科技时代，国民经济的发展越来越依靠先进的制造技术，材料科学及材料成形技术是制造技术的重要组成部分，在国民经济中占有十分重要的地位，并且在一定程度上代表着一个国家的工业和科技发展水平。

据统计，占全世界总产量将近一半的钢材是通过焊接制成件或产品后投入使用的；在机床和通用机械中铸件质量占70%～80%；农业机械中铸件质量占40%～70%；汽车中铸件质量约占20%，锻件质量约占70%；飞机上的锻件质量约占85%；发电设备中主要零件如主轴、叶轮、转子等均为锻件制成；家用电器和通信产品中60%～80%的零部件是冲压件和塑料成形件。再从我们熟悉的交通工具——轿车的构成来看，发动机中的缸体、缸盖、活塞等一般都是铸造而成；连杆、传动轴、车轮轴等是锻造而成；车身、车门、车架、油箱等是经冲压和焊接制成；车内装饰件、仪表盘、车灯罩、保险杠等是塑料成形制件；轮胎等是橡胶成形制品。因此，可以毫不夸张地说，没有先进的工程材料及材料成形技术，就没有现代制造业。

二、工程材料及成形技术的发展

(一) 工程材料的发展及应用

工程材料就是人类用来制作各种产品的物质,是先于人类产生的,为人类生产和生活的物质基础。人类社会的发展史表明,生产中使用的材料的性质直接反映了人类社会的文明水平,材料的更新与发展促进了人类社会的进步,其中先进材料是工业革命的先导,是一个国家综合国力的重要标志。一种新材料的出现和应用,孕育着一项或多项技术的诞生,甚至导致若干领域的技术革命,从而大大加速了社会的发展进程,并给社会生产和人们的生活带来巨大的变化。所以,历史学家根据制造生产工具的材料,将人类生活的时代划分为石器时代、青铜器时代、铁器时代。当今,人类正跨进人工合成材料的新时代。

大约二三百万年前人类最先使用的工具是石头,由古猿到原始人的漫长进化过程中,石器一直是人类使用的主要的工具之一。当时,制造石器的原料大都为燧石和石英石,因为这些石头坚硬,能纵裂成薄片,崩解为锋刃,容易加工,而且资源丰富。约五十万年前人类学会了用火,在六七千年以前的原始社会末期,我们的祖先开始用火烧制陶器。新石器时代的仰韶文化和龙山文化时期,制陶技术已经发展到能在氧化性窑中 950℃温度下烧制红陶;在还原性炉气中 1050℃温度下烧制薄胎黑陶与白陶。三千多年前的殷、周时期发明了釉陶,炉窑温度提高到 1200℃。到东汉出现了瓷器,并于 9 世纪传至非洲东部和阿拉伯世界,13 世纪传到日本,15 世纪传至欧洲。瓷器成为中国文化的象征,对世界文明产生了很大的影响。

而制陶技术的发展又为炼铜准备了必要的条件。我国青铜的冶炼在夏(公元前 2140～前 1711 年)以前就开始了,虽然晚于古埃及和西亚,但发展较快,到殷、西周时期已发展到较高的水平,普遍用于制造各种工具、食器、兵器。从河南安阳晚商遗址出土的司母戊鼎重达 875kg,是迄今世界上最古老的大型青铜器。从湖北江陵楚墓中发掘出的两把越王勾践的宝剑,长 55.6cm,至今仍锋利异常,是我国古青铜器的杰作。从湖北隋县出土的战国青铜编钟是我国古代文化艺术高度发达的见证。春秋战国时期《周礼·考工记》中关于青铜"六齐"的科学论述,反映我们的祖先已经认识了青铜的性能与成分之间的关系。他们在青铜材料的冶炼和应用方面达到了当时世界的高峰,创造了灿烂的青铜文化。

由青铜器过渡到铁器是生产工具的重大发展。我国从春秋战国时期(公元前 770～前 221 年)开始大量使用铁器。从兴隆战国铁器遗址中发掘出了浇铸农具用的铁模,说明冶铸技术已由泥砂造型水平进入铁模铸造的高级阶段。到了西汉时期,炼铁技术又有了很大的提高,采用煤作炼铁的燃料,要比欧洲早一千七百多年。在河南巩县汉代冶铁遗址中,发掘出 20 多座冶铁炉和锻炉,炉型庞大,结构复杂,并有鼓风装置和铸造坑,可见当年生产规模之壮观。我国古代创造了三种炼钢方法:第一种是从矿石中直接炼出自然钢,用这种钢作的剑在东方各国享有盛誉,东汉时传入了欧洲;第二种是西汉时期的经过"百次"冶炼锻打的百炼钢;第三种是南北朝时期生产的灌钢。先炼铁后炼钢的两步炼钢技术,我国要比其它国家早一千六百多年。从西汉到明朝的一千五六百年间,我国钢铁生产技术远远超过了世界各国。相应地,其它金属材料的工艺技术也都有高度的发展,留下了大量的珍贵文物和历史文献。

在材料领域中还应该提到的是丝绸。丝绸是一种天然高分子材料,它在我国有着悠久的历史,于 11 世纪传到波斯、阿拉伯、埃及,并于 1470 年传到意大利的威尼斯,进入欧洲。

历史充分说明,我们勤劳智慧的祖先,在材料的创造和使用上有过辉煌的成就,为人类文明做出了巨大的贡献。

铁器在公元一千多年以前的亚洲大地上出现以后,逐渐在文明古国的巴比伦、埃及和希腊也得到了广泛的应用。经过许多世纪的发展,西欧和俄国后来居上,创造了不少冶炼技艺,使以钢铁为代表的材料生产和应用跨进一个新的阶段。但是,由于材料的问题太复杂,直到17世纪的科学革命和18、19世纪的工业革命时期,人们对材料的认识仍是非理性的,还主要停留在工匠、艺人的经验技术水平上。

18世纪以后,由于工业迅速发展,对材料特别是钢铁的需求急剧增长。因此,为适应这一需要,在化学、物理、材料力学等学科的基础上,产生了一门新的科学——金属学。它明确地提出了金属的外在性能决定于内部结构的概念,并以研究它们之间的关系为自己的主要任务。一百多年来,由于显微镜、X射线技术、电子显微镜等新仪器和新技术的相继涌现和发展,金属学得到了长足的进步。

进入20世纪以来,随着现代科学技术和生产的飞跃发展,材料、能源与信息作为现代技术的三大支柱发展格外迅猛。在材料领域中非金属的发展尤其神速,而以人工合成高分子材料的发展最快。从60年代到70年代,有机合成材料以每年14%的速度增长,而金属材料的年增长仅4%。到70年代中期,全世界的有机合成材料和钢的产量的体积已经相等,作为结构材料代替钢铁。目前,正在研究和发展具有良好导电性能和耐高温的有机合成材料。另外,陶瓷材料除了具有一些特殊的性能(例如可作光导纤维、激光晶体等)外,它的脆性和抗热震性能正在逐步获得改善,可望作为高温结构材料使用,所以工程结构已不再只使用金属材料了。近二十多年来,金属与非金属相互渗透,并且相互结合,组成了一个完整的材料体系,材料科学也就在金属学、高分子科学和陶瓷学等的基础上很快地发展起来了,其任务也是揭示材料的成分、结构和性能之间的关系,但研究对象却是一切固体材料。

18、19世纪钢铁材料的大规模使用,促进了机械制造业的飞速发展。进入20世纪以后,半导体材料的工业化生产及光纤技术的进步,使人类进入了信息时代。

(二) 材料成形技术的发展及作用

材料成形工艺是伴随着人类使用材料的历史而发展起来的。在人类使用材料之初,通过将天然材料石头、陶土打制成石器和烧制成陶器,就诞生了最原始的材料成形工艺。随着人们对金属材料(青铜、钢铁等)的使用,相应地产生了铸造、锻造、焊接等金属成形加工技术。

铸造技术在我国源远流长,并有很高的水平,形成了闻名于世的以泥范(砂型)、铁范(金属型)和石蜡铸造为代表的中国古代三大铸造技术。据考证,早在3000年前的商周,我国已发明了古代石蜡铸造法;战国中期,出现了金属型铸造;隋唐以后,我国已掌握了大型铸件的生产技术。我国河北沧州的五代铁狮、湖北当阳的北宋铁塔等,都是世界著名的巨型铸件;北京故宫、颐和园内精美的铜狮、铜鹤、铜龟和铜亭构件等,则是我国明清时期石蜡铸造的代表作。

我国的锻造技术和焊接技术也有着悠久的历史。在河北藁城出土的商朝铁刃铜钺是我国发现的最早的锻件,它表明我国在3000年前就有了锻造和锻焊技术。到了战国时期,锻造工艺已普遍应用于刀剑和一些日常用具的制作中。

在河南辉县战国墓中发掘出的殉葬铜器,其耳和足是用钎焊方法与本体连接的。我国还是最早使用粘接技术的国家,在陕西临潼秦始皇陪葬坑发现的铜车马中,金银饰件的固定用的是一种无机粘接剂。

我国明朝科学家宋应星所著《天工开物》一书中，记载了冶铁、炼铜、铸钟、锻铁、焊接、淬火等多种金属成形和改性方法及生产经验，是世界上有关金属加工工艺最早的科学著作之一。

我国古代在材料加工工艺方面的科技水平曾在世界上长期居于领先地位，但在封建社会的后期，社会和技术发展出现了停滞。

18世纪和19世纪，以蒸汽机的发明和电气技术的应用为代表的第一次和第二次工业革命，极大地改进了材料成形生产的能源结构，有力地推动了材料成形技术的发展。蒸汽空气锤、水压机、模锻压力机、高速冲床等工艺装备的问世，使金属锻压工艺彻底改变了传统的"手工打铁"的落后方式，进入到机械化现代化生产的行列。1885年发现了气体放电电弧作为电弧焊接的热源，1886年发明了电阻焊，从此电焊便成为现代焊接技术的主流。

20世纪中期以后，随着计算机、微电子、信息和自动化技术的迅速融入，在涌现出一大批新型的成形技术的同时，材料成形加工生产已开始向着优质化、精密化、绿色化和柔性化的方向发展。另外，随着塑料和先进陶瓷材料的出现，非金属材料的成形工艺得到了迅速发展。在跨入21世纪后的今天，已进入了各种人工设计、人工合成的新型材料层出不穷的新时代，各种与之相适应的先进的成形工艺也在不断涌现并大显身手。

自新中国成立后，我国的材料成形技术重新走上了振兴之路，特别是改革开放以来，更是取得了巨大的成就，为促进国民经济发展和改善人民的物质文化生活发挥了积极的作用，

一大批以材料成形技术为重要支撑的行业和企业已经成长壮大。

自从20世纪50年代中期第一辆自行生产的解放牌汽车诞生以来，我国逐步建成了较完备的汽车工业生产体系，并已成为世界第四大汽车生产国；我国自力更生发展起来的航空制造业已初具规模，可以生产较先进的各种用途的军用飞机和中型民用飞机，大型飞机也已开始制造；我国的船舶制造业跻身于世界前列，已能够建造15万吨级的超大型船只。我国是世界上少数的几个拥有运载火箭、人造卫星和载人飞船发射实力的国家。这些航天飞行器的建造都离不开先进的成形工艺，其中，火箭和飞船的壳体都是采用了高强轻质的材料，通过先进的特种焊接和粘接技术制造的。

重型机械的制造能力是反映一个国家的成形技术水平的重要标志，我国已成功地生产出了世界上最大的轧钢机机架铸钢件（质量为410t）和长江三峡电站巨型水轮机的特大型铸件，锻造了196t汽轮机转子，采用铸焊组合方法制造了12000t水压机的立柱（高18m）、底座和横梁等大型零部件。

坐落在香港大屿山和无锡太湖边的天坛大佛和灵山大佛塑像，分别高26.4m和88m，均是采用青铜分块铸造后拼焊装配而成。这两座巨型佛像一坐一立，体态雄健庄重，充分体现了成形工艺与人文艺术的完美结合，对于弘扬我国的传统文化和促进当地的旅游业起到了很大的作用。

进入21世纪以后，随着我国改革开放步伐和世界经济一体化进程的加快，我国已越来越成为全球制造业的中心之一。通过技术引进和技术创新，使我国的材料成形的技术水平达到了新的高度。我国制造业生产的产品在质量、品种和产量上都比过去有了大幅度的提高，其中一些重要的产品如彩电、手机、洗衣机等产量已居世界第一，不仅极大地丰富和满足了国内市场的需求，而且以强大的竞争力不断扩展其在国际市场上的占有率，成为中国经济充满活力、蒸蒸日上的具体体现。

当然，也要清醒地看到我国与发达国家相比在材料成形技术水平上还存在差距，尤其是

在技术创新能力和企业核心竞争力方面的差距还很大，要赶超世界先进水平还需要做出不懈的努力。

三、本课程的特点、主要内容及教学要求

作为高等职业院校机械类和近机类专业学生的一门重要的技术基础课，本课程是从工程材料的应用角度出发，阐明工程材料的基本理论及其成分、组织结构、性能与加工工艺之间的关系，来介绍常用工程材料与成形工艺及应用等基本知识。本课程的一个特点是涵盖的知识面广，融入了材料科学、机械、电子、信息、管理学等多学科的最新知识，体现了多学科的交叉与渗透；另一个特点是有着丰富的工程应用背景。因此在学习中要十分重视对工程素质的培养，要了解工艺问题的综合性和灵活性，学会全面地辩证地看问题的方法。

本课程的主要内容包括以下几个方面：工程材料的主要性能；金属材料的成分、工艺、组织结构、性能、应用及它们之间的关系；金属材料的热处理；常用金属材料及应用；非金属材料及复合材料的组成特点及应用；液态成形、塑性成形、焊接成形工艺的基本理论、基本方法、工艺设计和结构设计；工程材料及成形方法的选择及典型零件加工工艺路线的制定等。

通过本课程的学习，应达到以下基本要求：

(1) 掌握常用金属材料的成分、工艺、组织、性能、应用及它们之间的关系。

(2) 初步具有选用常用金属材料和常规热处理工艺的能力，并初步具备合理安排工艺路线的能力。

(3) 掌握各种成形方法的基本原理、工艺特点和应用场合，具有选择毛坯(或零件)成形方法的初步能力。

(4) 了解与材料成形技术有关的新材料、新技术、新工艺及其发展趋势。

本课程是一门体系较为庞杂、知识点多而分散的课程，因此在学习中要注意抓好课程的两条主线。对于工程材料要抓住成分、工艺、组织、性能、使用场合五个因素之间的关系主线；一定成分的工程材料其成形工艺(含热处理工艺)决定了该种材料的组织结构，不同的组织结构决定了该种材料的性能，材料的性能包括使用性能和工艺性能两方面。使用性能是材料在使用条件下表现出的性能，具体如力学(或机械)性能、物理性能和化学性能等；工艺性能则是材料在加工过程中表现出的性能，如切削加工性能、铸造性能、压力加工性能、焊接性能、热处理性能等。材料具有什么样的使用性能和工艺性能就决定了其使用场合。因此，抓住了这条学习主线，就抓住了工程材料的核心和本质。对于材料成形技术(热加工)要围绕着“成形原理—成形方法及应用—成形工艺设计—成形件的结构工艺性”这样一条主线而展开，这也是学习材料成形技术(热加工)的主要内容和目的要求。按照主线对知识点进行归纳整理，将有利于在学习中保持清晰的思路，有利于对本课程内容的总体把握。在抓好主线的同时，还要注意比较不同工程材料的特点和不同成形工艺的特点，建立相关知识点之间的联系，这将有利于在学习中保持开阔的思路，有利于所学的知识融会贯通，在分析和解决问题的时候，就能够做到触类旁通，举一反三。

第一章　工程材料的主要性能

工程材料中金属材料是制造机器零件最主要的材料。这是因为它既具有满足机器零件使用要求的机械、物理和化学性能，又具有制造时所需的工艺性能。

工程材料的性能包括使用性能和工艺性能两方面。使用性能是保证工件的正常工作应具备的性能，即在使用条件下所表现出来的性能，它包括力学性能、物理性能(如密度、熔点、导热性、导电性、热膨胀性、磁性等)、化学性能(如耐腐蚀性、抗氧化性等)等。工艺性能是材料在被加工过程中适应各种冷热加工的性能，主要包括热处理性能、铸造性能、锻压性能、焊接性能、切削加工性能等。

机械制造工业中所用的金属材料以合金为主，很少使用纯金属。

设计机器零件时，要根据零件的使用要求，考虑材料的主要性能和经济性，合理地选用材料。本章重点介绍金属材料的力学性能，其它性能将在后续相关章节中详细介绍。

金属材料的力学性能是指在外力的作用下，材料所显示的抵抗能力。力学性能不仅是产品设计、选材、验收、鉴定的依据，还是对产品加工过程实行质量控制的重要参数。材料的用处不同，对力学性能的要求也不同。金属的力学性能包括强度、塑性、硬度、冲击韧性及疲劳强度等。

第一节　强　　度

材料在力的作用下抵抗永久变形和断裂的能力称为强度。载荷是指金属材料在加工及使用过程中所受的外力，也称为负荷。根据载荷作用性质的不同，对金属材料的力学性能要求也不同。载荷按其作用性质不同可分为以下三种：

(1) 静载荷　是指大小不变或变化过程缓慢的载荷。

(2) 冲击载荷　在短时间内以较高速度作用于零件上的载荷。

(3) 交变载荷　是指大小、方向或大小和方向随时间作周期性变化的载荷。

根据载荷作用方式不同，强度可分为抗拉强度、抗压强度、抗弯强度、抗剪强度和抗扭强度等五种。一般情况下多以抗拉强度作为判别金属强度高低的指标。

抗拉强度是通过拉伸试验测定的，通常在拉伸试验机上进行。本书介绍按GB/T228—1987《金属材料拉伸试验》测定材料在拉力作用下的强度。拉伸试验的方法是采用标准拉伸试样，在拉伸试验机上缓慢施加静拉力，同时连续测量力和相应的试样伸长量，直至试样断裂，根据测得的数据，即可得出有关的力学性能。

拉伸试样的形状一般有圆形和矩形两类。常用的圆形拉伸试样如图1-1所示。

试样的原始直径 d_0 与原始标距长度 l_0 之间满足一定的关系(长试样 $l_0=10d_0$ 和短试样 $l_0=5d_0$ 两种)。在拉伸实验中，随着拉伸力 F 的增加，试样不断伸长，截面缩小，拉断后

试样标距长度为 l_1，断口直径为 d_1。

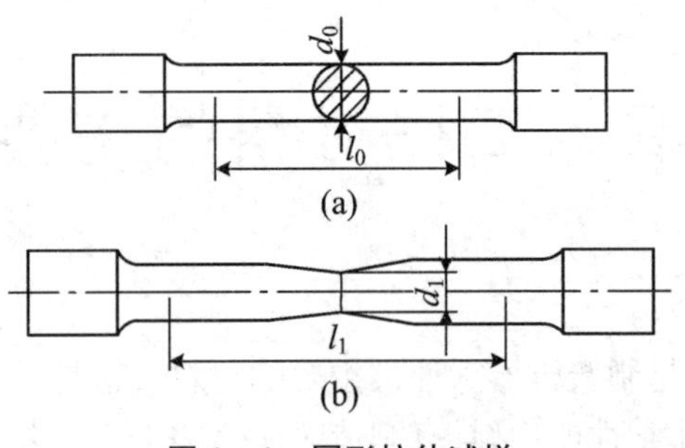

图 1-1　圆形拉伸试样

(a) 拉伸前　　(b) 拉断后

拉伸试验机可自动将拉伸力 F 与试样伸长量 Δl 的对应关系绘制成 $F-\Delta l$ 曲线，即拉伸力-伸长量曲线图。图 1-2 所示为低碳钢的拉伸力-伸长量曲线图，图中纵坐标表示力 F，单位为 N；横坐标表示伸长量 Δl，单位为 mm。当拉力逐渐增加时，试样经历了弹性变形、塑性变形和断裂三个阶段。

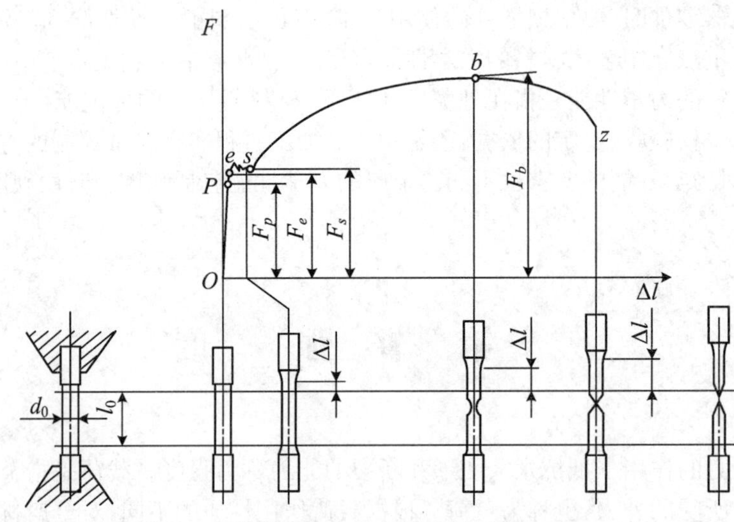

图 1-2　低碳钢的拉伸力-伸长量曲线

图中明显地表现出下面几个变形阶段：

(1) *oe*——弹性变形阶段　当给材料施加载荷后，试样产生伸长变形。此阶段试样的伸长量与拉伸力成正比，如果此时卸去载荷，试样可恢复原状。材料受外力作用时产生变形，外力去除后能恢复到原来形状的性能叫弹性。这种随外力的消失而消失的变形叫弹性变形。在 P 点以下，载荷和变形量成线性关系。当施加力超过比例伸长力 F_p 后，力和变形不成线性关系，直至最大弹性伸长力 F_e。F_e 为试样能恢复到原始形状和尺寸的最大拉伸力，一般来说 F_p 与 F_e 非常接近。

(2) *es*——屈服阶段　当载荷超过 F_e 后再卸载时，试样的伸长只能部分地恢复，而保留了一部分残余变形。外力消失后留下来的不能恢复的变形叫塑性变形。材料在外力作用下产生塑性变形而不致引起破坏的性能叫塑性。载荷增加到 F_s 时，拉伸力-伸长量曲线图上出现平台或锯齿状，这种在载荷不增加的情况下，试样还继续伸长的现象叫做材料的屈服。F_s 称为屈服载荷。屈服后，材料开始出现明显的塑性变形，材料完全丧失了抵抗变形的能力。在试样表面开始出现与轴线成约45°的滑移线。

(3) sb——强化阶段　在屈服阶段以后,欲使试样继续伸长,必须不断加载。随着塑性变形增大,试样变形抗力也在不成比例地逐渐增加,这种现象称为形变强化(或称加工硬化),此阶段试样的变形是均匀发生的。F_b 为试样拉伸试验时的最大载荷。

(4) bz——缩颈阶段(局部塑性变形阶段)　当载荷达到最大值 F_b 后,试样的直径发生局部收缩,称为“缩颈”。由于试样缩颈处横截面积的减小,试样变形所需的外力也随之降低,而变形继续增加,这时伸长量主要集中于缩颈部位,由于颈部附近试样面积急剧减小,致使载荷下降,当到达 z 点时试样发生断裂。

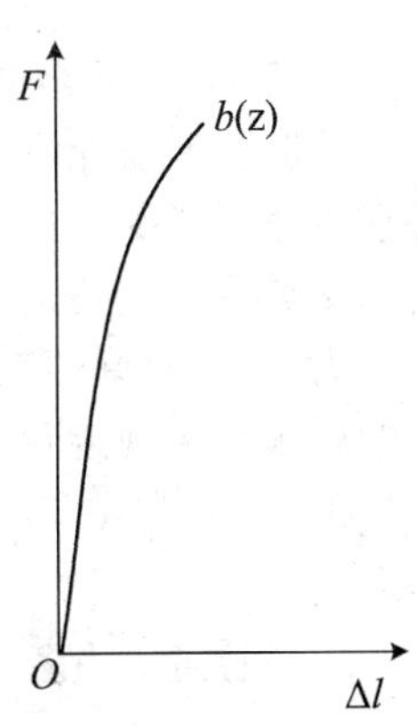

图 1-3　铸铁的拉伸力-伸长量曲线

工程上使用的金属材料种类繁多,力学性能不同,拉伸曲线各异。塑性材料(如低碳钢等)在断裂前有明显塑性变形,这种断裂称为韧性断裂;而脆性材料(如铸铁等)在断裂前无明显塑性变形,拉伸曲线上无屈服现象,而且也不产生“缩颈”,这种断裂称脆性断裂。图 1-3 为铸铁的拉伸力-伸长量曲线。

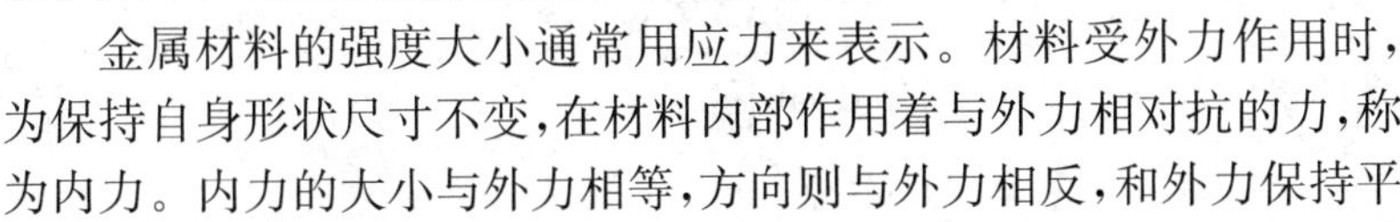

金属材料的强度大小通常用应力来表示。材料受外力作用时,为保持自身形状尺寸不变,在材料内部作用着与外力相对抗的力,称为内力。内力的大小与外力相等,方向则与外力相反,和外力保持平衡。单位面积上的内力称为应力。金属受拉伸载荷或压缩载荷作用时,其横截面积上的应力按下式计算:

$$\sigma = \frac{F}{S}$$

式中　σ——应力,Pa。$1\text{Pa}=1\text{N/m}^2$。当面积用 mm^2 时,则应力可用 MPa 为单位,$1\text{MPa}=1\text{N/mm}^2=10^6\text{Pa}$。

F——外力,N。

S——横截面积,m^2。

拉伸图与试样的尺寸有关。为了进行比较,通常用试样的原始截面积 S_0 去除拉力 F 得到的应力 σ($\sigma=\frac{F}{S_0}$)和用试样的长度 l_0 除其相应的变形量 Δl 得到的应变 ε($\varepsilon=\frac{\Delta l}{l_0}$)来代替 F 和 Δl,由此绘成的曲线叫应力-应变曲线,它和拉伸曲线具有相同的形式,只是坐标不同。它不受试样尺寸的影响,可以直接看出材料的一些力学性能。

通过拉伸试验测得的主要强度指标有屈服强度(屈服点)和抗拉强度。

一、屈服强度(σ_s)

试样在试验过程中拉伸力不增加(保持恒定)仍能继续伸长时的拉应力,表示材料开始产生明显塑性变形时的最低应力值。屈服点按如下公式计算:

$$\sigma_s = \frac{F_s}{S_0}\text{MPa}$$

式中　σ_s——屈服点,MPa;

F_s——试样屈服时的载荷,N。

工业上使用的多数金属材料,在拉伸试验过程中,没有明显的屈服现象。对于无明显屈服现象的金属材料,按国标 GB/T 10623—1989 规定可用规定残余伸长应力 $\sigma_{0.2}$ 表示。$\sigma_{0.2}$

表示试样卸除载荷后，其标距部分的残余伸长率达到0.2%时的应力，也称为条件屈服强度。计算公式如下：

$$\sigma_{0.2}=\frac{F_{0.2}}{S_0}\text{MPa}$$

式中 $\sigma_{0.2}$——规定残余伸长应力，MPa；

$F_{0.2}$——残余伸长率达0.2%时的载荷，N。

屈服强度 σ_s 和规定残余伸长应力 $\sigma_{0.2}$ 都是衡量金属材料塑性变形抗力的指标。机械零件在工作时如受力过大，则因过量的塑性变形而失效。当零件工作时所受的应力，低于材料的屈服点或规定残余伸长应力，则不会产生过量的塑性变形。材料的屈服点或规定残余伸长应力越高，允许的工作应力也越高，则零件的截面尺寸及自身质量就可以减小。因此，材料的屈服点或规定残余伸长应力是机械零件设计的主要依据，也是评定金属材料性能的重要指标。

二、抗拉强度(σ_b)

材料拉断前所能承受的最大拉应力。计算公式如下：

$$\sigma_b=\frac{F_b}{S_0}\text{MPa}$$

式中 σ_b——抗拉强度，MPa；

F_b——试样拉断前承受的最大载荷，N。

由拉伸图可见，对塑性材料来说，在 F_b 以前试样均匀变形，而在 F_b 以后变形将集中在颈部。零件在工作中所承受的应力，不允许超过抗拉强度，否则会产生断裂。σ_b 也是机械零件设计和选材的重要依据。

强度是材料的重要性能指标。一般零件使用时不允许发生塑性变形，即要求零件所受的应力小于屈服点，所以选材与设计的主要依据是屈服点 σ_s 或 $\sigma_{0.2}$。而抗拉强度 σ_b 代表材料抵抗大量均匀塑性变形的能力，也是材料抵抗拉断的能力，是评定材料性能的重要参考指标。

第二节 塑　　性

塑性是材料断裂前发生不可逆永久变形的能力。塑性指标也是由拉伸试验测得的，常用断后伸长率 δ 和断面收缩率 ψ 来评定材料塑性好坏。

一、断后伸长率

试样拉断后，标距的伸长与原始标距的百分比称为伸长率，用符号 δ 表示。其计算公式如下：

$$\delta=\frac{l_1-l_0}{l_0}\times 100\%$$

式中 δ——断后伸长率，%；

l_1——试样拉断后的标距，mm；
l_0——试样的原始标距，mm。

必须说明，同一材料的试样长短不同，测得的断后伸长率是不同的。长、短试样的断后伸长率分别用符号 δ_{10} 和 δ_5 表示，习惯上 δ_{10} 也常写成 δ。一般短试样的断后伸长率比长试样的断后伸长率大 20%左右，对于拉伸试验局部变形特别明显的材料，甚至可以大到 50%。

二、断面收缩率

断面收缩率是指试样拉断后，缩颈处横截面积的缩减量与原始横截面积的百分比，用符号 ψ 表示。其计算公式如下：

$$\psi = \frac{S_0 - S_1}{S_0} \times 100$$

式中　ψ——断面收缩率，%；
S_0——试样原始横截面积，mm^2；
S_1——试样拉断后缩颈处的最小横截面积，mm^2。

金属材料的断后伸长率 δ 和断面收缩率 ψ 数值越大，表示材料的塑性越好。材料的塑性是决定其能否进行塑性加工的必要条件，塑性好的金属可以发生大量塑性变形而不破坏，易于通过塑性变形加工成复杂形状的零件。例如，工业纯铁的 δ 可达 50%，ψ 可达 80%，可以拉制细丝，轧制薄板等。铸铁的 δ 几乎为零，所以不能进行塑性变形加工。塑性好的材料，在受力过大时，首先产生塑性变形而不致发生突然断裂，大大增加了安全可靠性。

第三节　硬　　度

材料的软硬是一个相对概念。金属材料抵抗局部变形，特别是塑性变形、压痕或划痕的能力叫硬度。硬度是各种零件和工具必须具备的性能指标。机械制造业所用的刀具、量具、模具等，都应具备足够的硬度，才能保证使用性能和寿命。有些机械零件如齿轮等，也要求有一定的硬度，以保证足够的耐磨性和使用寿命。因此硬度是金属材料重要的力学性能之一。

生产中常用压入法测硬度，即将一定几何形状的压头，在一定的压力作用下压入材料的表面，根据压入的程度来测量材料的硬度。压入法测量的硬度常用的有布氏硬度、洛氏硬度和维氏硬度。

一、布氏硬度(HB)

布氏硬度测量原理如图 1-4 所示。使用直径为 D 的球体(淬火钢球或硬质合金球)，以规定的试验力 F 压入试样表面，经规定保持时间后卸除试验力，然后测量表面压痕直径 d。

布氏硬度值是用球面压痕单位表面积上所承受的平均压力来表示。用符号 HBS(HBW)来表示。布氏硬度值按下式计算：

$$\text{HBS(HBW)} = \frac{F}{S} = 0.102\frac{2F}{\pi D(D - \sqrt{D^2 - d^2})}$$

式中 HBS——用淬火钢球压头测量的布氏硬度值，用于测量硬度值小于 450 的材料；

HBW——用硬质合金压头测量的布氏硬度值，用于测量硬度值为 450～650 的材料；

F——试验力，N；

S——球面压痕表面积，mm^2；

D——压头直径，mm；

d——压痕直径，mm。

从上式中可以看出，当试验力 F、压头球体直径 D 一定时，布氏硬度值仅与压痕直径 d 的大小有关。d 越小，布氏硬度值越大，也就是硬度越高。相反，d 越大，布氏硬度值越小，硬度也越低。

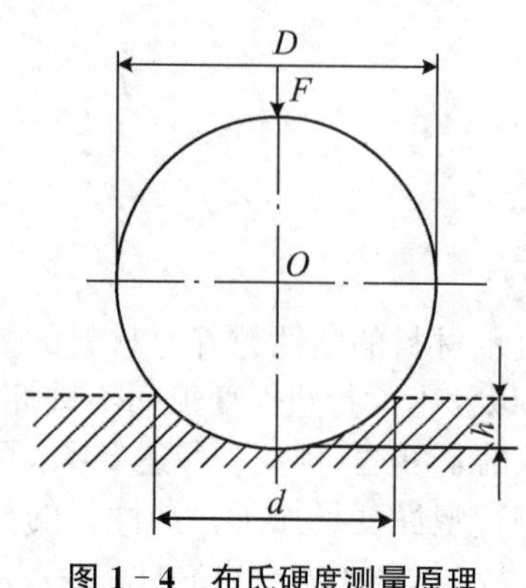

图 1-4 布氏硬度测量原理

通常布氏硬度值不标出单位。在实际应用中，布氏硬度一般不用计算，而是用专用的刻度放大镜量出压痕直径 d，根据压痕直径的大小，再从专门的硬度表中查出相应的布氏硬度值。

测量时应根据材料的种类和硬度范围选定合适的压头材料、压头直径、压力大小和压力保持时间。测得的硬度值应按标准书写，在符号 HBS 或 HBW 之前的数字为硬度值，符号后面按以下顺序用数值表示试验条件：

(1) 压头直径；

(2) 压力大小；

(3) 试验力保持的时间(10～15s 不标注)。

例如：270 HBS10/1000/30 表示用直径 10mm 的淬火钢球，在 9.8kN(1000kgf)的试验力作用下，保持 30s 时测得的布氏硬度值为 270。490HBW5/750 表示用直径 5mm 的硬质合金球，在 7.35kN(750kgf)的试验力作用下，保持 10～15s 时测得的布氏硬度值为 490。

一般在零件图或工艺文件上可只标出硬度值的大小和符号，而不必规定实验条件，如 200～230HBS。

布氏硬度实验测量的比较准确，但不能测太薄的试样，试样的厚度至少为压痕深度 h(图 1-4)的 10 倍。由于压痕较大，布氏硬度不宜测量成品件的硬度，而主要用于原材料或半成品的硬度测量。布氏硬度可用于测量退火、正火、调质处理的钢、铸铁、铝合金等金属材料。

二、洛氏硬度(HR)

洛氏硬度是用顶角为 120°的金刚石圆锥或直径为 1.588mm(1/16″)的淬火钢球作压头，在试验压力 F(由初始试验力 F_0 和主试验力 F_1 合成)的作用下，压入金属表面后，经规定保持时间后卸除主试验力，以测量的压痕深度来计算洛氏硬度值。

测量的示意图如图 1-5 所示。测量时，先加初试验力 F_0，压入深度为 h_1，目的是为消除因被测零件表面不光滑而造成的误差。然后再加主试验力 F_1，在总试验力(F_0+F_1)的作用下，压头压入深度为 h_2。卸除主试验力，由于金属弹性变形的恢复，使压头回升到 h_3 的位置，则由主试验力所引起的塑性变形的压痕深度 $e=h_3-h_1$。显然，e 值越大，被测金属的硬度越低。洛氏硬度没有单位，试验时硬度值直接从硬度计的表盘上读出。为了符合数值越大，硬度越高的思维习惯，将一个常数 K 减去 e 来表示硬度的大小，并用 0.002mm 压痕深度作为一个硬度单位，由此获得洛氏硬度值，用符号 HR 表示。即洛氏硬度值按下列公式计算：

$$HR = \frac{K-e}{0.002}$$

式中 HR——洛氏硬度值。

K——常数。用金刚石圆锥体压头进行试验时 K 为 0.2mm；用钢球压头进行试验时，K 为 0.26mm。

e——压痕深度，mm。

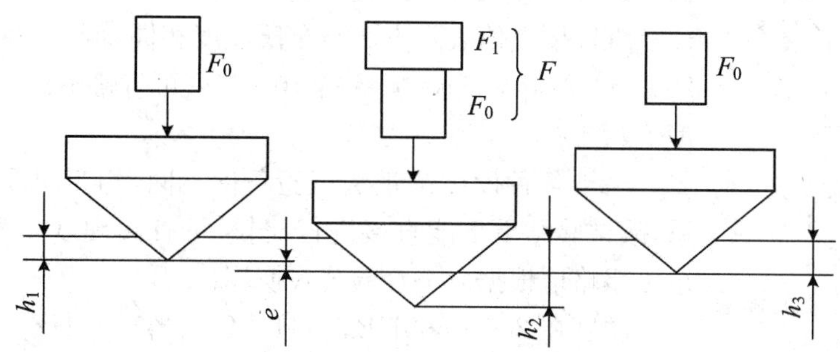

图 1-5 洛氏硬度测量原理

洛氏硬度可以测量从软到硬较大范围的硬度值。根据被测对象不同，洛氏硬度实验可用不同的压头和试验力，有 HRA、HRB、HRC 等多种测量标尺。表 1-1 为常用三种测量标尺的实验条件、测量范围及应用，其中 HRC 是最为常用的方法。

表 1-1 常用洛氏硬度标尺的试验条件和适用范围

硬度符号	压头类型	总试验力 F/N(kgf)	硬度值有效范围	应 用 举 例
HRA	120°金刚石圆锥体	588.4(60)	60～85HRA	硬质合金、表面淬火钢等
HRB	Φ1.5875mm 钢球	980.7(100)	25～100HRB	软钢、退火钢、铜合金等
HRC	120°金刚石圆锥体	1471.0(150)	20～67HRC	一般淬火钢、调质钢等

洛氏硬度表示方法如下：符号 HR 前面的数字表示硬度值，HR 后面的字母表示不同洛氏硬度的标尺。例如 45 HRC 表示用 C 标尺测定的洛氏硬度值为 45。

洛氏硬度测量迅速、简便、压痕小、硬度测量范围大，可用于成品或较薄工件的测量，但数据准确性不如布氏硬度，一般不宜测量组织不均匀的材料。

三、维氏硬度(HV)

维氏硬度是用相对面夹角为 136°金刚石正四棱锥压头，以规定的试验力 F 压入材料的表面，保持规定时间后卸除试验力，然后根据压痕两对角线长度的算术平均值来计算硬度，其测量原理与布氏硬度相似。

如图 1-6 所示，维氏硬度用符号 HV 表示。其计算公式如下：

$$HV = 0.1891\frac{F}{d^2}$$

式中　HV——维氏硬度；

F——试验力，N；

d——压痕两对角线长度算术平均值，mm。

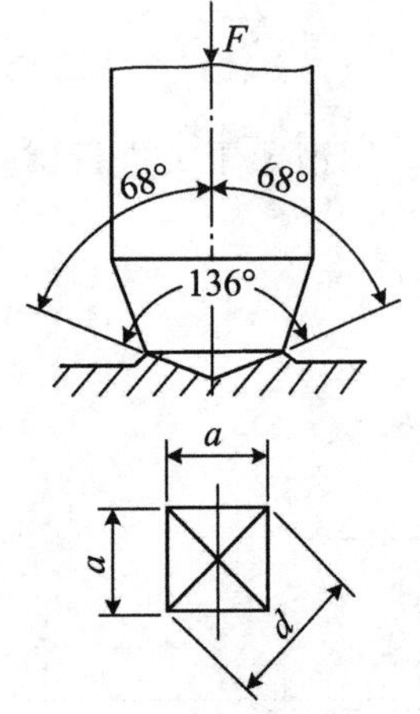

图1-6　维氏硬度测量原理

维氏硬度试验所用的试验力可根据试样的大小、厚薄、硬度高低等条件进行选择，试验力 F 的取值范围为49.03～980.7N，试验力选用原则是根据材料硬度及硬化层或试样厚度来定。维氏硬度可以测量从软到硬的各种金属材料，而且测量的硬度值具有连续性(10～1000HV)。维氏硬度测量压痕小，可测量较薄的材料和表面渗碳、渗氮层的硬度，且准确性高。

维氏硬度值表示方法与布氏硬度相同，例如400HV30表示用294.2N(30kgf)试验力，保持10～15s(可省略不标)，测定的维氏硬度值为400。

由于各种硬度测量法试验条件不同，相互间没有理论换算关系，故试验结果不能直接进行比较，可查阅硬度换算表进行比较，也可粗略地根据以下经验公式换算：

硬度在200～600HB时，1HRC相当于10HBS；

硬度小于450HB时，1HB相当于1HV。

表1-2为几种常用材料的硬度值。

表1-2　几种常用材料的硬度值

材料	中碳结构钢	碳素工具钢	灰铸铁	硬铝合金	黄铜
状态	热轧	淬火	铸态	硬化	硬化态
硬度	170～255HBS	>62HRC	100～250HBS	70～100HBS	140～160HBS

第四节　冲击韧性

冲击韧性是指金属在断裂前吸收变形能量的能力。金属材料抵抗冲击载荷的能力叫冲击韧性。许多机械零件和工具如连杆、曲轴、活塞销、冲模和锻模等，在工作时要受到冲击载荷的作用，瞬时外力冲击作用所引起的应力和应变要比静载荷引起的大得多。对这些零件，如仍用静载荷作用下的强度指标作为设计和选材的依据，就不能保证零件工作时安全可靠，对此，必须考虑冲击韧性。

冲击韧性通常用摆锤冲击弯曲试验来测定。它是以材料受一次冲击破坏时单位面积上所吸收的冲击功表示的，试验原理如图1-7所示。按GB/T 229—1994《金属夏比缺口冲击试验》规定，冲击试样的横截面尺寸为10mm×10mm、长度为55mm，试样的中部开有V形或U形缺口。

试验时，冲击试样的缺口背向摆锤的冲击方向置于试验机的支架上，将质量为 m 的摆锤举至规定的高度 H_1，然后让摆锤绕其固定轴自由落下冲断试样，试样被冲断时所吸收的能量即是摆锤冲击试样所作的功，称为冲击吸收功，用符号 A_K 表示。其计算公式如下：

$$A_K = mgH_1 - mgH_2 = mg(H_1 - H_2)$$

式中 A_K——冲击吸收功，J；

m——摆锤的质量，kg；

H_1——摆锤初始的高度，m；

H_2——冲断试样后，摆锤回升的高度，m。

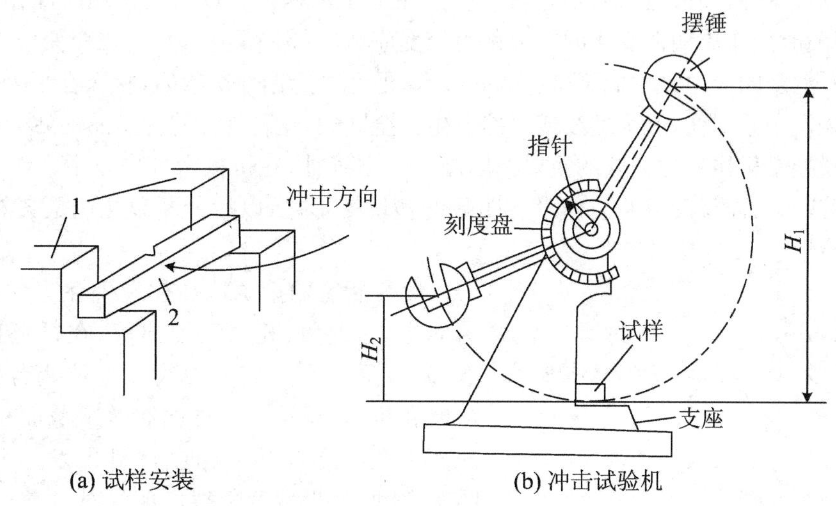

(a) 试样安装　　(b) 冲击试验机

图 1－7　摆锤冲击试验示意图

冲击吸收功(A_K)除以试样缺口处截面积(S_0)，即可得到材料的冲击韧性，用符号 α_K 表示。其计算公式如下：

$$\alpha_K = \frac{A_K}{S_0}$$

式中 α_K——冲击韧性，J/cm^2；

A_K——冲击吸收功，J；

S_0——试样缺口处截面积，cm^2。

冲击韧性是冲击试样缺口处单位横截面积上的冲击吸收功。

必须说明的是，使用不同类型的试样(V 形缺口或 U 形缺口)进行试验时，其冲击吸收功应分别标为 A_{KV}或 A_{KU}，冲击韧性则标为 α_{KU}或 α_{KV}。

实际工作的零件，绝大多数情况是受小能量多次冲击的作用。因此较正确的衡量材料受冲击载荷的抗力指标应该采用小能量多次冲击的抗力，不该是受一次冲击破坏时得出的冲击韧性值。

冲击韧性值的大小与很多因素有关，不仅受化学成分、试样形状、材料内部组织缺陷情况的影响，还受环境温度的较大影响。因此冲击韧性值的影响因素较多，工程上仍以 α_K 值作为选材的参考。

第五节　疲 劳 强 度

许多机械零件，如齿轮、轴、轴承、弹簧等，在工作过程中各点的应力随时间作周期性的变化，这种随时间作周期性变化的应力称为交变应力（也称循环应力）。在交变应力作用下，虽然零件所承受的应力大大低于材料的屈服点，但经一定循环次数后，材料在一处或几处产生局部永久性积累损伤，产生裂纹或突然发生完全断裂，这种现象称为金属的疲劳现象。

疲劳断裂是机械零件失效的主要原因之一。据统计，在机械零件失效中大约有80%以上属于疲劳断裂，而且疲劳断裂前没有明显的塑性变形，所以疲劳断裂往往是突然的，具有很大的危险性。

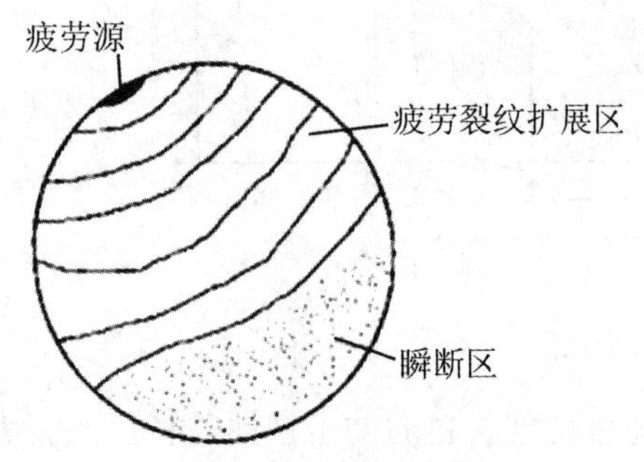

图1-8　疲劳断裂口示意图

疲劳断裂的策源地往往发生在零件应力集中的部位，如尖角、孔、槽、刀痕等，在循环应力作用下，疲劳源处产生疲劳裂纹。这种疲劳裂纹不断扩展和相连，减小了零件的有效承载面积，最后当截面小至不能承受外力时，零件即发生突然断裂。图1-8所示为疲劳断裂口示意图。

为避免疲劳断裂，零件必须保证经过无限次或相当多次应力的循环作用而不断裂。实践证明，金属材料所受的循环应力值 σ 愈大，断裂前承受的循环次数 N 愈小。

图1-9所示为钢铁材料的疲劳曲线示意图。由图可见，当循环应力小于某一值后，试样可以经受无数次循环而不断裂，此应力值称为疲劳极限，用 σ_{-1} 表示。实际试验时不可能做无数次循环试验，一般黑色金属应力循环次数达 10^7 次时，有色金属达 10^8 次时试样仍不断裂的最大循环应力值表示疲劳极限。

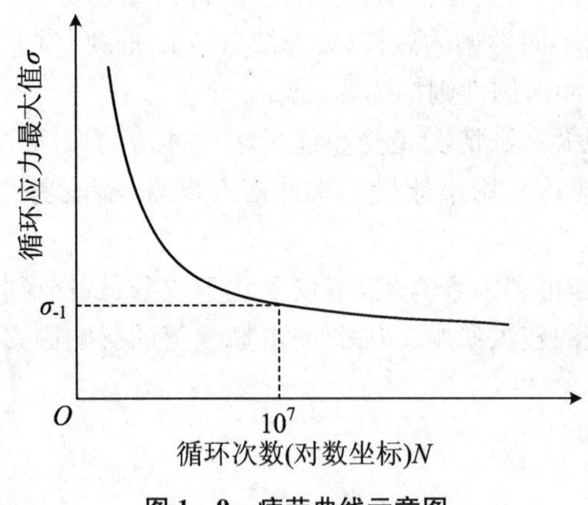

图1-9　疲劳曲线示意图

一般认为，产生疲劳破坏的原因是材料的某些缺陷，如夹杂物、气孔等所致。交变应力下，缺陷处首先形成微小裂纹，然后裂纹逐步扩展，最后导致零件的受力截面积减少，以致突然产生破坏。零件表面的机械加工刀痕和构件截面突然变化部位，均会产生应力集中。交变应力下，应力集中处易产生显微裂纹，也是产生疲劳破坏的主要原因。

为了防止或减少零件的疲劳破坏，除应合理设计结构防止应力集中外，还要尽量降低零件表面粗糙度，采取表面处理等措施来提高材料的抗疲劳能力。

第六节 金属材料的物理、化学和工艺性能

一、物理性能

金属材料的物理性能主要有密度、熔点、热膨胀性、导热性、导电性和磁性等。

(一) 密 度

密度是指在一定温度下单位体积物质的质量，单位为 kg/m^3 或 g/cm^3。材料的密度大小很大程度上决定了工件的自重，有些零件，例如航空器上的零件，为了减轻自重，需要采用密度小的材料，这时强度和密度的比值(称为比强度)就具有特别重要的意义。常用材料的密度见表 1-3 所示。

表 1-3 常用材料的密度

材料	铁	铜	铝	铅	锡	钨	钛	塑料	玻璃钢
密度(g/cm^3)	7.8	8.9	2.7	11.3	7.28	19.3	4.5	0.9～2.2	2.0

(二) 熔 点

熔点是材料从固态转变成液态的温度。金属等晶体材料一般具有固定的熔点，而高分子等非晶体材料没有固定的熔点。某些非金属材料的熔点比普通金属材料的熔点还要高，如陶瓷的熔点可超过 2000℃；塑料和橡胶一般都不耐热，正常使用的温度都不超过 100℃，只有极少数可在 250℃长期使用。常用材料的熔点见表 1-4 所示。

表 1-4 常用材料的熔点

材料	铁	铜	铝	锡	钨	钛	碳钢	铝合金
熔点/℃	1538	1083	660.1	231.9	3380	1677	1450～1500	447～575

(三) 热膨胀性

热膨胀性是指材料在温度升高时体积涨大的现象，用热膨胀系数衡量，单位是$℃^{-1}$或K^{-1}(表示当温度每升高 1℃或 1K 时其单位长度的膨胀量)，系数越大，金属的尺寸或体积随温度变化的程度就越大。热膨胀性不仅影响了零件在工作时的尺寸精度，而且也影响其成形过程。

(四) 导热性

材料传导热的性能称为导热性，一般用导热系数来衡量材料导热性的好坏，单位是W/(m·k)，其值越大导热性越好。在热成型加工时若对导热性很小的金属以较快的速度加热或冷却，金属中就会产生较大的温度差，从而会引起足以导致工件变形甚至产生裂纹的热应力，因此对于这种材料应注意减缓其加热或冷却速度。

(五) 导电性

材料传导电的性能称为导电性，一般描述材料导电性的物理量有电阻率 ρ 和电导率 σ。电阻率 ρ 表示单位长度、单位截面积材料的电阻值，其单位为 $\Omega \cdot m$；电导率 σ 为电阻率的倒数，单位为 $S \cdot m^{-1}$。导电器材常选用导电性良好的材料，以减少损耗；加热元件、电阻丝则选用导电性差的材料制作，以提高功率。金属中银的导电性最好，铜与铝次之。通常金属的纯度越高，其导电性越好；合金的导电性比纯金属差；高分子材料和陶瓷一般都是绝缘体。

(六) 磁　性

自然界中的物体磁性相差很大，如铝、铜等物质的磁性很弱，这种物质称为非铁磁性物质。另一些物质如铁、镍、钴等，他们可以被磁铁吸引，在外磁场作用下能产生很大的磁化强度，这种物质称为铁磁性物质。铁磁材料的磁性一般用磁导率 $\mu(\mu=B/H)$ 表示，是物质中磁感应强度 B 与外磁场强度 H 的比值。

二、化学性能

材料的化学性能主要指材料在室温或高温时抵抗各种化学介质作用的能力，如耐酸性、耐碱性和抗氧化性等。

金属材料在常温下抵抗氧、水及其他化学物质腐蚀破坏的能力称为耐腐蚀性。金属的腐蚀既易造成一些隐蔽性和突发性的事故，也造成金属材料的损失，因此应采取适当的防腐蚀措施。对一些特殊用途的工件，应选择耐腐蚀材料制作，如贮存及运输酸类的容器、管道等，应选择耐酸的材料；海洋设备及船用钢，则要求耐海水的腐蚀。金属材料中铬镍不锈钢可以耐含氧酸的腐蚀；而铜及铜合金、铝及铝合金能耐大气的腐蚀；合成高分子材料和陶瓷材料一般都具有良好的耐腐蚀性。

在高温下金属材料易与氧结合形成氧化皮，造成金属的损耗和浪费，因此高温下使用的工件，要求材料具有高温抗氧化的能力。材料中的耐热钢、高温合金、钛合金、陶瓷材料等都具有好的高温抗氧化性，可用于加热炉、航空发动机零件等。

三、工艺性能

工艺性能是指金属材料在加工过程中是否易于加工成形的能力，它是材料的物理、化学和机械性能的综合反映。按工艺方法的不同分为铸造性能、锻造性能、焊接性能、热处理性能和切削加工性能等。工艺性能直接影响到零件制造工艺和质量，是选材和制定零件工艺路线时必须考虑的因素之一。

习　　题

1. 解释下列名词:屈服强度、抗拉强度、塑性、断后伸长率、断面收缩率、硬度、冲击韧性、疲劳、疲劳极限、物理性能、化学性能。

2. 什么是金属材料的力学性能？力学性能主要包括哪些指标？

3. 简述各力学性能指标是在什么载荷作用下测试的？

4. 用标准试样测得的材料的力学性能能否直接代表材料制成零件的力学性能，为什么？

5. 为什么疲劳断裂对机器零件危害最大？如何提高零件的疲劳强度？

第二章　金属的晶体结构与结晶

不同的金属材料具有不同的力学性能，即使是同一种金属材料，在不同的条件下其性能也是不同的。金属性能的这些差异，从本质上来说，是由其内部结构所决定的。因此，掌握金属的结构和结晶规律，对控制材料的性能、正确选用材料、开发新材料具有重要的指导意义。

第一节　金属的晶体结构

一、理想晶体结构

（一）晶体结构的基本知识

固态物质分为晶体和非晶体两类。在物质内部，凡原子呈无序堆积状况的，称为非晶体，例如沥青、普通玻璃、松香、树脂等，均属于非晶体。相反，凡原子呈有序、有规则排列的物体称为晶体，如水晶、结晶盐等。金刚石、石墨和所有的固态金属都是晶体。

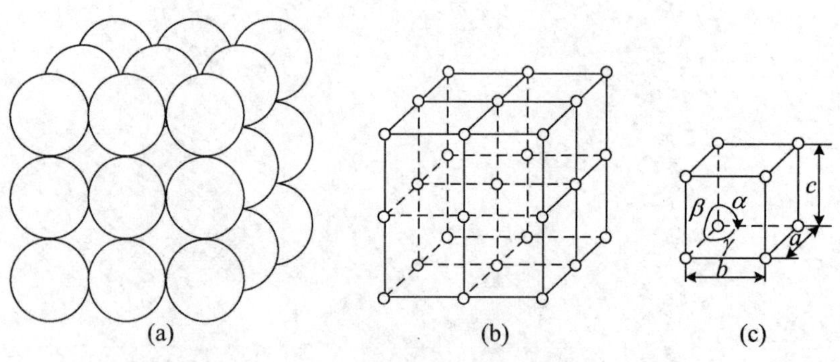

图 2-1　晶体中原子排列示意图

晶体（图 2-1a）中，若把原子看成一个点，它们在空间有规则的排列就可用假想线连接各点而成的一个空间格子来表示，这个空间格子叫晶格（图 2-1b）。反映该晶格排列特点的最小几何单元称为晶胞（图 2-1c）。晶胞的大小和形状常以晶胞的棱边长度 a、b、c 和棱边夹角 α、β、γ 来表示，其中 a、b、c、α、β、γ 称作晶格常数。晶胞中原子所占的体积与晶胞总体积的比值称晶胞的致密度，用 K 表示。

(二) 常见金属的晶体结构

不同的晶格表示不同的排列规则和晶体结构，常见的晶格有下面三种类型。

1. 体心立方晶格

这种晶格的晶胞是一个立方体，原子排列在立方体的八个顶角上和立方体的中心，如图2-2(a)所示。体心立方晶格中属于单个晶胞的原子数为2个。属于这种晶格类型的金属有铬(Cr)、钒(V)、钨(W)、钼(Mo)及α-铁(温度在912℃以下的纯铁)等金属。

2. 面心立方晶格

这种晶格的晶胞也是一个立方体，原子排列在立方体的八个顶角上和立方体六个面的中心，如图2-2(b)所示。面心立方晶格中属于单个晶胞的原子数为4个。属于这种晶格类型的金属有铝(Al)、铜(Cu)、铅(Pb)、镍(Ni)及γ－铁(温度在912～1394℃时的纯铁)等金属。

3. 密排六方晶格

这种晶格的晶胞是一个正六棱柱体，原子排列在柱体的每个顶角上和上、下底面的中心，另外三个原子排列在柱体内，如图2-2(c)所示。密排六方晶格中属于单个晶胞的原子数为6个。属于这种晶格类型的金属有镁(Mg)、铍(Be)、和锌(Zn)等金属。

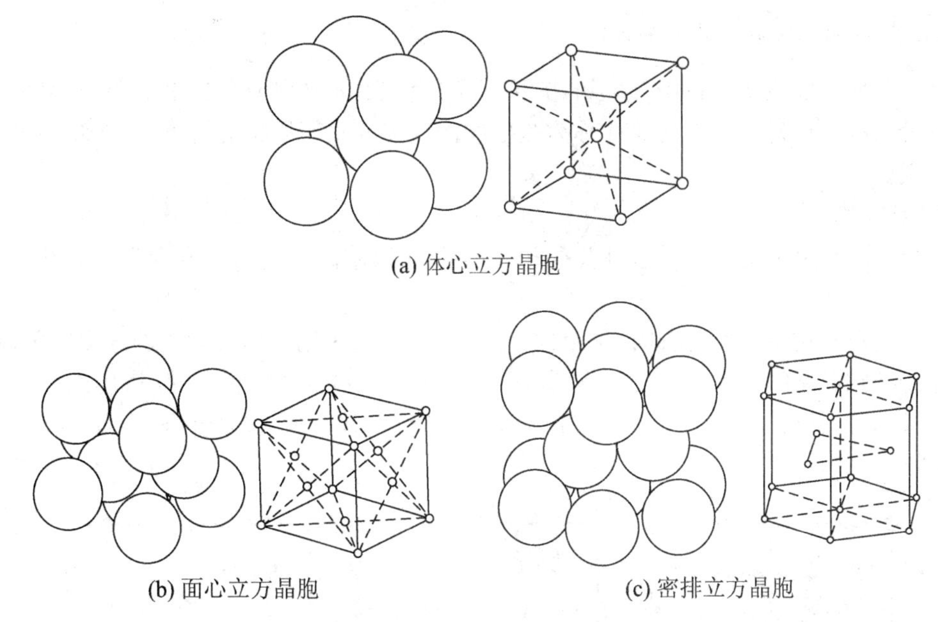
(a) 体心立方晶胞

(b) 面心立方晶胞

(c) 密排立方晶胞

图2-2 晶体类型示意图

不同晶胞原子排列的紧密程度是不同的，面心立方晶格和密排六方晶格原子排列较紧密，这两种晶格的致密度均为$K=0.74$；而体心立方晶格的原子排列较松散，其致密度为$K=0.68$。

二、金属的实际晶体结构

(一) 单晶体和多晶体结构

如果一块晶体内部的晶格位向(原子排列的方向)完全一致,则称该块晶体为单晶体,如图2-3(a)所示。实际金属即使在很小体积中也包含有许多外形不规则的小晶体,也就是多晶体结构,每个小晶体内部的晶格位向基本一致,而各小晶体之间位向却不相同,如图2-3(b)所示。

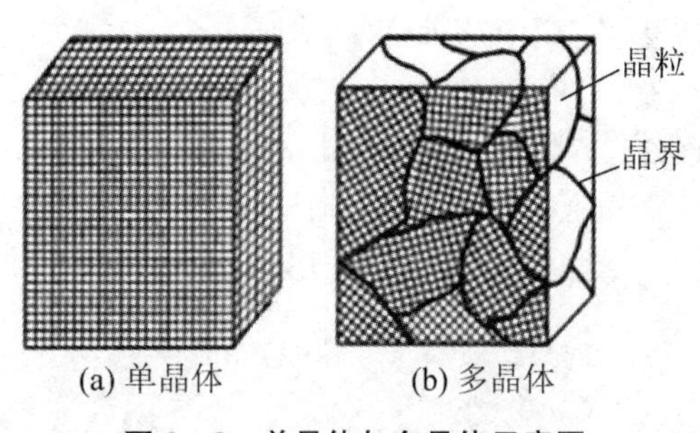

(a) 单晶体　　(b) 多晶体

图2-3　单晶体与多晶体示意图

这种外形不规则、呈颗粒状的小晶体称为晶粒。晶粒与晶粒之间的界面称为晶界。由于实际金属的晶体结构是由许多位向不同的晶粒组成,其性能是位向不同晶粒的平均性能,故具有多晶体结构的实际金属是各向同性。

(二) 实际金属的晶体缺陷

在实际应用的金属材料中,原子的排列不可能像理想晶体那样规则和完整,在晶体内部及边界处存在原子排列的不完整性称为晶体缺陷。按其几何形状的特点,晶体缺陷可分为以下三类。

1. 点缺陷

是指三维尺寸都很小,不超过几个原子直径的缺陷。主要有空位、置换原子和间隙原子。

空位是指未被原子所占有的晶格结点,置换原子是指占据晶格结点上的异类原子,间隙原子是指处在晶格间隙中的多余原子,如图2-4所示。点缺陷的出现,使周围的原子发生靠拢或被撑开,造成晶格畸变,使材料的强度、硬度和电阻率增加,因此金属中点缺陷越多,它的强度、硬度越高。

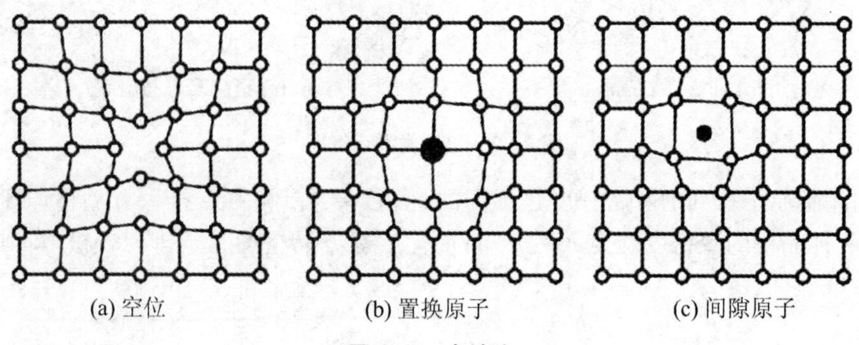

(a) 空位　　(b) 置换原子　　(c) 间隙原子

图2-4　点缺陷

2. 线缺陷

是指三维空间中在二维方向上尺寸较小,在另一维方向上尺寸较大的缺陷。属于这类缺陷的主要是位错。位错是晶体中的某处有一列或若干列原子发生了某种有规律的错排现象。

位错有刃型位错、螺型位错等。形式比较简单的如图 2-5 所示的刃型位错。由图可见，在这个晶体的某一水平面($ABCD$)的上方，多出一个原子面($EFGH$)，它中断于 $ABCD$ 面上的 EF 处，这个原子面如同刀刃一样插入晶体，故称刃型位错。在位错的附近区域，晶格发生了畸变。

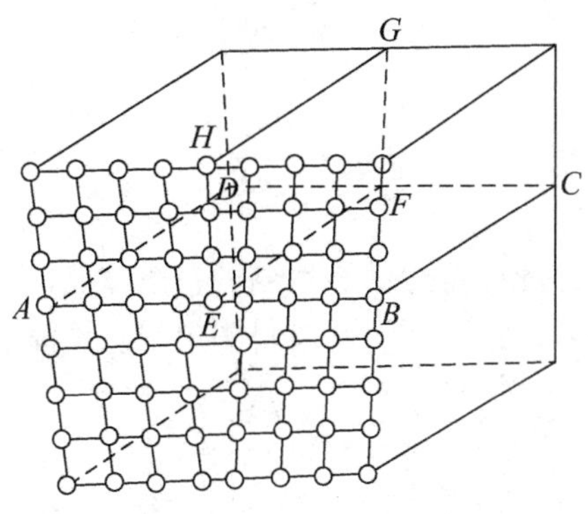

图 2-5　刃型位错示意图

位错的特点之一是很容易在晶体中移动，金属材料的塑性变形便是通过位错运动来实现的。

3. 面缺陷

是指二维尺寸很大而第三维尺寸很小的缺陷，通常是指晶界和亚晶界。实际金属为多晶体，是由大量外形不规则的晶粒组成的，在各相邻晶粒晶界处原子排列不规则，是两晶粒不同位向的过渡区，如图 2-6 所示。

由于晶界处原子呈不规则排列，使晶格处于畸变状态，因而在常温状态下对金属的塑性变形起阻碍作用，即表现出较高的强度和硬度。晶粒越细小，晶界亦越多，它对金属的塑性变形的阻碍作用越大，金属的强度、硬度就越高。晶粒越细小，金属的塑性变形越均匀，其塑性、韧性也越好。

在一颗晶粒内部，其晶格位向也不象理想晶体那样完全一致，而是分隔成许多尺寸很小、位向差很小(只有几分，最多达一至二度)的小晶块，它们相互嵌镶成一颗晶粒，这些小晶块称为亚晶粒(或嵌镶块)。亚晶粒之间的界面称为亚晶界。图 2-7 为亚晶粒示意图。亚晶界处的原子排列与晶界相似，也是不规则的，也产生晶格畸变。这种具有亚晶粒与亚晶界的组织称为亚组织。金属中亚组织越多，金属的强度和硬度越高。

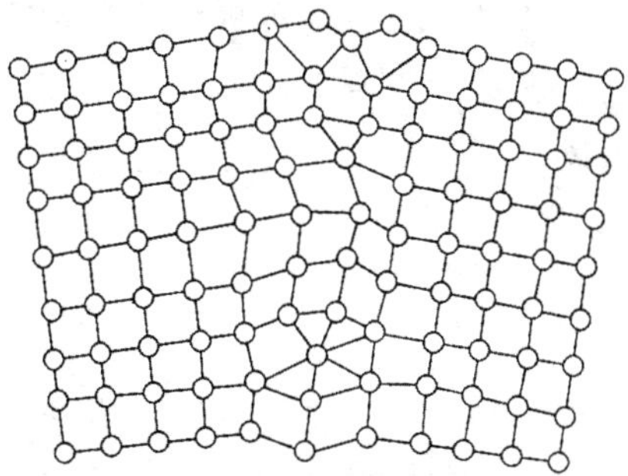

图 2-6　晶界的过渡结构示意图

图 2-7　亚晶示意图

晶体中存在的空位、间隙原子、置代原子、位错、晶界及亚晶界等结构缺陷，都会造成晶格畸变，引起塑性变形抗力的增大，从而使金属的强度提高。

第二节　金属的结晶过程和同素异晶转变

一、金属的结晶过程

金属由液态转变为固态晶体的过程称为结晶。金属结晶后形成的组织状态对金属性能的影响很大，所以了解金属结晶规律，对控制材料的组织和性能显得非常重要。

(一) 结晶的条件

金属的结晶过程可用冷却曲线来描述。在金属液缓慢冷却过程中，观察并记录温度随时间变化的数据，将其绘制在温度-时间坐标系中得到的曲线即为冷却曲线，如图 2 - 8 所示。

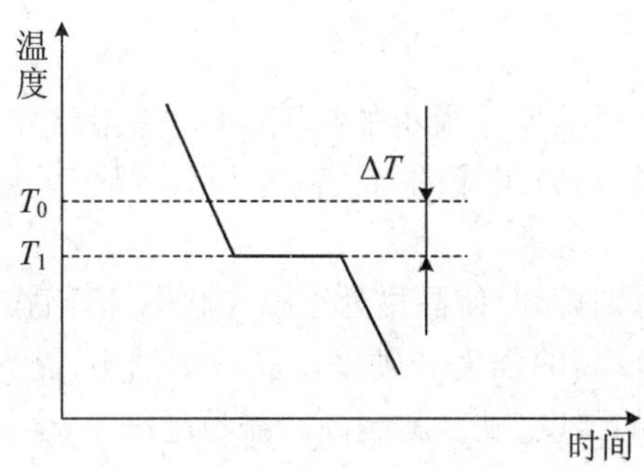

图 2 - 8　纯金属的冷却曲线

由冷却曲线可知，液态纯金属冷却到平衡结晶温度 T_0（又称理论结晶温度，或熔点和凝固点）时，液态纯金属并没有自发地结晶，只有冷却到低于 T_1 后，金属才开始结晶，并放出大量潜热，由于放出的结晶潜热补偿了散失的热量，使温度保持恒定不变；结晶结束后，由于金属继续散热，固态金属的温度逐渐下降。

金属的实际结晶温度总是低于理论结晶温度，即 $T_1 < T_0$，这种现象称为过冷。理论结晶温度与实际结晶温度的差值称为过冷度，用 ΔT 表示，$\Delta T = T_0 - T_1$。过冷度的大小与冷却速度有关，冷却速度越大，实际结晶温度越低，过冷度也越大。过冷度是金属结晶的必要条件。

(二) 结晶的过程

液态金属结晶是由形核与晶核长大两个密切联系的基本过程来完成的，如图 2 - 9 所示。液态金属结晶时，首先在液态中形成一些极微小的晶体（称为晶核），然后再以它们为核心不断长大。在这些晶体长大的同时，又出现新的晶核并逐渐长大，直至液态金属消失。结晶过程也是金属内的原子从液态的无序排列转变成固态的有规律排列的过程。

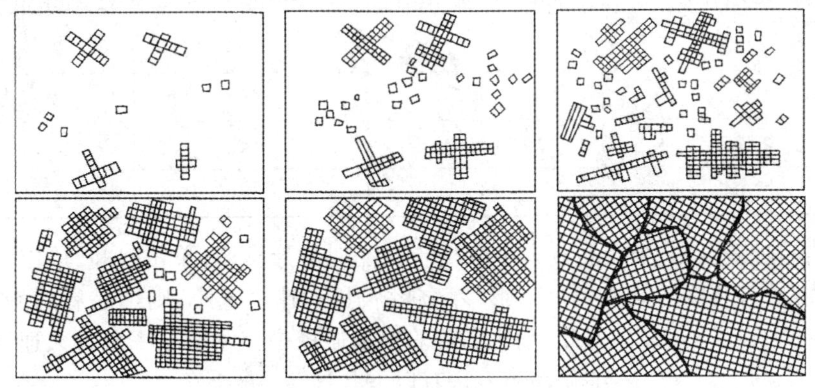

图 2-9　纯金属结晶过程示意图

1. 晶核的形成

在过冷的条件下，液态金属中某些局部微小的区域内的原子会自发地聚集在一起，这些原子规则排列的细小聚合体称为晶核，这种形核方式称为自发形核。形核的另一种方式是非自发形核，即在过冷条件下，金属液中的细微固态颗粒（自带或人工加入）也可以成为结晶的核心。

2. 晶核的长大

金属液中的原子不断向晶核表面迁移并有序排列，使晶核不断长大。与此同时，不断有新的晶核产生并长大，直至金属液全部消失。

晶核生长成晶体时，沿不同的方向生长速度是不一样的，由于顶角和棱边处散热条件优于其他部位，晶体在顶角和棱边处优先长大，如图 2-10 所示，其生长方式像树枝一样，先长出干枝，称为一次晶轴，然后在一次晶轴伸长和变粗的同时，在其侧面棱角处又长出分枝，称为二次晶轴。随着时间推移，二次晶轴成长的同时又长出三次晶轴等，如此不断成长和分枝下去，直至液体全部消失，最后得到的晶体称为树枝状晶体，简称枝晶。每一枝晶将成长为一个晶粒。

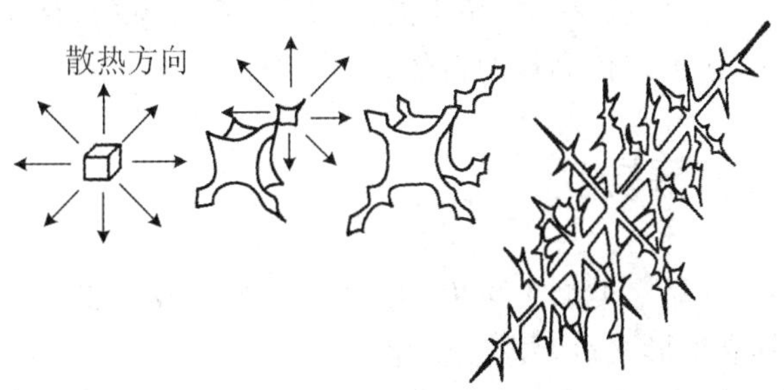

图 2-10　树枝状晶体长大过程

（三）晶粒大小与控制措施

金属的晶粒大小对金属的力学性能有重要的影响。一般地说，在室温下金属晶粒越细，其强度、硬度越高，塑性、韧性越好，这种现象称为细晶强化，见表 2-1。因此，细化晶粒是改善材料力学性能的重要措施。

表 2-1　晶粒大小对纯铁力学性能的影响

晶粒平均直径 d/mm	抗拉强度 σ_b/Mpa	屈服强度 σ_s/Mpa	延伸率 δ(%)
9.7	165	40	28.8
7.0	180	41	30.6
2.5	211	44	39.5
0.2	263	57	48.8

分析结晶过程可知，金属晶粒大小取决于结晶时的形核率(单位时间、单位体积内所形成的晶核数目)与晶核的长大速度。形核率越高、长大速度越小，则结晶后的晶粒越细小。因此，细化晶粒的根本途径是控制形核率及长大速度。常用的细化晶粒方法有以下几种。

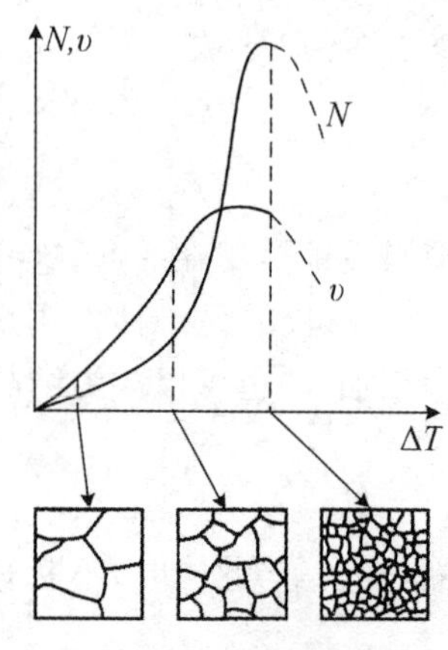

图 2-11　形核率和长大速度与过冷度的关系示意图

1. 增加过冷度

如图 2-11 所示，金属的形核率 N 和长大速度 v 均随过冷度而发生变化，但两者变化速率并不相同，在很大范围内形核率比晶核长大速度增长更快，因此，通过加快冷却速度，即增加过冷度能使晶粒细化。

这种方法只适用于中、小型铸件，对于大型铸件则需要用其他方法使晶粒细化。

2. 变质处理

在浇注前向液态金属中加入一些细小的变质剂(高熔点的固体颗粒)，使它分散在金属液中作为人工晶核，可使晶粒显著增加，这种细化晶粒的方法称为变质处理。钢中加入钛、硼、铝等，铸铁中加入硅铁、硅钙等均能起到细化晶粒的作用。变质处理在生产中应用广泛，特别对体积大的金属很难获得大的过冷度时，采用变质处理可有效地细化晶粒。

3. 振动处理

在结晶时，对金属液加以机械振动、超声波振动和电磁振动等，使生长中的枝晶破碎，从而提供更多的结晶核心，达到细化晶粒的目的。

二、金属的同素异晶转变

大多数金属结晶后，其晶格类型不再发生变化，但有少数金属如铁、钴、锡、钛等在固态下，随着温度的变化，其晶格形式也要发生变化。

金属在固态下，随温度的改变由一种晶格转变为另一种晶格的现象称为同素异晶转变。以不同晶格形式存在的同一金属元素的晶体称为该金属的同素异晶体。

图 2-12 所示为纯铁在常压下的冷却曲线。由图可见，液态纯铁在 1538℃进行结晶，得到具有体心立方晶格的 δ-Fe，继续冷却到 1394℃时发生同素异晶转变，δ-Fe 转变为面心立方晶格的 γ-Fe，再冷却到 912℃时又发生同素异晶转变，γ-Fe 转变为体心立方晶格的 α-Fe，如再继续冷却到室温，晶格的类型不再发生变化。纯铁变为固态后发生了两次同素异晶转变，这些转变可以用下式表示：

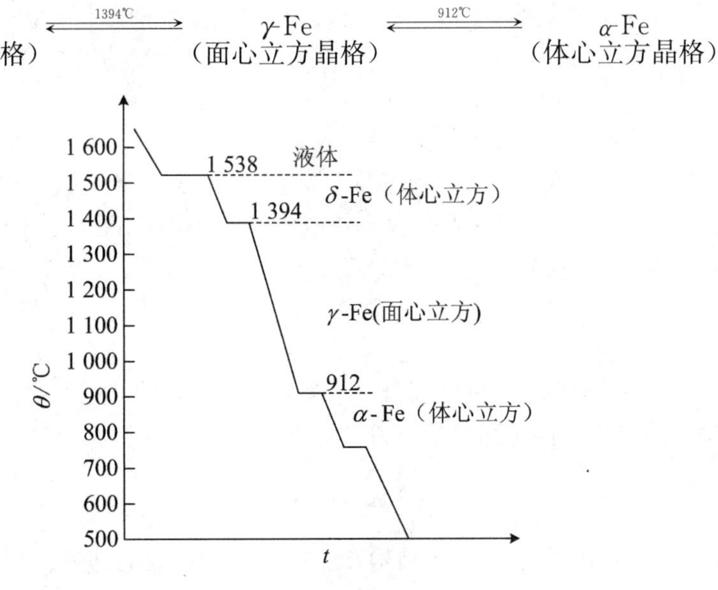

图 2－12 纯铁的冷却曲线

金属的同素异晶转变是一种固态转变,遵循结晶的一般规律:有一定的平衡转变温度,转变时需要有一定的过冷度,放出和吸收潜热;转变过程也是一个形核和晶核长大的过程。为区别于液态金属的结晶,一般称同素异晶转变为重结晶或二次结晶。

由于不同的晶格原子排列的紧密程度不同,所以铁在同素异晶转变时体积要发生变化。转变时会产生较大的内应力。例如 γ-Fe 转变为 α-Fe 时,铁的体积会膨胀约 1%,这是钢热处理时引起内应力,导致工件变形和开裂的重要原因。

纯铁的同素异晶转变具有十分重要的意义。它是钢和铸铁进行热处理,从而改变其组织和性能的依据,也是钢铁材料性能多样、用途广泛的主要原因之一。

第三节 合金的晶体结构

一、基本概念

纯金属虽然得到一定的应用,但它的强度、硬度一般都较低,而且价格较高,因此,在使用上受到很大的限制。在工业生产中广泛使用的是合金。在介绍合金的结晶之前,先介绍几个与合金有关的基本概念。

(一) 合 金

由两种或两种以上元素经熔炼、烧结或其他方法组合而成并具有金属特性的材料称为合金。例如普通黄铜是由铜和锌两种金属元素组成的合金,碳素钢是由铁和碳组成的合金。与组成合金的纯金属相比,合金除具有更好的力学性能外,还可以调整组成元素之间的比例，以获得一系列性能各异的合金，从而满足工业生产对不同性能的合金的要求。

（二）组　元

组成合金最基本的、独立的物质单元称为组元，简称元。组元可以是元素，也可以是稳定的化合物，如 Fe_3C 在铁碳合金中可以作为组元。按组元的个数，合金可分为二元合金、三元合金和多元合金等。如黄铜是由铜和锌组成的二元合金，硬铝是由铝、铜和锌组成的三元合金，保险丝是由锡、铋、镉和铅组成的四元合金等。

（三）合金系

由给定组元可按不同比例配制出一系列不同成分的合金，这一系列合金就构成一个合金系统，简称合金系。两组元组成的为二元合金系，三组元组成的为三元合金系。

（四）相

指金属组织中化学成分、晶体结构和物理性能均相同的部分。相与相之间具有明显的界面。数量、形态、大小和分布方式不同的各种相组成合金组织。

（五）组　织

泛指用金相观察法看到的由形态、尺寸和分布方式不同的一种或多种相构成的总体，以及各种材料缺陷和损伤。当材料成分一定时，相同的相在不同条件下形成，会具有各种不同的形态（大小、方向、形状、排列状况等），从而构成不同的显微组织。

二、固态合金相结构

合金的结构比纯金属复杂，它要有各组元在结晶时的相互作用而定。各组元相互作用后可以形成固溶体、金属化合物和机械混合物三种基本组成物。

（一）固溶体

合金在固态下由组元间相互融解而形成的均匀相称为固溶体。溶入的元素称为溶质，而基体元素称为溶剂。固溶体仍然保持溶剂的晶格类型。

根据溶质原子在溶剂晶格中所处位置的不同，固溶体可分为间隙固溶体和置换固溶体两类。

1. 间隙固溶体

溶质原子分布于溶剂晶格间隙之中而形成的固溶体，称为间隙固溶体。图 2－13(a)是间隙固溶体结构示意图。由于溶剂晶格的空隙尺寸很小，故能够形成间隙固溶体的溶质原子，通常都是一些原子半径小于 1Å 的非金属元素。例如碳、氮、硼等非金属元素溶入铁中形成的固溶体即属于这种类型。由于溶剂晶格的空隙有限，所以间隙固溶体能溶解的溶质原子数量也是有限的。

2. 置换固溶体

溶质原子置换了溶剂晶格结点上某些原子而形成的固溶体，称为置换固溶体。图 2－13(b)是置换固溶体结构示意图。按溶质原子在置换固溶体中的溶解度的多少，又可分为有限固溶体和无限固溶体。在无限固溶体中，溶剂和溶质原子可以任意比例互溶，而有限固溶体则不能。Cu-Ni 二元合金可以形成无限固溶体，而大多数合金形成的固溶体是有限的。

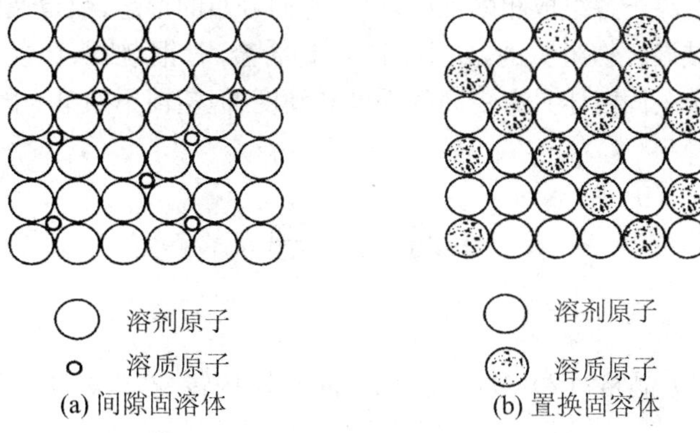

图 2－13 固溶体结构示意图

在置换固溶体中，溶质在溶剂中的溶解度主要决定于两者的原子半径、在化学元素周期表中的位置及晶格类型等。一般来说，若两者晶格类型相同、电子结构相似、原子半径差别小、周期表中位置近，则溶解度大，甚至可以形成无限固溶体。反之，则溶解度小。有限固溶体的溶解度与温度有密切关系，一般说温度越高，溶解度越大。

如图 2－14 所示，在固溶体中由于溶质原子的溶入而使溶剂晶格发生畸变，从而使合金对塑性变形的抗力增加。这种通过溶入溶质元素形成固溶体，使金属材料强度、硬度升高的现象，称为固溶强化。它是提高金属力学性能的重要途径之一。

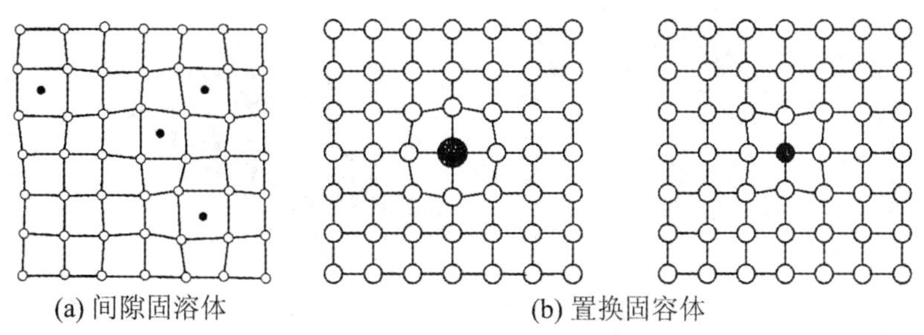

图 2－14 形成固溶体时的晶格畸变

（二）金属化合物

合金组元间发生相互作用而形成一种具有金属特性的物质称为金属化合物。金属化合物的组成一般可用化学式来表示，例如铁碳合金中的渗碳体就是铁和碳组成的化合物 Fe_3C。金属化合物的晶格类型不同于任一组元，一般具有复杂的晶格结构。其性能特点是熔点高、硬度高、脆性大。当合金中出现金属化合物时，通常能提高合金的硬度和耐磨性，但塑性和韧性会降低。金属化合物是许多合金的重要组成相。

（三）金属混合物

当组成合金的组元在固态下既不溶解，也不形成化合物时，它们便按一定的重量比以混合的方式存在，形成各组元晶体的物质称为金属混合物。混合物中的组成部分可以是纯金属、固溶体或化合物各自的混合,也可以是它们之间的混合。混合物中各相仍保持自己原来的晶格。在显微镜下可以明显辨别出各组成相的形貌。

混合物的性能取决于各组成相的性能,以及它们分布的形态、数量及大小。工业上绝大多数合金是属于机械混合物组织的,如钢、生铁、铝合金、青铜、轴承合金等。由机械混合物构成的合金往往比单一固溶体具有更高的强度和硬度,但塑性不如单一固溶体好。

习　题

1. 名词解释:(1) 晶格;(2) 过冷度;(3) 同素异构转变;(4) 相;(5) 组织;(6) 固溶强化。
2. 常见的金属晶格结构有哪几种? Cr、Mg、Zn、W、V、Fe、AL、Cu 等各具有哪种晶格结构?
3. 为什么金属结晶一定要有过冷度?
4. 实际金属晶体中存在哪些晶体缺陷? 它们对金属的性能有哪些影响?
5. 为什么希望得到细小晶粒组织? 如何细化晶粒?
6. 金属的结晶条件和结晶的一般规律是什么?
7. 简述固溶体、金属化合物在晶体结构与力学性能方面的特点?

第三章　二元合金相图及应用

工业生产中广泛应用合金材料。合金优异的性能与合金的成分、晶体结构、组织形态密切相关。我们需要了解合金性能与这些因素之间的变化规律，相图是研究这些规律的重要工具，作为相图基础和应用最广的是二元合金相图。

第一节　相图的建立

相图是表示合金系在平衡条件下，在不同温度、成分下的各种合金相之间关系的图解，也称平衡图或状态图。合金在极其缓慢冷却条件下的结晶过程，一般可以认为是平衡的结晶过程。应用合金相图，可清晰了解合金系在缓慢加热或冷却过程中的组织转变规律。所以，相图是选择合金、进行金相分析、制定铸造、锻压、焊接、热处理等热加工工艺的重要依据。二元合金相图是表示两种组元构成的具有不同比例的合金，在平衡状态(即极其缓慢加热或冷却的条件)下，随温度、成分发生变化的相图。

目前，合金相图主要还是应用实验方法测定出来的。如热分析法，膨胀法，磁性法等。

这里简单介绍采用热分析实验法建立相图：首先配制若干组不同成分的合金，然后将不同成分的熔融态合金，以极其缓慢的冷却速度冷却，用热分析法测定它们的冷却曲线(温度-时间曲线)；其次找出各冷却曲线上的临界点(即转折点和平台)的温度值。在温度-成分坐标系中标注各临界点，用平滑曲线连接相同意义的临界点，即得出该合金的相图，如图 3-1 所示。

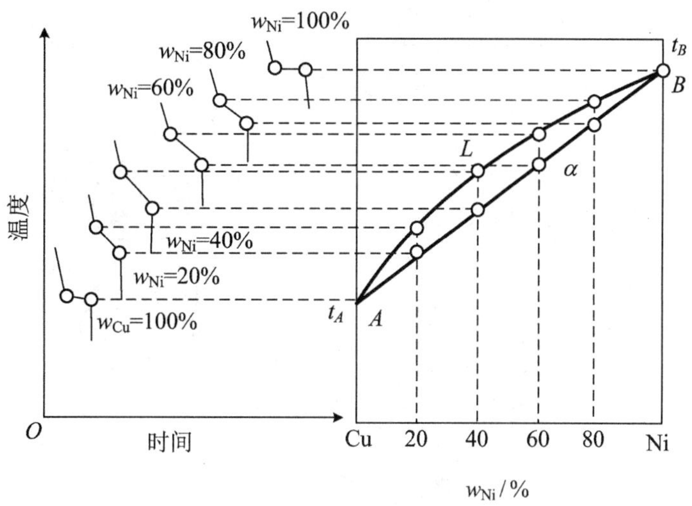

图 3-1　Cu-Ni 相图的测定

第二节　匀晶相图

两组元在液态和固态均能无限互溶，冷却时发生匀晶反应的合金系所构成的相图称为二元匀晶相图。二元合金中的Cu－Ni、Cu－Au、Au－Ag、Fe－Ni等都具有这类相图。现以Cu－Ni合金相图为例进行分析。

一、相图分析

图3－1中A点为纯铜的熔点，B点是纯镍的熔点，ALB为液相线，该线以上合金处于液相；$A\alpha B$为固相线，该线以下合金处于固相。液相线和固相线表示合金系在平衡状态下冷却时结晶的始点和终点以及加热时熔化的终点和始点。

液相线与固相线把整个相图分为三个相区，液相线以上为单一液相区，用“L”表示；固相线以下是单一固相区，是Cu与Ni组成的无限固溶体，以“α”表示；液相线与固相线之间为液相和固相两相共存区，也称双相区，用“$L+\alpha$”表示。

二、合金的结晶过程

现以含Ni40％的铜镍合金为例说明合金的结晶过程，如图3－2所示。当合金缓慢冷却至液相线上t_1点温度时，开始从液相中结晶出固溶体α，此时α的成分为α_1（即含镍量高于合金的含镍量）。随着温度不断降低，固溶体α量逐渐增多，剩余的液相L量逐渐减少，并且液相和固相的成分通过原子扩散而分别沿着液相线和固相线变化。当温度冷却至t_2点温度时，固溶体的成分为α_2，液相的成分为L_2（即含镍量低于合金的含镍量）。冷却至t_3点温度时，最后一滴成分为L_3的液相也转变为固溶体而完成结晶，获得与原合金成分相同的α相固溶体。

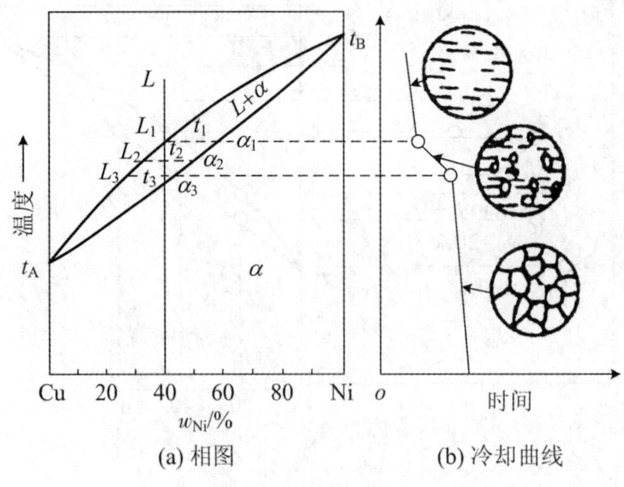

(a) 相图　　(b) 冷却曲线

图3－2　匀晶相图

三、枝晶偏析

固溶体合金在结晶过程中，只有在极其缓慢冷却条件下，使原子能进行充分扩散，固相的成分才能沿着固相线均匀地变化，最终获得与原合金成分相同的均匀 α 固溶体。但在实际生产条件下，冷却速度较快，原子扩散来不及充分进行，结果先结晶的固溶体含高熔点组元(如 Cu－Ni 合金中的 Ni)较多，后结晶的固溶体含低熔点组元(如 Cu－Ni 合金中的 Cu)较多。这种在一个晶粒内部化学成分不均匀的现象称为晶内偏析。因为固溶体的结晶一般是按树枝状方式长大，首先结晶出枝干，剩余的液体填入枝间，这就使先结晶的枝干成分与后结晶的枝间成分不同，由于这种晶内偏析成树枝分布，故又称枝晶偏析。图 3－3 为 Cu－Ni 合金的枝晶偏析的显微组织。

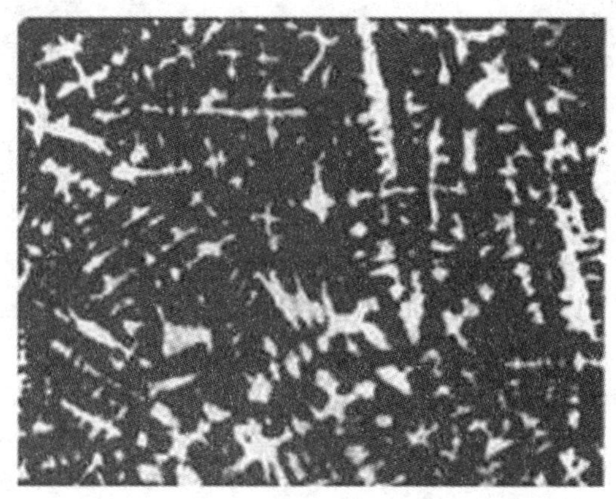

图 3－3　Cu－Ni 合金的枝晶偏析的显微组织

枝晶偏析会影响合金的力学性能、耐腐蚀性能和加工工艺性能，生产中常通过扩散退火来消除它，可使成分均匀化。

第三节　共晶相图

两组元在液态无限互溶，在固态有限互溶或不能溶解，冷却时发生共晶反应的合金系所形成的相图，称为二元共晶相图。具有这类相图的合金系有 Pb－Sn、Cu－Ag、Zn－Sn 等。

一、相图分析

图 3－4 所示的是 Pb－Sn 合金相图，下面就以此相图为例进行分析。

Pb－Sn 合金相图中，ACD 为液相线，$AECFD$ 为固相线。合金系有三种相：Pb 与 Sn 形成的液溶体 L 相，Sn 溶入 Pb 中的有限固溶体 α 相，Pb 溶入 Sn 中的有限固溶体 β 相。相图中有三个单相区(L、α 及 β 相区)；三个双相区($L+\alpha$、$L+\beta$ 及 $\alpha+\beta$ 相区)；一条 $L+\alpha+\beta$ 的三相共存线(水平线 ECF)。

C 点为共晶点，该点成分为共晶成分，该点所对应的温度为共晶温度，当共晶成分的合金从液相冷却到共晶温度时，从 C 点成分的液相 L 共同结晶出 E 点成分的 α 相和 F 点成分的 β 相：

$$L_C \rightleftharpoons \alpha_E + \beta_F$$

这种由一种液相在恒温下同时结晶出两种固相的反应叫做共晶反应。所生成的两相混合物叫共晶体。发生共晶反应时三相共存，各自的成分是确定的，反应在恒温下平衡地进行。水平线 ECF 为共晶反应线，凡是成分在 EF 之间的合金平衡结晶时都会发生共晶反应。

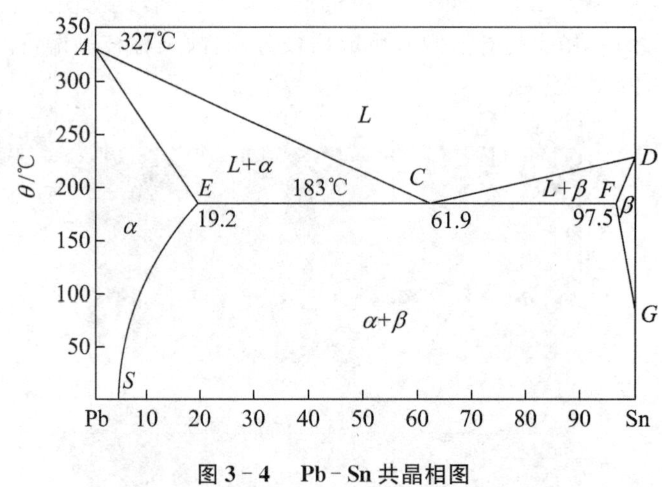

图 3-4　Pb-Sn 共晶相图

ES 线为 Sn 在 Pb 中的溶解度线(或 α 相的固溶度线)。温度降低，固溶体的溶解度下降。Sn 含量大于 S 点的合金从高温冷却到室温时，从 α 相中析出 β 相以降低其 Sn 含量。从固态 α 相中析出的 β 相称为二次 β，常简写为 β_{II}。这种二次结晶可表达为：$\alpha \rightarrow \beta_{\mathrm{II}}$。

FG 线为 Pb 在 Sn 中的溶解度线(或 β 相的固溶度线)。在 Sn 含量小于 G 点的合金冷却时同样会发生二次结晶，析出二次 α：$\beta \rightarrow \alpha_{\mathrm{II}}$。

二、典型合金的结晶过程

对于具有共晶相图的合金系，根据其结晶特点不同，可分为三种类型合金，共晶成分的合金称为共晶合金；化学成分低于或高于共晶成分的合金分别称亚共晶合金或过共晶合金。

这三种合金的结晶过程如下：

(1) 共晶合金。当合金成分为 C 点成分的合金(图 3-5 中合金Ⅰ)冷却到液相线 C 点时发生共晶反应，即 $L_C \longleftrightarrow \alpha_E + \beta_F$ 同时结晶出 α_E 和 β_F 两相的共晶体。从 183℃继续冷却时，共晶体中 α 相和 β 相将各自沿 ES 和 FG 溶解度曲线变化而改变其固溶度，从 α 和 β 中分别析出 β_{II} 和 α_{II}。由于共晶体中析出的次生相常与共晶体中同类相结合在一起，所以在显微镜下难以分辨出来，因此在室温下共晶合金组织可写成($\alpha+\beta$)。

(2) 亚共晶合金。在 E 点与 C 点之间成分的合金称为亚共晶合金，如图中合金Ⅱ。当合金Ⅱ冷却到液相线上 1 点时开始发生匀晶反应，从液相中结晶出 α 固溶体，称为初生 α 固溶体，随着温度下降，初生 α 不断增加，液相量不断减少，液相成分沿液相线 AC 变化，初生 α

的成分沿固相线 AE 变化。当温度降到 2 点(共晶温度)时,初生 α 的成分为 E 点成分,剩余液相的成分达到 C 点成分(共晶成分),发生共晶反应生成共晶体。当温度继续下降到室温时,初生 α 相中的溶 Sn 量沿 ES 线变化,析出 β_{II}。最终的组织为初生 $\alpha+\beta_{\mathrm{II}}+(\alpha+\beta)$,转变过程如下:

$$L \xrightarrow{1} L+\alpha \xrightarrow{2} \alpha+(\alpha+\beta) \xrightarrow{2\text{点以下}} \alpha+\beta_{\mathrm{II}}+(\alpha+\beta)$$

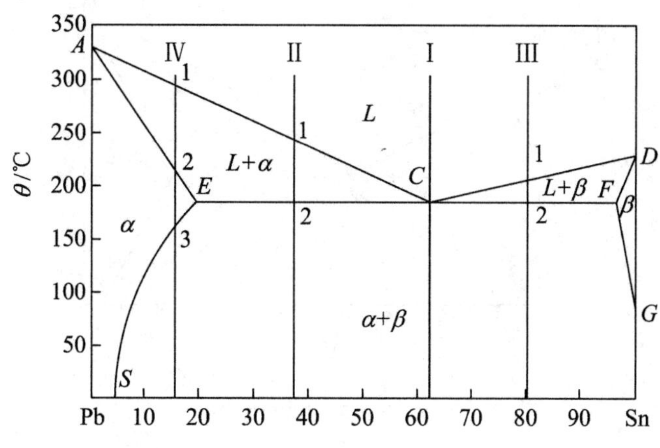

图 3-5　Pb-Sn 合金系的典型合金

(3) 过共晶合金。在图 3-5 中 C 点与 F 点之间成分的合金称为过共晶合金,如图中合金Ⅲ。其详细结晶过程与亚共晶合金相似,也包括匀晶反应、共晶反应和二次结晶等三个转变阶段;不同之处是初生相为 β 固溶体,二次结晶过程为 $\beta\rightarrow\alpha_{\mathrm{II}}$。所以室温组织为 $\beta+\alpha_{\mathrm{II}}+(\alpha+\beta)$,转变过程如下:

$$L \xrightarrow{1} L+\beta \xrightarrow{2} \beta+(\alpha+\beta) \xrightarrow{2\text{点以下}} \beta+\alpha_{\mathrm{II}}+(\alpha+\beta)$$

(4) 固溶体合金。在图 3-6 中 E 点左侧和 F 点右侧的合金在冷却过程中不会发生共晶反应。如图中合金Ⅳ,仅发生匀晶反应和二次结晶等二个转变阶段,最终合金室温组织为 $\alpha+\beta_{\mathrm{II}}$。转变过程如下:

$$L \xrightarrow{1} L+\alpha \xrightarrow{2} \alpha \xrightarrow{3} \alpha+\beta_{\mathrm{II}}$$

同理,F 点右侧的合金在冷却过程中会结晶出 β 相,并从 β 相中析出 α_{II},最终组织为 $\beta+\alpha_{\mathrm{II}}$。

第四节　其他相图

一、二元共析相图

二元共析相图与二元共晶相图的形状相似,只是二元共析相图中的某固相对应于二元共晶相图中的液相。二元合金的两组元分别为 A 和 B,图 3-6 的下半部为二元共析相图。ECD 线与共晶线类似,称为共析线,C 点与共晶点类似,称为共析点,C 点对应的温度为共析温度，其共析反应式为：

$$\gamma_C \rightleftharpoons \alpha_D + \beta_E$$

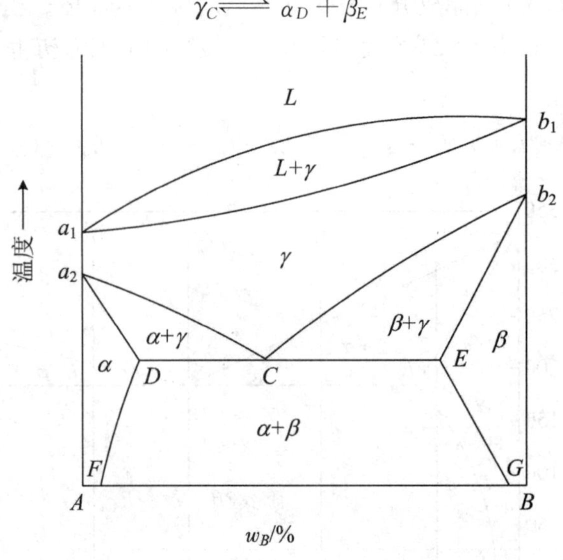

图 3-6　二元共析相图

这种在恒温(共析温度)下由一种固相同时析出两种固相的过程称为共析反应。反应的产物称为共析体或共析组织。共析相图中各种成分合金的结晶过程的分析与共晶相图类似，但共析反应是在固态下进行的，所以共析产物比共晶产物要细密得多。

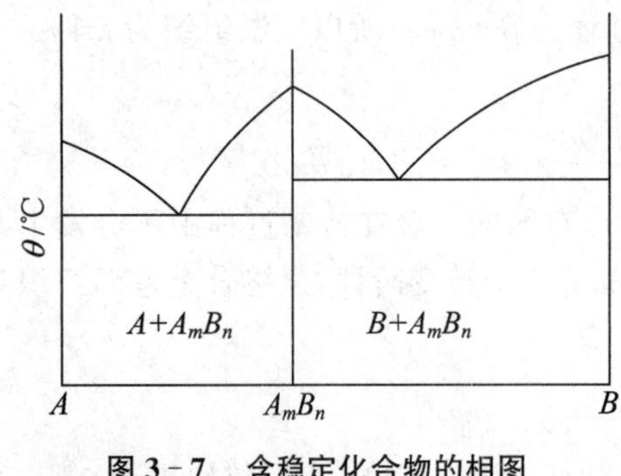

图 3-7　含稳定化合物的相图

二、形成稳定化合物的相图

在某些组元构成的相图中，常形成一种或几种稳定化合物。它具有一定化学成分和固定的熔点，且熔化前不分解，也不发生其它化学反应。在状态图中可以用一条通过固定成分的垂直线来表示，可把它看作为一个独立组元而把相图分为两个独立部分。图 3-7 所示就是具有稳定化合物的相图。在相图中，化合物以通过 A_mB_n 点的成分垂线表示，它将整个相图分为两个相对独立的相图。即 $A-A_mB_n$ 系和 A_mB_n-B 系相图。

第五节　相图与性能的关系

合金的性能取决于它的成分和组织，相图则可反映不同成分的合金在室温时的平衡组织。因此具有平衡组织的合金的性能与相图之间存在着一定的对应关系。这可以作为配制合金、选择材料和制定工艺的参考。

一、合金的使用性能与相图的关系

固溶体合金的物理性能和力学性能与合金成分之间呈曲线关系，如图 3－8 所示。固溶体合金随着溶质含量的增加，晶格畸变越大，则合金的强度、硬度、电阻率也随之增大，而电阻温度系数却随之减小。在一定成分下，它们分别达到最大值或最小值。固溶体合金同时具有较高的塑性和韧性，故形成的单相固溶体合金具有较好的综合力学性能。但在一般情况下，固溶强化对强度与硬度的提高有限，还不能完全满足工程结构对材料性能的要求。

而两相混合物合金的力学性能和物理性能与成分主要呈直线变化关系，但某些对组织形态敏感的性能还要受到组织细密程度等组织形态的影响。

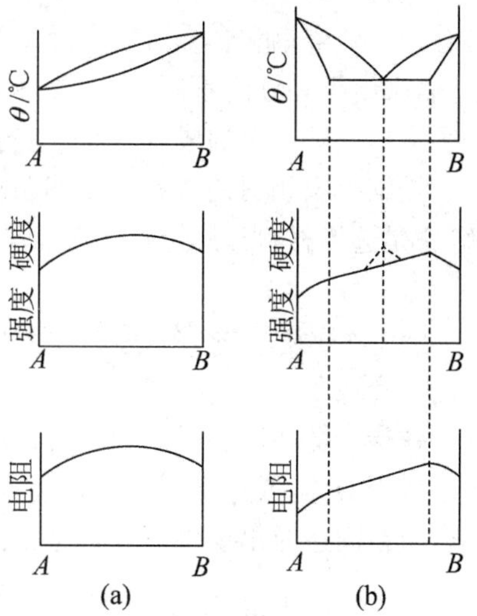

图 3－8　合金的物理及力学性能与相图的关系

二、合金的工艺性能与相图的关系

图 3－9 为合金的铸造性能与相图的关系。由图可见，纯组元和共晶成分的流动性最好，缩孔集中，铸造性能好。合金的铸造性能取决于结晶区间的大小，这是因为结晶区间越大，就意味着相图中液相线与固相线之间的距离越大，合金结晶时的温度范围也越大，这使得形成枝晶偏析的倾向增大，同时容易使先结晶的枝晶阻碍未结晶的液体的流动，而降低其流动性，增多分散缩孔，因此铸造性能差。反之结晶区间小，则铸造性能好。所以，铸造合金常选共晶或接近共晶的成分。

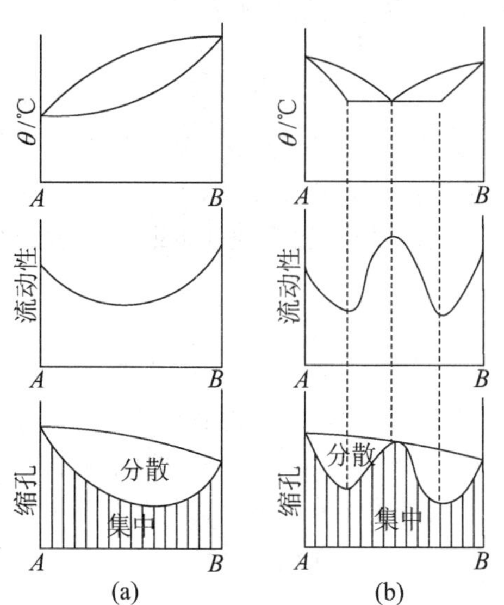

图 3－9　合金的铸造性能与相图的关系

单相合金的变形抗力小，不易开裂，有较好的塑性，故压力加工性能好。当合金中出现第二相，特别是存在较多的很脆的化合物时，其压力加工性能更差。

单相合金的切削加工性能差，其原因是硬度低，容易粘刀，表现为不易断屑，表面粗糙度大等，而当合金为两相混合物时，切削加工性能得到改善。

第六节　铁碳合金相图

碳钢和铸铁是现代工农业生产中应用最广泛的金属材料，是由铁和碳为主要构成的铁碳合金。合金钢和合金铸铁实际上是有目的地加入一些合金元素的铁碳合金。钢铁的成分不同，则组织和性能不同，因而在实际工程中的应用也不一样。为了合理地选用钢铁材料，必须掌握铁碳合金的成分、组织结构与性能之间的关系。

铁碳合金相图是在缓慢冷却条件下，表明铁碳合金成分、温度、组织变化规律的简明图解，它是选择材料和制定热加工工艺的基础。

一、铁碳合金的基本组织

铁碳合金在液态时铁和碳可以无限互溶；在固态时根据含碳量的不同，碳可以溶解在铁中形成固溶体，或与铁形成化合物，或者形成固溶体与化合物组成的机械混合物。因此，铁碳合金在固态时出现以下五种基本组织。

（一）铁素体

碳溶于 α - Fe 形成的间隙固溶体称为铁素体，用符号“F”表示。铁素体的溶碳能力很小，随着温度的升高溶碳能力增加，727℃时溶碳能力最大，达到 0.0218%，在室温下只有约 0.0008%。

铁素体的力学性能接近纯铁，强度、硬度很低，塑性和韧性很好，通常也称为软相。所以含有较多铁素体的铁碳合金（如低碳钢），易于进行冲压等塑性变形加工。

（二）奥氏体

奥氏体是碳溶解在 γ - Fe 中形成的间隙固溶体，用符号“A”表示。奥氏体在 1148℃时其溶碳能力最大，达到 2.11%。在单纯铁碳合金中奥氏体存在于 727℃以上。奥氏体的强度、硬度较低，但具有良好塑性，是绝大多数钢高温下进行压力加工的理想组织，因此通常把钢加热到奥氏体状态进行锻造。

（三）渗碳体

渗碳体是铁和碳形成的金属化合物 Fe_3C，其熔点约为 1227℃，渗碳体中碳的质量分数为 6.69%，其硬度很高（可达 800HBW），脆性大，塑性和韧性几乎为零。因此，铁碳合金中的渗碳体量过多将导致材料力学性能变坏。一定量的渗碳体若呈细小而均匀地分布于基体之上，可以提高材料的强度和硬度，因此可作为铁碳合金中的强化相存在。

（四）珠光体

珠光体是铁素体和渗碳体两相组织的机械混合物，用符号“P”表示。碳的质量分数为 0.77%，力学性能介于铁素体和渗碳体之间，即综合性能良好。常见的珠光体形态是铁素体与渗碳体片层相间分布的，片层越细密，强度越高。

（五）莱氏体

莱氏体是含碳 4.3%的合金，冷却到 1148℃时从液相中同时结晶出奥氏体和渗碳体的共晶体，该共晶体称为高温莱氏体，用符号 Ld 表示。冷却到 727℃以下由珠光体和渗碳体组成的莱氏体称为低温莱氏体，用符号表示 Ld′表示。莱氏体硬而脆，是白口铸铁的基本组织。

二、铁碳合金相图分析

铁碳合金相图是研究钢和铸铁的基础。由于含碳量大于 6.69%的铁碳合金脆性极大，没有使用价值；另外，渗碳体中含碳量为 6.69%，是个稳定的金属化合物，可以作为一个组元。因此，研究铁碳合金相图实际上是研究 Fe－Fe_3C 相图，如图3－10所示。

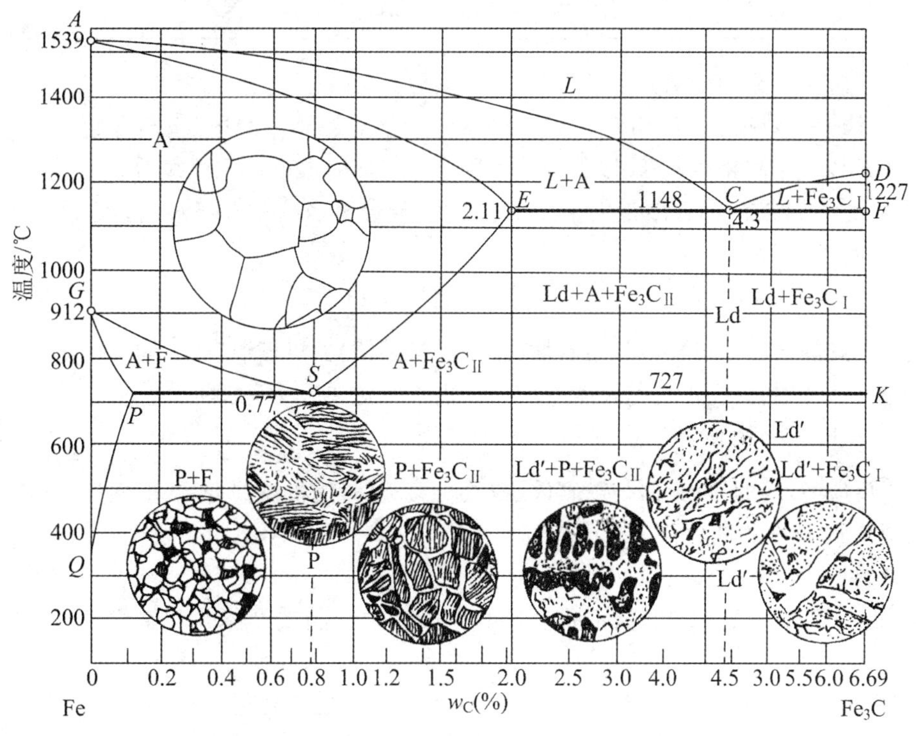

图 3－10　简化的 Fe－Fe_3C 相图

（一）铁碳合金的组元

1. 纯铁（Fe）

铁是过渡族元素，其熔点为 1538℃。铁的一个重要特性是同素异构转变。工业纯铁的塑性和韧性很好，但强度和硬度很低，所以很少用它做机械零件。

2. 渗碳体（Fe_3C）

渗碳体的特性前已述及，这里要说明的是 Fe_3C 的力学稳定性不高，在一定条件下会分解为铁和石墨，即：$Fe_3C \rightarrow 3Fe + C$(石墨)。可见，$Fe_3C$ 是个亚稳定相。因此 Fe－Fe_3C 相图具有双重性，即一个是 Fe－Fe_3C 亚稳定相图，另一个是 Fe－C(石墨)稳定相图。

(二) 相图中的点、线、区

相图中各主要点的温度、含碳量及含义见表 3－1。

表 3－1　Fe－Fe_3C 相图中各主要点的温度、含碳量及含义

点的符号	温度/℃	含碳量/%	含义
A	1538	0	纯铁的熔点
C	1148	4.3	共晶点，$L \rightleftharpoons A_E + Fe_3C$
D	1227	6.69	渗碳体的熔点
E	1148	2.11	碳在 γ－Fe 中最大溶解度
G	912	0	纯铁的同素异构转变点(A_3)α－Fe $\rightleftharpoons$ γ－Fe
S	727	0.77	共析点(A_1)且 $A_3 \rightleftharpoons F + Fe_3C$

相图中各主要线的意义如下：

ACD 线——液相线，该线以上的合金为液态，合金冷却至该线以下便开始结晶。

AECF 线——固相线，该线以下合金为固态。加热时温度达到该线后合金开始熔化。

ECF 线——共晶线，含碳量大于 2.11%的铁碳合金当冷却到该线时，液态合金均要发生共晶反应，即：

$$L_C \xleftrightarrow{1148℃} Ld(A_E + Fe_3C)$$

共晶反应的产物是奥氏体与渗碳体(或共晶渗碳体)的机械混合物，即莱氏体(Ld)。

PSK 线——共析线。当奥氏体冷却到该线时发生共析反应，即：

$$A_s \xleftrightarrow{727℃} P(F_p + Fe_3C)$$

共析反应的产物是铁素体与渗碳体(或共析渗碳体)的机械混合物，即珠光体(P)。凡含碳量大于 0.0218%的铁碳合金在冷却到 727℃时，其中的奥氏体均会发生共析转变。*PSK* 线又称 A_1 线。

GS 线——常称 A_3，冷却时，不同含量的奥氏体中结晶铁素体的开始线，即也是固溶体的同素异构转变线。

GP 线——固溶体的同素异构转变线，在 *GS* 与 *GP* 之间发生 γ－Fe$\leftrightarrow$$\alpha$－Fe 转变。

ES 线——碳在奥氏体中的溶解度线，*ES* 线又称 A_{cm} 线。由于在 1148℃时奥氏体中溶碳量最大可达 2.11%，而在 727℃时仅为 0.77%，因此含碳量大于 0.77%的铁碳合金自 1148℃冷至 727℃的过程中，将从奥氏体中析出渗碳体，称为二次渗碳体，用 Fe_3C_{II} 表示。A_{cm} 线亦称为从奥氏体中开始析出 Fe_3C_{II} 的临界温度线。

PQ 线——碳在铁素体中的溶解度线。在 727℃时铁素体中溶碳量最大可达 0.0218%，室温时仅为 0.0008%，因此碳含量大于 0.0008%的铁碳合金自 727℃冷至室温的过程中，将从铁素体中析出渗碳体，称为三次渗碳体，用 Fe_3C_{III} 表示。PQ 线亦称为从铁素体中开始析出 Fe_3C_{III} 的临界温度线。但 Fe_3C_{III} 数量极少，往往忽略不计。

此外，*CD* 线是从液体中结晶出渗碳体的起始线，从液体中结晶出的渗碳体称为一次渗

碳体($Fe_3C_Ⅰ$)。

相图中有4个基本相,相应的有4个单相区:液相区 L,奥氏体(A)相区,铁素体(F)相区,渗碳体(Fe_3C)相区。

相图中有5个两相区:L+A,L+$Fe_3C_Ⅰ$,A+F,A+$Fe_3C_Ⅱ$,F+$Fe_3C_Ⅲ$。

相图中三相共存区:ECF 线(L+A+Fe_3C)、PSK 线(A+F+Fe_3C)。

(三) 相图中铁碳合金的分类

1. 根据含碳量和室温组织特点,铁碳合金可分为以下三类

(1) 工业纯铁:含碳量小于0.0218%;

(2) 钢:含碳量在0.0218%~2.11%之间。特点是高温固态组织为单相奥氏体,根据其室温组织特点不同,又可分为三种:

亚共析钢　含碳量在0.0218%~0.77%之间,组织为F+P;

共析钢　　含碳量等于0.77%,组织为P;

过共析钢　含碳量在0.77%~2.11%之间,组织为P+$Fe_3C_Ⅱ$;

(3) 白口铸铁:含碳量在2.11%~6.69%之间。按白口铸铁室温组织特点,也可以分为三种:

亚共晶白口铸铁　含碳量在2.11%~4.3%之间,组织为P+$Fe_3C_Ⅱ$+Ld′;

共晶白口铸铁　　含碳量等于4.3%,组织为Ld′;

过共晶白口铸铁　含碳量在4.3%~6.69%之间,组织为Fe_3C+Ld′;

2. 典型铁碳合金结晶过程分析

为了认识工业纯铁、钢和白口铸铁组织的形成规律,现选择几种典型的合金,分析其平衡结晶过程及组织变化。图3-11中标有Ⅰ~Ⅵ的6条垂直线,分别是工业纯铁、钢和白口铸铁三类铁碳合金中的典型合金所在位置。

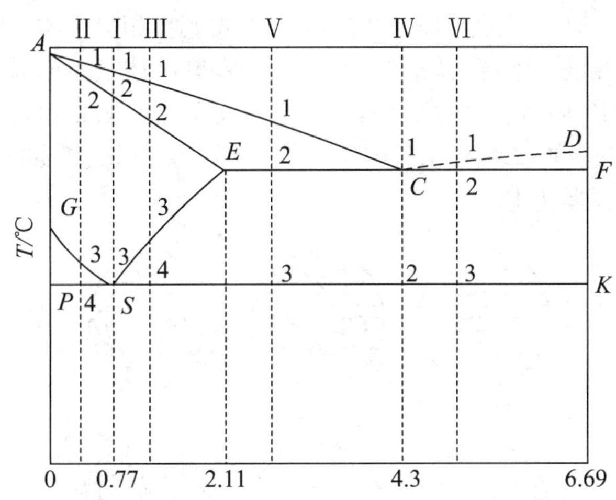

图3-11　典型铁碳合金在Fe-Fe_3C相图中的位置

(1) 含碳量等于0.77%的共析钢。此合金为图3-11中的Ⅰ,结晶过程如图3-12所示。共析钢自高温液态缓冷至1点开始结晶出奥氏体,至2点全部结晶为奥氏体。在2至3点之间奥氏体成分、组织均不发生变化。奥氏体冷至3点(727℃)时发生共析转变,转变为珠光体,即

$$A_s \xleftrightarrow{1148℃} P(F_p + Fe_3C)$$

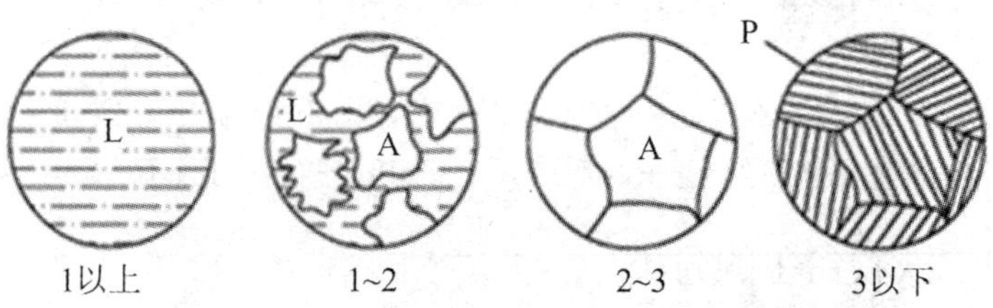

图 3-12　共析钢结晶过程示意图

共析钢的室温平衡组织全部为珠光体(P),珠光体的典型组织是铁素体和渗碳体呈片状叠加而成,如图 3-13 所示。

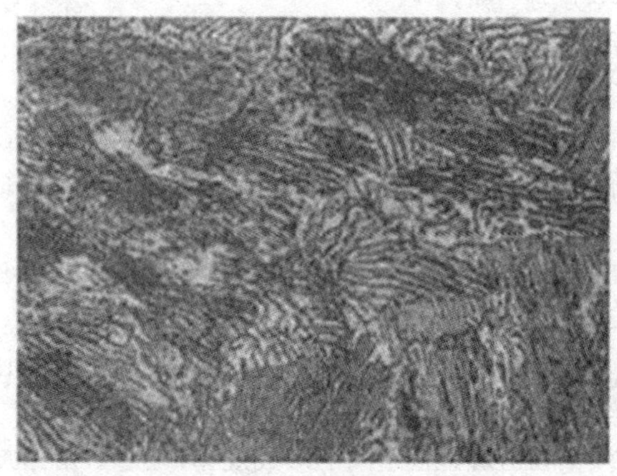

图 3-13　共析钢室温平衡组织(500×)

(2) 含碳量等于 0.4%的亚共析钢。此合金为图 3-11 中的Ⅱ,结晶过程如图 3-14 所示。亚共析钢自高温液态冷却,至 3 点以前与共析钢相同,得到单相奥氏体。奥氏体冷却至 3 点开始析出铁素体。随着温度的下降,铁素体量不断增多,奥氏体量不断减少,并且成分分别沿 *GP*、*GS* 线变化。冷却到 4 点,剩余的奥氏体发生共析反应转变成珠光体,而铁素体不变化。亚共析钢的室温组织为铁素体和珠光体(F+P)。其室温下的显微组织如图 3-15 所示,其中白色块状为 F,暗色的片层状为 P。

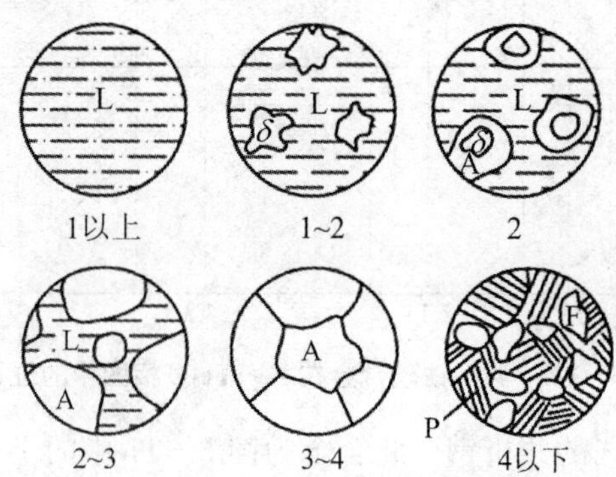

图 3-14　含碳量为 0.4%的亚共析钢结晶过程示意图

(3) 含碳量等于 1.2%的过共析钢。此合金为图 3-11 中的Ⅲ,结晶过程如图 3-16 所示。过共析钢在1点至3点温度间的结晶过程与共析钢相似，得单相奥氏体。奥氏体缓冷至3点由于溶解度的下降而析出二次渗碳体。随着二次渗碳体的逐渐析出，剩余奥氏体的成分沿*ES*线变化而趋向*S*点。缓冷至4点时剩余奥氏体发生共析转变，形成珠光体。因此，过共析钢的室温组织为二次渗碳体和珠光体($Fe_3C_{II}+P$)。

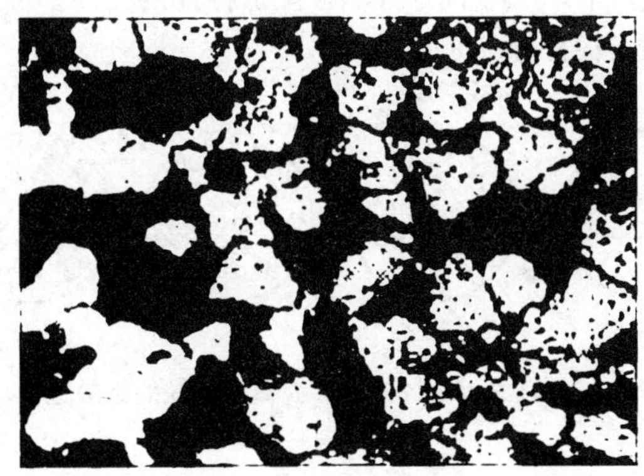

图3-15 含碳量为0.4%的亚共析钢室温平衡组织

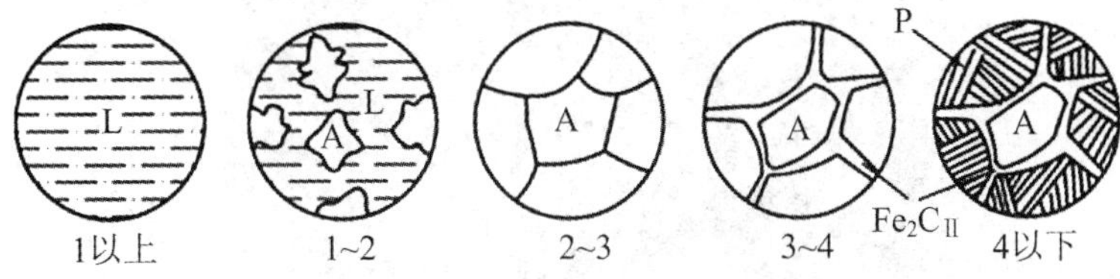

图3-16 含碳量为1.2%的过共析钢的结晶过程示意图

图3-17是含碳量为1.2%的过共析钢的显微组织，其中Fe_3C_{II}呈白色的细网状，它分布在片层状的P周围。

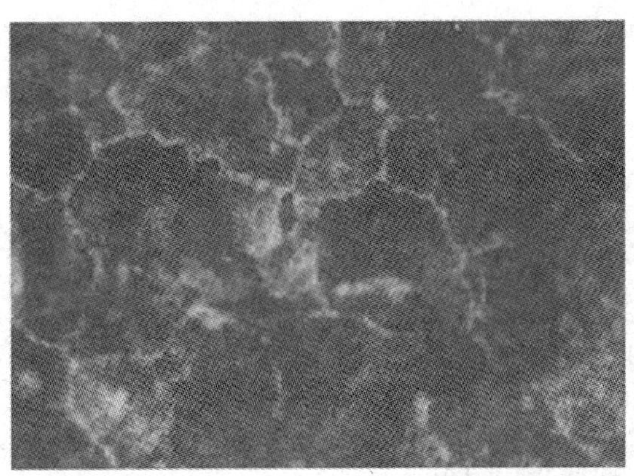

图3-17 含碳量为1.2%的过共析钢的室温平衡组织(400×)

(4) 含碳量等于3.0%的亚共晶白口铸铁。此合金为图3-11中的Ⅴ，结晶过程如图3-18所示。1点以上为液相，当合金缓冷至1点时，从液体中开始结晶出初生奥氏体。在1点至2点温度间，随着温度的下降，奥氏体不断增加，液体的量不断减少，剩余液相的成分沿*AC*线变化而趋向*C*点(共晶点)成分，并在*C*点温度下发生共晶转变，得到莱氏体，此时合金的组织为初生奥氏体+莱氏体。继续缓冷时,初生奥氏体和共晶奥氏体均由于奥氏体溶解度的降低而析出二次渗碳体。至3点达到共析成分的奥氏体,在共析温度下发生共析反应,得到珠光体。由于共晶奥氏体析出并转变为珠光体,因此,此时的莱氏体由珠光体+二次渗碳体+共晶渗碳体组成,称为低温莱氏体。这样,亚共晶白口铸铁室温组织为 P+Fe_3C_{II}+Ld′。如图3-19所示。图中黑色带树枝状特征的是P,分布在P周围的白色网状的是Fe_3C_{II},具有黑色斑点状特征的是Ld′。

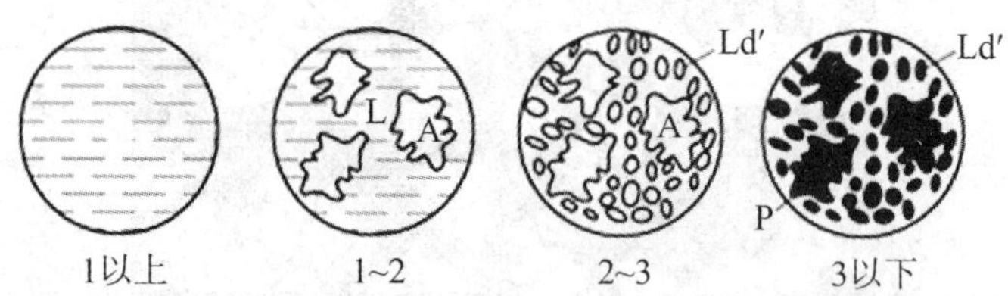

图3-18　含碳量为3.0%的亚共晶白口铸铁的结晶过程示意图

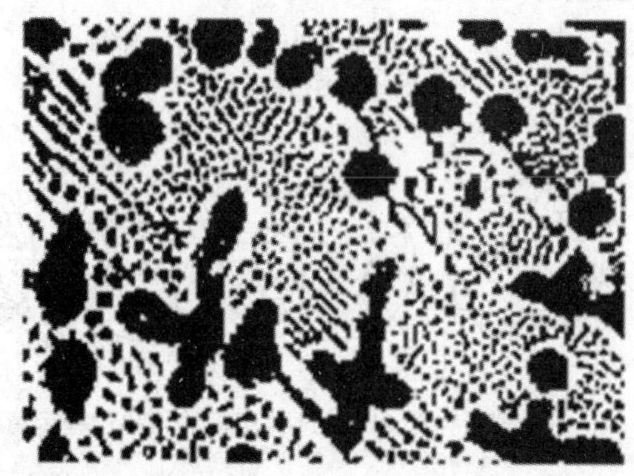

图3-19　含碳量为3.0%的亚共晶白口铸铁显微组织(200×)

同理,读者可以参照上述方法对共晶、过共晶白口铸铁冷却时的组织转变过程进行分析。共晶白口铸铁的室温组织为低温莱氏体,如图3-20所示;过共晶白口铸铁室温组织为低温莱氏体加一次渗碳体,如图3-21所示。

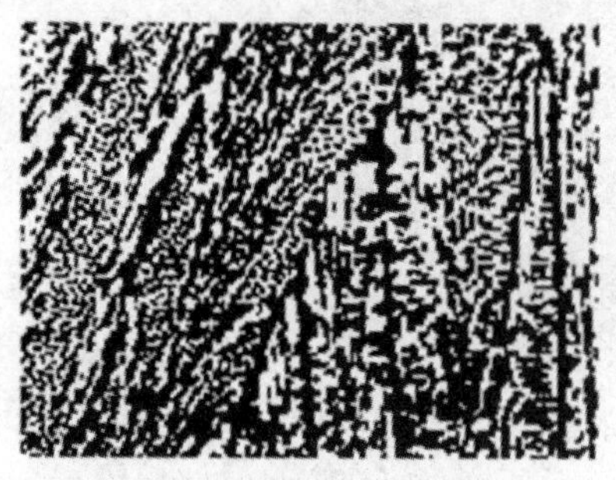

图3-20　共晶白口铸铁显微组织(250×)

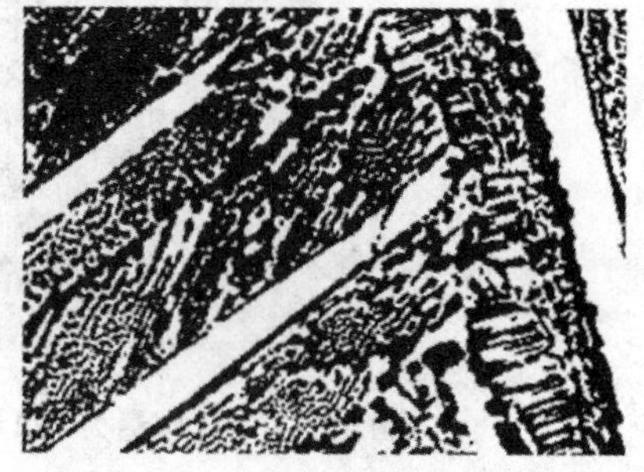

图3-21　含碳量为5.0%的过共晶白口铸铁显微组织(400×)

三、铁碳合金的成分、组织和性能的变化规律

(一) 碳对平衡室温组织的影响

由铁碳相图可知,随碳的质量分数增高,铁碳合金的组织发生如下变化:

$$\underset{\text{工业纯铁}}{F+Fe_3C_{Ⅲ}} \rightarrow \underset{\text{亚共析钢}}{F+P} \rightarrow \underset{\text{共析钢}}{P} \rightarrow \underset{\text{过共析钢}}{P+Fe_3C_{Ⅱ}} \rightarrow$$

$$\underset{\text{亚共晶白口铸铁}}{P+Fe_3C_{Ⅱ}+Ld'} \rightarrow \underset{\text{共晶白口铸铁}}{Ld'} \rightarrow \underset{\text{过共晶白口铸铁}}{Fe_3C_{Ⅰ}+Ld'}$$

图 3-22 为铁碳合金中含碳量与平衡组织及相组分间的定量关系。当碳的质量增加时,不仅其组织中的渗碳体数量增加,而且渗碳体的分布和形态发生如下变化:

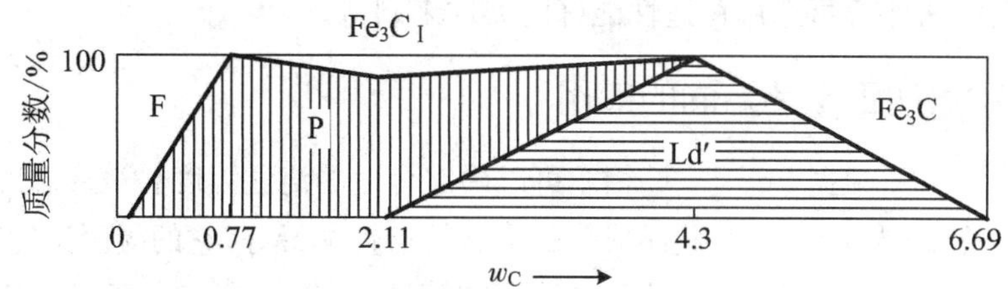

图 3-22 铁碳合金中含碳量与平衡组织及相组分间的关系

$Fe_3C_{Ⅲ}$(沿铁素体晶界分布的薄片状)→共析 Fe_3C(分布在铁素体内的片层状)→$Fe_3C_{Ⅱ}$(沿奥氏体晶界分布的网状)→共晶 Fe_3C(为莱氏体的基体)→$Fe_3C_{Ⅰ}$(分布在莱氏体上的粗大片)。

(二) 碳对力学性能的影响

室温下铁碳合金由 F 和 Fe_3C 两个相组成。铁素体为软、韧相;渗碳体为硬、脆相。当两者以层片状组成珠光体时,则兼具两者的优点,即珠光体具有较高的硬度、强度和良好的塑性、韧性。

图 3-23 为含碳量对缓冷碳钢力学性能的影响图。由图可知,随碳的质量分数增加,强度、硬度增加,塑性、韧性降低。当含碳量大于 0.9%时,由于网状 $Fe_3C_{Ⅱ}$ 出现,导致钢的强度下降。为了保证工业用钢具有足够的强度和适宜的塑性、韧性,其含碳量一般不超过 1.3%~1.4%。含碳量大于 2.11%的白口铸铁,由于其组织中存在大量渗碳体,在性能上显得特别硬而脆,难以切削加工,故除作少数耐磨零件外,很少应用。

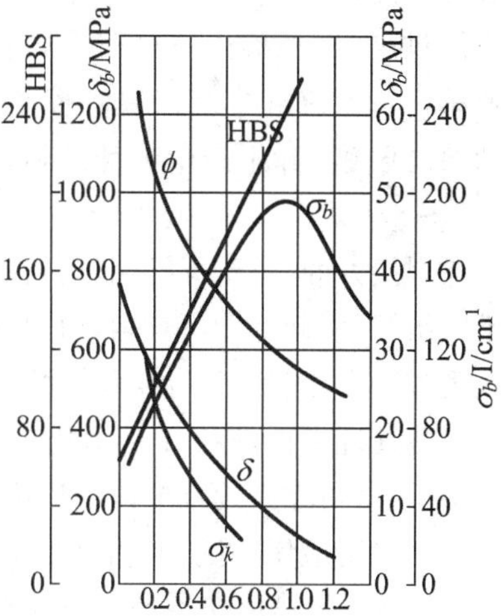

图 3-23 含碳量对缓冷碳钢力学性能的影响

、性能之间的变化规律，为钢铁材料的选用提供了可靠的依条件来选择材料。如果要求有良好的焊接性能和冲压性能的机体较多、塑性好的低碳钢（含碳量＜0.25%）制造，如冲压件、桥梁、；对于一些要求具有综合力学性能（强度、硬度较高和塑性、韧性较好）的机轮、传动轴等应选用中碳钢（0.25%＜含碳量＜0.6%）制造；高碳钢（含碳量＞0.6%）主要用来制造弹性零件及要求高硬度、高耐磨性的各种工具、磨具、量具等；对于形状复杂的箱体、机座等可选用铸造性能好的铸铁来制造。

（二）制定热加工工艺方面的应用

在铸造生产方面，根据 Fe－Fe_3C 相图可以确定合适的浇注温度。浇注温度一般在液相线以上 50～100℃。从相图可知，共晶成分的合金铸造性能最好，它的凝固温度区间最小（为零），因而流动性好，分散缩孔少，可以获得致密的铸件，所以铸铁在生产上总是选在共晶成分附近。

在锻造生产方面，钢处于单相奥氏体时，强度较低、塑性较好，便于锻造成形。因此，钢材的热轧、锻造时要将钢加热到单相奥氏体区。一般始轧、始锻温度控制在固相线以下 100～200℃范围内，温度高时，钢的变形抗力小，节约能源，设备要求的吨位低，始轧和始锻温度不能过高，以免钢材氧化严重和发生奥氏体晶界熔化（过烧）。而终轧和终锻温度也不能过高，以免奥氏体晶粒粗大。但又不能过低，以免塑性降低，导致产生裂纹。一般对亚共析钢的终轧和终锻温度控制在稍高于 GS 线即 A_3 线；过共析钢控制在稍高于 PSK 线即 A_1 线。实际生产中各种碳钢的始轧和始锻温度为 1150～1250℃，终轧和终锻温度为 800～850℃。

在焊接方面，由于焊缝到母材在焊接过程中处于不同温度条件下，因而整个焊缝区会出现不同组织，引起性能不均匀，可以根据 Fe－Fe_3C 相图来分析碳钢的焊接组织，并用适当的热处理方法来减轻或消除组织不均匀性和焊接应力。

对热处理来说，Fe－Fe_3C 相图更为重要。热处理的加热温度都以相图上的 A_1、A_3、A_{cm} 线为依据，这将在后续章节详细讨论。

相图尽管应用广泛，但仍存在一些局限性，主要表现在以下几方面：

（1）相图只是反映了平衡条件下的组织转变规律（缓慢加热或缓慢冷却），它没有反映时间的作用，因此在实际的生产和加工过程中，冷却和加热速度较快时不能用此相图来分析问题。

（2）相图只反映出了铁碳二元合金中相的平衡状态，若钢中除铁和碳以外还含有其它合金元素时，其平衡关系会发生变化。

（3）相图反映的是平衡相，而不是组织。它只给出了相的成分和相对量的信息，不能给出形状、大小、分布等特征。

习　题

1. 比较下列名词：

(1) α-Fe，铁素体；(2) γ-Fe，奥氏体；(3) 共晶反应，共析反应；(4) 一次渗碳体，二次渗碳体

2. 默画简化后的铁碳相图，指出图中 S、C、E、G 等点及 GS、ES、ECF、PSK 等线的意义，并标出各相区的相组成物和组织组成物。

3. 分析含碳量分别为 0.45%、1.2%、2.5%的铁碳合金的平衡结晶过程。

4. 平衡条件下，45、T8、T12 钢的硬度、强度和塑性有何不同？含碳量对性能影响如何？

5. 根据相图，说明下列现象产生的原因：

(1) 在 1100℃，含碳量为 0.4%的碳钢能进行锻造，含碳量为 4.0%的铸铁不能锻造。

(2) 钳工锯割 T10、T12 钢比锯 10、20 钢费力，锯条易磨钝。

(3) 钢铆钉一般用低碳钢制作，锉刀一般用高碳钢制作。

(4) 钢适宜采用压力加工成形，而铸铁只能采用铸造成形。

(5) 在室温下，含碳量为 0.8%的钢其强度比含碳量为 1.2%的钢高。

(6) 莱氏体的塑性比珠光体的塑性差。

(7) 铸造合金常选用接近共晶成分的合金，而压力加工合金常选用单相固溶体成分合金。

第四章　钢的热处理

改善钢的性能，有两个主要途径：一是调整钢的化学成分，加入合金元素；另一个是实行钢的热处理。这两者之间有着极为密切、相辅相成的关系。热处理是提高机器零件质量和延长使用寿命的关键工序，也是使机械零件性能达到规定技术指标的有效途径。

第一节　钢的热处理原理

一、基本概念

所谓钢的热处理就是将金属材料或坯件在固态下，通过加热、保温、冷却的操作方法，使钢的组织结构发生变化，以获得所需性能的一种加工工艺。钢的热处理的最基本类型可根据加热和冷却方法不同，大致分类如下：

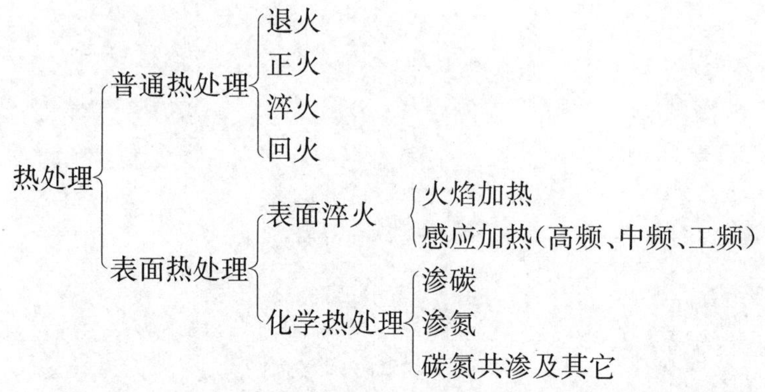

热处理之所以能使钢的性能发生巨大变化，主要是由于经过不同的加热与冷却过程，使钢的内部组织发生了变化。

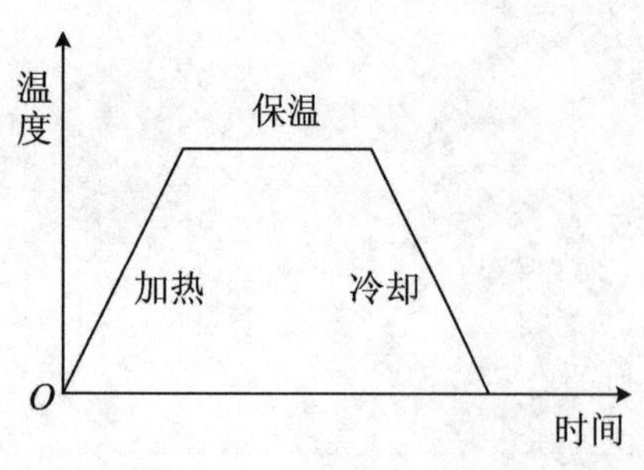

图 4-1　热处理工艺曲线

热处理工艺的加热、保温、冷却过程常用工艺曲线来表示，如图 4-1 所示。

由 Fe-Fe_3C 相图可知，钢在固态下缓慢加热和冷却至平衡临界点 $A_1(PSK)$线、$A_3(GS)$线、$A_{cm}(ES)$线时将发生组织转变。而在实际加热和冷却时，发生组织转变的临界点都要偏离平衡临界点，并且加热和冷却速度越快其偏离程度越大。为了区别于平衡临界点，实际加热时的转变临界点分别用 Ac_1、

Ac_3、Ac_{cm}表示；实际冷却时转变临界点分别用 Ar_1、Ar_3、Ar_{cm}表示，如图 4-2 所示。

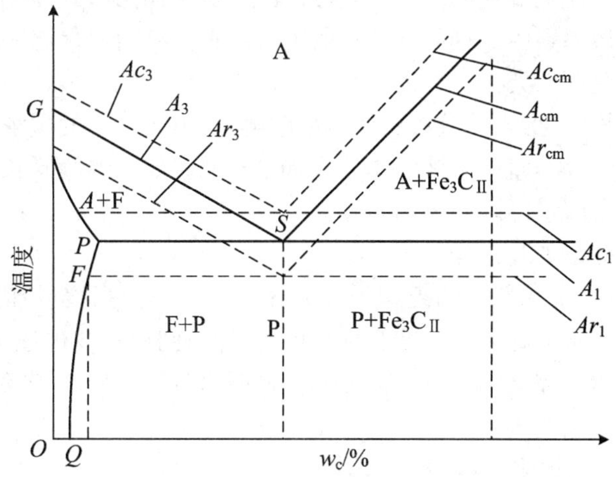

图 4-2 钢在加热和冷却时各临界点的实际位置

二、钢在加热时的组织转变

热处理时，加热的目的是为了得到部分或全部奥氏体组织，经保温后使其冷却，进行重结晶，从而得到所需要的组织。

（一）钢的奥氏体化

把钢加热到相变点以上，获得全部或部分奥氏体组织的过程叫钢的奥氏体化。下面以共析钢为例，说明钢的奥氏体化过程。

1. 共析钢的奥氏体化过程

共析钢在室温时为珠光体，将其缓慢加热到 Ac_1 或 Ac_1 以上时，珠光体将转变成奥氏体。奥氏体的形成是通过形核及成长过程来实现的，其基本过程可以描述为四个步骤，如图 4-3 所示。

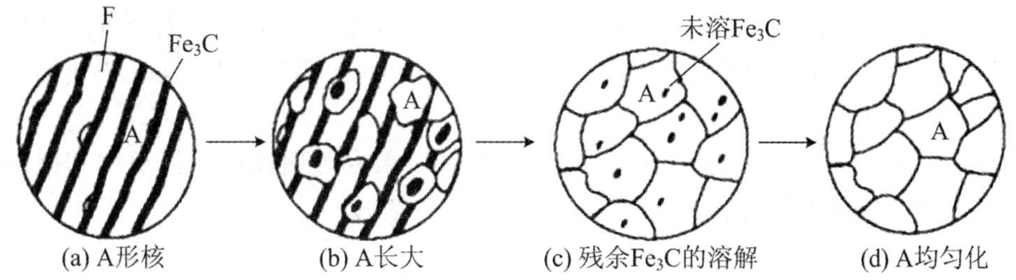

图 4-3 共析钢中奥氏体形成过程示意图

第一步，奥氏体晶核的形成：奥氏体晶核易于在铁素体与渗碳体相界面形成，这是因为此处原子排列较紊乱，位错、空位密度较高所致。

第二步，奥氏体的长大：奥氏体晶核长大是依靠珠光体中铁素体向奥氏体转变和渗碳体不断融入奥氏体而进行的，因此奥氏体同时向渗碳体和铁素体两个方向长大，直至铁素体全部转变为奥氏体为止。

第三步，残余渗碳体融解：在奥氏体形成过程中，铁素体比渗碳体先消失，因此奥氏体形成之后，还残存着未溶渗碳体。这部分残存的未溶渗碳体将随着保温时间的延长，继续不断地融入奥氏体，直至全部消失。

第四步，奥氏体均匀化：当残余渗碳体全部融解时，奥氏体中的碳浓度仍然是不均匀的，在原来渗碳体处含碳量高，而原来铁素体处含碳量较低。如果继续延长保温时间，通过碳的扩散，可使奥氏体的含碳量逐渐趋于均匀。

2. 亚共析钢的奥氏体化过程

亚共析钢在室温平衡状态下的组织为珠光体和铁素体。当缓慢加热到 Ac_1 时，珠光体转变成奥氏体；若进一步提高加热温度和延长保温时间，则铁素体也逐渐转变为奥氏体。在温度超过 Ac_3 时，铁素体完全消失，全部组织为较细的奥氏体晶粒。若继续提高加热温度或延长保温时间，奥氏体晶粒将长大。

3. 过共析钢的奥氏体化过程

过共析钢在室温平衡状态下的组织为珠光体和二次渗碳体。当缓慢加热到 Ac_1 时，珠光体转变成奥氏体；若进一步提高加热温度和延长保温时间，则二次渗碳体也逐渐溶入到奥氏体。在温度超过 Ac_{cm} 时，二次渗碳体完全溶解，全部组织为奥氏体，此时奥氏体晶粒将已经粗化。

（二）奥氏体晶粒的长大及其控制

1. 奥氏体晶粒的长大

奥氏体晶粒的大小与加热温度和保温时间有很大关系，在相变点温度以上，加热温度越高，保温时间越长，奥氏体晶粒就会长得越大。

钢中加入合金元素，也影响奥氏体晶粒长大。一般 Ti、V、W、Si、Al、Cu 等元素都会阻碍奥氏体晶粒长大。而 Mn、P 则有加速奥氏体晶粒长大倾向。

钢的奥氏体化晶粒大小对冷却后组织晶粒的大小有直接影响。钢奥氏体化后的晶粒细小，冷却后的组织晶粒就细小，奥氏体化后的晶粒粗大，冷却后组织的晶粒也粗大，在组织相同的情况下，细晶粒组织的力学性能好。

2. 奥氏体晶粒的控制

在热处理加热的过程中，为了得到细晶粒的奥氏体，通常采用以下三个方面的措施：控制加热温度，通常为相变点以上 30～50℃，不超过 100℃；合理的保温时间；快速加热、短时间保温。

由以上分析可知，为了控制奥氏体晶粒长大，可以采取合理选择加热温度和保温时间，合理选择钢的原始组织以及加入一定量的合金元素等措施。

三、钢在冷却时的组织转变

奥氏体化后的钢通过适当的冷却方式，得到所需要的组织和性能。所以，冷却是热处理的关键工序，它决定着钢在热处理后的组织和性能。

奥氏体经过不同的冷却后，性能明显不同，强度相差很大。因为不同冷却速度下，奥氏体的过冷度不同，转变产物的组织不同，工件性能各异。45 钢奥氏体化后，冷却方式不同，得到的组织与性能见表 4-1。

表 4-1 不同冷却方式 45 钢的力学性能

冷却方式	σ_b/MPa	σ_s/MPa	δ/%	ψ/%	硬度/HRC
炉冷	519	272	32.5	49	(15～18)
空冷	680	330	17	50	20～24
油冷	882	608	19	48	40～50
水冷	1078	706	7～8	12～14	52～57

实际生产中冷却的方式是多种多样的。常采用两种方式:一种是等温冷却,如等温淬火、等温退火等。它是将奥氏体化后的钢由高温快速冷却到临界温度以下某一温度,保温一段时间进行等温转变,然后再冷却到室温,如图 4-4 中的曲线 1 所示;另外一种是连续冷却,如炉冷、空冷、油冷、水冷等。它是将奥氏体化后的钢连续从高温冷却到室温,使奥氏体在一个温度范围内发生连续转变,如图 4-4 中曲线 2 所示。奥氏体冷至临界温度以下,处于热力学不稳定状态,经过一定孕育期后,才能转变。这种在临界点以下尚未发生转变的不稳定奥氏体称为过冷奥氏体。

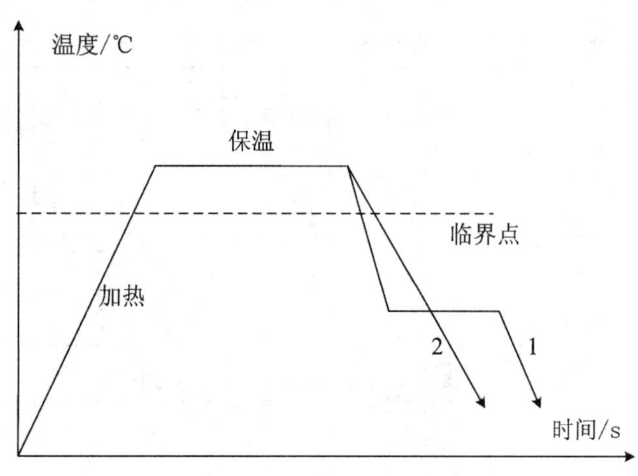

图 4-4 奥氏体不同冷却方式示意图

1—等温冷却 2—连续冷却

(一) 过冷奥氏体等温转变曲线

过冷奥氏体等温转变曲线可综合反映过冷奥氏体在不同过冷度下的等温转变过程:转变开始和转变终了时间、转变产物的类型以及转变量与时间、温度之间的关系等。形状像英文字母"*C*",故俗称 *C* 曲线,也称为 *TTT* 图。

由于过冷奥氏体在转变过程中不仅有组织转变和性能变化,而且有体积膨胀和磁性转变,因此可以采用膨胀法、磁性法、金相-硬度法等来测定过冷奥氏体等温转变曲线。如图 4-5 所示,*C* 曲线中转变开始线与纵轴的距离为孕育期,标志着不同过冷度下过冷奥氏体的稳定性,其中以 550℃左右共析钢的孕育期最短,过冷奥氏体稳定性最低,称为 *C* 曲线的"鼻尖"。

1. 过冷奥氏体等温转变曲线的分析

图 4-5 中最上面一条水平虚线表示钢的临界点 A_1(727℃),即奥氏体与珠光体的平衡温度。图中下方的一条水平线 M_s(230℃)为马氏体转变开始温度,M_s 以下还有一条水平线 M_f(-50℃)为马氏体转变终了温度。A_1 与 M_s 线之间有两条 C 曲线,左表一条为过冷奥氏体转变开始线,右边一条为过冷奥氏体转变终了线。A_1 线以上是奥氏体稳定区。M_s 线至 M_f 线之间的区域为马氏体转变区,过冷奥氏体冷却至 M_s 线以下将发生马氏体转变。过冷奥氏体转变开始线与转变终了线之间的区域为过冷奥氏体转变区,在该区域过冷奥氏体向珠光体或贝氏体转变。在转变终了线右侧的区域为过冷奥氏体转变产物区。A_1 线以下,M_s 线以上以及纵坐标与过冷奥氏体转变开始线之间的区域为过冷奥氏体区,过冷奥氏体在该区域内不发生转变,处于亚稳定状态。在 A_1 温度以下某一确定温度,过冷奥氏体转变开始线与纵坐标之间的水平距离为过冷奥氏体在该温度下的孕育期,孕育期的长短表示过冷奥氏体稳定性的高低。在 A_1 以下,随等温温度降低,孕育期缩短,过冷奥氏体转变速度增大,在 550℃左右共析钢的孕育期最短,转变速度最快。此后,随等温温度下降,孕育期又不断增加,转变速度减慢。过冷奥氏体转变终了线与纵坐标之间的水平距离则表示在不同温度下转变完成所需要的总时间。转变所需的总时间随等温温度的变化规律也和孕育期的变化规律相似。处于"鼻尖"温度时,两个因素综合作用的结果,使转变孕育期最短,转变速度最大。

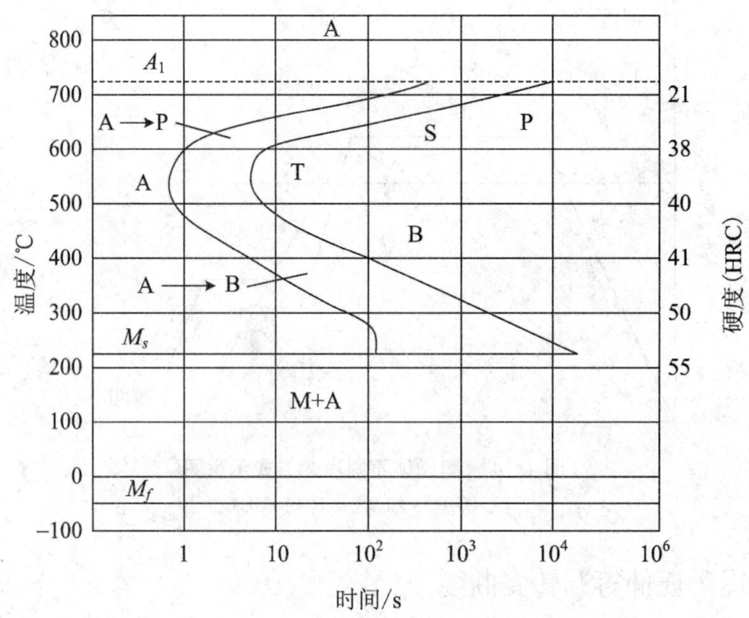

图 4-5 共析钢的过冷奥氏体等温转变曲线

2. 过冷奥氏体等温转变产物的组织及其性能

以共析钢为例,不同过冷度下,奥氏体将发生珠光体转变(高温区转变)、贝氏体转变(中温区转变)和马氏体转变(低温区转变)。

(1) 珠光体转变。共析成分的过冷奥氏体从 A_1 以下至 C 曲线的"鼻尖"以上,即 A_1~550℃温度范围内会发生 A→P,其反应是:A→P($F+Fe_3C$)。珠光体转变是全扩散型转变,即铁原子和碳原子均进行扩散运动。

等温形成片层状铁素体和渗碳体的机械混合物,统称为珠光体,用"P"表示。研究发现,等温温度越低，片层越细，强度硬度越高，塑性韧性越好。

在过冷度很小时（A_1～650℃），会形成层片较粗大的组织，硬度 10～20HRC；称为珠光体（P），在低倍的金相显微镜下就可观察清楚。

在过冷度稍大时（650～600℃），会得到层片较薄的细珠光体组织（S——细珠光体），硬度 20～30HRC；称为“索氏体”，用“S”表示。它在 1000～1500 倍的光学显微镜下，才能分辨清楚。

在过冷度很大时（600～550℃），得到层片极细的组织（T——极细珠光体），硬度 0～40HRC；它称为屈氏体，用“T”示。它只有在 10000～15000 倍的电镜下才能分辨出来。

珠光体、索氏体和屈氏体都是由渗碳体和铁素体组成的层片状机械混合物，只是由于层片的大小不同，也就决定了它们的机械性能各异。表 4－2 给出了共析钢的珠光体转变产物的类型、形成温度、层片间距及硬度等，以供参考。

表 4－2　共析钢的珠光体转变产物

组织	形成温度/℃	片层间距/μm	硬度/HRC
珠光体(P)	A_1～650	>0.4	5～27
索氏体(S)	650～600	0.4～0.2	27～33
屈氏体(T)	600～550	<0.2	33～43

(2) 贝氏体转变。共析奥氏体过冷到 C 曲线“鼻子”以下至 M_s 线之间，即 230～550℃之间，将发生 A→B 的转变。贝氏体是由含碳过饱和的铁素体与渗碳体组成的两相混合物。在贝氏体转变中，由于转变时过冷度很大，没有铁原子的扩散，只有碳原子的扩散，因此也称半扩散型转变。

贝氏体有两种常见的组织形态，即上贝氏体、下贝氏体。

上贝氏体：过冷奥氏体在 350～550℃之间转变将得到羽毛状的组织，称此为上贝氏体，用“$B_上$”表示，其硬度 40～45HRC。钢中的上贝氏体为成束分布、平行排列的铁素体和夹于其间的断续的条状渗碳体的混合物。

下贝氏体：下贝氏体形成于贝氏体转变区的较低温度范围，中、高碳钢为 350℃～M_s 之间。典型的下贝氏体是由含碳过饱和的片状铁素体和其内部沉淀的碳化物组成的机械混合物。下贝氏体的空间形态呈双凸透镜状，下贝氏体具有较高的强度、硬度和良好的塑韧性，即具有较优良的综合力学性能，用“$B_下$”表示。

贝氏体的力学性能主要决定于其组织形态。上贝氏体的形成温度较高，铁素体条粗大，碳的过饱和度低，强度和硬度较低，冲击韧性较低。靠近贝氏体区上限温度形成的上贝氏体，韧性越差，强度越低。因此，在工程材料中一般应避免上贝氏体组织形成。

下贝氏体中铁素体针细小、分布均匀，不但强度高，而且韧性也好，即具有良好的综合力学性能，缺口敏感性和脆性转折温度都较低，是一种理想的组织。生产中以获得下贝氏体组织为目的的等温淬火工艺得到了广泛的应用。

(3) 马氏体转变。钢从奥氏体化状态快速冷却，在较低温度下（低于 M_s 点）发生的转变为马氏体转变。马氏体转变属于低温转变，转变产物为马氏体组织。马氏体是碳在 $\alpha-Fe$ 中的过饱和固溶体，用符号“M”表示。马氏体硬度高，马氏体转变是钢件热处理强化的主要手段。由于马氏体转变发生在较低温度下,此时,铁原子和碳原子都不能进行扩散,马氏体转变过程中的铁原子的晶格改组是通过切变方式完成的,因此,马氏体转变是典型的非扩散型相变。

马氏体的组织形态多种多样,其中板条马氏体和片状马氏体最为常见。

板条马氏体是低、中碳钢及马氏体时效钢、不锈钢等铁基合金中形成的一种典型马氏体组织。图 4-6 是低碳钢中的板条马氏体组织,是由许多成群的、相互平行排列的板条所组成,故称为板条马氏体。板条马氏体的空间形态是扁条状的。

图 4-6 低碳马氏体的组织形态

片状马氏体是在中、高碳钢及含镍量大于 29%的 Fe-Ni 合金中形成的一种典型马氏体组织。高碳钢中典型的片状马氏体组织如图 4-7 所示。

图 4-7 高碳马氏体的组织形态

片状马氏体的空间形态呈双凸透镜状,在光学显微镜下呈针状或竹叶状,故又称为针状马氏体。片状马氏体主要在 200℃以下形成。含碳量为 0.2%~1.0%的奥氏体在马氏体区较高温度先形成板条马氏体,然后在较低温度形成片状马氏体。碳浓度越高,则板条马氏体的数量越少,而片状马氏体的数量越多。溶入奥氏体中的合金元素除 Co、Al 外,大多数都使

M_s 点下降，因而都促进片状马氏体的形成。Co 虽然提高 M_s 点，但也促进片状马成。如果在 M_s 点以上不太高的温度下进行塑性变形，将会显著增加板条马氏体的数量

马氏体力学性能的最大特点是具有高硬度和高强度。马氏体的硬度主要取决于马氏的含碳量。随含碳量的增加而升高，当含碳量达到 0.6%时，淬火钢硬度接近最大值。含碳量进一步增加，虽然马氏体的硬度会有所提高，但由于残余奥氏体量增加，反而使钢的硬度有所下降。合金元素对马氏体的硬度影响不大，但可以提高其强度。

片状马氏体具有高强度、高硬度，但韧性很差，其特点是硬而脆。在具有相同屈服强度的条件下，板条马氏体比片状马氏体的韧性要好得多。片状马氏体的性能特点是硬度高而脆性大。

可见，马氏体的力学性能主要取决于含碳量、组织形态和内部结构。板条马氏体具有优良的强韧性，片状马氏体的硬度高，但塑性、韧性差。通过热处理可以改变马氏体的形态，增加板条马氏体的相对数量，从而可显著提高钢的强韧性，这是一条充分发挥钢材潜力的有效途径。

马氏体转变，相对珠光体转变来说，是在较低的温度区域进行的，主要特点如下：

无扩散型转变，是在一定温度范围内完成的，在通常情况下转变不能进行到底，在组织中保留有一定数量的未转变的奥氏体，称之为残余奥氏体。

3. 影响 *C* 曲线的因素

(1) 含碳量。亚共析钢与过共析钢的过冷奥氏体等温转变曲线如图 4－8、4－9 所示。由图得知，亚共析钢的 C 曲线比共析钢多一条共析铁素体析出线，过共析钢多一条二次渗碳体的析出线。在一般热处理加热条件下，碳使亚共析钢的 C 曲线右移，使过共析钢的 C 曲线左移。

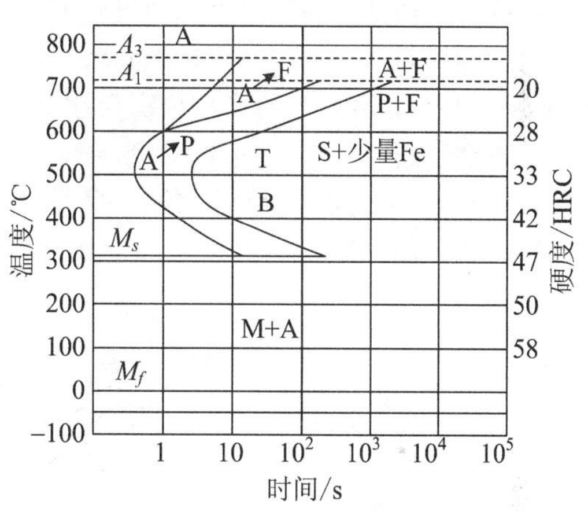

图 4－8 亚共析钢过冷奥氏体等温转变曲线

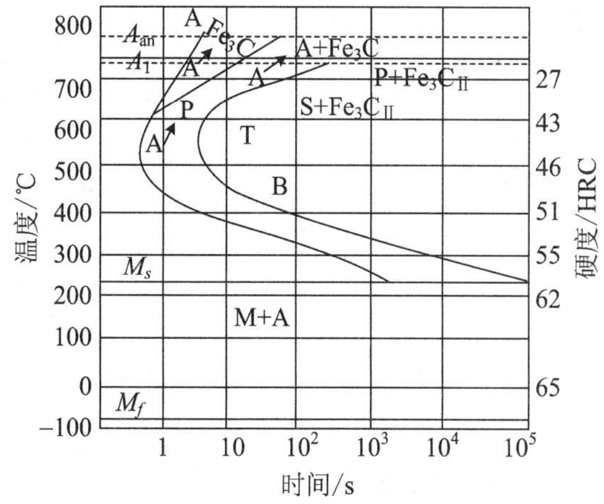

图 4－9 过共析钢过冷奥氏体等温转变曲线

外，钢中所有合金元素的溶入都会增大过冷奥氏体的稳定性，物或弱碳化物形成元素，如 Si、Ni、Cu 和 Mn，只改变 C 曲线的。碳化物形成元素如 Mo、W、V、Ti 等，不仅使 C 曲线的位置右鼻子”，即把珠光体转变和贝氏体转变分开，中间出现一过冷奥氏

时间。加热温度越高，保温时间越长，奥氏体越均匀，提高了过冷奥氏体的线右移。

（二）过冷奥氏体连续冷却转变曲线

实际生产中的热处理工艺是在连续冷却过程中完成的，如炉冷退火、空冷正火、水冷淬火等。在连续冷却过程中，过冷奥氏体同样能进行等温转变时所发生的几种转变，而且各个转变的温度区也与等温转变时的大致相同。在连续冷却过程中，不会出现新的在等温冷却转变时所没有的转变。但是，奥氏体的连续冷却转变不同于等温转变。连续冷却转变复杂一些，转变规律性也不像等温转变那样明显，形成的组织也不容易区分。

连续冷却转变的规律也可以用另一种 C 曲线表示出来，这就是“连续冷却 C 曲线”，又称“CCT(Continuous Cooling Transformation)曲线”。它反映了在连续冷却条件下过冷奥氏体的转变规律，是分析转变产物组织与性能的依据，也是制订热处理工艺的重要参考资料。

共析钢的连续冷却 C 曲线，如图 4－10 所示。由图可以看到，珠光体转变区由三条曲线构成，左边一条是转变开始线，右边一条是转变终了线，下面一条是转变中止线。马氏体转变区则由两条曲线构成，一条是温度上限 M_s 线，另一条是冷速下线 V_k'。从图可以看出：

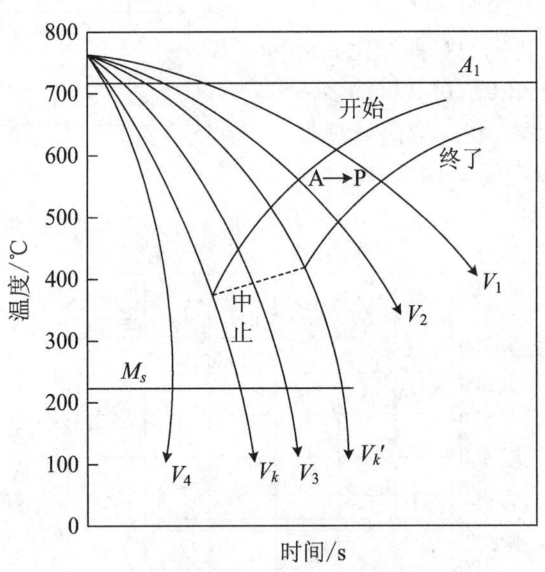

图 4－10　共析钢连续冷却 C 曲线

(1) 当冷却速度 $V<V_k'$ 时，冷却曲线与珠光体转变开始线相交便发生 $\gamma\rightarrow$P，与终了线相交时，转变便告结束，形成全部的珠光体。

(2) 当冷速 $V_k'<V<V_k$ 时，冷却曲线只与珠光体转变开始线相交，而不再与转变终了线相交，但会与中止线相交，这时奥氏体只有一部分转变为珠光体。冷却曲线一旦与中止线

相交就不再发生转变，只有一直冷却到 M_s 线以下才发生马氏体转变。并且随着冷速 V 的增大，珠光体转变量越来越少，而马氏体量越来越多。

(3) 当冷速 $V>V_k$ 时，冷却曲线不再与珠光体转变开始线相交，即不发生 A→P，而全部过冷到马氏体区，只发生马氏体转变。此后再增大冷速，转变情况不再变化。由上面分析可见，V_k 是保证奥氏体在连续冷却过程中不发生分解而全部过冷到马氏体区的最小冷速，称为"上临界冷速"。V_k' 则是保证奥氏体在连续冷却过程中全部分解而不发生马氏体转变的最大冷速，称为"下临界冷速"。

(4) 共析碳钢的连续冷却转变只发生珠光体转变和马氏体转变，不发生贝氏体转变，共析碳钢在连续冷却时得不到贝氏体组织。但有些钢在连续冷却时会发生贝氏体转变，得到贝氏体组织，例如某些亚共析钢、合金钢。要注意的是，亚共析钢的连续冷却 C 曲线与共析钢的大不相同，主要是出现了铁素体的析出线和贝氏体转变区，还有 M_s 线右端降低等。

(三) 连续冷却 C 曲线与等温冷却 C 曲线的比较

连续冷却过程可以看成是由无数个微小的等温过程组成，在经过每一个温度时都停留一个微小时间，连续冷却转变就是这些微小等温过程孕育、发生和发展的。所以说等温转变是连续冷却转变的基础。图 4-11 是共析钢连续冷却 C 曲线与等温冷却 C 曲线的比较，由图可以看出：

(1) 连续冷却 C 曲线位于等温 C 曲线的右下方。因为连续冷却的转变温度均比等温转变的温度低一些，需要较长的孕育期。

(2) 连续冷却转变发生在一定的温度范围内，冷却转变获得的组织是不均匀的，先转变的组织较粗，后转变的组织较细。

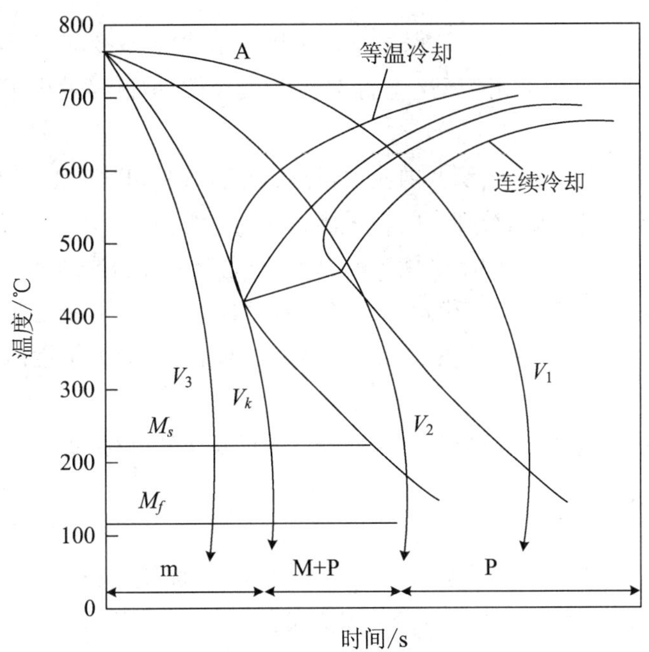

图 4-11 共析钢连续冷却 C 曲线与等温冷却 C 曲线的比较

第二节　钢的普通热处理

钢的热处理主要分为普通热处理和表面热处理两大类，其中普通热处理所包含的退火、正火、淬火和回火是最为常用的热处理工艺；表面热处理一般用于工作环境较为特殊的场合。这些工艺方法有时是单独使用，有时是综合使用，其根本目的是为了改善材料的力学性能，从而达到不同场合的使用要求。

一、退　火

退火是将钢件加热到 A_{c_3}（亚共析钢）或 A_{c_1}（过共析钢）线以上适当温度，保温一段时间（依工件大小和厚度而定，要使工件热透，保证得到均匀化的奥氏体），然后随炉缓慢冷却的热处理方法。工厂里也叫焖火。

退火的主要目的有：降低钢的硬度便于切削加工；细化晶粒，改善组织，提高力学性能，消除或减少内应力，提高塑性，以防钢件变形、开裂；消除零件毛坯在铸、锻、焊时所造成的组织缺陷，改善组织，为最终热处理做组织准备。

退火分完全退火、球化退火、等温退化、扩散退火、去应力退火和再结晶退火。

（一）完全退火（又称重结晶退火或软化退火）

将钢加热到 Ac_3 以上 30～50℃，保温一定时间后，随炉缓慢冷却到 600℃出炉空冷。由于加热温度在 Ac_3 以上，钢的组织已经全部转变为奥氏体，即已经发生了完全重结晶，故又得名重结晶退火。

目的：细化晶粒，消除过热组织及内应力，降低硬度，改善切削加工性。

组织：接近平衡状态，即晶粒细小的铁素体和珠光体组织。

特点：所需时间很长，生产中常采用等温退火（与完全退火加热温度相同，只是等温退火冷却速度快）来代替，如：奥氏体较稳定的合金钢；而且这种工艺不能用于过共析钢，因为加热到 A_{cm} 以上再缓慢冷却时会析出网状二次渗碳体，反而使钢的力学性能变坏，给切削加工和后热处理带来不便。

应用：亚共析成分的各种碳钢和合金钢的铸、锻件及热轧型材，焊接结构。

（二）球化退火

钢加热将到 A_{c1} 以上 30～50℃，充分保温后，再慢速（促使共析渗碳体球化）冷至 A_{r1} 以下 20℃左右，等温一定时间后，出炉空冷的退火工艺。

目的：球化渗碳体，降低钢的硬度，改善切削加工性，并为淬火作好组织准备。过共析钢热加工后的组织中都会出现层片状珠光体，甚至有网状渗碳体，这种组织硬而脆，不仅切削加工困难，而且还会引起最终淬火时的变形和开裂，为了克服这一缺点，过共析钢在热加工后必须进行球化退火(如果钢的组织中网状渗碳体比较严重,为便于球化过程的进行,在球化退火之前先进行正火),使碳化物由细层片状转变为球状,这种在铁素体基体上均匀分布着球状(或粒状)渗碳体的组织叫做球化组织。

组织:球状珠光体,硬度低,切削加工后得到的表面粗糙度低,而且可以减小零件淬火时产生变形或开裂的倾向。

应用:过共析(或共析)成分的碳钢及合金工具钢。

(三) 等温退火

将钢件或毛坯件加热到高于 A_{c3}(或 A_{c1})温度,保持适当时间后,较快地冷却到珠光体温度区域的某一温度并等温保持,使奥氏体转变为珠光体型组织,然后在空气中冷却的退火工艺。

目的:细化组织和降低硬度。

特点:组织与硬度比完全退火更为均匀。

亚共析钢加热温度为 A_{c3}+(30~50)℃,过共析钢加热温度为 A_{c1}+(20~40)℃,保持一定时间,随炉冷至稍低于 A_{r3} 温度进行等温转变,然后出炉空冷。

退火的温度应根据 C 曲线制定,距 A_1 线越近,获得的 P 越粗大,硬度也越低。

应用:中合金钢和低合金钢(奥氏体比较稳定)。

(四) 扩散退火(也称均匀化退火)

将钢加热到 A_{c3}+(150~300)℃(固相线温度以下,大约 1100℃左右),保温 10~15h,随炉缓冷到 350℃,再出炉空冷。工件经均匀化退火后,奥氏体晶粒十分粗大,必须进行一次完全退火或正火来细化晶粒,消除过热缺陷。

目的:均匀钢的成分与组织。

特点:能耗大,易使晶粒粗大。

应用:高质量要求的优质高合金钢的铸锭和成分偏析严重的合金钢铸件或锻坯。

(五) 去应力退火(也称低温退火)

把钢加热到 A_{c1} 以下某一温度(500~600℃),保温一定时间,随炉冷却的退火工艺。

目的:消除由于塑性形变加工、焊接等而造成的以及铸件内存在的残余应力,提高尺寸稳定性。锻造、铸造、焊接以及切削加工后的工件内部存在内应力,如不及时消除,将使工件在加工和使用过程中发生变形,影响工件精度。采用去应力退火消除加工过程中产生的内应力十分重要。

特点:在整个热处理过程中不发生组织转变,因为加热温度低于相变温度 A_1。

内应力主要是通过工件在保温和缓冷过程中消除的。

应用:铸件、锻件、焊接件、冷冲压件及机加工件;

(六) 再结晶退火——中间退火

把经过冷变形处理的钢加热到再结晶温度以上 150~250℃,保温后缓慢冷却的退火工艺方法。

目的:使形变晶粒重新结晶成均匀的等轴晶粒,以消除形变强化和残余应力。

应用:去除冷变形钢引起的加工硬化。

各种退火与正火的加热温度与工艺曲线分别如图4-12、图4-13所示。

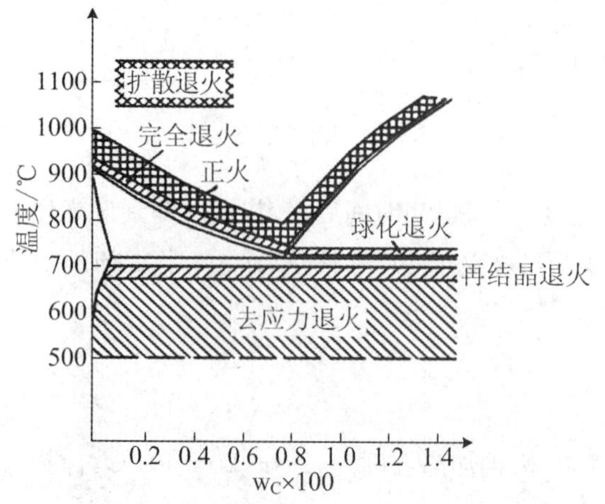

图4-12　各种退火与正火的加热温度

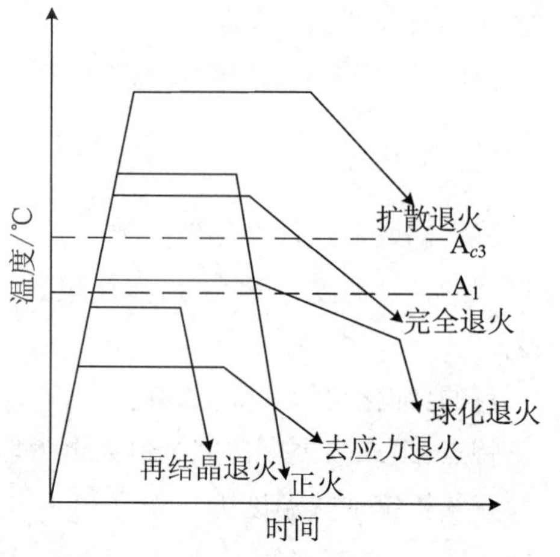

图4-13　各种退火与正火的工艺曲线

二、正　火

把钢加温到临界温度(亚共析钢A_{c3}、过共析钢A_{ccm})以上30~50℃,保温一段时间,然后在空气中冷却的热处理工艺。加热温度与工艺曲线分别如图4-12、图4-13所示。

正火与退火相比,是退火的一个特例,冷却速度快,过冷度大,正火后珠光体数量较多,片层较细、铁素体晶粒也比较细小,因而强度和硬度较高,塑性并不降低。

正火工艺比较简便,有利于采用锻造余热正火,可节省能源,生产周期缩短,成本低,应用如下:

(1) 改善钢的切削加工性能。碳的含量低于0.25%的碳素钢和低合金钢,退火后硬度较低,切削加工时易于“粘刀”,通过正火处理,可以减少自由铁素体,获得细片状珠光体,使硬度提高,可以改善钢的切削加工性,提高刀具的寿命和工件的表面光洁度。

(2) 消除热加工缺陷。中碳结构钢铸、锻、轧件以及焊接件在加热加工后易出现粗大晶粒等过热缺陷和带状组织。通过正火处理可以消除这些缺陷组织,达到细化晶粒、均匀组织、消除内应力的目的。

(3) 消除过共析钢的网状碳化物,便于球化退火。过共析钢在淬火之前要进行球化退火,以便于机械加工并为淬火作好组织准备。但当过共析钢中存在严重网状碳化物时,将达不到良好的球化效果。通过正火处理可以消除网状碳化物。

(4) 提高普通结构零件的力学性能。一些受力不大、性能要求不高的碳钢和合金钢零件采用正火处理,达到一定的综合力学性能,可以代替调质处理,作为零件的最终热处理。

正火与退火的选择:

(1) 含碳量小于0.25%的低碳钢,常采用正火代替退火。因为较快的冷却速度可以防止低碳钢沿晶界析出游离$Fe_3C_{Ⅲ}$,从而提高冲压件的冷变形性能;用正火可以提高钢的硬度，低碳钢的切削加工性能；在没有其它热处理工序时，用正火可以细化晶粒，提高低碳钢强度。

(2) 含碳量在 0.25%～0.5%之间的中碳钢也可用正火代替退火，虽然接近上限碳量的中碳钢正火后硬度偏高，但尚能进行切削加工，而且正火成本低、生产率高。

(3) 含碳量在 0.5%～0.75%之间的钢，因含碳量较高，正火后的硬度显著高于退火的情况，难以进行切削加工，故一般采用完全退火，降低硬度，改善切削加工性。

(4) 含碳量大于 0.75%的高碳钢或工具钢一般均采用球化退火作为预备热处理，如有网状二次渗碳体存在，则应先进行正火消除。

三、淬　火

把钢加温到临界温度以上 30～50℃，保温一段时间，然后快速(>V_k)冷却(水冷、油冷等)使奥氏体冷却到 M_s 点以下发生马氏体转变的热处理工艺。

因此，淬火的目的就是为了获得马氏体，并与适当的回火工艺相配合，以提高钢的力学性能。淬火、回火是钢的最重要的强化方法，也是应用最广的热处理工艺之一。作为各种机器零件、工具及模具的最终热处理，淬火是赋予零件最终性能的关键工序。

(一) 淬火工艺

1. 加热温度

亚共析钢淬火加热温度为 A_{c3} 以上 30～50℃；共析、过共析钢淬火加热温度为 A_{c1} 以上 30～50℃。如果淬火温度在 A_{cm} 以上，由于渗碳体的溶解，反而会降低淬火后钢的耐磨性，再者由于温度过高，不但获得粗大的马氏体组织，同时还会引起钢件的严重变形，甚至开裂。

2. 热保温时间

保温时间的影响因素比较多，它与加热炉的类型、钢种、工件尺寸大小等有关，一般根据热处理手册中的经验公式确定。

3. 冷却方式

冷却的好坏直接决定了钢淬火后的组织和性能。冷却介质应保证：工件得到马氏体，同时变形小，不开裂。理想的淬火曲线为 650℃以上缓冷，以降低热应力。650～400℃快速冷却，保证全部奥氏体不分解。400℃以下缓冷，减少马氏体转变时的相变应力。图 4-14 所示为钢的理想淬火冷却曲线。

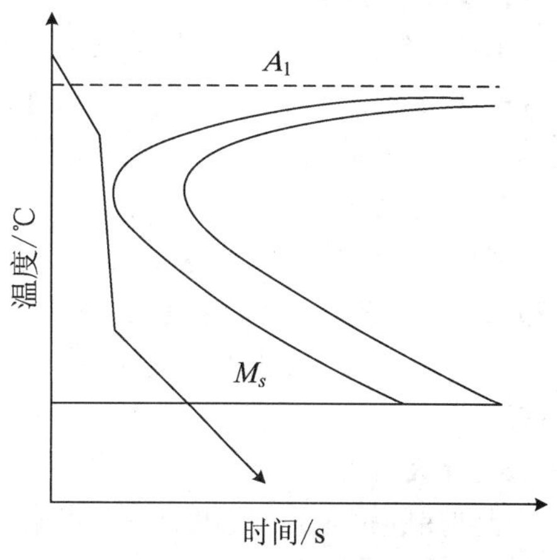

图 4-14　钢的理想淬火冷却曲线

时间生产中常用的淬火冷却介质，主要是水、油。

水在 650～550℃高温区冷却能力较强，在 300～200℃低温区冷却能力也强。淬火零件易变形开裂，因而适用于形状简单、截面较大的碳钢零件的淬火。此外，水温对水的冷却特性影响很大，水温升高，水在高温区的冷却能力显著下降，而低温区的冷却能力仍然很强。因此淬火时水温不应超过 30℃，通过加强水循环和工件的搅动可以提高工件在高温区的冷却速度。

在水中加入盐、碱，其冷却能力比清水更强。因此适用于低碳钢和中碳钢的淬火。

油也是一种常用的淬火介质。目前工业上主要采用矿物油，如锭子油、机油等。油在 300～200℃低温区的冷却速度比水小得多，可大大降低淬火工件的相变应力，减小工件变形和开裂倾向。650～550℃高温区间冷却能力低是其主要缺点。但是对于过冷奥氏体比较稳定的合金钢，油是合适的淬火介质。与水相反，提高油温可以降低黏度，增加流动性，故可提高高温区间的冷却能力。油温一般控制在 60～80℃以防着火。油适用于形状复杂的合金钢工件的淬火以及小截面、形状复杂的碳钢工件的淬火。

为减少工件的变形，熔融状态的盐也常用作淬火介质，称作盐浴。常用于等温淬火和分级淬火，处理形状复杂、尺寸小、变形要求严格的工件等。

(二) 淬火方法

淬火方法的选择要以获得马氏体和减少内应力、减少工件的变形和开裂为依据。常用方法有：单介质淬火、双介质淬火、分级淬火、等温淬火。图 4 - 15 所示为不同淬火方法示意图。

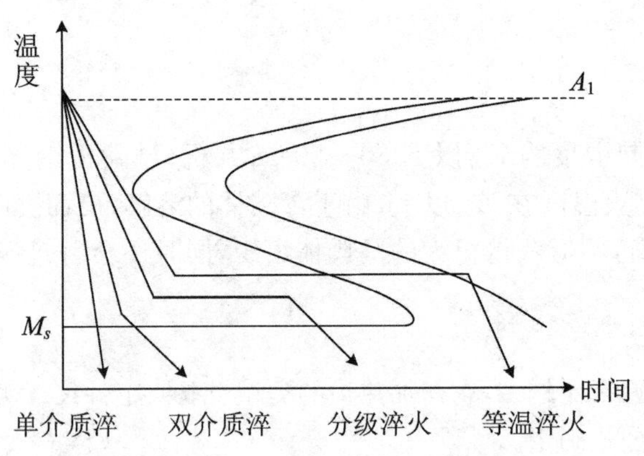

图 4 - 15　不同淬火方法示意图

1. 单介质淬火

钢加热到淬火温度，投入到一种淬火介质中连续冷却到室温的淬火工艺，如：形状简单的碳钢件在水中淬火，合金钢和小尺寸碳钢件在油中淬火。操作简便，易于机械化与自动化，但易产生缺陷，如：水淬易开裂变形，油淬易出现硬度不足、不均匀。

2. 双介质淬火

加热的钢先放到一种冷却能力强的介质中，再转入冷却能力较弱的另一种淬火介质中冷却的淬火工艺，如：形状复杂的高碳钢工件水淬油冷，尺寸较大的合金钢件油淬空冷。淬火内应力小，有效防止变形与开裂。但是从一种介质转移到另一种介质时的温度，难以把握。

3. 分级淬火

已加热的钢先放到温度为 M_s 点附近（150～260℃）的盐浴或碱浴中，停留 2～5 分钟，等钢整体温度趋于均匀时，取出空冷获得 M 的淬火工艺。比双介质淬火易于操作，可有效避免变形与开裂，用于尺寸较小形状复杂的工件。

4. 等温淬火

已加热的钢先放到温度高于 M_s 点温度的盐浴或碱浴中，保温一定时间，等钢整体温度趋于均匀时，取出空冷获得 $B_下$ 的淬火工艺。内应力小，工件不易变形与开裂，具有良好的综合力学性能。用于形状复杂，尺寸要求较精确，强韧性要求较高的小型工模具及弹簧等的淬火。

(三) 钢的淬透性

钢的淬透性是指钢在淬火时所能得到的淬硬层(马氏体组织占50%处)的深度。影响钢淬透性的因素主要是临界淬火冷却速度 V_k，V_k 越大，奥氏体越不稳定，钢的淬透性越小。凡提高奥氏体稳定性的因素，均可提高钢的淬透性。

淬透性的应用：完全淬透的工件，整个截面上的性能均匀一致，如未淬透，截面各处的性能不均匀。淬透性小，淬硬层就浅，其承载能力就弱，所以，选材和制定热处理工艺要注意钢材的淬透性，有以下几种情况：

(1) 大截面、动载荷及交变载荷下工作的重要零件，选淬透性好的钢材。如：锻锤、大电机轴、连杆螺栓、拉杆等；

(2) 承受弯曲、扭转应力的零件，受力在表层，心部不要求高硬度，选淬透性一般的钢材；

(3) 形状复杂或对变形要求严格的零件，为减小变形，防止开裂，选淬透性较好的钢材，以便选冷却能力较弱的淬火介质或双介质淬火。

(四) 钢的淬硬性

钢的淬硬性是指钢在淬火后所能达到的最高硬度。影响钢淬硬性的因素：主要取决于马氏体的含碳量。钢的淬硬性与淬透性是两个不同的概念，淬透性好，淬硬性不一定高。见表4-3。

表4-3　淬透性与淬硬性比较表

钢　　种	淬硬性	淬透性
碳素结构钢(20)	低	低
碳素工具钢(T10A)	高	低
低碳合金结构钢	低	高
高碳高合金工具钢	高	高

四、回　　火

回火是将淬火后的钢件重新加热到 A_{c_1} 线以下，保温后进行冷却的热处理方法。回火可以减少淬火钢的脆性，消除内应力，使马氏体转变为稳定组织。

淬火钢经回火后的硬度，随回火温度的升高而降低，韧性则随回火温度的升高而增大。所以可选用合适的回火温度来调整工件的机械性能，满足零件的设计要求。

回火可分低温回火（150～250℃）、中温回火（350～500℃）和高温回火（500～650℃）三种。

低温回火主要用于工具钢、滚动轴承和渗碳淬火零件等，能减少内应力和脆性，保持高的硬度（56～65HRC）和耐磨性。

中温回火主要用于弹簧、锻模等工件，可显著减少内应力，提高弹性和屈服极限，并具有一定的硬度（45～50HRC）和韧性。

高温回火可消除内应力，并使钢件获得既有一定的强度和硬度（25～35HRC），又有良好的综合力学性能。淬火后再经高温回火的热处理叫调质处理，简称调质。调质广泛应用于处理中碳钢、合金调质钢制的轴、齿轮、连杆等重要零件。

热处理可在较大范围内改变材料的力学性能。表 4－4 列出了 45 号钢经不同热处理后的主要性能，以做比较。

表 4－4　45 号钢经不同热处理后的主要性能

热处理方法	σ_b/MPa	δ_5/%	α_K/J/cm^2	HBS
退火	600	20	40～60	＜207
正火	700	20	50～80	＜230
调质	800	25	80～100	220～250
淬火＋低温回火	1200	———————	＜20	HRC48～56

综上所述，四种主要热处理的作用可以概括为：退火的作用是软化工件，正火的作用是强化工件，淬火的作用是硬化工件，回火的作用是韧化工件。

第三节　钢的表面热处理与化学热处理

许多机械零件（如齿轮、轴、凸轮等）都是在承受大的载荷、经常磨损和高速运转的情况下工作的，它们的表面或轴颈部分应具有高的硬度和耐磨性，而心部则应具有高的韧性。在这种情况下，如果单从钢材的选择上考虑，很难满足其要求。若选用高碳钢制造，则心部韧性不够；若采用低碳钢制造，则表面硬度和耐磨性低。采用表面热处理就能达到工件表面耐磨损、心部耐冲击的要求。

根据工艺特点可将表面热处理分为表面淬火和化学热处理两种。

一、表面淬火

表面淬火是指通过快速加热，使工件表层奥氏体化后，立即淬火冷却，使表层获得硬而耐磨的马氏体组织，而心部组织不变，仍保持原来的塑性、韧性。这里介绍应用比较广泛的火焰加热表面淬火和感应加热表面淬火。

（一）火焰加热

火焰加热表面淬火是利用乙炔-氧化焰或煤气-氧化焰等将工件表面快速加热到淬火温

度，随即喷水或用乳化液淬火冷却，如图 4-16 所示。淬硬层深度一般为 1～6mm。

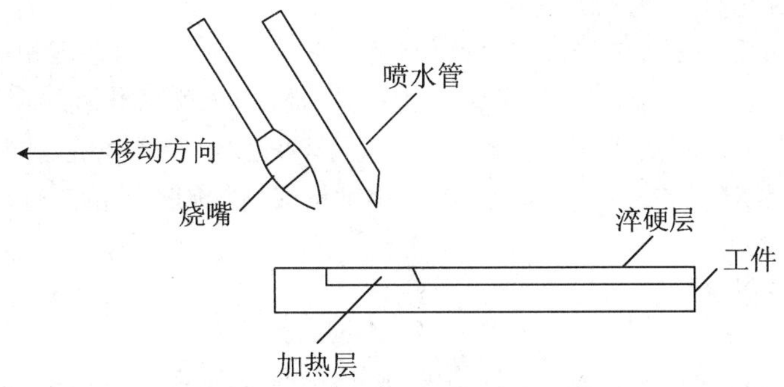

图 4-16　火焰加热表面淬火示意图

火焰加热表面淬火主要用于中碳钢和中碳合金钢制成的大型工件，如轧辊、轴类、齿条、齿轮等。

火焰加热表面淬火的主要优点是方法简单，不需要复杂的设备，成本低廉，适于单件和小批量生产。其缺点是淬火质量不易控制，生产效率低，劳动强度大。

（二）感应加热表面淬火

感应加热表面淬火的原理如图 4-17 所示。将工件放入由空心铜管绕制的感应器中，然后向感应器通入一定频率的交流电，以产生交变磁场，于是工件内就会产生频率相同的感应电流，使工件表面迅速加热到淬火温度，而心部温度仍接近于温度，随后喷水或喷乳化液快速冷却，就达到了表面淬火的目的。

工件淬硬层深浅依所选择的交流电频率高低而定。交流电频率越高，感应电流集中在工件表层越浅，因而淬硬层就越薄。

按频率的高低，可将热处理用的感应加热分为以下三种：

（1）高频感应加热表面淬火。高频感应加热表面淬火是应用最广泛的表面淬火法。工作频率在 70～1000kHz，常用频率为 200～300kHz，淬硬层深度为0.5～2mm。它主要用于齿轮、轴、花键及其它主要中、小型零件的表面热处理。

（2）中频感应加热表面淬火。工作频率为 500～10000Hz，常用频率为 2500Hz 和 8000Hz，淬硬层深度为 2～10mm。通常用于曲轴、轨端、机床导轨、模数较大的齿轮等的表面热处理。

（3）工频感应加热表面淬火。工业用的交流电频率为 50Hz，由于频率低，其淬硬层深度可达 10～15mm 以上。主要用于冷轧辊、火车车轮等大型零件的表面热处理。

为了保证零件感应加热表面淬火后的表层硬度及心部的强度和韧性，零件一般用中碳钢（0.4%～0.5%）和中碳合金钢，如 45 钢、50 钢、40Cr 等。

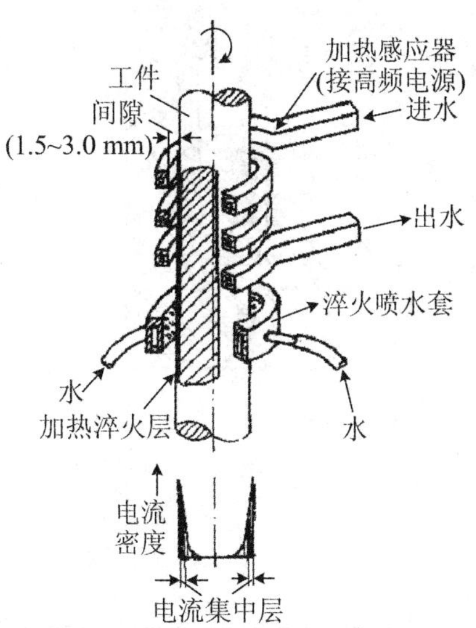

图 4-17　感应加热表面淬火原理示意图

感应加热表面淬火对工件的原始组织有一定的要求，应预先进行正火或调质处理。淬火后需要进行低温回火，以降低内应力。

感应加热表面淬火是一种先进的热处理方法，它的特点是加热速度快（几秒到几十秒），淬火组织细，硬度比普通淬火高 HRC2～3，耐磨性提高，表面氧化、脱碳极微，工件变形很小，淬硬层深度容易控制，操作容易实现机械化和自动化，生产率高等。它的不足是感应加热设备较为复杂昂贵，维修、调整比较困难，对小批量或不规则外形的工件不够经济。

二、化学热处理

把工件置放于能产生某种元素活性原子的介质中，加热到预定温度，保温一定时间，使活性原子渗入工件表层，改变表层的化学成分，从而获得所需组织和性能，这种工艺过程称为化学热处理。

目的：提高工件表面硬度、耐磨性、耐蚀性、耐热性与疲劳强度等，心部仍保持高的塑性和韧性。

类型：根据渗入元素所起的作用，化学热处理可分为两大类型。

(1) 提高表面力学性能的化学热处理，主要目的是提高工件和刀具表面的疲劳强度、硬度等力学性能，如渗碳、渗氮、碳氮共渗等。

(2) 提高表面化学稳定性的化学热处理，如渗铬、渗铝、渗硅可以达到表面抗腐蚀的作用和提高表面的化学稳定性。

无论哪一种方法，都是由以下三个基本过程来完成：

(1) 分解。介质在一定温度下发生化学分解，产生渗入元素的活性原子（或离子）。

(2) 吸收。活性原子被工件表面吸收，也就是活性原子吸入钢的固溶体中，或与钢中的某种元素形成化合物。

(3) 扩散。已被吸收的活性原子由表面向内部扩散，形成一定厚度的扩散层。

下面就应用比较多的气体渗碳为例讲述工艺方法。如图 4－18 所示。

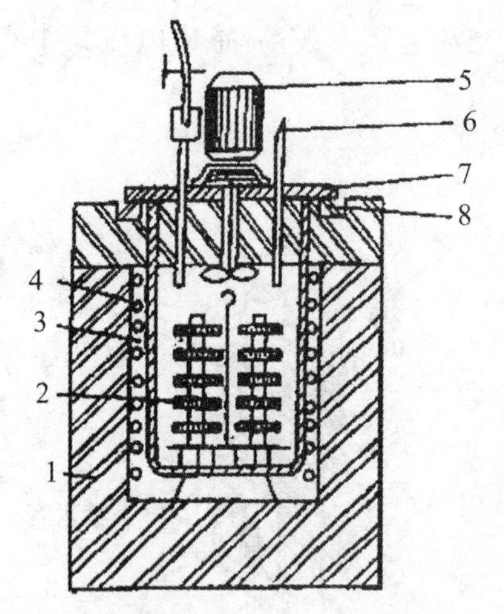

图 4－18　气体渗碳示意图

1-炉体　2-工件　3-耐热罐　4-电阻丝　5-风扇电动机　6-废气火焰　7-炉盖　8-砂封

(1) 准备工作。检查设备的密封部位（盘根）和风扇，控温仪表是否灵敏正常，渗剂容器中是否有定量的渗剂，清理工件表面并对渗碳部位采取防渗措施，将试块与工件一起装入料筐，工件的间距大于 5～10mm，以保证渗碳畅通。

(2) 升温与装炉。送电升温，当炉温高于 900℃时，将料筐装入气体渗碳炉，盖好盖，继续升温到 930℃（常规渗碳温度），如图 4－19 所示。

(3) 排气阶段。零件装炉后，必将引起炉温降低，同时带入大量空气。排气阶段的作用在于恢复炉温到规定的渗碳温度，尽量排除炉内的空气，得到渗碳气氛。通常采取加大渗剂的流量，使炉内氧化性气氛迅速减少，并打开试样孔，加快排气。

(4) 渗碳阶段。升温到预定的渗碳温度后便可开始保温,同时向试样孔内放入观察试样棒,并调整渗剂滴量。渗碳温度一般为 930℃,在渗碳阶段,炉内气压保持在 200～300Pa,此时正常的炉内气氛应是火苗呈浅黄色,没有黑烟及白亮的光束或火星,火苗长约 100～200mm,渗碳的后期为扩散期,应进一步减小渗剂滴量,保证良好的表层组织以及平缓的过渡层。

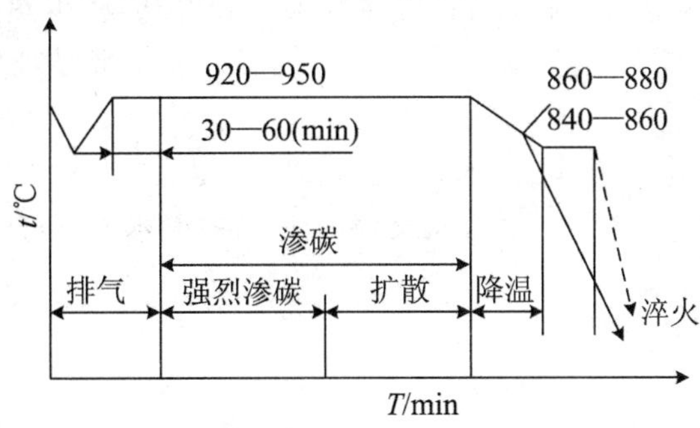

图 4-19 井式炉气体渗碳典型工艺

(5) 出炉和冷却。保温结束前 0.5h 检验第一根试棒,根据测定的结构确定出炉时间,出炉后的冷却方式有空冷、缓冷、坑冷三种,冷却到适当温度直接淬火。

(6) 热处理。渗碳后必须进行淬火+低温回火。

第四节 钢的热处理新技术

随着科学技术的迅猛发展,热处理生产技术也发生着深刻的变化。先进热处理技术正走向定量化、智能化和精确控制的新水平,各种工程和功能新材料、新工艺,为热处理技术提供了更加广阔的应用领域和发展前景。近代热处理技术的主要发展方向可以概括为八个方面,即少无(Less or None)污染、少无畸变、少无质量分散、少无能源浪费、少无氧化、少无脱碳、少无废品、少无人工。

一、可控气氛热处理

在炉气成分可控的热处理炉内进行的热处理称为可控气氛热处理。在热处理时实现无氧化加热是减少金属氧化损耗,保证制件表面质量的必备条件。而可控气氛则是实现无氧化加热的最主要措施。正确控制热处理炉内的炉气成分,可为某种热处理过程提供元素的来源,金属零件和炉气通过界面反应,其表面可以获得或失去某种元素。也可以对加热过程的工件提供保护。如可使零件不被氧化,不脱碳或不增碳,保证零件表面耐磨性和抗疲劳性。从而也可以减少零件热处理后的机加工余量及表面的清理工作,缩短生产周期,节能、省时,提高经济效益。可控气氛热处理已成为最成熟的,在大批量生产条件下应用最普遍的热处理技术之一。

二、真空热处理

真空热处理是在0.0133～1.33Pa真空度的真空介质中对工件进行热处理的工艺。真空热处理具有无氧化、无脱碳、无元素贫化的特点，可以实现光亮热处理，可以使零件脱脂、脱气，避免表面污染和氢脆；同时可以实现控制加热和冷却，减少热处理变形，提高材料性能；还具有便于自动化、柔性化和清洁热处理等优点。近年来已被广泛采用，并获得迅速发展。

几乎全部热处理工艺均可以进行真空热处理，如退火、淬火、回火、渗碳、氮化、渗金属等。而且淬火介质也由最初仅能气淬，发展到现在的油淬、水淬、硝盐淬火等。

三、离子渗扩热处理

离子渗扩热处理是利用阴极（工件）和阳极间的辉光放电产生的等离子体轰击工件，使工件表层的成分、组织及性能发生变化的热处理工艺。离子渗碳的硬度、疲劳强度、耐磨性等力学性能比传统渗碳方法都高，而且渗碳速度快，特别是对狭小缝隙和小孔能进行均匀的渗碳，渗碳层表面碳浓度和渗层深度容易控制，工件不易产生氧化，表面洁净，耗电省和无污染。根据同样的原理，离子轰击热处理还可以进行离子碳氮共渗、离子硫氮共渗、离子渗金属等，所以在国内外具有很大的发展前途。

四、形变热处理

形变热处理是将形变强化与相变强化综合起来的一种复合强韧化处理方法。从广义上来说，凡是将零件的成形工序与组织改善有效结合起来的工艺都叫形变热处理。形变热处理的强化机理是：奥氏体形变使位错密度升高，由于动态回复形成稳定的亚结构，淬火后获得细小的马氏体，板条马氏体数量增加，板条内位错密度升高，使马氏体强化。此外，奥氏体形变后位错密度增加，为碳氮化合物弥散析出提供了条件，获得弥散强化效果。弥散析出的碳氮化合物阻止奥氏体长大，转变后的马氏体板条更加细化，产生细晶强化。马氏体板条的细化及其数量的增加，碳氮化合物的弥散析出，都能使钢在强化的同时得到韧化。

形变热处理在机械工业中的应用和发展速度很快，零件的类型和材料的品种不断扩大。

对弹簧类零件采用高温形变淬火是强化弹簧的有效方法。可同时提高强度、塑性、冲击韧性及疲劳强度。特别是对汽车板簧进行形变热处理，能够减少板簧片数、节约钢材、减轻质量、缩小尺寸、提高板簧使用可靠性。

锻热淬火对连杆进行热处理，效果良好。某厂对柴油机40Cr钢连杆采用锻热淬火新工艺，可使热处理工效提高3倍，质量稳定，综合力学性能良好。实验研究表明，对传动零件齿轮及链轮进行高温形变淬火，轮齿强度、耐磨性、弯曲强度比普通热处理高30%左右。另外，对其他的零件，如轴承、汽轮机的涡轮盘以及某些结构零件，如活塞销、扭力杆、螺钉等等，采用不同形式的形变热处理对于改善其质量，提高工作的可靠性，延长使用寿命，均具有广阔的前景。

习 题

1. 什么是钢的热处理？为什么要热处理？

2. 试述钢在加热和冷却时实际转变点的物理意义。

3. 以共析钢为例，说明奥氏体化的4个过程，影响奥氏体晶粒大小的因素有哪些？

4. 奥氏体晶粒大小对钢热处理后的力学性能有何影响？

5. 画出共析钢的等温转变C曲线，并说明曲线中各个区域和各条线的物理含义。

6. 比较珠光体、索氏体、屈氏体、上贝氏体、下贝氏体和马氏体的相组成物、显微组织形态、硬度、塑性及韧性。

7. 何谓钢的退火与正火？如何选用？

8. 什么是钢的淬透性、淬硬性？影响钢的淬透性、淬硬性的因素是什么？

9. 钢的淬火与回火的目的分别是什么？淬火后经不同温度回火后工件的性能特点、得到的组织是什么？

10. 45钢普通车床传动齿轮，其工艺路线为锻造→热处理→机械加工→高频淬火→回火。试问锻造后应进行何种热处理？

11. 某机床的主轴材料为40Cr钢，其生产工艺路线为：下料→锻造→正火→粗车→调质→精车→锥部整体淬火→回火(43HRC)→粗磨→人工时效→精磨。

要求：① 说明每道热处理工序的作用；② 分析组织变化的全过程。

12. 什么是化学热处理，什么是形变热处理？

第五章　钢 铁 材 料

碳钢和铸铁是工业生产中应用最为广泛的金属材料，由于它们的主要成分是铁和碳，所以称为铁碳合金。钢材按化学成分分为非合金钢、低合金钢和合金钢三大类。其中非合金钢是指以铁为主要元素，碳的质量分数一般在2.11%以下并含有少量其他元素的钢铁材料。为了改善钢的某些性能或使之具有某些性能（如耐腐蚀性、抗氧化性、耐磨性、热硬性、高淬透性等），在炼钢时有意加入的元素，称为合金元素。含有一种或数种有意添加的合金元素的钢，称为合金钢。

铸铁是碳的质量分数 $w_C>2.11\%$，含有较高硅元素及杂质元素含量较多的铁基合金的总称。铸铁和钢的主要区别在于铸铁比钢含有较高的碳和硅，并且硫、磷杂质含量较高。为了提高铸铁的力学性能或获得某种特殊性能，可加入铬、钼、钒、铜、铝等合金元素，形成合金铸铁。

第一节　杂质元素对钢材性能的影响

由于原料和冶炼工艺的限制，实际使用的碳钢中除碳外，还含有少量的硅（<0.50%）、锰（<1.00%）、磷、硫以及微量的气体元素氧、氢、氮等。硅、锰是炼钢时作为脱氧剂加入的，其余的元素则是从原料或大气中带入钢内而冶炼时不能除尽的有害杂质。上述这些元素的存在极大地影响钢的组织和性能。

一、硅、锰的影响

硅、锰（以硅铁、锰铁形式）加入钢中，可将钢液中的 FeO 还原成铁，并形成 SiO_2 和 MnO。锰还原钢液中的硫形成 MnS，大大减轻硫的有害作用。这些反应产物大部分进入炉渣，小部分残留钢中，成为非金属夹杂物。

脱氧剂中的硅和锰总会一部分溶入钢液，凝固后溶于铁素体，产生固溶强化作用。在含量不高（<1.00%）时，可以提高钢的强度、硬度，而不降低钢的塑性和韧性。一般认为硅、锰是钢中有益元素。

二、硫的影响

硫在钢中是有害元素。硫和磷也是从原料及燃料中带入钢中的。硫在固态下不溶于铁，它与铁形成熔点为1190℃的 FeS，FeS 又与 γ-Fe 形成低熔点（985℃）共晶体，分布在奥氏体的晶界上。即使钢中含硫量不高，由于严重偏析，凝固快完成时，钢中的硫几乎全部残留在枝晶间的钢液中，最后形成低熔点的（Fe＋FeS）共晶。含有硫化物共晶的钢材进行热压力加工（加热温度一般在1150～1250℃），分布在晶界上的低熔点共晶体熔化，一经轧制或锻打，钢材就会沿晶界处开裂，导致钢的强度和韧性下降，这种现象称为热脆。如果钢水脱氧不良，含有较多的FeO还会形成（Fe＋FeO＋FeS）三相共晶体，熔点更低（940℃），危害性更大。

钢中加入锰可以减轻硫的危害。由于锰与硫的化学亲和力更大，所以形成MnS。MnS的熔点高（1600℃），高温下有一定的塑性，故不会使钢产生热脆。但MnS毕竟是一种非金属夹杂物，会降低金属的塑性、韧性和疲劳强度。

对于铸钢件，含硫过高易使铸件发生热裂。硫也使焊接件的焊缝处易发生热裂。

三、磷的影响

磷在钢中固溶度较大，钢中的磷一般都固溶在铁中。磷溶于铁素体后，有较之其他元素更强的固溶强化能力，尤其是较高的含磷量，使钢显著提高强度和硬度的同时，显著降低钢的塑性和韧性。当含磷量达到一定值时，磷还能使钢的脆性转变温度升高，使得低温工作的零件冲击韧性很低，脆性很大，这种现象称为冷脆。

硫、磷在钢中是有害元素，在普通质量非合金钢中，其含量被限制在0.045％以下。如果要求更好的质量，则含量限制更严格。

在一定条件下，硫、磷也被用于提高钢的切削加工性能。炮弹钢中加入较多的磷，可使炮弹爆炸时产生更多弹片，使之有更大的杀伤力。磷与铜共存可提高钢的抗大气腐蚀能力。

四、氧、氢、氮的影响

氧在钢中溶解度很小，几乎全部以氧化物的夹杂物形式存在，如FeO、Al_2O_3、SiO_2、MnO等，这些非金属夹杂物使钢的力学性能降低，尤其是对钢的塑性、韧性、疲劳强度等危害很大。

氢在钢中含量尽管很大，但溶解于固态钢时，剧烈地降低钢的塑韧性，增大钢的脆性，这种现象称为氢脆。

少量氮存在于钢中，会起强化作用。氮的有害作用表现为造成低碳钢的时效现象。含氮的低碳钢自高温快速冷却或冷加工变形后，随时间的延长，钢的强度、硬度上升，塑性、韧性下降，脆性增大，同时脆性转变温度也提高了，造成了许多焊接工程结构和容器突然断裂事故。

第二节 非合金钢

一、非合金钢的分类

非合金钢的分类方法有多种，常用的分类方法有以下几种。

1. 按非合金钢的碳质量分数分类

(1) 低碳钢：碳质量分数小于 0.25%。

(2) 中碳钢：碳质量分数在 0.25%～0.60%之间。

(3) 高碳钢：碳质量分数大于 0.60%。

2. 按非合金钢的用途分类

(1) 碳素结构钢：这类钢主要用于制造各类工程结构件(如桥梁、船舶、建筑物等)及各种机器零件(如齿轮、螺钉、螺母、连杆等)，多属于低碳钢和中碳钢。

(2) 碳素工具钢：这类钢主要用于制造各种工具(如刃具、量具和模具等)，多属于高碳钢。

3. 按非合金钢的质量分类

主要按钢中有害杂质硫、磷含量分为以下几种。

(1) 普通质量非合金钢：钢中 S、P 含量分别不大于 0.055%和 0.045%。

(2) 优质非合金钢：钢中 S、P 含量分别不大于 0.040%和 0.040%。

(3) 高级优质非合金钢：钢中 S、P 含量分别不大于 0.030%和 0.035%。

4. 非合金钢的其他分类方法

非合金钢还可以以其他角度进行分类，例如，按专业分类，可分为：锅炉用钢、桥梁用钢，矿用钢等；按冶炼方法进行分类，可分为：氧气转炉钢、电弧炉钢等。

二、非合金钢

1. 普通质量非合金钢

普通质量非合金钢是工程上应用最多的钢种。这类钢含硫、磷杂质较多，塑性、韧性好，价格比较便宜，在满足使用性能要求的情况下应优先选用。一般不经热处理，在热轧态直接使用，通常热轧成扁平成品或各种型材(圆钢、方钢、工字钢、钢筋等)。

普通质量非合金钢的牌号由屈服点字母、屈服点数值、质量等级符号、脱氧方法符号等四部分组成。质量等级分 A、B、C、D 四个等级，其中 A 级质量最低，D 级质量最高。屈服点用“屈”字汉语拼音首位字母“Q”表示；脱氧方法用 F、b、Z、TZ 表示，F 为沸腾钢，是脱氧不完全钢；b 为半镇静钢(半脱氧钢)；Z 和 TZ 分别为镇静钢和特殊镇静钢(完全脱氧，Z 和 TZ 可省略)。例如，Q235A・F，表示屈服点 σ_s 大于 235MPa，质量为 A 级的沸腾碳素结构钢。

普通质量非合金钢的牌号、化学成分及用途如表 5-1 所示。

表 5-1　普通质量非合金钢的牌号、化学成分及用途

<table>
<tr><th rowspan="3">牌号</th><th rowspan="3">等级</th><th colspan="5">化学成分 w_{Me}/%</th><th rowspan="3">脱氧方法</th><th rowspan="3">应用举例</th></tr>
<tr><th rowspan="2">C</th><th rowspan="2">Mn</th><th>Si</th><th>S</th><th>P</th></tr>
<tr><th colspan="3">不大于</th></tr>
<tr><td>Q195</td><td>—</td><td>0.06～0.12</td><td>0.25～0.50</td><td>0.3</td><td>0.050</td><td>0.045</td><td>F、b、Z</td><td rowspan="3">用于制作钉子、铆钉、垫块及轻载荷的冲压件</td></tr>
<tr><td rowspan="2">Q215</td><td>A</td><td rowspan="2">0.09～0.15</td><td rowspan="2">0.25～0.55</td><td rowspan="2">0.3</td><td>0.050</td><td rowspan="2">0.045</td><td rowspan="2">F、b、Z</td></tr>
<tr><td>B</td><td>0.045</td></tr>
<tr><td rowspan="4">Q235</td><td>A</td><td>0.14～0.22</td><td>0.30～0.65</td><td rowspan="2">0.3</td><td>0.050</td><td rowspan="2">0.045</td><td rowspan="2">F、b、Z</td><td rowspan="4">用于制作小轴、拉杆、连杆、螺栓、螺母、法兰等不太重要的零件</td></tr>
<tr><td>B</td><td>0.12～0.20</td><td>0.25～0.55</td><td>0.045</td></tr>
<tr><td>C</td><td>≤0.18</td><td rowspan="2">0.35～0.80</td><td rowspan="2">0.3</td><td>0.040</td><td>0.040</td><td>Z</td></tr>
<tr><td>D</td><td>≤0.17</td><td>0.035</td><td>0.035</td><td>TZ</td></tr>
<tr><td rowspan="2">Q255</td><td>A</td><td rowspan="2">0.18～0.28</td><td rowspan="2">0.40～0.70</td><td rowspan="2">0.30</td><td>0.050</td><td rowspan="2">0.045</td><td rowspan="2">Z</td><td rowspan="3">用于制作拉杆、连杆、转轴、心轴、齿轮和键等</td></tr>
<tr><td>B</td><td>0.045</td></tr>
<tr><td>Q275</td><td>B</td><td>0.28～0.38</td><td>0.50～0.80</td><td>0.35</td><td>0.050</td><td>0.045</td><td>Z</td></tr>
</table>

Q195 系列和 Q215 系列常用于制作薄板、焊接钢管、铁丝、铁钉、铆钉、垫圈、地脚螺栓、冲压件、屋面板，烟囱；Q235 系列常用于制作薄板、中板、型钢、钢筋、钢管、铆钉、螺栓、连杆、小轴、法兰盘、机壳、桥梁与建筑结构件、焊接结构件；Q255 系列和 Q275 系列常用于制作要求高强度的拉杆、连杆、键、轴、销钉等。

2. 优质非合金钢

优质非合金钢中应用最多的是优质碳素结构钢，其牌号用两位数字表示，两位数字表示该钢中平均碳质量分数的万分之几(以 0.01%为单位)，如 45 钢，表示平均碳的质量分数为 0.45%的优质碳素结构钢；08 表示平均碳的质量分数为 0.08%的优质碳素结构钢。

当钢中含锰量较高(0.70%～1.20%)时在数字后面附加符号“Mn”，如 65Mn 钢，表示平均碳的质量分数 0.65%的优质碳素结构钢。高级优质钢在数字后面加“A”；特级优质钢在数字后面加“E”；沸腾钢在数字后面加“F”；半镇静钢在数字后面加“b”。

优质碳素结构钢主要用来制造各种机械零件，一般需经热处理后使用，以充分发挥其性能潜力。优质碳素结构钢的化学成分、力学性能和用途见表 5-2。

表 5-2　部分优质碳素结构钢的力学性能及用途

牌号	力学性能						应用举例
	w_C/%	σ_b/MPa	σ_s/MPa	δ_5/%	ψ/%	A_{KU}/J	
		不小于					
08	0.05～0.12	325	195	33	60	—	塑性好，适合制作高韧性的冲击件、焊接件、紧固件，如螺栓、螺母、垫圈等，渗碳淬火后可制造强度不大的耐磨件，如凸轮、滑块、活塞销等
10	0.07～0.14	335	205	31	55	—	
15	0.12～0.19	375	225	27	55	—	
20	0.17～0.24	410	245	25	55	—	
25	0.22～0.30	450	275	23	50	71	
30	0.27～0.35	490	295	21	50	63	综合力学性能较好，适合制作负荷较大的零件，如连杆、曲轴、主轴、活塞杆(销)、表面淬火齿轮、凸轮等
35	0.32～0.40	530	315	20	45	55	
40	0.37～0.45	570	335	19	45	47	
45	042～0.50	600	355	16	40	39	
50	0.47～0.55	630	375	14	40	31	
55	0.52～0.60	645	380	13	35	—	
60	0.57～0.65	675	400	12	35	—	屈服点高，硬度高，适合制作弹性零件(如各种螺旋弹簧、板簧等)以及耐磨零件(如轧辊、钢丝绳、偏心轮等)
65	0.62～0.70	695	410	10	30	—	
70	0.67～0.75	715	420	9	30	—	

(1) 冷冲压钢　冷冲压钢碳的质量分数低，塑性好，强度低，焊接性能好，主要用于制作薄板，用于制造冷冲压零件和焊接件，常用的钢种有 08 钢、10 钢和 15 钢。

(2) 渗碳钢　渗碳钢强度较低，塑性和韧性较高，冷冲压性能和焊接性能好，主要用于制造各种受力不大但要求高韧性的零件，如焊接容器与焊接件、螺钉、杆件、轴套、冷冲压件等。这类钢经渗碳淬火后，表面硬度可达 60HRC 以上，表面耐磨性较好，而心部具有一定的强度和韧性，可用于制造要求表面硬度高、耐磨，并承受冲击载荷的零件。常用的钢种有 15 钢、20 钢、25 钢等。

(3) 调质钢　调质钢经过热处理后具有良好的综合力学性能。主要用于制作要求强度、塑性、韧性都较高的零件，如齿轮、套筒、轴类等零件。这类钢在机械制造中应用广泛，特别是 40 钢、45 钢在机械零件中应用更广泛。常用的钢种有 30 钢、35 钢、40 钢、45 钢、50 钢、55 钢等。

(4) 弹簧钢　弹簧钢经热处理后可获得较高的弹性极限，主要用于制造尺寸较小的弹簧、弹性零件及耐磨零件，如机车车辆及汽车上螺旋弹簧、板弹簧、气门弹簧、弹簧发条等，常用的钢种有 60 钢、65 钢、70 钢、75 钢等。

3. 其他专用优质非合金钢

为适应某些专业的特殊用途，对优质碳素结构钢的成分和工艺作一些调整，并对性能作补充规定，从而派生出锅炉与压力容器、船舶、桥梁、汽车、农机、纺织机械、焊条等一系列专业用钢，并已制定了相应的国家标准。这些专用钢在钢号的首部或尾部用专用符号标明其用途，常见的表示专用钢材用途的符号见表 5－3。

表 5－3 常用优质非合金钢牌号中表示用途的符号

名称	汉字	符号	在钢号中的位置	名称	汉字	符号	在钢号中的位置
易切削结构钢	易	Y	头	矿用钢	矿	K	尾
钢轨钢	轨	U	头	桥梁用钢	桥	q	尾
焊接用钢	焊	H	头	锅炉用钢	锅	g	尾
塑料模具钢	塑模	SM	头	铆螺钢	铆螺	ML	头
地质钻探钢管用钢	地质	DZ	头	锚链钢	锚	M	头
车辆车轴用钢	辆轴	LZ	头	多层压力容器用钢	容层	RC	尾
滚动轴承钢	滚	G	头	汽车大梁用钢	梁	L	尾
电工用热轧硅钢	电热	DR	头	耐候钢	耐候	NH	尾
切削非调质钢	易非	YF	头	焊接气瓶用钢	焊瓶	HP	尾

(1) 易切削结构钢　是钢中加入一种或几种元素，利用其本身或与其他元素形成一种对切削加工有利的夹杂物，来改善钢材的切削加工性。

易切削结构钢牌号用“Y＋数字”表示，“Y”是“易”字汉语拼音首位字母，数字为钢中平均碳质量分数的万分之几，如 Y12 钢表示其平均碳的质量分数为 0.12％的易切削结构钢。

目前在易切削结构钢中常加入的元素是：硫(S)、磷(P)、铅(Pb)、钙(Ca)、硒(Se)、碲(Te)等，如 Y40Ca 钢适合于高速切削加工，比 45 钢提高生产效率一倍以上，节省工时，用来制造齿轮轴、花键轴等。

目前，易切削结构钢主要用于受力较小、不太重要的大批生产的标准件，如螺钉、螺母、垫圈、垫片等。此外，还用于制造炮弹的弹头、炸弹壳等，使之在爆炸时碎裂成更多的弹片来杀伤敌人。

常用的易切削结构钢有 Y12 钢、Y20 钢、Y30 钢、Y40Mn 钢、Y40Ca 钢等。

(2) 锅炉用钢　锅炉用钢是在优质碳素结构钢基础上发展起来的专门用于制作锅炉构件的钢种，如 20g 钢、22g 钢、16Mng 钢等。这类钢要求化学成分与力学性能均匀，经过冷成形后在长期存放和使用过程中，仍能保证足够高的韧性。

(3) 焊接用钢丝　焊接用钢丝(焊芯、实心焊丝)牌号用“H”表示，“H”后面的一位或两位数字表示碳质量分数的万分数；化学符号及其后面的数字表示该元素平均质量分数的百分数(若含量小于 1％，则不标明数字)；“A”表示优质(即焊接钢丝中 S、P 含量比普通钢丝低)；“E”表示高级优质(即焊接钢丝中 S、P 含量比普通钢丝更低)。例如，H08MnA 中，“H”表示焊接钢丝，08 表示碳的质量分数为 0.08％，Mn 表示锰的质量分数小于 1％，“A”表示优质焊接用钢丝。

常用的焊接用钢丝有 H08、H08E、H08MnA、H08Mn2、H10MnSi 等。

4. 工程用铸造碳钢

生产中有许多复杂形状的零件，很难用锻压方法加工成形，用铸铁铸造又难以满足力学性能要求，这时常选用工程用铸造碳钢采用铸造成形方法来获得铸钢件。

工程用铸造碳钢的牌号是用“铸钢”两字的汉语拼音字首“ZG”后面加两组数字组成，第一组数字表示屈服点的最低值，第二组数字表示抗拉强度的最低值，如 ZG200－400 表示屈服点不小于 200MPa，抗拉强度不小于 400MPa 的工程用铸钢。工程用铸造碳钢碳的质量分数一般在 0.20%～0.60%之间，若碳的质量分数过高，则钢的塑性差，铸造时易产生裂纹。

工程用铸钢广泛用于制造重型机械的某些零件，如箱体、曲轴、轧钢机机架、水压机横梁、锻锤砧座等。如表 5－4 所示。

表 5－4　工程用铸造碳钢的牌号、化学成分、力学性能和用途

牌号	主要化学成分 w_{Me}/%				室温力学性能不小于					用途举例
	C≤	Si	Mn	S、P	σ_s /MPa	σ_b /MPa	δ_5/%	Ψ/%	A_{KV}/J	
ZG200－400	0.20	0.50	0.80	0.04	200	400	25	40	30	良好的塑性、韧性和焊接性，用于受力不大机械零件，如机座、变速箱壳等
ZG230－450	0.30	0.50	0.90	0.04	230	450	22	32	25	一定的强度和好的塑性、韧性，焊接性良好。用于受力不大、韧性好的机械零件，如砧座、外壳、轴承盖、阀体、犁柱等
ZG270－500	0.40	0.50	0.90	0.04	270	500	18	25	21	较高的强度和较好的塑性，铸造性能良好，焊接性尚好，切削性好。用于轧钢机机架、轴承座、连杆、箱体、曲轴、缸体等
ZG310－570	0.50	0.60	0.90	0.04	310	570	15	21	15	强度和切削性良好，塑性、韧性较低。用于载荷较高的大齿轮。缸体、制动轮、辊子等
ZG340－640	0.60	0.60	0.90	0.04	340	640	10	18	10	有高的强度和耐磨性，切削性好，焊接性较差，流动性好，裂纹敏感性较大。用作齿轮、棘轮等

5. 碳素工具钢

碳素工具钢生产成本低，加工性能良好，用于制造低速、手动刀具及常温下使用的工具、模具、量具等。碳素工具钢一般需要经淬火和低温回火处理以获得高硬度和高耐磨性。各种牌号的碳素工具钢淬火后的硬度相差不大，但随含碳量增加，钢中未溶的二次渗碳体增多，钢的耐磨性提高，韧性降低。因此，不同牌号的工具钢适用于不同用途的工具。

碳素工具钢的牌号是在“T”(碳的汉语拼音字首)的后面加数字表示，数字表示钢的平均碳质量分数的千分之几。例如 T8 表示 $w_C=0.8\%$的碳素工具钢。碳素工具钢都是优质钢，若钢号末尾标 A，表示该钢是高级优质钢。常用碳素工具钢的牌号、成分、力学性能和用途如表 5-5 所示。

表 5-5 碳素工具钢的牌号、化学成分、性能及用途

牌号	化学成分 w_{Me}/%			硬度			用途举例
				退火状态	试样淬火		
	C	Mn	Si	/HBW 不大于	淬火温度/℃和淬火介质	HRC≥	
T7	0.65～0.74	≤0.40	≤0.35	187	800～820，水	62	用于承受振动、冲击、硬度适中有较好韧性的工具，如凿子、冲头、木工工具、大锤等
T8	0.75～0.84	≤0.40	≤0.35	187	780～800，水	62	有较高硬度和耐磨性的工具，如冲头、木工工具、剪切金属用剪刀等
T8Mn	0.80～0.90	0.40～0.60	≤0.35	187	780～800，水	62	与 T8 相似，但淬透性高，可制造截面较大的工具
T9	0.85～0.94	≤0.40	≤0.35	192	760～780，水	62	一定硬度和韧性的工具，如冲模、冲头、凿岩石用凿子
T10	0.95～1.04	≤0.40	≤0.35	197	760～780，水	62	耐磨性要求较高，不受剧烈振动，具有一定韧性及锋利刃口的各种工具，如刨刀、车刀、钻头、丝锥、手锯锯条、拉丝模、冷冲模等
T11	1.05～1.14	≤0.40	≤0.35	207	760～780，水	62	
T12	1.15～1.24	≤0.40	≤0.35	207	760～780，水	62	不受冲击、高硬度和各种工具，如丝锥、锉刀、刮刀、铰刀、板牙、量具等
T13	1.25～1.35	≤0.40	≤0.35	217	760～780，水	62	不受振动、要求极高硬度和各种工具，如剃刀，刮刀、刻字刀具等

第三节 合 金 钢

非合金钢品种齐全,冶炼加工方便,价格低廉。经过一定的热处理后,其力学性能得到不同程度的改善和提高,可满足工农业生产中许多场合的需求。但是非合金钢的淬透性比较差,强度和屈强比低,高温强度、耐磨性、耐腐蚀性、导电性和磁性等也都比较低,它的应用受到了限制。因此,为了提高钢的某些性能,满足现代工业和科学技术迅猛发展的需要,人们在非合金钢的基础上,有目的地加入了锰(Mn)、硅(Si)、镍(Ni)、钒(V)、钨(W)、钼(Mo)、铬(Cr)、钛(Ti)、硼(B)、铝(Al)、铜(Cu)、氮(N)和稀土(RE)等合金元素,形成了合金钢。

合金元素的加入,不但对钢中的基本相、$Fe\text{-}Fe_3C$ 相图产生较大的影响,而且对钢的热处理相变也产生较大的影响。合金钢的价格比非合金钢高,在使用时应综合考虑。

一、合金元素在钢中的存在形式及主要作用

在非合金钢中加入合金元素后可以改善钢的使用性能和工艺性能,使合金钢获得非合金钢所不具备的优良性能,或者具有某些特殊的性能。其原因是合金元素所起的各项作用所致。

合金元素在钢中主要以两种形式存在,一种形式是溶入铁素体中形成合金铁素体;另一种形式是与碳化合形成合金碳化物。

(一) 合金元素对钢中基本相的影响

1. 形成合金铁素体

除铅外,大多数合金元素都溶于铁素体中。溶入铁素体的合金元素,由于它们的原子大小及晶格类型与铁不同,引起铁素体晶格畸变,产生固溶强化。其结果是使铁素体强度、硬度提高,但当合金元素超过一定的质量分数后,铁素体的塑性和韧性下降。

与铁素体有相同晶格类型的合金元素(如 Cr、Mo、W、V、Nb 等)强化铁素体的作用较弱;与铁素体具有不同晶格类型的合金元素(如 Si、Mn、Ni 等)强化铁素体的作用较强。

2. 形成合金碳化物

碳化物是钢中的重要相之一,碳化物的类型、数量、大小、形状及分布对钢的性能有很重要的影响。根据合金元素与碳之间的相互作用,可将合金元素分为形成碳化物的合金元素和不形成碳化物的合金元素。不形成碳化物的合金元素,如 Si、Al、Ni、Co 等,只以原子状态存在于铁素体或奥氏体中。形成碳化物的元素按它们与碳结合的能力,由强到弱的排列次序是:Ti、V、W、Mo、Cr、Mn 和 Fe,所形成的碳化物有:TiC、NbC、VC、WC、Cr_7C_3、$(Fe,Cr)_3C$、$(Fe,Mn)_3C$ 等。合金元素与碳的亲和力越强,形成的合金碳化物就越稳定,硬度就越高。合金元素形成的碳化物,使钢的强度、硬度、耐磨性提高,而塑性、韧性下降。

(二) 合金元素对铁碳相图的影响

1. 对奥氏体相区的影响

(1) 扩大奥氏体区。镍、锰、铜、钴等元素使单相奥氏体区扩大，加入这些合金元素后可使 A_1 线、A_3 线下降，如图 5－1(a)所示。若钢中锰或镍等元素含量较高时，可以使相图中奥氏体区延伸至室温以下，即在室温下可得到单相奥氏体钢。

(2) 缩小奥氏体区。铬、钼、硅、钨等元素可使单相奥氏体区缩小，它们的加入可使 A_1 线、A_3 线上升，如图 5－1(b)所示。当这些元素的含量足够高时，可使奥氏体区缩小甚至消失，使钢在高温下也保持铁素体组织，即可得到铁素体钢。

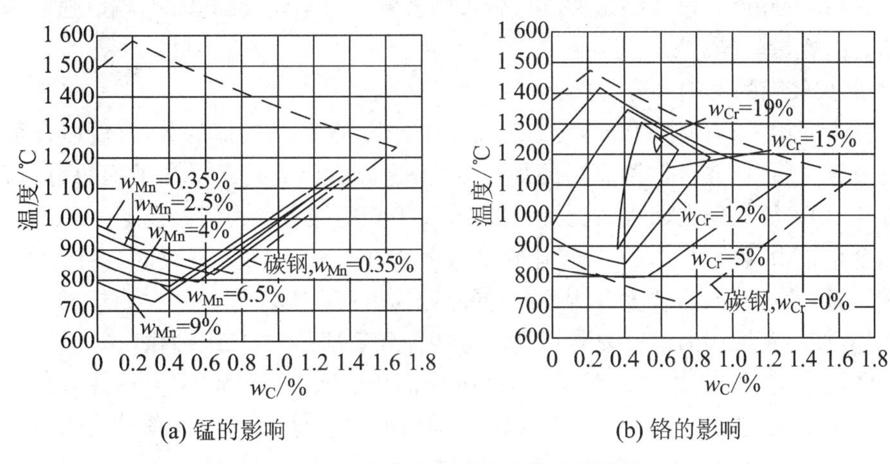

(a) 锰的影响 (b) 铬的影响

图 5－1 合金元素对奥氏体区的影响

(3) 对 S、E 点的影响。几乎所有合金元素均使 S 点、E 点向左方移动。S 点左移意味着共析点含碳量降低，即奥氏体发生共析转变所需的含碳量低于 0.77%，出现含碳量小于 0.77%的过共析钢。E 点左移意味着碳在奥氏体中的最大溶解度下降，使钢和铸铁按平衡状态组织区分的含碳量不再是 2.11%，而是比 2.11%低，这样就出现了莱氏体钢。

(三) 合金元素对钢热处理的影响

合金钢一般都需经过热处理后使用，主要是通过改变钢在热处理过程中的组织转变来显示合金元素的作用。

1. 对奥氏体化及奥氏体晶粒长大的影响

合金钢的奥氏体形成过程，基本上与非合金钢相同，也包括奥氏体的晶核形成、晶核长大、合金碳化物的溶解和奥氏体的化学成分均匀化四个阶段。在奥氏体形成过程中，除 Fe、C 原子扩散外，还有合金元素原子的扩散。由于合金元素的扩散速度较慢，大多数合金元素(除镍、钴外)均减缓碳的扩散速度，加之碳化物比较稳定，不易溶入奥氏体中，因此在不同程度上减缓了奥氏体的形成过程。所以，为了获得均匀的奥氏体，大多数合金钢需加热到更高的温度，并保持更长的时间。

此外，大多数合金元素有阻碍奥氏体长大的作用(Mn 和 B 除外)，而且合金元素阻碍奥氏体晶粒长大的过程是通过合金碳化物实现的。在合金钢中合金碳化物以弥散质点的形式分布在奥氏体晶界上，机械地阻碍奥氏体晶粒长大。因此，大多数合金钢在加热时不易过热，这样有利于合金钢淬火后获得细马氏体组织，也有利于通过适当提高加热温度，使奥氏体中溶入更多的合金元素，以提高钢的淬透性和力学性能。

2. 对过冷奥氏体转变的影响

大多数合金元素(除钴外)溶于奥氏体后，均可使奥氏体的稳定性增加，使 C 曲线右移，淬火临界冷却速度降低，从而提高钢的淬透性。锰、硅、镍等仅使 C 曲线右移而不改变其形状；铬、钨、钼、钒等在使 C 曲线右移的同时，还将珠光体转变与贝氏体转变分成两个区域。需要指出的是，只有当合金元素完全溶入奥氏体中才会产生以上的作用。如果合金元素形成的碳化物未溶解完，就可能成为珠光体转变的核心，反而会降低钢的淬透性。

除 Co、Al 以外，大多数合金元素溶入奥氏体会降低钢的 M_s 点，增加了钢中的残余奥氏体的数量，对钢的硬度和尺寸稳定性产生较大的影响。合金元素降低 M_s 点以强弱程度次序为：锰、铬、镍、钼、钨、硅。

3. 对回火转变的影响

由于淬火时溶入马氏体的合金元素阻碍原子迁移，阻碍马氏体的分解，所以合金钢回火到相同的硬度，需要比非合金钢更高的加热温度，这说明合金元素提高了钢的耐回火性(也称回火稳定性)。淬火钢在回火时抵抗强度、硬度下降的能力称为回火稳定性。

在高合金钢中，W、Mo、V 等强碳化物形成元素在 500～600℃ 回火时，会形成细小弥散的特殊碳化物，使钢回火后硬度有所升高；同时淬火后残余奥氏体在回火冷却过程中部分转变为马氏体，使钢在回火后硬度显著提高。这两种现象都称为“二次硬化”。

高的耐回火性和二次硬化使合金钢在较高温度(500～600℃)仍保持高硬度(≥60HRC)，这种性能称为热硬性。热硬性对高速切削刀具及热变形模具等非常重要。

合金元素对淬火钢回火后力学性能的不利方面主要是第二类回火脆性。这种脆性主要在含铬、镍、锰、硅的调质钢中出现，而钼和钨可降低第二类回火脆性。

二、合金钢的分类和牌号

(一) 合金钢的分类

合金钢的种类繁多，根据选材、生产、研究和管理等不同的要求，常用以下几种方法分类。

1. 按用途分类

(1) 合金结构钢：主要用于制造重要的机械零部件和工程构件的钢。

(2) 合金工具钢：主要用于制造重要工具的钢，包括刃具钢、量具钢和模具钢等。

(3) 特殊性能钢：主要用于制造有特殊物理、化学、力学性能要求的钢，包括耐热钢、不锈钢、耐磨钢等。

2. 按照合金元素的总含量分类

(1) 低合金钢：钢中合金元素总量＜5%；

(2) 中合金钢：钢中合金元素总量＝5%～10%；

(3) 高合金钢：钢中合金元素总量＜10%。

3. 按照金相组织来分类

钢的金相组织随处理方法不同而异。按退火组织可分为亚共析钢、共析钢、过共析钢；

按正火组织可分为珠光体钢、贝氏体钢、马氏体钢及奥氏体钢。

(二) 合金钢的牌号

世界各国钢的牌号方法是不一样的，因而各国之间合金钢的牌号及含义也不相同。我国国家标准(GB)规定合金钢的牌号按所含碳的质量分数、合金元素的种类、合金质量分数及合金钢的质量等级来牌号。

1. 合金结构钢的牌号

合金结构钢牌号采用“两位数字＋化学元素符号＋数字”表示。前面“两位数字”表示钢中平均碳质量分数的万分之几，“化学元素符号”表示钢中所含的合金元素，其后面“数字”则表示该元素平均含量的百分之几。当合金元素的平均含量小于1.5%时，牌号中只标明元素符号而不标明其含量，如果平均含量为1.5%～2.49%、2.5%～3.49%…时，相应地标以2、3…。如为高级优质钢，则在其钢号后加“A”；如为特级优质钢则加注E。例如60Si2Mn表示平均含碳量为0.60%，Si的含量为1.5%～2.49%，Mn的含量低于1.5%，。

2. 合金工具钢的牌号

合金工具钢的牌号以“一位数字(或没有数字)＋元素符号＋数字”表示。牌号前面的一位数字表示平均含碳量的千分之几；当含碳量≥1.0%时，则不予标出；其它与合金结构钢的牌号表示方法相同。如合金工具钢5CrMnMo，平均碳质量分数为0.5%，主要合金元素Cr、Mn、Mo的质量分数均在1.5%以下。

高速钢是一类高合金工具钢，其钢号中一般不标出平均含碳量，仅标出合金元素符号及其平均含量的百分数。如W18Cr4V钢的平均含碳量为0.7%～0.8%，而牌号首位并不写8。

3. 特殊性能钢的牌号

特殊性能钢的牌号的表示方法与合金工具钢基本相同。当平均碳的质量分数≤0.08%时，在牌号前以0表示，如0Cr18Ni9；平均碳的质量分数≤0.03%时，在牌号前以00表示含碳量极低，如00Cr30Mo2。

4. 专用钢的牌号

专用钢是指用于专门用途的钢种，表示方法与上述有所不同。例如滚动轴承钢在钢号前标以“G”(“滚”字汉语拼音首字母)，其后为“铬(Cr)＋数字”，数字表示铬平均含量的千分之几，如GCr15表示铬的平均含量为1.5%的滚动轴承钢。这里应注意牌号中铬元素后面的数字是表示含铬量为1.5%，其他元素仍按百分之几表示。如GCr15SiMn表示平均含铬量为1.5%，硅、锰含量均小于1.5%的滚动轴承钢。又如易切削钢前标以“Y”字，Y40Mn表示平均碳含量为0.4%，锰含量小于1.5%的易切削钢。

三、合金结构钢

在非合金结构钢的基础上添加一些合金元素就形成了合金结构钢。合金结构钢在所有钢中用途最广泛。根据使用不同分为低合金结构钢、合金渗碳钢、合金调质钢、合金弹簧钢和滚动轴承钢。

(一) 低合金结构钢

低合金钢是一类可焊接的低碳低合金工程结构钢，主要用于房屋、桥梁、船舶、车辆、铁道、高压容器及大型军事工程等工程结构件。这些构件的特点是尺寸大，需冷弯及焊接成形，形状复杂，大多数在热轧或正火条件下使用，且可能长期处于低温或暴露于一定环境介质中，因而要求钢材必须具有：① 较高的强度和屈强比；② 较好的塑性和韧性；③ 良好的焊接性；④ 较低的缺口敏感性和冷弯后低的时效敏感性；⑤ 较低的韧脆转变温度。

1. 低合金高强度结构钢

低合金高强度结构钢主要合金元素有锰、钒、钛、铌、铝、铬、镍等。锰有固溶强化铁素体，增加并细化珠光体作用；钒、钛、铌等主要作用是细化晶粒；铬、镍可提高钢的冲击韧性，改善钢的热处理性能，提高钢的强度，并且铝、铬、镍均可提高对大气的抗蚀能力。为改善钢的性能，高性能级别钢可加入钼、稀土等元素。常用的低合金高强度结构钢的牌号及用途见表 5－6。

表 5－6　低合金高强度结构钢的牌号及用途举例

牌号	用途举例
Q295	车辆的冲压件、冷弯型钢、螺旋焊管、拖拉机轮圈、低压锅炉气包、中低压化工容器、输油管道、储油罐、油船等
Q345	船舶、铁路车辆、桥梁、管道、锅炉、压力容器、石油储罐、起重机及矿山机械、电站设备厂房架等
Q390	中高压锅炉气包、中高压石油化工容器、大型船舶、桥梁、车辆、起重机及其他较高载荷的焊接结构件等
Q420	大型船舶、桥梁、电站设备、起重机械、机车车辆、中压或高压锅炉及容器及其大型焊接结构件
Q460	可淬火加回火后用于大型挖掘机、起重运输机械、钻井平台等

2. 低合金耐候钢

耐候钢是指耐大气腐蚀钢。它是在低碳非合金钢的基础上加入少量铜、铬、镍、钼等合金元素，使钢表面形成一层保护膜的钢材。为了进一步改善耐候钢的性能，还可以加入微量的铌、钛、钒、锆等元素。我国目前使用的耐候钢分为焊接结构用耐候钢和高耐候钢两大类。

焊接结构用耐候钢的牌号是由“Q＋数字＋NH”组成。其中“Q”是“屈”字汉语拼音字母的字首，数字表示钢的最低屈服点数值，字母“NH”是“耐候”二字汉语拼音字母的字首，牌号后缀质量等级代号“C、D、E”，如 Q355 NHC 表示屈服点大于或等于 355MPa，质量等级为 C 级的焊接结构用耐候钢。焊接结构用耐候钢适用于桥梁、建筑及其他要求耐候性的钢结构。

高耐候性结构钢的牌号是由“Q＋数字＋GNH”组成。与焊接结构用耐候钢不同的是“GNH”表示“高耐候”三字汉语拼音字母的字首。含 Cr、Ni 元素的高耐候性结构钢在其牌号后面后缀加字母“L”，如 Q345GNHL 钢。高耐候性结构钢适用于机车车辆、塔架和其他要求高耐候性的钢结构，并可根据不同需要制成螺栓联接、铆接和焊接结构件。

3. 低合金专业用钢

为了适应某些专业的特殊需要，对低合金高强度结构钢的化学成分、加工工艺及性能作相应的调整和补充，从而发展了门类众多的低合金专业用钢，如锅炉用钢、压力容器用钢、船舶用钢、桥梁用钢、汽车用钢、铁道用钢、自行车用钢、矿山用钢、工程建设混凝土及预应力用钢和建筑结构用钢等，其中部分低合金专用钢已纳入国家标准。下面介绍几类专用钢。

(1) 汽车用低合金钢

汽车用低合金钢是用量较大的专业用钢，它主要用于制造汽车大梁、轮辋、托架用车壳等结构件，如汽车大梁用钢 370L 钢、420L 钢、09MnREL 钢、06TiL 钢、08TiL 钢、16MnL 钢、16MnREL 钢等。

（2）低合金钢筋钢

低合金钢筋钢主要用于制作建筑钢筋结构的钢，如钢筋混凝土用热处理钢筋（20MnSi）和预应力混凝土用热处理钢筋（40Si2Mn 钢、48Si2Mn 钢、45Si2Cr 钢）。

（3）铁道用低合金钢

铁道用低合金钢主要用于重轨（如 U70Mn 钢、U71Mn 钢、U70MnSi 钢、U70MnSiCu 钢、U75V 钢、U75NbRE 钢等）、轻轨（如 45SiMnP 钢、50SiMnP 钢、36CuCrP 钢等）和异形钢（09CuPRE 钢、09V 钢等）。

（4）矿用低合金钢

矿用低合金钢主要用于矿用结构件，如高强度圆环链用钢（20MnV 钢、25MnV 钢、20MnSiV 钢等）、巷道支护用钢（16MnK 钢、20MnVK 钢、25MnK 钢、25MnVK 钢等）、煤机用钢（M510 钢、M540 钢等）。

（二）合金渗碳钢

1. 工作条件和性能要求

某些机械零件如汽车、拖拉机中的变速齿轮，内燃机上的凸轮轴、活塞销等在工作时既承受强烈的摩擦磨损及较大的交变载荷，又承受着较强烈的冲击载荷，要求“内韧外硬”的性能。一般的低碳钢即使经渗碳处理也难以满足这样的工作条件。为此在低碳钢的基础上添加一些合金元素形成的合金渗碳钢，经渗碳和热处理后表面具有较高的硬度和耐磨性，心部则具有良好的塑性和韧性，同时达到了外硬内韧的效果，保证了比较重要的机械零件在复杂工作条件下的正常运行，从而产生了合金渗碳钢。

2. 化学成分

为了保证心部有足够的强度和良好的韧性，渗碳钢碳质量分数一般为（0.10%～0.25%）。经表面渗碳后，零件的表面变为高碳，而心部仍是低碳。

加入 Cr、Mn、B 等主要是提高钢的淬透性，强化铁素体，改善表面和心部的组织和性能。Ni 在提高心部强度的同时还能提高韧性和淬透性。加入微量的辅加合金元素 Ti、V、W、Mo 等合金元素可以形成稳定的合金碳化物，阻止奥氏体晶粒长大，从而细化晶粒，提高渗碳层的硬度和耐磨性。

3. 热处理特点

渗碳钢的预先热处理一般采用正火工艺，以便改善切削加工性。渗碳钢的最终热处理一般是渗碳后淬火加低温回火，或是渗碳后直接淬火。渗碳后工件表面碳的质量分数可达到 0.80%～1.05%，渗碳后表面渗碳层的组织是高碳回火马氏体＋合金渗碳体＋少量残余奥氏体，硬度可达 60～62HRC。心部组织与钢的淬透性和零件的截面尺寸有关，全部淬透时为低碳回火马氏体＋铁素体，硬度为 25～40HRC。

4. 加工工艺路线

以 20CrMnTi 钢为例，制作汽车变速齿轮的生产工艺流程如下：

下料→锻造→正火→加工齿形→非渗碳部位镀铜保护→渗碳→预冷直接淬火＋低温回火→喷丸→磨齿（精磨）

5. 常用渗碳钢(见表 5-7)

(1) 低淬透性合金渗碳钢。有 15Cr、20Cr、20Mn2、20MnV 等，这类钢碳和合金元素总的质量分数(<2%)较低，淬透性较差，水淬临界直径约为 20～35mm，心部强度偏低。通常用来制造截面尺寸较小、受冲击载荷较小的耐磨件，如活塞销、小齿轮、滑块等。这类钢渗碳时心部晶粒粗化倾向大，尤其是锰钢，因此当它们的性能要求较高时，常常采用渗碳后再在较低的温度下加热淬火。

(2) 中淬透性合金渗碳钢。有 20CrMnTi、20CrMn、20CrMnMo、20MnVB 等。这类钢合金元素的质量分数(≤4%)较高，淬透性较好，油淬临界直径为 25～60mm，渗碳淬火后有较高的心部强度。可用来制作承受中等动载荷的耐磨件，如汽车变速齿轮、花键轴套、齿轮轴、联轴节等。这类钢含碳化物形成元素 Ti、V、Cr 等，渗碳时晶粒长大倾向较小，可采用渗碳后直接淬火工艺，提高了生产效率，并且节约了能源。

(3) 高淬透性合金渗碳钢。有 18Cr2Ni4WA、20Cr2Ni4A 等。这类钢合金元素的质量分数更高(≤7.5%)，在铬、镍等多种合金元素的共同作用下，淬透性很高，油淬临界直径大于 100mm，淬火和低温回火后心部有很高的强度。这类钢主要用来制作承受重载和强烈磨损的零件，如内燃机车的牵引齿轮、柴油机的曲轴和连杆等。

表 5-7 常用合金渗碳钢的牌号、热处理、力学性能与用途

牌号	热处理工艺			力学性能(不小于)				用途举例
	第一次淬火/℃	第二次淬火/℃	回火/℃	σ_b/MPa	σ_s/MPa	δ_5/%	A_{KV}/J	
20Cr	880 水、油	800 水、油	200 水、空	835	540	10	47	截面在 30mm 以下载荷不大的零件，如机床及小汽车齿轮、活塞销等
20CrMnTi	880 油	870 油	200 水、空	1080	835	10	55	汽车、拖拉机截面在 30mm 以下，承受高速、中或重载荷以及受冲击、摩擦的重要渗碳件，如齿轮、轴、齿轮轴、爪形离合器、蜗杆等
20MnVB	860 油	800 油	200 水、空	1080	885	10	55	模数较大、载荷较重的中小渗碳件，如重型机床齿轮、轴，汽车后桥主动、被动齿轮等淬透性件
12Cr2Ni4	860 油	780 油	200 水、空	1080	835	10	71	大截面、载荷较高、缺口敏感性低的重要零件，如重型载重车、坦克的齿轮等
18Cr2Ni4WA	950 空	850 空	200 水、空	1175	835	10	78	截面更大、性能要求更高的零件，如大截面的齿轮、传动轴、精密机床上控制进刀的蜗轮等

（三）合金调质钢

合金调质钢是指调质处理后使用的合金结构钢，综合力学性能好，用来制造轴、杆类零件。

1. 工作条件和性能要求

汽车、拖拉机、车床等其他机械上的重要零件如汽车底盘半轴、高强度螺栓、连杆等大多工作在受力复杂、负荷较重的条件下，要求具有较高水平的综合力学性能，即要求较高的强度与良好的塑性与韧性相配合。但是不同的零件受力状况不同，其对性能要求的侧重也有所不同。整个截面受力都比较均匀的零件如只受单向拉、压、剪切的连杆，要求截面处处强度与韧性都要有良好的配合。截面受力不均匀的零件如表层受拉应力较大心部受拉应力较小的螺栓，则表层强度比心部就要要求高一些。

2. 化学成分

合金调质钢一般为中碳(0.25%～0.5%)，含碳量过低，强度、硬度得不到保证；含碳量过高，则塑性、韧性不足，而且使用时也会发生脆断现象。

合金调质钢主加合金元素为 Zr、Mn、Ni、Si 等，主要目的是提高钢的淬透性，并能够溶入铁素体使之强化，还能使韧性保持在较理想的水平。辅加合金化元素 W、Mo、V、Ti 等，可阻碍高温时奥氏体晶粒长大，主要目的是细化晶粒，提高回火稳定性。W、Mo 还可以减轻和防止钢的第二类回火脆性。微量 B 对 C 曲线有较大的影响，能明显提高淬透性。Al 则可以加速钢的氮化过程。

3. 热处理特点

调质钢的预先热处理采用退火或正火工艺，目的是改善锻造组织，细化晶粒，为最终热处理作组织上的准备。最终热处理是淬火＋高温回火，淬火、回火的温度受钢的化学成分和性能要求控制。一般淬火加热温度在 850℃左右，回火温度一般为 500℃～650℃之间。合金调质钢的淬透性较高，一般都在油中淬火。合金元素质量分数较高的钢甚至在空气中冷却也可以得到马氏体组织。为了避开第二类回火脆性发生区域，回火后通常进行快速冷却。

合金调质钢常规热处理组织是回火索氏体，某些零件除了要求良好的综合力学性能外，表面对耐磨性还有较高的要求，这样在调质处理后还可以进行表面淬火或氮化处理。

根据零件的实际要求，调质钢也可以在中、低温回火状态下使用，这时得到的组织是回火托氏体或回火马氏体。其强度高于调质状态下的回火索氏体，但冲击韧性值较低。

4. 加工工艺路线

以 40Cr 钢制作拖拉机连杆螺杆为例，生产工艺流程如下：

下料→锻造→退火(或正火)→粗加工→调质→精加工→装配

5. 常用钢种(见表 5－8)

按淬透性的高低，合金调质钢大致可以分为三类。

(1) 低淬透性合金调质钢。多为锰钢、硅锰钢、铬钢、硼钢，有 40Cr、40MnB、40MnVB 等。这类钢合金元素总的质量分数(＜2%)较低，淬透性不高，油淬临界直径为 20～40mm，常用来制作中等截面的零件如柴油机曲轴、连杆、螺栓等。

(2) 中淬透性合金调质钢。多为铬锰钢、铬钼钢、镍铬钢，有 35CrMo、38CrSi、38CrMoAl、40CrNi 类。这类钢合金元素的质量分数较高，油淬临界直径为 40～60mm，常用来制作大截面、重负荷的重要零件如内燃机曲轴、变速箱主动箱等。

(3) 高淬透性合金调质钢。多为铬镍钼钢、铬锰钼钢、铬镍钨钢，有 40CrNiMoA、40CrMnMo、25Cr2Ni4WA 等。这类钢合金元素总的质量分数最高，淬透性也很高，油淬临界直径为 60～100mm。铬和镍的适当配合，使此类钢的力学性能更加优异。主要用来制作截面尺寸更大、承受更重载荷的重要零件如汽轮机曲轴、叶轮、航空发动机轴等。

表 5-8　常用合金调质钢的牌号、热处理、力学性能与用途

牌号	热处理		力学性能(不小于)					用途举例
	淬火/℃	回火/℃	σ_b/MPa	σ_s/MPa	δ_5/%	Ψ/%	A_{KV}/J	
40Cr	850 油	520 水、油	980	785	9	45	47	汽车后半轴、机床齿轮、轴、花键轴、顶尖套等
40MnB	850 油	500 水、油	980	785	10	45	47	代替 40Cr 钢制造中、小截面重要调质件
35CrMo	850 油	550 水、油	980	835	12	45	63	受冲击、振动、弯曲、扭转载荷的机件，如主轴、大电机轴、曲轴、锤杆等
38CrMoAl	940 油	640 水、油	980	835	14	50	71	制作磨床主轴、精密丝杆、精密齿轮、高压阀门、压缩机活塞杆等
40CrNiMoA	850 油	600 水、油	980	835	12	55	78	韧性好、强度高及大尺寸重要调质件，如重型机械中高载荷轴类、直径大于 250mm 的汽轮机轴、叶片、曲轴

(四) 合金弹簧钢

用来制造各种弹性零件如板簧、螺旋弹簧、钟表发条等的钢称为弹簧钢。

1. 工作条件和性能要求

弹簧是广泛用于交通、机械、国防、仪表等行业及日常生活中的重要零件，主要工作在冲击、振动、扭转、弯曲等交变应力下，利用其较高的弹性变形能力来贮存能量，以驱动某些装置或减缓震动和冲击作用。因此，弹簧必须有较高的弹性极限和强度，防止工作时产生塑性变形；弹簧还应有较高的疲劳强度和屈强比(σ_s/σ_b)，避免疲劳破坏；弹簧应该具有较高的塑性和韧性，保证在承受冲击载荷条件下正常工作；弹簧应具有较好的耐热性和耐腐蚀性，以便适应高温及腐蚀的工作环境；为了进一步提高弹簧的力学性能，它还应该具有较高的淬透性和较低的脱碳敏感性。

2. 化学成分

弹簧钢的碳质量分数一般为 0.40%～0.70%，以保证其有较高弹性极限和疲劳强度，碳含量过低，强度不够，易产生塑性变形；碳含量过高，塑性和韧性会降低，耐冲击载荷能力下降。

合金弹簧钢中的主加合金元素是硅和锰，主要作用是提高钢的淬透性和屈强比，硅的作用比较明显，但硅使弹簧钢热处理表面在加热时脱碳倾向增大，锰则使钢易于过热。铬、矾、钨的加入为的是减少弹簧钢脱碳和过热倾向的同时，也进一步提高其淬透性和强度，这些元素可以提高过冷奥氏体的稳定性，使大截面弹簧得以在油中淬火，降低其变形、开裂的几率。此外，钒还可以细化晶粒，钨、钼能防止第二类回火脆性，硼则有利于淬透性的进一步提高。

3. 热处理特点

根据弹簧尺寸和加工方法不同，分为热成形弹簧和冷成形弹簧两大类，它们的热处理方法也不同。

(1) 热成形弹簧的热处理。直径或板厚大于10～15mm的中大型弹簧件，多采用热轧钢丝或钢板制成。先将弹簧加热到比正常淬火温度高50～80℃进行热卷成形，然后进行淬火＋中温回火，获得具有较高弹性极限和疲劳强度的回火托氏体，硬度为40～48HRC。

弹簧钢淬火加热应选用少氧化或无氧化的设备如盐浴炉、保护性气氛等，防止氧化脱碳。弹簧热处理后一般还要进行喷丸处理，目的是强化表面，使表面产生残余压应力，提高疲劳强度，延长使用寿命。

(2) 冷成形弹簧的热处理。直径或板厚小于8～10mm的小尺寸弹簧，常用冷拉弹簧钢丝或弹簧钢带冷卷成型，无需淬火和回火。根据冷拔工艺不同，冷成形弹簧作250～300℃的去应力退火或进行常规的热处理，使弹簧性能均匀一致。

4. 加工工艺路线

热成形弹簧的一般生产工艺流程如下：

下料→加热→卷簧成形→淬火＋中温回火→喷丸→试验→验收→入库

冷成形弹簧的一般生产工艺流程如下：

下料→卷簧成形→去应力退火→试验→验收→入库

5. 常用钢种

合金弹簧钢根据合金元素不同主要有两大类：

(1) 硅、锰为主要合金元素的弹簧钢。有65Mn、55Si2Mn、60Si2Mn等，淬透性明显高于碳素弹簧钢，常用来制作大截面的弹簧。

(2) 铬、钒、钨、钼等主要合金元素的弹簧钢。有50CrVA、60Si2CrVA等，碳化物形成元素铬、钒、钼的加入，能细化晶粒，提高淬透性，提高塑性和韧性，降低过热敏感性。常用来制作在较高温度下使用的承受重载荷的弹簧。

常用合金弹簧钢的牌号及相关性能如表5-9所示。

表5-9 常用合金弹簧钢的牌号、热处理、力学性能与用途

牌号	热处理		力学性能(不小于)			用途举例
	淬火/℃	回火/℃	σ_b/MPa	σ_s/MPa	Ψ/%	
55Si2Mn	870油	480	1274	1176	30	用途广，汽车、拖拉机、机车上的减震板簧，汽缸安全阀簧等
60Si2CrVA	870油	420	1764	1568	20	用作承受高应力及300～500℃以下的弹簧，如汽轮机汽封弹簧、破碎机用弹簧等

续表

牌号	热处理		力学性能(不小于)			用途举例
	淬火/℃	回火/℃	σ_b /MPa	σ_s /MPa	Ψ/%	
50CrVA	850 油	500	1274	1127	40	用作高载荷重要弹簧及工作温度小于 300℃阀门弹簧、活塞弹簧、安全阀弹簧等
30W4Cr2VA	1050～1100 油	600	1470	1323	40	用作工作温度≤500℃的耐热弹簧，如锅炉主安全阀弹簧、汽轮机汽封弹簧等

(五) 滚动轴承钢

用来制造滚动轴承零件如轴承滚动体(滚珠、滚柱、滚针等)、内外套圈的专用钢称为滚动轴承钢。

1. 工作条件和性能要求

滚动轴承在工作时，滚动体与套圈处于点或线接触方式，接触应力在 1500～5000MPa 以上。而且是周期性交变载荷，每分钟的循环受力次数达上万次，经常会发生疲劳破坏使局部产生小块的剥落。除滚动摩擦外，滚动体和套圈还存在滑动摩擦，所以轴承的磨损失效也是十分常见的。因此，滚动轴承必须具有较高的淬透性、高且均匀的硬度和耐磨性、良好的韧性、弹性极限和接触疲劳强度，在大气及润滑条件介质下有良好的耐蚀性和尺寸稳定性。

2. 化学成分

滚动轴承钢的碳质量分数较高，一般为 0.95%～1.10%，以保证其获得高强度、高硬度和高耐磨性。

铬是滚动轴承钢的基本合金元素，其质量分数为 0.4%～1.05%。铬的主要作用是提高淬透性和回火稳定性，铬能与碳作用形成细小弥散分布的合金渗碳体$(Fe,Cr)_3C$，可以使奥氏体晶粒细化，减轻钢的过热敏感性，提高耐磨性，并能使钢在淬火时得到细针状或隐晶马氏体，使钢在保持高强度的基础上增加韧性。但铬的含量不宜过高，否则淬火后残余奥氏体量会增加，碳化物呈不均匀分布，导致钢的硬度、疲劳强度和尺寸稳定性等降低。

对大型轴承(如钢珠直径超过 30～50mm 的滚动轴承)而言，还可以加入硅、锰、钒，进一步提高淬透性、强度、耐磨性和回火稳定性。

滚动轴承钢的接触疲劳强度等对杂质和非金属夹杂物的含量和分布比较敏感，因此，必须将硫、磷的质量分数分别控制在 0.02%之内，氧化物、硫化物、硅酸盐等非金属夹杂物的含量和分布控制在规定的级别之内。

3. 热处理特点

滚动轴承钢的预先热处理采用球化退火，目的是得到细粒状珠光体组织，降低锻造后钢的硬度，使其不高于 210HBW，提高切削加工性能，并为零件的最终热处理作组织上的准备。

滚动轴承钢的最终热处理一般是淬火＋低温回火，它直接决定了钢的强度、硬度、耐磨性和韧性等。首先要把淬火加热温度严格控制在 820～840℃内，温度过高，晶粒粗大，淬火时残余奥氏体和针状马氏体的量增加，接触疲劳强度、韧性和尺寸稳定性下降；温度过低，硬度不足。为减轻淬火应力和变形开裂几率，滚动轴承钢采用油淬并立即在 150～

160℃回火。使用状态的组织应为回火马氏体＋细小粒状碳化物＋少量残余奥氏体，硬度为61～65HRC。

对于尺寸稳定性要求很高的精密轴承，可在淬火后于－60～－80℃进行冷处理，消除应力和减少残余奥氏体的量，然后再进行回火和磨削加工，为进一步稳定尺寸，最后采用低温时效处理120～130℃保温10h。

4. 加工工艺路线

滚动轴承钢的加工工艺路线如下：

下料→锻造→预备热处理(球化退火)→切削加工→淬火＋低温回火→磨削加工→成品

5. 常用钢种

我国目前以Cr轴承钢应用最广。最有代表性的是GCr15，除用作中、小轴承外，还可制成精密量具、模具和机床丝杠等。

常用滚动轴承的牌号、化学成分、热处理及用途举例如表5-10所示。

表5-10 常用滚动轴承的牌号、化学成分、热处理及用途举例

牌号	化学成分 w_{Me}/%						热处理			用途举例
	C	Si	Mn	Cr	P	S	淬火/℃	回火/℃	回火/HRC	
GCr9	1.00～1.10	0.15～0.35	0.25～0.45	0.90～1.20	≤0.025		810～830	150～170	62～66	一般工作条件下小尺寸的滚动体和内、外套圈
GCr15	0.95～1.05	0.15～0.35	0.25～0.45	1.40～1.65	≤0.025		825～845	150～170	62～66	广泛用于汽车、拖拉机、内燃机、机床及其它工业设备上的轴承
GCr15SiMn	0.95～1.05	0.45～0.75	0.95～1.25	1.40～1.6	≤0.025		825～845	150～180	＞62	大型轴承或特大轴承(外径＞440mm)的滚动体和内、外套圈

四、合金工具钢

在碳素工具钢的基础上加入一定种类和数量的合金元素，用来制造各种刃具、模具、量具和其它耐磨工具的钢称为合金工具钢。与碳素工具钢相比，合金工具钢的硬度和耐磨性更高，而且还具有更好的淬透性、红硬性和回火稳定性。因此，大尺寸高精度和形状复杂的模具、量具以及切削速度高的刃具，都要求采用合金工具钢来制造。

合金工具钢按用途可分为合金刃具钢、合金模具钢和合金量具钢。

(一) 合金刃具钢

合金刃具钢主要用来制造车刀、铣刀、拉刀、钻头、板牙等各种刃具。刃具钢的基本性能要求是高硬度、高耐磨性、高热硬性以及良好的塑性和韧性。

合金刃具钢分为低合金刃具钢和高速钢两种。

1. 低合金刃具钢

碳素工具钢具有淬透性差、易变形和开裂以及红硬性差等缺点。为克服其不足，在碳素工具钢的基础上加入少量合金元素，就形成了低合金刃具钢。

(1) 化学成分。低合金刃具钢碳的平均质量分数一般为 0.75%～1.50%，以保证获得钢的高硬度和耐磨性。钢中常加入的合金元素有 Cr、W、Si、Mn、V、Mo 等。其中 Cr、Si、Mn、V、W 等合金元素改善了钢的性能，Mn、Si、Cr 的主要作用是提高淬透性，Si 还能提高钢的回火稳定性，W、V 等与碳形成细小弥散的合金碳化物，提高硬度和耐磨性，细化晶粒，进一步增加回火稳定性。

(2) 热处理特点。低合金工具钢的预备热处理通常是锻造后进行球化退火，目的是改善锻造组织和切削加工性能。最终热处理采用淬火＋低温回火，组织为细的回火马氏体＋粒状合金碳化物＋少量残余奥氏体，具有较高的硬度和耐磨性。

(3) 加工工艺路线。以 9SiCr 制造的圆板牙为例，其加工工艺路线如下：

下料→锻造→球化退火→机加工→淬火＋低温回火→磨平面→抛槽→开口

9SiCr 圆板牙的球化退火采用等温退火工艺，组织为粒状珠光体，适宜切削加工。

淬火＋低温回火工艺见图 5－2，先在 600～650℃预热，目的是缩短随后的淬火保温时间，减轻氧化脱碳的可能性。在 850～870℃加热保温后，迅速转移到 160～200℃的硝盐槽中进行分级淬火，降低淬火时的变形，然后在 190～200℃低温回火，降低残余应力，保留较高的硬度值(60～63HRC)。

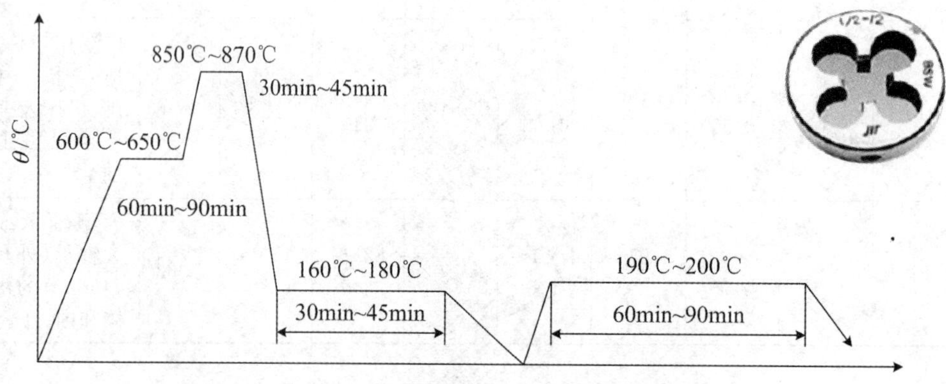

图 5－2　9SiCr 钢制板牙的淬火、回火工艺曲线

(4) 常用钢种。常用低合金刃具钢有 9SiCr、9Mn2V、CrWMn 等，其中以 9SiCr 钢应用最广泛。这类钢淬透性明显高于碳素工具钢，而且变形小，主要用于制造截面尺寸较大、几何尺寸较复杂、加工精度要求较高、切削速度不太高的板牙、丝锥、铰刀、搓丝板等。常用低合金刃具钢的牌号、成分、热处理等见表 5－11。

表 5-11 常用低合金刃具钢的牌号、热处理及用途

类别	牌号	热处理及性能					用途
		淬火			回火		
		淬火温度/℃	冷却介质	硬度/HRC	回火温度/℃	硬度/HRC	
低合金工具钢	9Mn2V	780～810	油	≥62	150～200	60～62	剪刀、丝锥、板牙、冷冲模、样板
	9SiCr	860～880	油	≥62	180～200	60～62	板牙、丝锥、冷冲模等
	CrW5	800～820	油	≥62	150～160	64～65	慢速切削硬金属的刀具，如铣刀、车刀等
	CrMn	840～860	油	≥62	130～140	62～65	拉刀、长丝锥、量规等
	CrWMn	820～840	油	≥62	140～160	62～65	量规、板牙、长丝锥和形状复杂精度高的冲模等
高速钢	W18Cr4V	1260～1280	油	≥63	550～570（三次）	63～66	制造一般高速切削用车刀、刨刀等
	W6Mo5Cr4V2	1220～1240	油	≥63	550～570（三次）	63～66	制造要求耐磨性和韧性很好配合的高速切削刀具，如丝锥、钻头等
	W6Mo5Cr4V3	1220～1240	油	≥63	550～570（三次）	>65	制造要求耐磨性和热硬性较高、耐磨性和韧性较好配合、形状稍为复杂的刀具，如拉刀、铣刀等

2. 高速钢

高速钢是一种高合金工具钢，含钨、钼、铬、钒等合金元素。高速钢优于其他工具钢的主要之处是其具有良好的红硬性，在切削零件刃部温度高达 550℃时，硬度仍不会明显降低。因此，高速钢刀具能以比低合金工具高得多的切削速度加工零件，故冠名高速钢，常用于车刀、铣刀、高速钻头等。

(1) 化学成分。高速钢的碳平均质量分数较高，一般为 0.7%～1.6%。高碳一方面是保证与钨、钼等诸多合金元素形成大量的合金碳化物，阻碍奥氏体晶粒长大，提高回火稳定性；另一方面是在加热时使奥氏体含一定量的碳，淬火得到的马氏体有较高的硬度和耐磨性。

钨是使高速钢具有较高红硬性的主要元素，钨在钢中主要以 Fe_4W_2C 形式存在，加热时部分 Fe_4W_2C 溶入奥氏体中，淬火时存在于马氏体中，使钢的回火稳定性得以提高。当在 560℃回火时，钨会以弥散的特殊碳化物 W_2C 的形式出现，形成了"二次硬化"现象，对钢在高温下保持高硬度有较大的贡献。加热时 Fe_4W_2C 则会阻碍奥氏体晶粒长大，降低过热敏感性和提高耐磨性。合金元素钼的作用与钨相似，一份钼可代替两份钨，而且钼还能提高韧性和消除第二类回火脆性。但是，含钼较高的高速钢脱碳和过热敏感性较大。

铬在高速钢中的主要作用是提高淬透性、硬度和耐磨性。铬主要以 $Cr_{23}C_6$ 形式存在，这种碳化物在高速钢的正常淬火加热温度下几乎全部溶解，对阻碍奥氏体晶粒长大不起作

用，但是溶入奥氏体中可明显提高淬透性和回火稳定性。高速钢中铬含量一般都在 4%左右，过高了会增加残余奥氏体量，过低淬透性则达不到要求。

钒的主要作用是细化晶粒，提高硬度和耐磨性。钒碳化物为 V_4C_3 或 VC，比钨、钼、铬碳化物都稳定，而且是细小弥散分布，加热时很难溶解，对奥氏体晶粒长大有很大的阻碍作用，并能有效地提高硬度和耐磨性。高温回火时也会产生“二次硬化”现象，但是提高红硬性的作用不如钨、钼明显。

(2) 热处理方法及工艺路线。高速钢中的碳及合金元素质量分数都高，空冷就可得到马氏体组织，所以也被俗称为“风钢”。高速钢属于莱氏体钢，铸态组织有粗大碳化物和鱼骨状的共晶莱氏体。鱼骨状的莱氏体及大量分布不均匀的大块碳化物，明显降低钢的韧性，变得既脆又硬。并且不能通过热处理来改变碳化物分布，只能依靠锻打来击碎，使碳化物细化并均匀。高速钢的塑性、导热性较差，锻后必须缓冷，以免开裂。

高速钢因其化学成分特点，其热处理具有淬火加热温度高、回火次数多等特点。下面以以 W18Cr4V 钢制造盘形齿轮铣刀为例，说明其热处理工艺选用和生产工艺路线的制定。

其生产工艺路线如下：

下料→锻造→球化退火→切削加工→淬火＋多次 560℃回火→喷砂→磨削加工→成品。

如图 5-3 是高速钢 W18Cr4V 热处理工艺曲线。

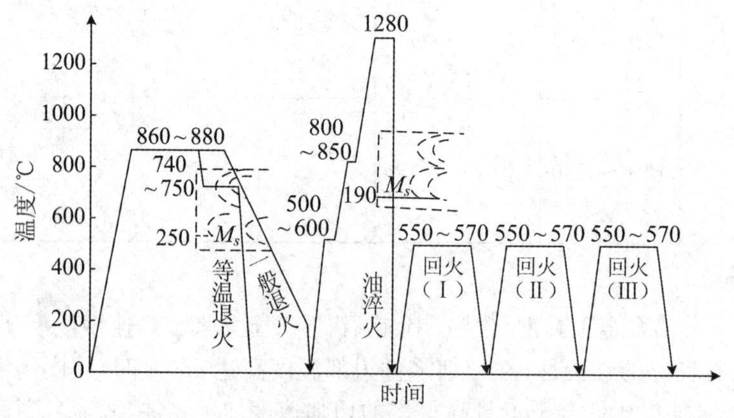

图 5-3　W18Cr4V 钢热处理工艺曲线

① 球化退火。高速钢锻造后的硬度很高，只有经过退火降低硬度才能进行切削加工。一般采用球化退火降低硬度，消除锻造应力，为淬火作组织上的准备。球化退火组织为索氏体和均匀分布的合金碳化物所组成。

② 淬火＋回火。高速钢中含大量合金元素，导热性差。为避免加热过程产生变形开裂，一般在 860～880℃预热，截面尺寸较大的零件可在 500～650℃多进行一次预热。

合金元素只有溶入高速钢中才能有效地提高红硬性，高速钢淬火加热温度对奥氏体的成分影响较大。淬火加热温度高，合金元素在奥氏体中的溶解度也较高。所以，高速钢的淬火加热温度都比较高，一般在 1270℃加热。但是，淬火温度也不可过高，否则奥氏体晶粒长大明显，残余奥氏体量也会增加。

高速钢淬透性高，一般采用油冷。截面尺寸小的刀具，在空气中即可淬硬。对于形状复杂、要求变形小的刀具，先将其淬入 580～620℃的中性盐浴中分级均温，然后空冷，可防止变形开裂。W18Cr4V 钢淬火组织是马氏体＋残余奥氏体＋粒状碳化物，其残余奥氏体量高达 30%。

为减少残余奥氏体，稳定组织，消除应力，提高红硬性，高速钢要进行多次回火。W18Cr4V 钢硬度和回火温度的关系是：随回火温度提高，钢的硬度开始呈下降趋势，大于 300℃后，硬度反而随温度升高而提高，在 570℃左右达到最高值。这是因为温度升高，马氏体中析出了细小弥散的特殊碳化物 W_2C 和 VC 等，造成了第二相的弥散强化效应。此外由于部分碳及合金元素从残余奥氏体中析出，M_s 点升高，钢在回火冷却时，部分残余奥氏体转变为马氏体，发生了“二次淬火”，使硬度升高。以上两个因素就是高速钢回火出现“二次硬化”的根本原因，当回火温度大于 570℃时，碳化物发生聚集长大，导致硬度下降。

高速钢在淬火后要在 550～570℃回火三次是因为一次回火不能完全消除残余奥氏体，第一次回火后，残余奥氏体量由 30%降为 15%左右，第二次回火后还有 5%～7%，第三次回火后残余奥氏体减少为 1%～2%。而且，后一次回火可消除前一次回火时马氏体转变产生的内应力。W18Cr4V 钢淬火＋三次回火后组织为回火马氏体＋碳化物＋少量残余奥氏体。

(3) 常用高速钢。我国常用的高速钢中最重要的有两种：钨系如 W18Cr4V 钢和钨-钼系钢如 W6Mo5Cr4V2 钢。前者发展最早应用最广，其红硬性和加工性能好。后者耐磨性、热塑性和韧性较好，但脱碳敏感性较大，而且磨削性能不如钨系钢。近年来，我国又开发出含钴、铝等超硬超高速钢，这类钢能更大限度地溶解合金元素，提高红硬性，但是脆性较大，有脱碳倾向。

(二) 合金模具钢

用作冷冲模、热锻模、挤压模、压铸模等模具的钢称为模具钢。根据性质和使用条件不同，可分为：冷作模具钢和热作模具钢两大类。

1. 冷作模具钢

冷作模具钢用于制造使金属冷塑性变形的模具，如冷冲模、冷镦模、冷挤压模、拉丝模、落料模等，工作温度不超过 200～300℃。

(1) 工作条件和性能要求。冷作模具钢工作时承受很大的压力、弯曲力、冲击载荷和摩擦，主要失效形式是磨损，也常出现崩刃、断裂和变形等其它失效形式。因此，冷模具钢应具有高的硬度和耐磨性、足够的强度和韧性。大型模具用钢要求具有良好的淬透性，而高精度模具还要求热处理变形小。

(2) 化学成分。为保证获得高硬度和高耐磨性，冷作模具钢碳的质量分数较高，大多超过了 1%，有的甚至高达 2%，以便与合金元素形成数量足够多的碳化物来保证高的硬度和耐磨性。

铬是冷作模具钢中的主要合金元素，能提高淬透性，形成 Cr_7C_3 或$(Cr,Fe)_7C_3$ 等碳化物，能明显提高耐磨性。锰可以提高淬透性和强度，钨、钼、钒等与碳形成细小弥散的碳化物，除了进一步提高淬透性、耐磨性、细化晶粒外，还能提高回火稳定性、强度和韧性。

(3) 热处理特点。冷作模具钢热处理的目的是最大限度地满足其性能要求，以便能正常工作，现以 Cr12MoV 冷作模具专用钢制造冲孔落料模为例来分析热处理工艺方法及制定生产工艺路线：

锻造→球化退火→切削加工→淬火＋低温回火→精磨或电火花加工→成品。

Cr12MoV 钢的组织与性能与高速钢相似，合金元素含量较高，锻后空冷易出现马氏体组织，一般锻后都采用缓冷。钢中有莱氏体组织，可以通过锻造使其破碎，并均匀分布。锻后退火工艺与高速钢的等温退火工艺相似，退火后的组织为球状珠光体＋均匀分布的碳化物，硬度小于 255HBW，可进行机械加工。

Cr12MoV 钢的最终热处理是淬火＋低温回火。低温回火后钢的耐磨性和韧性较高，组织为回火马氏体＋残余奥氏体＋合金碳化物，硬度为 58～60HRC。

(4) 常用冷作模具钢(表 5－11)。对于形状比较简单、截面尺寸和工作负荷不太大的模具可用高级优质碳素工具钢 T8A、T10A、T12A 和低合金刃具钢 9SiCr、9Mn2V、CrWMn 等，它们耐磨性较好，淬火变形不太大。

对于形状复杂、尺寸和负荷较大的模具多用 Cr12 型钢如 Cr12MoV、Cr12 钢或 W18Cr4V 等，它们的淬透性、耐磨性和强度较高，淬火变形较小。

表 5－11　常用冷作模具钢的牌号、热处理及用途

牌号	热处理性能					用途
	淬火			回火		
	淬火加热温度/℃	冷却介质	硬度/HRC	回火温度/℃	硬度/HRC	
9Mn2V	780～810	油	≥62	150～200	60～62	用于制作小型冷作模具及要求变形小、耐磨性高的量规、块规、磨床主轴等
Cr12	950～1000	油	≥60	200～450	58～64	用于耐磨性高而受冲击较小的模具，如冲模、冲头、钻套、量规、螺纹滚丝模、拉丝模等
Cr12MoV	1020～1040	油	≥58	150～425	55～63	用于制作截面较大、形状复杂、工作条件繁重的各种冷作模具及螺纹搓丝板
4CrW2Si	1180～1200	油	≥62	560～580	60～63	用于制作高硬度、高耐磨性、有还要求有一定冲击韧性的模具，如风动工具、金属冷剪刀片、铆钉冲头、冲孔冲头等
6W6Mo5Cr4V	860～900	油	≥53	200～250	53～56	可替代高速模具钢和高碳高铬模具钢，制造冷挤压冲头或冷镦冲头
6CrW2Si	860～900	油	≥57	200～250	53～56	用于制作高硬度、高耐磨性、有还要求有一定冲击韧性的模具，如风动工具、金属冷剪刀片、铆钉冲头、冲孔冲头等

2. 热作模具钢

热作模具钢是用于制造在受热状态下对金属进行变形加工的模具，包括热锻模、压铸模、热镦模、热挤压模、高速锻模等。

(1) 工作条件和性能要求。热作模具钢工作时经常接触炽热的金属，型腔表面温度高达400～600℃。金属巨大的压应力、弯曲应力和冲击载荷作用下，与型腔作相对运动时，会产生强烈的磨损。工作过程中还要反复受到冷却介质冷却和热态金属加热的交替作用，模具表面出现热疲劳“龟裂纹”。因此，为使热作模具正常工作，要求模具用钢可在较高的温度下具有良好的强韧性、较高的硬度、耐磨性、导热性和抗疲劳能力及较高的淬透性和尺寸稳定性。

(2) 化学成分。热作模具钢碳的质量分数一般保持在0.3%～0.6%，以获得所需的强度、硬度、耐磨性和韧性。碳含量过高，会导致韧性和导热性下降；碳含量过低，强度、硬度、耐磨性难以保证。

铬能提高淬透性和回火稳定性；镍除与铬共存时可提高淬透性外，还能提高综合力学性能；锰能提高淬透性和强度，但是有使韧性下降的趋势；钼、钨、钒等能产生二次硬化，提高红硬性、回火稳定性、抗热疲劳性、细化晶粒，钼还能防止第二类回火脆性。

(3) 热处理特点。热作模具钢热处理的目的主要是提高红硬性、抗热疲劳性和综合力学性能，最终热处理一般为淬火＋高温(或中温)回火，以获得均匀的回火索氏体(或回火托氏体)。现以5CrMnMo钢制造板牙热锻模为例来分析热处理工艺方法及制定生产工艺路线。

锻造→球化退火→粗加工→淬火＋回火→精加工(修型、抛光)→成品。

由于钢在轧制时会出现纤维组织，导致各向异性，所以要予以锻造消除。锻后缓冷，防止应力过大产生裂纹，采用780～800℃保温4～5h退火，消除锻造应力，改善切削加工性，为最终热处理作组织上的准备

5CrMnMo淬火＋回火工艺：为降低热应力，大型模具需在500℃左右预热，为防止模具淬火开裂，一般先由炉内取出空冷至750～780℃，然后再淬入油中，油冷至150～200℃(大致为油只冒青烟而不着火的温度)取出立即回火，避免冷至室温再回火导致开裂。回火消除了应力，获得回火索氏体(或回火托氏体)组织，以得到所需的性能。

(4) 常用热作模具钢。制造中、小型热锻模一般选用5CrMnMo钢，制造大型热锻模多选用5CrNiMo钢，它淬火加热温度比5CrMnMo钢高10℃左右，淬透性和红硬性优于5CrMnMo钢。

热挤压模冲击载荷较小，但模具与热态金属常时间接触，对热强性和红硬性要求较高，常选用3Cr2W8V钢或4Cr5W2Si钢，淬火后多次产生二次硬化，组织与高速钢相似。

压铸模的选用与成型金属种类有关，压铸熔点为400～450℃的锌合金，一般选用低合金钢30CrMnSi或40Cr等；压铸熔点为850～920℃的铜合金，可选用3Cr2W8V钢。

常用热作模具钢见表5－12。

表 5-12　常用热作模具钢的牌号、热处理及用途

牌号	热处理及性能					用　　途
	淬火			回火		
	淬火加热温度/℃	冷却介质	硬度/HRC	回火温度/℃	硬度/HRC	
5CrMnMo	830～850	油	≥62	490～640	30～47	中小型锤锻模(模高 275～400mm)、小压铸模
5CrNiMo	840～860	油	≥60	490～660	30～47	形状复杂、冲击载荷大的各种大、中型锤锻模
3Cr2W8V	1050～1150	油	≥58	600～620	50～54	压铸模、平锻机凸模和凹模、镶块、热挤压模等
3Cr3Mo3V	1010～1040	空气	≥62	550～600	40～54	热镦模
5Cr4W5Mo2V	1130～1140	油	≥53	600～630	50～56	热镦模、热挤压模,可代替 3Cr2W8V

(三) 合金量具钢

量具用钢用于制造各种测量工具,如卡尺、千分尺、螺旋测微仪、块规、塞规等。

1. 工作条件和性能要求

量具在使用过程中主要因磨损而失效,对量具钢的性能要求是:高的硬度和耐磨性;高的尺寸稳定性,热处理变形要小,在存放和使用过程中尺寸不发生变化;良好的磨削加工性和耐腐蚀性。

2. 化学成分

量具用钢的成分与低合金刃具钢相同,即为高碳(0.9%～1.5%)。为了减少淬火变形,常加入 Cr、W、Mn 等合金元素,提高钢的淬透性,使淬火时可采用较缓和的冷却介质,减少热应力变形,以保证高的尺寸精度。

3. 热处理特点

量具用钢的预先热处理一般是球化退火,最终热处理是淬火+低温回火。为了提高量具尺寸稳定性,通常在冷却速度较缓慢的冷却介质中淬火,并进行冷处理(−50～−78℃),使残余奥氏体转变成马氏体,然后进行低温回火(150～160℃以下),精度要求高的量具在低温回火后还应进行一次人工时效,尽量使淬火组织转变为较稳定的回火马氏体并消除淬火应力。

4. 生产工艺路线

以 CrWMn 钢制造量块的生产工艺为例,其生产工艺路线如下:

锻造→球化退火→切削加工→淬火→冷处理→低温回火→粗磨→等温人工时效→精磨→去应力退火→研磨。

5. 常用钢种

我国目前没有专用的量具钢。对于量块、量规等形状复杂、精度要求高的量具可用 CrWMn、Cr2、GCr15、W18Cr4V 等钢制造。对于样板、塞规等形状简单、尺寸小、精度要求不高的量具用 65、65Mn 等钢制造。对于在化工、煤矿、野外使用的对耐蚀性要求较高的量

具可 4Cr13、9Cr18 等钢制造。

常用量具用钢的牌号及用途见表 5-13。

表 5-13 常用量具用钢的牌号及用途

钢号	用途
10、20 或 50、55、60、60Mn、65Mn	平样板或卡规
T10A、T12A、9SiCr	一般量规与块规
Cr 钢、CrMn 钢、GCr15	高精度量规与块规
CrWMn	高精度且形状复杂的量规与块规
4Cr13、9Cr18	抗蚀量具

五、特殊性能钢

特殊性能钢是指具有特殊物理化学性能并可在特殊环境下工作的钢。工程中常用的特殊性能钢有不锈钢、耐热钢、耐磨钢等。

(一) 不锈钢

不锈钢是指用来抵抗大气腐蚀或能抵抗酸、碱、盐等化学介质腐蚀的钢材。常用的不锈钢主要是铬不锈钢和铬镍不锈钢两类。按其组织不锈钢可分为马氏体不锈钢、铁素体不锈钢、奥氏体不锈钢和双相不锈钢等。

不锈钢的化学成分特点是铬的质量分数高，一般 $w_{Cr} \geqslant 13\%$。铬可在钢表面形成一层致密的保护膜(Cr_2O_3)，可防止钢材的整个表面被氧化和腐蚀。

1. 马氏体不锈钢

这类钢在加热和冷却时会发生转变，可以通过淬火得到马氏体组织，因此被称之为马氏体不锈钢。

马氏体不锈钢碳的质量分数为 0.10%～0.45%C，钢中铬的质量分数为 12%～14%，因此通称为 Cr13 型钢，钢号有 1Cr13、2Cr、13. 3Cr13、4Cr13 等。

由于铬易与碳形成$(Cr、Fe)_{23}C_6$ 等含铬碳化物，降低了基体中的铬质量分数，导致抗蚀性下降。所以，不锈钢的碳质量分数一般较低，大多控制在 0.45%以下，碳质量分数越低，耐蚀性越好，但是强度、硬度、耐磨性则越差。

1Cr13、2Cr13 等钢碳的质量分数较低，塑性和韧性、耐蚀性较好。可在大气、蒸汽等介质腐蚀条件下工作，用作受冲击载荷的汽轮机叶片、锅炉管附件、水压机阀等。

3Cr13、4Cr13 等钢碳的质量分数较高，形成的碳化物量较多，强度、硬度和耐磨性较高，但是耐蚀性较差。常用于在弱腐蚀条件下工作而且要求高硬度的医疗器械、弹簧、刃具、轴承、热油泵轴等。

2. 铁素体不锈钢

这类钢从室温加热到高温 960～1100℃，不发生相变，始终都是单相铁素体组织，因此被称为铁素体不锈钢。

这类钢碳的质量分数小于 0.15%，铬的质量分数为 12%～32%，钢号有 1Cr17、

1Cr17Mo 等。

铁素体不锈钢碳质量分数较低，铬质量分数较高，因此其塑性、可焊性、耐蚀性优于马氏体不锈钢。铬质量分数越高，耐蚀性越好。某些铁素体含钛，目的是细化晶粒，稳定碳和氮，改善韧性和可焊性。

由于铁素体不锈钢在加热和冷却时不发生相变，因此不能用热处理方法使钢强化，所以强度比马氏体不锈钢低，一般在退火或正火状态下使用。常用于强度要求不高、耐蚀性要求较高的场合，如硝酸、氮肥工业的设备、容器、管道和食品工厂设备等。

3. 奥氏体不锈钢

这类钢有较高质量分数的镍，扩大了奥氏体区域，室温下能够保持单相奥氏体组织，所以称之为奥氏体不锈钢。

这类钢铬的质量分数为 17%～19%，镍的质量分数为 8%～11%，又简称 18－8 型奥氏体不锈钢。常用牌号有 0Cr18Ni9、1Cr18Ni9、1Cr18Ni9Ti 等。

铬的主要作用是产生钝化，提高耐蚀性。镍的作用是使钢在室温具有单相奥氏体组织，铬和镍的共同使用比仅含铬的不锈钢有更高的耐蚀性。钛利用其与碳较大的亲和力抑制 $(Cr、Fe)_{23}C_6$ 在晶界上析出，消除晶间腐蚀现象。为保证良好的耐蚀性，碳的质量分数一般控制在 0.1%以下。

奥氏体不锈钢的耐腐蚀性很好，其处于奥氏体状态，焊接性和冷热加工性能也很好，是目前应用最广泛的不锈钢。但是如果奥氏体不锈钢存在有较大的内应力，同时在氯化物等介质中使用时，会产生应力腐蚀而破坏，而且介质工作温度越高，越易破裂。

常用不锈钢的牌号、成分、热处理及用途见表 5－14。

表 5－14　常用不锈钢的牌号、热处理方法及用途举例

类别	牌号	热处理		力学性能					用途举例
		淬火温度/℃	回火温度/℃	σ_s/MPa	σ_b/MPa	δ_5/%	硬度/HRC(HBW)	α_{KV}/J/cm^2	
马氏体型	1Cr13	950～1000 油冷	700～750 快冷	≥343	≥539	≥25	≥159	≥98	一般用刃具类
	2Cr13	920～980 油冷	600～750 快冷	≥441	≥637	≥20	≥192	≥78	汽轮机叶片
	3Cr13	920～980 油冷	600～750 快冷	≥539	≥735	≥12	≥217	≥29	刃具、喷嘴、阀位、阀门等
	7Cr17	1010～1070 油冷	100～180 快冷				HRC ≥54		刃具、量具、轴承等

续表

类别	牌号	热处理		力学性能					用途举例
		淬火温度/℃	回火温度/℃	σ_s/MPa	σ_b/MPa	δ_5/%	硬度/HRC(HBW)	α_{KV}/J/cm^2	
铁素体型	1Cr17			≥206	≥451	≥22	≤183		重油燃烧器部件、家用电器部件
	1Cr17Mo			≥206	≥451	≥22	≤187		比1Cr17抗盐溶液性强，作汽车外装材料使用
奥氏体型	0Cr18Ni9			≥206	≥520	≥40	≤187		食品用设备，一般化工设备，原子能工业用
	1Cr18Ni9			≥206	≥520	≥40	≤187		建筑用装饰部件
	1Cr18Ni9Ti			≥206	≥520	≥40	≤187		医疗器械、耐配容器及设备衬里、输送管道等

（二）耐热钢

耐热钢属于特殊质量合金钢。耐热钢是指具有高温抗氧化性和热强性的钢。高温抗氧化性是金属材料在高温下抵抗氧化作用的能力。为提高钢的抗氧化能力，加入合金元素Cr、Si、Al等，可形成致密的、高熔点的氧化膜覆盖在钢表面，避免钢进一步氧化。热强性（又称高温强度），是钢在高温下抵抗塑性变形和破坏的能力。钢在高温下承受工作载荷时强度降低，即使所受应力不超过室温时的屈服强度，随时间的延长会产生缓慢的塑性变形，称此现象为“蠕变”。为提高高温强度，防止蠕变，可加入Cr、Mo、W等元素，以提高再结晶温度，而V、Nb、Ti等元素加入钢中，能形成细小弥散的碳化物，起弥散强化的作用，提高室温和高温强度。耐热钢通常分为抗氧化钢、热强钢和汽阀钢。

抗氧化钢是指钢在高温下抵抗气体腐蚀而不会使氧化皮剥落的钢，主要用于长期在高温下工作但强度要求低的零件，如各种加热炉构件、渗碳炉构件、加热炉传送带料盘、燃汽轮机的燃烧室等。常用的钢种有：26Cr18Mn12Si2N钢、22Cr20Mn10Ni2Si2N钢等。

热强钢是指在高温条件下能够抵抗气体腐蚀而又有强度的钢。常用热强钢如12CrMo钢、15CrMo钢、15CrMoV钢、24CrMoV钢等都是典型的锅炉用钢，可制造在350℃以下工作的零件（如锅炉钢管等）。

气阀钢是指热强性较高的钢，主要用于高温下工作的气阀，如 14Cr11MoV、15Cr12MoV 用于制造 540℃以下工作的汽轮机叶片、发动机排气阀、螺栓紧固件等；42Cr9Si2 钢是目前应用最多的气阀钢，用于制造工作温度不高于 800℃的内燃机重载排气阀。

（三）耐磨钢

在强烈冲击和承受严重磨损条件下具有良好韧性和高耐磨性的钢称为耐磨钢。常用的耐磨钢为高锰钢。

高锰钢 $w_C = 0.9\% \sim 1.5\%$，$w_{Mn} = 11\% \sim 14\%$。常用的高锰钢有 ZGMn13－1、ZGMn13－2、ZGMn13－3、ZGMn13－4 等，其中 1、2、3、4 表示品种代号，适用范围分别是低冲击件、普通件、复杂件、高冲击件，ZG 是铸钢两字汉语拼音的字首。

高锰钢的成分特点是高锰、高碳。锰是扩大奥氏体区的元素，它和碳配合，使钢在常温下呈现单相奥氏体组织。若有部分碳化物沿奥氏体分布，将大大降低钢的力学性能。为了消除此碳化物，提高钢的强度，特别是要提高韧性和耐磨性，需对高锰钢进行水韧处理。将钢加热到 1000～1100℃，保温一定时间，使碳化物全部溶解，然后在水中快冷，碳化物来不及析出，在室温下获得均匀单一的奥氏体组织。水韧处理后的高锰钢硬度不高，塑性、韧性很好。当受到强烈冲击及剧烈摩擦时，高锰钢表面层的奥氏体会产生塑性变形出现加工硬化现象，发生马氏体转变及碳化物沿滑移面析出，使硬度显著提高，耐磨性也大幅度增加，心部则仍然是奥氏体组织，保持原来的高塑性和高韧性状态。

应当指出，高锰钢只有在受到大冲击载荷的作用时，才会表现出良好的耐磨性，而在中、小冲击载荷作用下，由于不充分的加工硬化而使耐磨性变得较差。因此应根据不同条件选用不同的耐磨材料。

高锰钢不易切削加工，但其铸造性能好，可铸成形状复杂的铸件，故高锰钢一般是铸造后再经热处理后使用。高锰钢常用于制造车辆履带、挖掘机铲斗、破碎机颚板和铁轨分道叉等。

（四）低温钢

低温钢是指用于制作工作温度在 0℃以下的零件和结构件的钢种。它广泛用于低温下工作的设备，如冷冻设备、制药氧设备、石油液化气设备、航天工业用的高能推进剂液氢等液体燃料的制造设备、极地探险设备等。衡量低温钢的主要性能指标是低温冲击韧性和韧脆转变温度，即低温冲击韧性越高，韧脆转变温度越低，则其低温性能越好。常用的低温钢主要有：低碳锰钢、镍钢及奥氏体不锈钢等。低碳锰钢适用于－45～－70℃范围，如 09MnNiR 钢、09Mn2VRE 钢等；镍钢使用温度可达－196℃；奥氏体不锈钢可达－269℃，如 06Cr19Ni10 钢、12Cr18Ni9 钢等。

（五）特殊物理性能钢

特殊物理性能钢属于特殊质量合金钢，它包括永磁钢、软磁钢、无磁钢等。

永磁钢是指钢材被磁化后，除去外磁场后仍然具有较高剩磁的钢材。永磁钢具有与高碳工具钢类似的化学成分（$w_C \approx 1\%$），常加入的合金元素是铬、钨、钴和铝等，经淬火和回火后硬度和强度提高。永磁钢主要用于制造无线电及通讯器材里的永久磁铁装置以及仪表中的马蹄形磁铁。

软磁钢是指钢材容易被反复磁化，并在外磁场除去后磁性基本消失的钢材。软磁钢是一种碳的质量分数($w_C \leqslant 0.08\%$)很低的铁、硅合金，硅的质量分数在1%～4%之间。加入硅是为了提高电阻率，减少涡流损失，使软磁钢能在较弱的磁场强度下具有较高的磁感应强度。通常软磁钢轧制成薄片，分为电机硅钢片($w_{Si}=1\%\sim2.5\%$，塑性好)和变压器硅钢片($w_{Si}=3\%\sim4\%$，磁性较好，塑性差)，是重要的电工用钢，常用于制作电动机的转子与定子、电源变压器、继电器等。软磁钢去应力退火后不仅可以提高其磁性，而且还有利于其进行冲压加工。

无磁钢是指在电磁场作用下，不引起磁感或不被磁化的钢材。由于这类钢材不受磁感应作用，因此不干扰电磁场。无磁钢常用于制作无磁模具、无磁轴承、电机绑扎钢丝绳与护环、变压器的盖板、电动仪表壳体与指针等，如7Mn15Cr2Al3V2WMo钢用于制作无磁模具和无磁轴承。

第四节 铸 铁

一、铸铁的成分和特点

铸铁指碳的质量分数大于2.11%的铁碳合金。工业上常用铸铁的碳质量分数一般为2.11%～4.0%，并且含一定量的硅、锰、硫、磷等元素。与钢相比，铸铁中碳和硅的质量分数较高，杂质元素硫和磷的质量分数也较多。为了提高铸件的力学性能或获得其他特殊性能，有时特地加入铬、钼、铜、铝等合金元素形成了合金铸铁。

铸铁中的碳多以石墨形式存在，铸铁的抗拉强度、塑性和韧性比钢差，无法进行锻造加工。但是铸铁的生产熔炼工艺简单，成本较低，而且具有优良的铸造性能、减摩性能和切削加工性能，在机械制造业上有着极其广泛的应用。在常规机械中，铸铁约占机器总质量的40%～70%，而机床和重型机械中铸铁的使用有时高达80%～90%。尤其是原来需要用合金钢制造的齿轮、曲轴、连杆等重要零件，现在可以用球墨铸铁来代替，大大降低了生产成本。

在铸铁中，碳常以两种状态存在，游离状的石墨(用G表示)和铁碳化合物渗碳体(Fe_3C)。以下是以碳的存在形式和形态对铸铁进行分类。

(一) 根据铸铁中碳的存在形式分类

1. 白口铸铁

完全按照$Fe\text{-}Fe_3C$相图结晶得到的铸铁。除少量碳固溶于铁素体中，绝大部分碳以渗碳体形式存在，并且有莱氏体组织，断口呈银白色，故称之为白口铸铁。其性能硬而且脆，除用作一些少受冲击的耐磨件外，工业上很少直接应用。

2. 麻口铸铁

碳大部分以渗碳体形式存在，少部分以游离石墨形式存在的铸铁，有一定数量的莱氏体组织。断口呈灰白相间的麻点状，故称之为麻口铸铁。麻口铸铁也有较大的硬脆性，极少应用。

3. 灰口铸铁

碳全部或大部分以游离石墨形式存在，断口呈暗灰色，故称之为灰口铸铁。灰口铸铁在工业上有较广泛的应用。

（二）根据灰口铸铁中石墨的形态分类

1. 灰铸铁

碳以片状石墨形式存在，是工业生产中应用最广泛的一种铸铁材料。

2. 可锻铸铁

由一定成分的白口铸铁铸件经过较长时间的高温石墨化退火，使白口铸铁中的渗碳体大部分或全部分解成团絮状石墨。这种铸铁的强度和塑性、韧性比灰铸铁好、但并不可锻造。

3. 球墨铸铁

铁液经过球化处理后浇铸，铸铁中的碳大部分或全部成球状石墨形式存在，用于力学性能要求高的铸件。

4. 蠕墨铸铁

碳主要以蠕虫状石墨形态存在于铸铁中，石墨形状介于片状与球状石墨之间，类似于片状石墨，但片短而厚，头部较圆，形似蠕虫。

灰铸铁、可锻铸铁、球墨铸铁和蠕墨铸铁是一般工程应用铸铁。为了满足工业生产的各种特殊性能要求，向上述铸铁中加入某些合金元素，可得到具有耐磨、耐热、耐蚀等特性的多种合金铸铁。

二、铸铁的石墨化

铸铁中碳以石墨和渗碳体两种形式出现，石墨是稳定相，渗碳体是一个亚稳定相，在一定条件下将分解出石墨。铸铁中碳原子析出并形成石墨的过程称为石墨化。石墨既可以从液体和奥氏体中析出，也可以通过渗碳体分解来获得。

影响铸铁石墨化的因素较多，可分为内因和外因两种，即化学成分和冷却速度。

1. 化学成分

强烈促进铸铁石墨化的元素是碳和硅，铝、铜、镍、钴等也有一定的促进作用；阻止石墨化元素有硫、锰、铬、钨、钼、钒等。

碳和硅质量分数越高，石墨化越容易进行，越容易得到灰口组织。但是质量分数过高时，石墨粗大，组织中铁素体增加，珠光体减少，会导致铸铁的力学性能下降。

磷也是促进石墨化的元素，但其作用较弱。磷在铸铁中还易生成 Fe_3P，常与 Fe_3C 形成共晶组织分布在晶界上，增加铸铁的硬度和脆性，故一般应限制其含量。但磷能提高铁液的流动性，改善铸铁的铸造性能。

硫强烈阻碍石墨化过程，同时会降低铸铁的铸造性能和力学性能，因此要严格控制其含量。锰虽然也会阻碍石墨化过程，但锰能与硫形成熔点为 1620℃的化合物 MnS，减轻硫的不利作用。

2. 冷却速度

在生产过程中，铸铁的冷却速度越缓慢，或在高温下长时间保温，碳原子扩散充分，均有利于石墨化。例如金属型铸造使铸铁冷却快，砂型铸造冷却较慢。在其它条件一定的情况下，冷却速度与铸件的壁厚有关，壁厚越大，冷却速度越小，越有利于石墨化。对于薄壁铸件，容易形成白口铸铁组织，使切削加工困难。要得到灰铸铁组织，应增加铸铁的碳、硅含量。相反，厚大的铸件，为避免得到过多的石墨，应适当地减少铸铁的碳、硅含量。

三、常用铸铁

1. 灰铸铁

(1) 灰铸铁的化学成分、显微组织与性能。灰铸铁的成分大致范围为：$w_C=2.5\%\sim4.0\%$，$w_{Si}=1.0\%\sim3.0\%$，$w_{Mn}=0.25\%\sim1.0\%$，$w_S=0.02\%\sim0.20\%$，$w_P=0.05\%\sim0.50\%$。灰铸铁的性能取决于基体组织和石墨的数量、形态、大小和分布状态。

普通灰铸铁的组织由片状石墨和钢的基体组织两部分组成。根据石墨化程度的不同，基体组织有铁素体、铁素体＋珠光体和珠光体三种(图 5－4)。铁素体基体强度、硬度低，珠光体基体强度、硬度较高。当石墨状态相同时，基体组织珠光体的量越多，铸铁的强度越高。由此可见，灰铸铁的组织相当于在钢的基体上分布着片状石墨。由于石墨的强度很低，就相当于在钢基体中有许多孔洞和裂纹，破坏了基体的连续性，并且在外力作用下，裂纹尖端处容易形成应力集中而产生破坏。因此灰铸铁的抗拉强度、疲劳强度都很差，塑性、冲击韧性几乎为零。当基体组织相同时，其石墨量越多，石墨片越粗大，分布越不均匀，铸铁的抗拉强度和塑性越低。由于片状石墨对灰铸铁性能的决定性影响，即使基体的组织从珠光体变为铁素体，也只会降低强度而不会增加塑性和韧性。因此珠光体灰铸铁得到广泛应用。

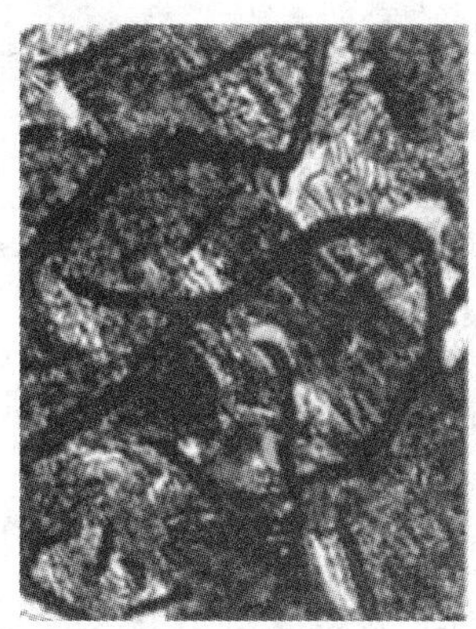
(a)铁素体灰铸铁

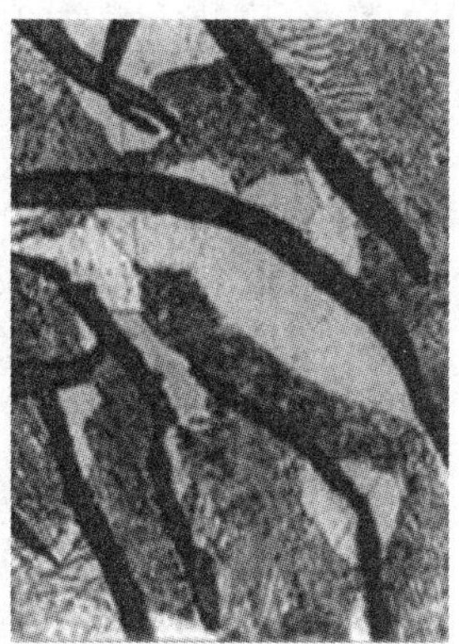
(b)铁素体＋珠光体灰铸铁

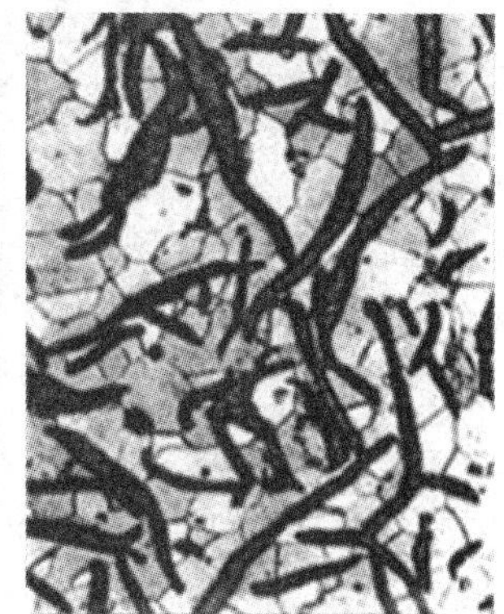
(c)珠光体灰铸铁

图 5－4 灰铸铁的显微组织

虽然石墨降低了铸铁的力学性能，但却使铸铁获得了许多钢所不及的优良性能。例如，由于石墨本身的润滑作用，以及它从铸铁表面脱落后留下的孔洞具有储存润滑油的能力，故铸铁又有良好的减摩性；由于石墨组织松软，能够吸收振动，因而铸铁也有良好的减振性。另外石墨相当于零件上的许多小缺口，使工件加工形成的切口作用相对减弱，故铸铁的缺口敏感性比钢低，流动性好，凝固过程中析出了比容较大的石墨，减小了收缩率，故具有良好的铸造工艺性，能够铸造形状复杂的零件。另外，由于石墨使切削加工时易于形成断屑，所以灰铸铁的可切削加工性优于钢，故灰铸铁获得广泛应用。

(2) 灰铸铁的孕育处理。为了改善灰铸铁的组织和力学性能，生产中常采用孕育处理。孕育处理是指在液态铁中加入少量孕育剂(如硅铁、硅钙合金等)，改变铁液的结晶条件，从而得到细小均匀分布的片状石墨和细小的珠光体组织。经过孕育处理的灰铸铁称为孕育铸铁。孕育铸铁的强度有较大的提高，塑性和韧性也有改善，并且由于孕育剂的加入，可使铸铁对冷却速度的敏感性显著减少，使各部位都能得到均匀一致的组织。所以孕育铸铁常用来制造力学性能要求较高、截面尺寸变化较大的铸件，如汽缸、曲轴、凸轮、机床床身等。

(3) 灰铸铁的热处理。由于热处理只能改变铸铁的基体组织，不能改变石墨的形状、大小和分布，故灰铸铁的热处理一般只用于消除铸件内应力和白口组织、稳定尺寸或提高工件表面的硬度和耐磨性等。

① 消除应力退火。将铸件缓慢加热到500～600℃，保温一段时间，随炉降至200℃后出炉空冷。

② 消除白口组织的退火。将铸件加热到850～950℃，保温2～5h，然后随炉冷却到400～500℃出炉空冷，使渗碳体在高温和缓慢冷却中分解，用以消除白口组织，降低硬度，改善切削加工性。

③ 表面淬火。为了提高某些铸件的表面耐磨性，常采用高(中)频表面淬火或接触电阻加热表面淬火等方法，使工作面(如机床导轨)获得细马氏体基体＋石墨组织。

(4) 灰铸铁的牌号及用途。灰铸铁的牌号用“HT”及其后面的一组数字来表示。其中“HT”表示“灰铁”二字的汉语拼音字首，“HT”后面的数字表示直径30mm试棒的最低抗拉强度值。例如HT100表示最低抗拉强度为100MPa的灰铸铁。灰铸铁的牌号、力学性能及用途见表5-15。

表5-15 灰铸铁的牌号、不同壁厚铸件的力学性能和用途

铸铁类别	牌号	铸铁壁厚/mm	力学性能		用途举例
			σ_b/MPa≥	HBW	
铁素体灰铸铁	HT100	2.5～10	130	1110～166	适用于载荷小、对摩擦和磨损无特殊要求的不重要零件，如防护罩、盖、油盘、手轮、支架、底板、重锤、小手柄、镶导轨的机床底座等
		10～20	100	93～140	
		20～30	90	87～131	
		30～50	80	82～122	
铁素体＋珠光体灰铸铁	HT150	2.5～10	175	137～205	承受中等载荷的零件，如机座、支架、箱体、刀架、床身、轴承座、工作台、带轮、法兰、泵体、阀体、管路、附件(工作压力不大)、飞轮、电动机座等
		10～20	145	119～179	
		20～30	130	110～166	
		30～50	120	105～157	

续表

铸铁类别	牌号	铸铁壁厚/mm	力学性能		用途举例
			σ_b/MPa≥	HBW	
珠光体灰铸铁	HT200	2.5～10	220	157～236	承受较大载荷和要求一定的气密封性或耐蚀性等较重要的零件，如气缸、齿轮、机座、飞轮、床身、活塞、齿轮箱、刹车轮、联轴器盘、中等压力(80MPa以下)阀体、泵体、液压缸、阀门等
		10～20	195	148～222	
		20～30	170	134～200	
		30～50	160	129～192	
	HT250	4.0～10	270	175～262	
		10～20	240	164～247	
		20～30	220	157～236	
		30～50	200	150～225	
孕育铸铁	HT300	10～20	290	182～272	承受高载荷、耐磨和高气密性重要零件，如重型机床、剪床、压力机、自动机床的床身、机座、机架、高压液压件、活塞环、齿轮、凸轮、车床卡盘、衬套，大型发动机的气缸体、缸套、气缸盖等
		20～30	250	168～251	
		30～50	230	161～241	
	HT350	10～20	340	199～298	
		20～30	290	182～272	
		30～50	260	171～257	

2. 球墨铸铁

球墨铸铁是铸铁件在浇注之前，铁液中加入了一定量的球化剂(稀土镁合金等)和孕育剂(硅铁或硅钙合金)，得到球状石墨的铸铁。球墨铸铁具有优异的力学性能、铸造性能和切削加工性能，应用非常广泛。

(1) 球墨铸铁的化学成分和显微组织。球墨铸铁的化学成分是：w_c=3.8%～4.0%，w_{Si}=2.0%～2.8%，w_{Mn}=0.6%～0.8%，w_S≤0.04%，w_P≤0.1%，w_{Mg}=0.03%～0.05%，w_{RE}<0.03%%～0.05%。

球墨铸铁根据基体组织不同，可分为铁素体(F)＋球状石墨(G)、铁素体(F)＋珠光体(P)＋球状石墨(G)、珠光体(P)＋球状石墨(G)、下贝氏体($B_下$)＋球状石墨(G)。图5-5为铁素体球墨铸铁的显微组织。

(2) 球墨铸铁的生产。生产球墨铸铁时，进行球化处理和孕育处理，目的是降低白口倾向，得到球状石墨。工业上一般采用镁、稀土元素、稀土镁合金作为球化剂。为防止镁的烧损，浇注前先将球化剂放入浇包的底部，铁液浇入后促使石墨呈球状析出。由于镁和稀土元素都有阻碍石墨化的趋势，所以在进行球化的同时还要加入适量的孕育剂，防止出现白口组织。

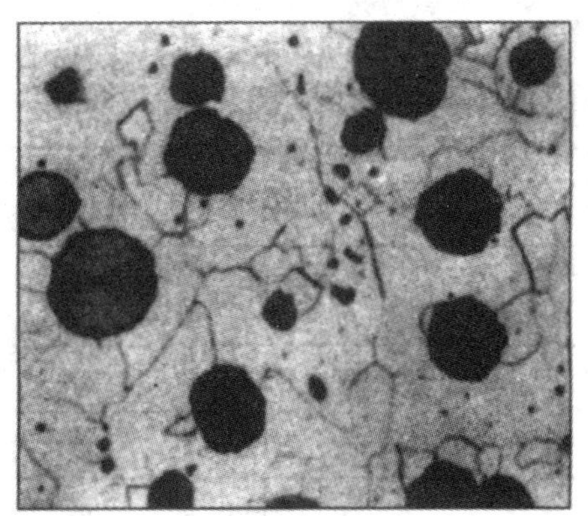

图5-5 铁素体球墨铸铁的显微组织

(3) 球墨铸铁的性能。球墨铸铁的力学性能与其钢基体的类型以及球状石墨的大小、形状及分布状况有关。由于球状石墨对钢基体的割裂作用最小,又无应力集中作用,所以钢基体的强度、塑性和韧性可以充分发挥。石墨球的圆整度越好,球径越小,分布越均匀,则球墨铸铁的力学性能越好。

球墨铸铁与灰铸铁相比,有较高的强度和良好的塑性与韧性,而且球墨铸铁在某些性能方面可与钢相媲美,如屈服点比碳素结构钢高,疲劳强度接近中碳钢。同时,球墨铸铁还具有与灰铸铁相类似的优良性能。此外,球墨铸铁通过各种热处理,可以明显地提高其力学性能。但是,球墨铸铁的收缩率较大,流动性稍差,对原材料及处理工艺要求较高。

(4) 球墨铸铁的牌号及用途。球墨铸铁牌号用“QT”及其后面两组数字表示。其中“QT”表示“球铁”二字的汉语拼音字首,后面的两组数字分别表示最低抗拉强度和最低断后伸长率。如QT420-10表示最低抗拉强度为420MPa、最低断后伸长率为10%的球墨铸铁。

球墨铸铁的牌号、性能及用途见表5-16。

表5-16 球墨铸铁的牌号、力学性能及用途

基体组织	牌号	力学性能				用途举例
		σ_b/MPa	$\sigma_{0.2}$/MPa	δ_5/%	HBW	
		不小于				
铁素体	QT400-18	400	250	18	130～180	阀体、汽车或内燃机车上的零件、机床零件、减速器壳、齿轮壳、低压气缸等
	QT400-15	400	250	15	130～180	
	QT450-10	450	310	10	160～210	
铁素体-珠光体	QT500-07	500	320	7	170～230	机油泵齿轮、水轮机阀门体、铁路机车车辆轴瓦、飞轮、电动机壳、齿轮箱、千斤顶座等
	QT600-03	600	370	3	190～270	
珠光体	QT700-02	700	420	2	225～305	柴油机曲轴、凸轮轴、气缸体、气缸套、活塞环、球磨机齿轴等
	QT800-02	800	480	2	245～335	
贝氏体或马氏体	QT900-02	900	600	2	280～360	汽车的曲线齿锥齿轮、转向节、传动轴、拖拉机减速齿轮、内燃机的凸轮轴或曲轴等

(5) 球墨铸铁的热处理。

① 退火。目的是获得铁素体基体组织和消除铸造应力。若有自由渗碳体存在时,要采用高温退火,即加热到900～950℃,保温2～5h,随炉冷至600℃后出炉空冷;组织中没有自由渗碳体而只存在一定数量的珠光体时,只需进行低温退火,即加热到720～760℃,保温3～6h,随炉冷至600℃后出炉空冷。

② 正火。目的是得到珠光体量超过75%的基体组织,使组织进一步细化,提高强度和耐磨性。分高温正火(加热到840～860℃后空冷)和低温正火(加热到550～600℃后空冷)两种。前者得到细珠光体+石墨组织,后者得到铁素体+珠光体+石墨组织。

③ 调质。目的是使尺寸不太大、受力比较复杂的零件(如连杆、曲轴等)具有良好的综合力学性能。其工艺为:加热到850～900℃,使基体转变为奥氏体,在油中淬火得到马氏体,然后经550～600℃回火,获得回火索氏体+球状石墨。回火索氏体基体不仅强度高,而且塑性、韧性比正火得到的珠光体基体好。

④ 贝氏体等温淬火。目的是使外形复杂、一般热处理后易变形开裂的零件具有高的综合力学性能。加热到860～900℃，保温后迅速移到250～300℃的盐浴中等温30～90min，得到下贝氏体基体组织。

3. 可锻铸铁

可锻铸铁俗称玛钢、马铁，它是由一定成分的白口铸铁经长时间石墨化退火，使渗碳体分解从而获得团絮状石墨的铸铁。

(1) 可锻铸铁的化学成分、显微组织。为了保证铸件在冷却时获得白口组织，又要在退火时容易使渗碳体分解，并呈团絮状石墨析出，要求严格控制铁液的化学成分。与灰铸铁相比，可锻铸铁中碳和硅的质量分数较低，以保证铸件获得白口组织。可锻铸铁的化学成分大致为：w_C＝2.5％～3.2％，w_{Si}＝0.6％～1.3％，w_{Mn}＝0.4％～0.6％，w_P＝0.1％～0.26％，w_S＝0.05％～1.0％。

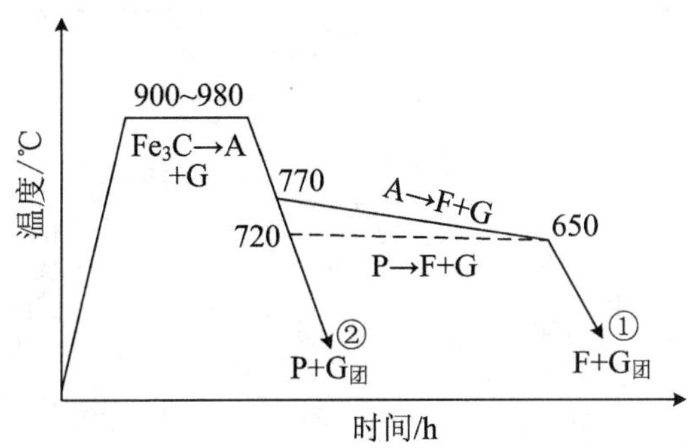

图5-6 可锻铸铁石墨化退火工艺曲线

如图5-6所示，石墨化退火是将白口铸铁铸件加热到900～980℃，经长时间保温，使组织中的渗碳体分解为奥氏体和团絮状石墨。然后缓慢降温，奥氏体将在已形成的团絮状石墨上不断析出石墨。当冷却到共析转变温度范围(720～770℃)时，如果缓慢冷却，得到以铁素体为基体的黑心可锻铸铁，也称铁素体可锻铸铁，显微组织如图5-7(a)所示。如果在通过共析转变温度时的冷却速度较快，则得到以珠光体为基体的可锻铸铁，显微组织如图5-7(b)所示。还有一类是珠光体基体或珠光体与少量铁素体共存的基体加团絮状石墨的可锻铸铁，它是由白口毛坯经氧化脱碳而得，其断口呈白色，俗称白心可锻铸铁，这种可锻铸铁很少应用。

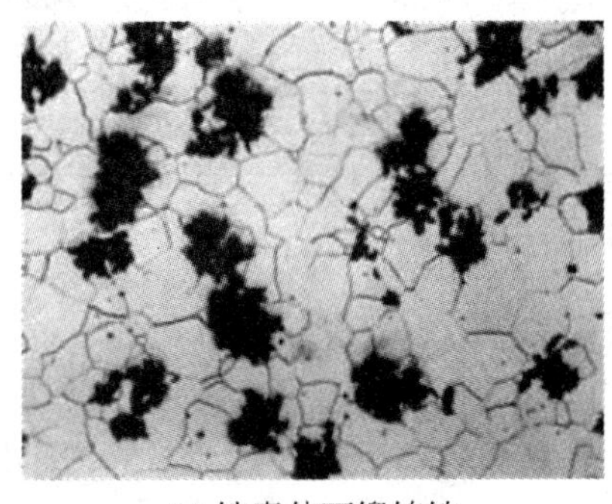

(a) 铁素体可锻铸铁

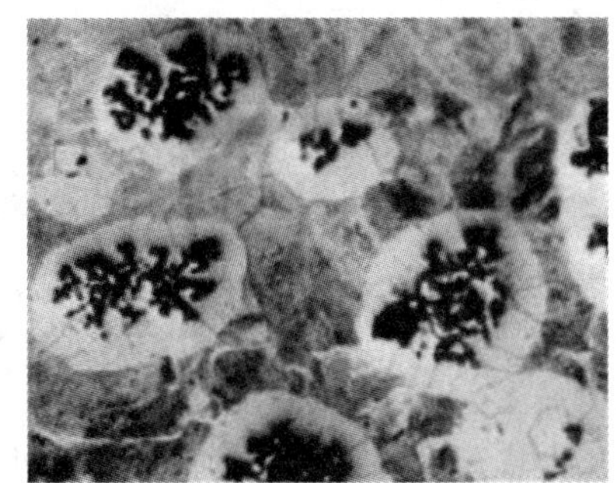

(b) 珠光体可锻铸铁

图5-7 可锻铸铁的显微组织

(2) 可锻铸铁的性能。可锻铸铁中的石墨呈团絮状分布，对金属基体的割裂和破坏较小，石墨尖端引起的应力集中小，金属基体的力学性能可较大程度地发挥。可锻铸铁的力学性能介于灰铸铁与球墨铸铁之间，有较好的耐蚀性，但由于退火时间长，生产效率极低，使用受到限制，故一般用于制造形状复杂，承受冲击、振动及扭转载荷的铸件。

(3) 可锻铸铁的牌号及用途。可锻铸铁的牌号用“KTH”、“KTZ”、“KTB”和后面的两组数字表示。其中“KT”是“可铁”两字的汉语拼音字首；“H”、“Z”、“B”表示“黑”（铁素体基体）、“珠”（珠光体基体）、“白”（白心，表面是铁素体，中心是珠光体）字的拼音字首；两组数字分别表示最低抗拉强度（MPa）和最低伸长率值（%）。

可锻铸铁的主要用途是汽车、拖拉机的后桥壳、轮壳、转向机构等。可锻铸铁也适用于制造在潮湿空气、炉气和水等介质中工作的零件，如水暖材料的三通、低压阀门等。可锻铸铁的牌号、性能及用途见表5-17。

表5-17　可锻铸铁的牌号、力学性能及用途

<table>
<tr><th rowspan="3">种类</th><th rowspan="3">牌号</th><th rowspan="3">试样直径/mm</th><th colspan="4">力学性能</th><th rowspan="3">用途举例</th></tr>
<tr><th>σ_b/MPa</th><th>$\sigma_{0.2}$/MPa</th><th>δ_5/%</th><th rowspan="2">HBW</th></tr>
<tr><th colspan="3">不小于</th></tr>
<tr><td rowspan="4">黑心可锻铸铁</td><td>KTH300-06</td><td rowspan="8">12或15</td><td>300</td><td></td><td>6</td><td rowspan="4">≤150</td><td>用于制作管道配件，如弯头、三通、管体、阀门等</td></tr>
<tr><td>KTH330-08</td><td>330</td><td></td><td>8</td><td>用于制作钩形扳手、铁道扣板、车轮壳和农具等</td></tr>
<tr><td>KTH350-10</td><td>350</td><td>200</td><td>10</td><td rowspan="2">汽车、拖拉机的后桥外壳、转向机构、弹簧钢板支座等，差速器壳，电动机壳，农具等</td></tr>
<tr><td>KTH370-12</td><td>370</td><td></td><td>12</td></tr>
<tr><td rowspan="2">珠光体可锻铸铁</td><td>KTZ550-04</td><td>550</td><td>270</td><td>4</td><td>180～230</td><td rowspan="2">用于制作曲轴、连杆、齿轮、凸轮轴、摇臂，活塞环，轴套，万向节头，农具等</td></tr>
<tr><td>KTZ700-02</td><td>700</td><td>340</td><td>2</td><td>240～290</td></tr>
<tr><td rowspan="2">白心可锻铸铁</td><td>KTB380-12</td><td>380</td><td>430</td><td>12</td><td>≤200</td><td rowspan="2">具有良好的焊接性和切削加工性能，用于制作壁厚小于15mm的铸铁和焊接后不需进行热处理铸铁等</td></tr>
<tr><td>KTB400-05</td><td>400</td><td>530</td><td>5</td><td>≤220</td></tr>
</table>

注：试样直径12mm只适用于主要壁厚小于10mm的铸件

4. 蠕墨铸铁

蠕墨铸铁是近十几年来发展起来的新型铸铁。它是在高碳、低硫、低磷的铁液中加入适量的蠕化剂（稀土镁合金、稀土镁钙合金、稀土硅铁合金等），获得石墨形态介于片状与球状之间，形似蠕虫状石墨的铸铁。石墨近似片状，但短而厚，一般长厚比为2～10，而灰铸铁中片状石墨的长厚比常大于50。

(1) 蠕墨铸铁的化学成分、显微组织和性能。

① 蠕墨铸铁的化学成分。蠕墨铸铁的原铁液一般属于含高碳硅的共晶合金或过共晶合金。

② 蠕墨铸铁的显微组织。蠕墨铸铁的显微组织中的石墨呈短小的蠕虫状，其形状介于片状石墨和球状石墨之间，如图 5－8 所示。蠕墨铸铁的显微组织有三种类型：铁素体(F)＋蠕虫状石墨(G)；珠光体(P)＋铁素体(F)＋蠕虫状石墨(G)；珠光体(P)＋蠕虫状石墨(G)。

③ 蠕墨铸铁的性能。蠕虫状石墨对钢基体产生的应力集中与割裂现象明显减小，因此，蠕墨铸铁的力学性能优于钢基体相同的灰铸铁而低于球墨铸铁，在铸造性能、导热性能等方面优于球墨铸铁。

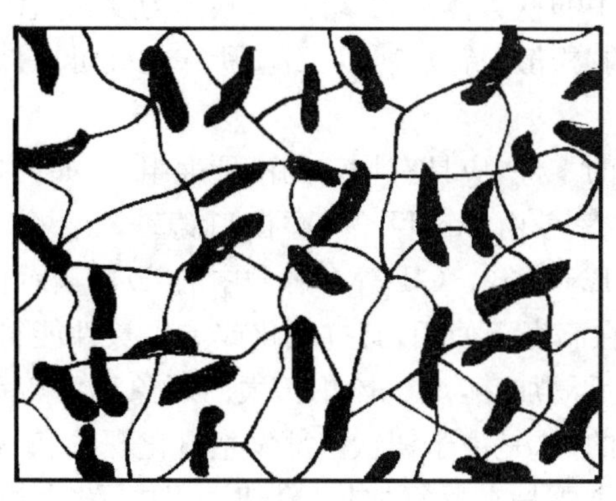

图 5－8　铁素体基体蠕墨铸铁

(2) 蠕墨铸铁的牌号及用途。蠕墨铸铁的牌号用“RuT”符号及其后数字表示。“RuT”是“蠕铁”两字汉语拼音字首，其后数字表示最低抗拉强度。常用蠕墨铸铁的牌号、性能及用途见表 5-18。

表 5－18　常用蠕墨铸铁的牌号、力学性能及用途

基体组织	牌号	力学性能				用途举例
		σ_b/MPa	$\sigma_{0.2}$/MPa	δ_5/%	HBW	
		不小于				
珠光体	RuT420	420	335	0.75	200～280	用于制造要求强度或耐磨性的零件，如活塞环、气缸套、制动盘等
珠光体	RuT380	380	300	0.75	193～274	
铁素体-珠光体	RuT340	340	270	1.0	170～249	用于制造齿轮箱、飞轮、制动鼓等
铁素体-珠光体	RuT300	300	240	1.5	140～217	用于制造排气管、气缸盖、钢锭模等
铁素体	RuT260	260	195	3.0	121～197	用于制造增压机废气进气壳体

蠕墨铸铁常用于制造受热、要求组织致密、强度要求高、形状复杂的大型铸件，如机床的立柱，柴油机的气缸盖、气缸套和排气管等。

5. 特殊性能铸铁

工业上铸铁除了要有一定的力学性能外，有时还要求它具有较高的耐磨性以及耐热性、耐蚀性。在普通铸铁的基础上加入一定量的合金元素，制成特殊性能铸铁，主要包括耐磨铸铁、耐热铸铁和耐蚀铸铁。

(1) 耐磨铸铁。不易磨损的铸铁称为耐磨铸铁。耐磨铸铁主要是通过激冷或加入某些合金元素在铸铁中形成耐磨损的基体组织和一定数量的硬化相。耐磨铸铁包括减摩铸铁和抗磨铸铁两大类。

减摩铸铁是在润滑条件下工作的,如机床导轨、汽缸套、活塞环和轴承等;抗磨白口铸铁是在无润滑、干摩擦条件下工作的,如犁铧、轧辊、抛丸机叶片和球磨机磨球等。

在润滑条件下工件的零件,其组织应为软基体上分布着硬相组织,珠光体灰铸铁基本上符合要求。其珠光体基体中的铁素体为软基体,渗碳体为硬相组织,石墨片本身是良好的润滑剂,并且由于石墨组织的"松散"特点,所以,石墨所在之处可以储存润滑油,从而达到润滑摩擦表面的效果。

在干摩擦条件下工作的零件,应具有均匀的高硬度组织,如白口铸铁就是一种较好的抗磨铸铁。抗磨白口铸铁的牌号由 KmTB(抗磨白口铸铁)、合金元素符号和数字组成,如 KmTBNi4Cr2 - DT、KmTBNi4Cr2 - GT 等。牌号中的"DT"表示低碳,"GT"表示高碳。

(2) 耐热铸铁。可以在高温下使用,其抗氧化或抗生长性能符合使用要求的铸铁,称为耐热铸铁。铸铁在高温下反复加热,产生体积长大的现象称为铸铁的生长。在高温下铸铁产生的体积膨胀是不可逆的,这是由于铸铁内部发生氧化现象和石墨化现象引起的。因此,铸铁在高温下损坏的形式主要是在反复加热、冷却过程中,发生相变(渗碳体分解)和氧化,从而引起铸铁生长以及产生微裂纹。

为了提高耐热性,常向铸铁中加入 Al、Si、Cr 等合金元素,使铸铁表面形成一层致密的 SiO_2、Al_2O_3、Cr_2O_3 等氧化膜,阻止氧化性气体渗入铸铁内部继续氧化,从而抑制铸铁的生长。国外应用较多的是耐热铸铁是铬、镍系耐热铸铁,我国目前广泛应用的是高硅、高铝或铝硅耐热铸铁以及铬耐热铸铁。耐热铸铁的牌号用"RT"表示,如 RTSi5、RTCr16 等;如果牌号中有字母"Q",则表示球墨铸铁,数字表示合金元素的质量分数,如 RQTSi5、RQTA1 22 等。耐热铸铁主要用于制作工业加热炉附件,如炉底板、烟道挡板、废气道、传递链构件、渗碳坩埚、热交换器、压铸模等。

(3) 耐蚀铸铁。能耐化学、电化学腐蚀的铸铁,称为耐蚀铸铁。耐蚀铸铁中通常加入的合金元素是 Si、Cr、Al、Mo、Cu、Ni 等,这些合金元素能使铸铁表面生成一层致密稳定的氧化物保护膜,从而提高耐蚀铸铁的耐腐蚀能力。常用的耐蚀铸铁有高硅耐蚀铸铁、高硅钼耐蚀铸铁、高铝钼耐蚀铸铁、高铬耐蚀铸铁、镍铸铁等。耐蚀铸铁主要用于化工机械,如管道、阀门、耐酸泵、反应锅及容器等。

常用的高硅耐蚀铸铁的牌号有 STSi11Cu2CrRE、STSi5RE、STSi15Mo3RE 等。牌号中的"ST"表示耐蚀铸铁,RE 是稀土代号,数字表示合金元素的百分质量分数。

习 题

1. 说明下列金属材料牌号的含义及其主要用途:Q235AF、T12A、T12、10、ZG200 - 400、45、45Mn。
2. 何谓合金钢? 与碳钢比较有哪些优点?
3. 与碳钢比较,说明有些合金钢出现下列现象的原因:

(1) 高温锻轧后，经空气冷却却获得马氏体组织；

(2) 在室温下获得单一奥氏体或单一铁素体组织；

(3) 可以出现莱氏体钢；

(4) 在相同调质处理后，合金钢的力学性能较好。

4. 拖拉机的变速齿轮，材料为20CrMnTi，要求齿面硬度58～64HRC，试分析应采用什么热处理工艺才可以满足这一要求？

5. 有一Φ10mm的杆类零件，受中等交变拉伸载荷作用，要求零件沿截面性能均匀一致，有以下材料供选择：Q345(16Mn)、45、40Cr、T12。回答问题：

(1) 选择合适材料；

(2) 编制简明工艺路线；

(3) 说明各热处理工序的主要作用；

(4) 指出最终组织。

6. 高速钢经铸造后为什么要经过反复锻造？锻造后切削前为什么要进行退火？淬火温度选用高温的目的是什么？淬火后为什么需进行三次回火？

7. 用9SiCr钢制成圆板牙，其工艺流程为：锻造→球化退火→机械加工→淬火→低温回火→磨平面→开槽加工。试分析：

(1) 球化退火、淬火及低温回火的目的；

(2) 球化退火、淬火及低温回火的大致工艺参数；

8. 指出下列钢号的钢种、成分及主要用途和常用热处理。

Q235、T10A、45、16Mn、20CrMnTi、40Cr、60Si2Mn、GCr15、9SiCr、W18Cr4V、1Cr18Ni9Ti、1Cr13、Cr12MoV、5CrNiMo。

9. 铸铁常见的分类方法有哪些？如何分类？

10. 什么是铸铁的石墨化？影响石墨化的因素有哪些？

11. 简述灰铸铁、可锻铸铁、球墨铸铁和蠕墨铸铁的特点。

12. 合金铸铁中常加入哪些合金元素？有何作用？

13. 铸铁与钢相比，有哪些特点？铸铁能否代替钢？

14. 机床底座常使用什么材料？为什么？

15. 下列零部件可采用哪些铸铁制造？

自来水管阀门　普通铁锅　窨井顶盖　暖气片　曲轴减速箱壳体　炉底衬板

第六章　非铁金属及其合金

非铁金属是除黑色金属以外的金属材料的总称，也称有色金属，如铝、镁、铜、锌、锡、铅、镍、钛、金、银、铂、钒、钼等金属及其合金就属于非铁金属。非铁金属种类较多，冶炼比较困难，成本较高，故其产量和使用量不如钢铁材料多。但是非铁金属具有钢铁材料所不具备的优良特性，也是现代工业中不可缺少的重要金属材料，广泛应用于机械制造、航空、航海、汽车、石化、电力、电器、核能及计算机等行业。例如铝、镁、钛等金属及其合金具有密度小、比强度高的特点，在航空航天、汽车、船舶和军事领域中应用十分广泛；铜、银、金（包括铝）等金属及其合金具有优良的导电性和导热性，是电器仪表和通信领域不可缺少的材料；钨、钼、钽、铌等金属及其合金熔点高，是制造耐高温零件及电真空元件的理想材料；钛及其合金是理想的耐蚀材料等。常用的非铁金属有：铝及铝合金、铜及铜合金、钛及钛合金、滑动轴承合金等。

第一节　铝及铝合金

铝及铝合金是非铁金属中应用最广的金属材料，其产量次于钢铁材料，广泛用于电气、汽车、车辆、化工、航空等行业。

根据 GB/T 16474—1996《变形铝及铝合金牌号表示方法》的规定，我国变形铝及铝合金牌号采用国际四位数字体系牌号和四位字符体系牌号两种命名方法。在国际牌号注册组织中命名的铝及铝合金，直接采用四位数字体系牌号，化学成分在国际牌号注册组织未命名的，按四位字符体系牌号命名。两种牌号命名方法的区别仅在第二位。第一位数字表示变形铝及铝合金的组别，见表 6-1 所示；第二位数字（国际四位数字体系）或字母（四位字符体系，除字母 C、I、L、N、O、P、Q、Z 外）表示对原始纯铝或铝合金的改型情况，数字“0”或字母“A”表示原始合金，如果是 1－9 或 B－Y，则表示对原始合金的改型情况；最后两位数字用以标识同一组中不同的铝合金，对于纯铝则表示铝的最低质量分数中小数点后面的两位数。

表 6-1　铝及铝合金的组别分类

组别	牌号系列
纯铝（铝的质量分数不小于 99.00%）	1×××
以铜为主要合金元素的铝合金	2×××
以锰为主要合金元素的铝合金	3×××
以硅为主要合金元素的铝合金	4×××
以镁为主要合金元素的铝合金	5×××
以镁和硅为主要合金元素并以 Mg_2Si 为强化相的铝合金	6×××

续表

组别	牌号系列
以锌为主要合金元素的铝合金	7×××
以其他合金元素为主要合金元素的铝合金	8×××
备用合金组	9×××

一、纯 铝

1. 纯铝的性能

铝的质量分数不低于 99.00%时称为纯铝。纯铝呈银白色，密度为 2.72×10^3 kg/m^3；铝的熔点是 660.37℃，具有面心立方晶格，无同素异构转变，无磁性；纯铝具有优良的导电及导热性，仅次于金（Au）、铜（Cu）和银（Ag）；铝和氧的亲和力强，容易在其表面形成致密的 Al_2O_3 薄膜，该薄膜能有效地防止内部金属继续氧化，故纯铝在非工业污染的大气中有良好的耐蚀性，但纯铝不耐碱、酸、盐等介质的腐蚀；纯铝塑性好（$\delta=80\%$），但强度、硬度低（$\sigma_b=80\sim100$MPa）；纯铝不能用热处理强化，合金化和冷变形是其提高强度的主要手段。

2. 纯铝的牌号及用途

纯铝的牌号用 1××× 四位数字或四位字符表示，牌号的最后两位数字表示最低铝的质量分数。当最低铝的质量分数精确到 0.01%时，牌号的最后两位数字就是最低铝的质量分数中小数点后面的两位。例如：1A99（LG5），其 $w_{Al}=99.99\%$；1A97（LG4），其 $w_{Al}=99.97\%$。

工业纯铝通常含有 Fe、Si、Cu、Zn 等杂质，是由于冶炼原料铁钒土带入的。杂质含量越多，其导电性、导热性、耐蚀性及塑性越差。

纯铝主要用于加工铝箔、包铝、熔炼铝合金，以及制造电线、电缆、电器元件、换热器件、防腐机械、器皿、管材、棒材、型材和铆钉等，其他的如特殊化学机械、电容器片和科学研究等。

二、铝合金的分类及强化方法

铝合金是以铝为基础，加入一种或几种其他元素（如铜、镁、硅、锌等）构成的合金。向纯铝中加入适量的 Si、Cu、Mg、Mn 等合金元素，进行固溶强化和第二相强化得到的铝合金，其强度比纯铝高几倍，而且比强度高，有良好的耐蚀性和可加工性，因此，在航空工业中得到广泛应用。

（一）铝合金的分类

二元铝合金一般形成固态下局部互溶的共晶相图，如图 6-1 所示。根据铝合金的成分和工艺特点可把铝合金分为变形铝合金和铸造铝合金。

1. 变形铝合金

由图 6-1 可知，凡成分在 D' 点以左的合金，加热时能形成单相 α 固溶体组织，具有良好的塑性，适于压力加工，故称变形铝合金。

变形铝合金又可分为两类：成分在 F 点以左的合金，在加热过程中，始终处于单相固溶体状态，成分不随温度变化，称之为热处理不能强化的铝合金；成分在 F 点与 D'点之间的铝合金，其固溶体成分随温度变化，称之为能热处理强化的铝合金。

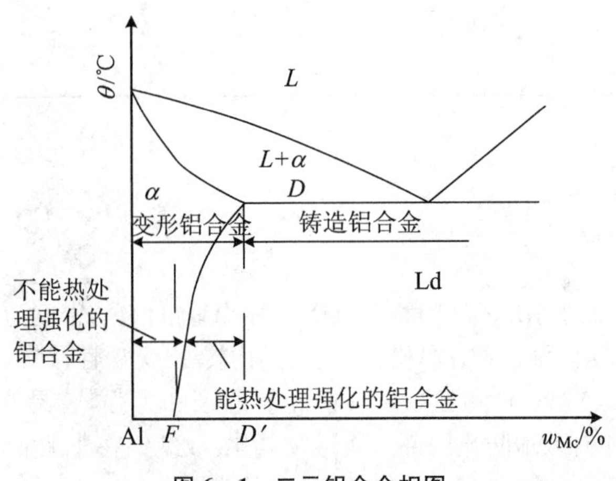

图 6-1　二元铝合金相图

2. 铸造铝合金

成分在 D'点以右的铝合金，具有共晶组织，塑性较差，但熔点低，流动性好，适于铸造，故称铸造铝合金。

(二) 铝合金的强化方法

铝合金可以通过冷加工和热处理的方法进行强化，铝合金的种类不同，强化方法也不一样。

1. 冷变形强化

不可热处理强化的变形铝合金，在固态范围内加热、冷却都不会产生相变，因而只能用冷加工方法进行形变强化，如冷轧、压延等。

2. 热处理强化

可热处理强化的变形铝合金既可进行形变强化，又可进行热处理强化。其热处理的方法是先固溶处理(俗称淬火)，然后进行时效处理。

将铝合金加热到单相区某一温度，经保温，使第二相溶入 α 中，形成均匀的单相 α 固溶体，随后迅速水冷，使第二相来不及从 α 固溶体中析出，在室温下得到过饱和的 α 固溶体。这种处理方法称为固溶处理。

固溶后的铝合金强度和硬度并无明显提高，且获得的过饱和固溶体是不稳定的组织，在室温下放置一段时间后(4 天～5 天)或低温加热时，第二相从中缓慢析出，使合金的强度和硬度明显提高。这种固溶处理后的铝合金，随时间延长而发生硬化的现象，称为时效(即时效强化)。在室温下进行的时效称自然时效。在加热的条件下进行的时效称人工时效。

3. 细晶强化

铸造铝合金可采用变质处理细化晶粒。即在液态铝合金中加入氟化钠和氯化钠的混合盐(2/3NaF+1/3NaCl)，加入量为铝合金重量的 1%～3%。这些盐和液态铝合金相互作用，因变质作用细化晶粒，从而提高铝合金的力学性能，使其抗拉强度提高 30%～40%，伸长率提高 1%～2%。

三、常用铝合金

（一）变形铝合金

变形铝合金一般由冶金厂加工成各种规格的型材（板、带、管、线等），根据其特点和用途可分为防锈铝合金（LF）、硬铝合金（LY）、超硬铝合金（LC）及锻铝合金（LD）。其代号分别用 LF5、LYl2、LC4、LD5 等表示，数字为顺序号。按 GB/T16474—1996 规定，变形铝合金采用四位数字体系表达牌号。

1. 防锈铝

防锈铝属于热处理不能强化的变形铝合金，可通过冷压力加工提高其强度，主要是 Al-Mn 系和 Al-Mg 系合金，如 5A02、3A21 等。防锈铝具有比纯铝更好的耐蚀性，具有良好的塑性及焊接性能，强度较低，易于成形和焊接。防锈铝主要用于制造要求具有较高耐蚀性的油箱、导油管、生活器皿、窗框、铆钉、防锈蒙皮、中载荷零件和焊接件。

2. 硬铝

硬铝属于 Al-Cu-Mg 系合金，如 2A11、2A12 等。硬铝具有较强的时效硬化能力，在室温具有较高的强度耐热性，但其耐蚀性比纯铝差，尤其是耐海洋、大气腐蚀的性能较低，可焊接性也较差。所以，有些硬铝的板材常在其表面包覆一层纯铝后使用。硬铝主要用于制作中等强度的构件和零件，如铆钉、螺栓，在航空工业中的一般受力结构件（如飞机翼肋、翼梁等）。

3. 超硬铝

超硬铝属于 Al-Cu-Mg-Zn 系合金，这类合金是在硬铝的基础上再添加锌元素形成的，如 7A04、7A09 等。超硬铝经固溶处理和人工时效后，可以获得在室温条件下强度最高的铝合金，但应力腐蚀倾向较大，热稳定性较差。超硬铝主要用于制作受力大的重要构件及高载荷零件，如飞机大梁、桁架、翼肋、活塞、加强框、起落架、螺旋桨叶片等。

4. 锻铝

锻铝属于 Al-Cu-Mg-Si 系合金，如 2A50、2A70 等。锻铝具有良好的冷热加工性能和焊接性能，力学性能与硬铝相近，适于压力加工（如锻压、冲压等），用来制作各种形状复杂的零件（如内燃机活塞、叶轮等）或棒材。

常用变形铝合金的牌号、性能及用途见表 6－2。

表 6－2　常用变形铝合金的牌号、性能及用途

类别	原代号	新牌号	半成品种类	状态①	力学性能		用途举例
					σ_b/MPa	δ/%	
防锈铝合金	LF2	5A02	冷轧板材	0	167～226	16～18	在液体下工作的中等强度的焊接件、冷冲压件和容器、骨架等。
			热轧板材	H112	117～157	7～6	
			挤压板材	0	≤226	10	
	LF21	3A21	冷轧板材	0	98～147	18～20	要求高的可塑性和良好的焊接性、在液体或气体介质中工作的低载荷零件如油箱、油管、液体容器、饮料罐。
			热轧板材	H112	108～118	15～12	
			挤制厚壁管材	H112	≤167	—	

续表

类别	原代号	新牌号	半成品种类	状态①	力学性能		用途举例
					σ_b/MPa	δ/%	
硬铝合金	LY11	2A11	冷轧板材(包铝)	0	226～235	12	用作各种要求中等强度的零件和构件、冲压的连接部件、空气螺旋桨叶片、局部镦粗的零件(如螺栓、铆钉)。
			挤压棒材	T4	353～373	10～12	
			拉挤制管材	0	≤245	10	
	LY12	2A12	冷轧板材(包铝)	T4	407～427	10～13	用量最大，用作各种要求高载荷的零件和构件(但不包括冲压件和锻件)，如飞机上的骨架零件、蒙皮、翼梁、铆钉等 150℃以下工作的零件。
			挤压棒材	T4	255～275	8～12	
			拉挤制管材	0	≤245	10	
	LY8	2B11	铆钉线材	T4	J225	—	主要用作铆钉材料。
超硬铝	LC3	7A03	铆钉线材	T6	J284	—	受力结构的铆钉。
	LC4	7A04	挤压棒材	T6	490～510	5～7	作承力构件和高载荷零件，如飞机上的大梁、桁条、加强框、蒙皮、起落架零件等，通常多用以取代 2A12。
	LC9	7A09	冷轧板材	0	≤245	10	
			热轧板材	T6	490	3～6	
锻铝合金	LD5	2A50	挤压棒材	T6	353	12	形状复杂和中等强度的锻件和冲压件，内燃机活塞、压气机叶片、叶轮、圆盘以及其他高温下工作的复杂锻件。2A70 耐热性好。
	LD7	2A70	挤压棒材	T6	353	8	
	LD8	2A80	挤压棒材	T6	441～432	8～10	
	LD10	2A14	热轧板材	T6	432	5	高负荷和形状简单的锻件和模锻件。

① 状态符号采用 GB/T16475－1996 规定代号：0－退火，T4－固溶＋自然时效，T6－固溶＋人工时效，H112－热加工

(二) 铸造铝合金

铸造铝合金是指可采用铸造成形方法直接获得铸件的铝合金。按主加合金元素的不同，铸造铝合金可分为 A1－Si 系、Al－Cu 系、Al－Mg 系、Al－Zn 系等四类。它的合金元素含量比变形铝合金要多些，其合金元素总量分数可达 8%～25%。铸造铝合金具有良好的铸造性能，但其塑性与韧性较低，不能进行压力加工。

铸造铝合金的代号由"ZL＋三位阿拉伯数字"组成。"ZL"是"铸铝"二字汉语拼音字首，其后第一位数字表示合金系列，如 1、2、3、4 分别表示铝硅、铝铜、铝镁、铝锌系列合金，第二、三位数字表示顺序号。例如，ZL102 表示铝硅系 02 号铸造铝合金。若为优质合金在代号后加"A"，压铸合金在牌号前面冠以字母"YZ"。

铸造铝合金的牌号是由"Z＋基体金属的化学元素符号＋合金元素符号＋数字"组成。其中"Z"是"铸"字汉语拼音字首，合金元素符号后的数字是以名义百分数表示的该元素的质量分数。例如：ZAlSi12 表示含 Si 量约为 12%的铸造铝合金。

1. Al-Si 系铸造铝合金

铸造铝合金(又称硅铝明),其含硅量一般为 10%~13%,铸造后几乎全部得到共晶组织,因此,具有良好的铸造性能。由于共晶体由粗大针状硅晶体和固溶体构成,故强度低,脆性大。若在浇注前向合金溶液中加入占合金重量 2%~3%的钠盐(2/3Na+1/3NaCl),进行变质处理,则能细化合金的组织,提高合金的强度和塑性。

由于硅在铝中的溶解度很小,硅铝明不能进行热处理强化。如向合金中加入能形成强化相的铜、镁等元素,则合金除能进行变质处理外,还能进行淬火时效。因而,可以显著提高硅铝明的强度。

由于 Al-Si 系铸造合金具有良好的力学性能、耐蚀性和铸造性能,所以是应用最广泛的铸造铝合金。可用来制作内燃机活塞、气缸体、气缸头、气缸套、风扇叶片、箱体、框架、仪表外壳、油泵壳体等工件。

2. Al-Cu 系铸造铝合金

铸造铝铜合金具有较高的强度和耐热性,但铸造性能和耐蚀性较差,因此主要用于要求高强度和高温(300℃以下)条件下工作,且外形不太复杂便于铸造的零件。

3. Al-Mg 系铸造铝合金

铸造铝镁合金的耐蚀性好,强度高,密度小(2.55g/cm³),但铸造性能不好,耐热性低。该合金可以进行淬火时效处理。主要用于制造能承受冲击载荷、能在腐蚀介质中工作的、外形不太复杂便于铸造的零件。

4. Al-Zn 系铸造铝合金

铸造铝锌合金价格便宜,铸造性能优良,经变质处理和时效处理后强度较高,但耐蚀性差,热裂倾向大。常用于制造汽车、拖拉机、发动机零件、形状复杂的仪器零件和医疗器械等。

典型铸造铝合金的牌号、主要性能特点及用途见表 6-3。

表 6-3 典型铸造铝合金的牌号(代号)、主要性能特点及用途

类别	牌号	主要特点	典型应用
铝硅合金	ZAlSi12(ZL102) YZ AlSi12	铸造性能好,有集中缩孔,吸气性大,需变质处理,耐蚀性、焊接性好,可切削性差,不能热处理强化,强度不高,耐热性较低。	适于铸造形状复杂、耐蚀性和气密性高、承受较低载荷、≤200℃的薄壁零件,如仪表壳、罩、盖、船舶零件等。
	ZAlSi5Cu1Mg (ZL105)	铸造工艺性能和气密性良好,无热裂倾向,熔炼工艺简单,不需变质处理,可热处理强化,强度高,塑性、韧性低,焊接性能和切削性能良好,耐热性、耐蚀性能一般。	在航空工业中应用广泛,铸造形状复杂、承受较高静载荷、<225℃的零件,如气缸体、盖、发动机曲轴箱等。
	ZAlSi12Cu2Mg1 (ZL108) YZ AlSi12 Cu2 (YL108)	密度小,热膨胀系数小,热导率高,耐热性好,铸造工艺性能优良,气密性高,线收缩小,可得到尺寸精确铸件,无热裂倾向,强度高,耐磨性好,需变质处理。	常用的活塞铝合金,用于铸造汽车、拖拉机的活塞和其他工作温度低于250℃的零件

续表

类别	牌号	主 要 特 点	典 型 应 用
铝铜合金	ZAlCu5Mn (ZL201)	铸造性能不好,热裂、缩孔倾向大,气密性低,可热处理强化,室温强度高,韧性好,耐热性能高,焊接快,切削性能好,耐蚀性能差。	工作温度在300℃以下承受中等负载、中等复杂程度的飞机受力铸件,亦可用于低温承力件,用途广泛。
	ZAlCu4 (ZL203)	典型Al-Cu二元合金,铸造工艺性能差,热裂倾向大,不需变质处理,可热处理强化,有较高的强度和塑性,切削性好,耐热性一般,人工时效状态耐蚀性差。	形状简单,中等静载荷或冲击载荷,工作温度低于200℃的小零件,如支架、曲轴等。
	ZAlRE5Cu3Si2 (ZL207)	含有4.4%～5.0%混合稀土,实质上是Al-RE-Cu系合金,耐热性高,可在300～400℃下长期工作,为目前耐热性最好的铸造铝合金。结晶范围小,充填能力好,热裂倾向小,气密性高,不能热处理强化,室温力学性能较低,焊接性能好,耐蚀能力低于Al-Si Al-Mg系,而优于Al-Cu系合金。	铸造形状复杂,在300～400℃长期工作、承受气压和液压的零件。
铝镁合金	ZAlMg10 (ZL301)	典型Al-Mg二元合金,铸造性能差,气密性低,熔炼工艺复杂,可热处理强化,耐热性不高,有应力腐蚀倾向,焊接性差,可切削性能好,其最大优点是耐大气和海水腐蚀。	承受高静载荷或冲击载荷,工作温度低于200℃、长期在大气或海水中工作的零件,如水上飞机、船舶零件。
	ZAlMg5Si1 (ZL303)	铸造性能较ZL301好,耐蚀性能良好,可切削性为铸造铝合金中最佳者,焊接性能好,热处理不能明显强化,室温力学性能较低,耐热性一般。	低于200℃承受中等载荷的耐蚀零件,如海轮配件,航空或内燃机车零件。
铝锌合金	ZAlZn11Si7 (ZL401)	铸造性能优良,需进行变质处理,在铸态下具有自然时效能力,不经热处理可达到高的强度,耐热、焊接性和切削性能优良,耐蚀性低,可采用阳极化处理以提高耐蚀性能。	适于大型、形状复杂、承受高静载荷、工作温度不超过200℃的铸件,如汽车零件,仪表零件,医疗器械、日用品等。
	ZAlZn6Mg (ZL402)	铸造性能良好,铸造后具有自然时效能力,较高的力学性能,耐蚀性能良好,耐热性能低,焊接性一般,可加工性能良好。	高静载荷或冲击载荷、不能进行热处理的铸件,如空气压缩机活塞、精密仪表零件等。

第二节 铜及铜合金

铜元素在地球中的储量较少,但铜及其合金却是人类历史上使用最早的金属之一。目前工业上使用的铜及其合金主要有:纯铜、黄铜、白铜及青铜。

一、纯　铜

纯铜呈玫瑰红色，但容易和氧化合，表面形成氧化铜薄膜后，外观呈紫红色，故又称紫铜。由于纯铜是用电解方法提炼出来的，又称电解铜。

1. 纯铜的性能

纯铜的熔点为1083℃，密度是$8.94\times10^3 kg/m^3$，具有面心立方晶格，无同素异晶转变。纯铜具有优良的导电性、导热性和抗磁性。纯铜在含有CO_2的湿空气中，其表面容易生成碱性碳酸盐类的绿色薄膜〔$CuCO_3\cdot Cu(OH)_2$〕，俗称铜绿。纯铜的抗拉强度($\sigma_b=200\sim400$MPa)不高，硬度(30～40HBW)较低，塑性($\delta=45\%\sim50\%$)与低温脆性较好，容易进行压力加工。纯铜没有同素异构现象，经冷变形后可提高其强度，但塑性有所下降。

纯铜的化学稳定性较高，在非工业污染的大气、淡水等介质中均有良好的耐蚀性，在非氧化性酸溶液中也能耐腐蚀，但在氧化性酸(如HNO_3、浓H_2SO_4等)溶液以及各种盐类溶液(包括海水)中则容易受到腐蚀。

2. 纯铜的牌号及用途

纯铜的牌号用汉语拼音字母“T”加顺序号表示，共有T1、T2、T3、T4四种，数字越大，则其纯度越低。纯铜中含有铅、铋、氧、硫和磷等杂质元素，它们对铜的力学性能和工艺性能有很大的影响，尤其是铅和铋的危害最大，容易引起“热脆”和“冷脆”现象。纯铜强度低，不宜作为结构材料使用，主要用于制造电线、电缆、电子器件、导热器件以及作为冶炼铜合金的原料等。无氧铜牌号也有TU0(零号无氧铜)、TU1(一号无氧铜)、TU2(二号无氧铜)三种，主要用于制作电真空器件和高导电性导线。

二、黄　铜

黄铜是以Zn为主加元素的铜合金，黄铜按成分分为普通黄铜和特殊黄铜。普通黄铜是由铜和锌组成的二元铜合金，在普通黄铜中再加入其他元素所形成的铜合金称为特殊黄铜，如铅黄铜、锰黄铜、铝黄铜、镍黄铜、铁黄铜、锡黄铜、硅黄铜等；按加工方式又可分为加工黄铜和铸造黄铜，加工黄铜是指有塑性可进行压力加工成形的黄铜，铸造黄铜是指用以生产铸件的黄铜。

(一) 普通黄铜

1. 普通黄铜的牌号

普通黄铜中的加工黄铜，其代号由“H＋数字”组成。其中“H”是“黄”字汉语拼音字首，数字是表示铜的平均质量分数，如H62表示Cu的平均质量分数为62%、Zn的平均质量分数38%的普通黄铜。普通黄铜中的铸造黄铜，其牌号表示法是由“Z＋Cu＋合金元素符号＋数字”组成。其中，“Z”是“铸”字汉语拼音字首，合金元素符号后的数字是表示该元素的平均质量分数，如ZCuZn38，其含义是Zn的平均质量分数为38%、其余62%为Cu的铸造黄铜。

2. Zn的质量分数的影响

普通黄铜是铜锌二元合金，Zn的质量分数对黄铜的组织和性能的影响如图6-2所示。在平衡状态下，当Zn的质量分数小于39%时，Zn全部溶于铜中，室温下形成单相α固溶体组织,(称 α 黄铜或单相黄铜),随着锌的质量分数的增加,固溶强化效果明显增强,使普通黄铜的强度、硬度提高,同时还保持较好的塑性,故普通黄铜适于冷变形加工;当 Zn 的质量分数在 39%~45%时,其显微组织为 α 固溶体与少量硬而脆的 β' 相,塑性开始下降,不宜冷变形加工,但高温下塑性好,可进行热变形加工;当 Zn 的质量分数大于 45%时,其组织全部为脆性的 β' 相,塑性和强度均急剧下降,在工业上已无实用价值。

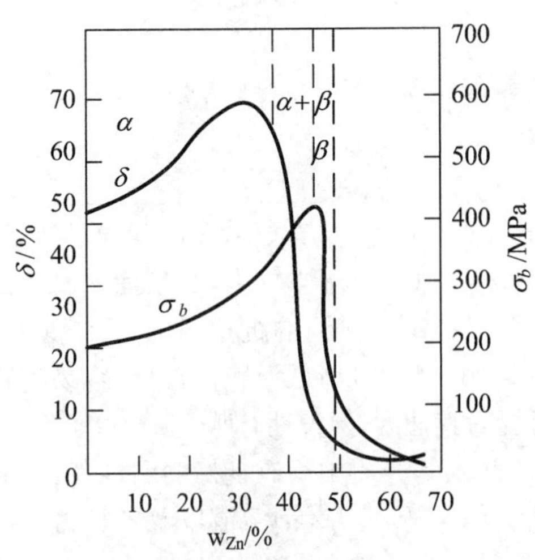

图 6-2　锌对黄铜力学性能的影响

经冷加工强化黄铜可获得良好的力学性能。例如 H70 退火后 σ_b=320MPa,δ=55%;冷加工后 σ_b=660MPa,δ=3%,但由于有残余应力的存在,在潮湿的大气或海水,尤其是在含有氨的环境中产生腐蚀断裂,称为应力腐蚀。故冷加工后的黄铜应在 250~300℃去应力退火。

常用的 α 单相黄铜有 H80、H70 等,常用的 $\alpha+\beta'$ 双相黄铜有 H62、H59 等。

(二) 特殊黄铜

特殊黄铜是在铜锌的基础上加入 Pb、Al、Sn、Mn、Si 等元素后形成的铜合金,并相应称之为铅黄铜、铝黄铜、锡黄铜等。它们具有比普通黄铜更高的强度、硬度、耐蚀性和良好的铸造性能。

1. 特殊黄铜的牌号

加工特殊黄铜牌号由"H+合金元素符号(Zn 除外)+数字+数字"组成。其中"H"是"黄"字汉语拼音字首,第一组数字表示 Cu 的平均质量分数,第二组数字表示主添加合金元素的平均质量分数,有时还有第三组数字,用以表示其他元素的质量分数。如 HSn62 表示含 Cu 的平均质量分数 62%,Sn 的平均质量分数为 1%,其余为 Zn 的平均质量分数。

铸造特殊黄铜的牌号表示法是由"Z+Cu+合金元素符号+数字"组成。其中"Z"是"铸"字汉语拼音字首,合金元素符号后的数字表示该元素的平均质量分数。如 ZCuZn40Mn3Fe1,其含义是 Zn 的平均质量分数 40%、Mn 的平均质量分数 3%、Fe 的平均质量分数 1%、其余为 Cu 的平均质量分数。

2. 特殊黄铜中合金元素对性能的影响

Pb 可改善切削加工性和耐磨性;Si 可改善铸造性能,提高强度和耐蚀性;Al 可提高强度、硬度和耐蚀性;Sn、Al、Si、Mn 可提高耐蚀性,减少应力腐蚀破裂的倾向。

若特殊黄铜中加入的合金元素较少,塑性较高,则称为加工特殊黄铜;加入的合金元素较多,强度和铸造性能好,则称为铸造特殊黄铜。

常用典型黄铜的牌号、性能及用途见表 6-4。

表 6-4 常用典型黄铜的牌号、性能及用途

类别	牌号	制品种类	力学性能		主要特征	用途举例
			σ_b/MPa	δ/%		
普通加工黄铜	H80	板、带 管、棒	640	5	在大气、淡水及海水中有较高的耐蚀性，加工性能优良	造纸网、薄壁管、皱纹管、建筑装饰品、镀层等
	H68	板、带 棒、线 箔、管	660	3	有较高强度、塑性为黄铜中最佳者，为黄铜中应用最广泛的，有应力腐蚀开裂倾向	复杂冷冲件和深冲件，如子弹壳、散热器外壳、导管、雷管等
	H62		600	3	有较高的强度，热加工性能好，可加工性能好，易焊接。有应力腐蚀开裂倾向中，价格较便宜，应用较广泛	一般机器零件、铆钉、垫圈、螺钉、螺帽、导管、散热器、筛网等
铅黄铜	HPb59-1	板、管 棒、线	550	5	可加工性能好，可冷、热加工，易焊接，耐蚀性一般。有应力腐蚀开裂倾向，应用广泛	热冲压和切削加工制作的零件，如螺钉、垫片、衬套、喷嘴等
锰黄铜	HMn58-2	板、带 棒、线	700	10	在海水、过热蒸汽、氯化物中有高的耐蚀性。但有应力腐蚀开裂倾向，导热导电性能低	应用较广的黄铜品种，主要用于船舶制造和精密电器制造工业
铸造黄铜	ZCuZn38	砂型 金属型	295 295	30 30	良好的铸造性能和可加工性能，力学性能较高，可焊接，有应力腐蚀开裂倾向	一般结构件，如螺杆、螺母、法兰、阀座、日用五金等
铸铝黄铜	ZCuZn31Al2 YZCuZn30Al3	砂型 金属型	295 390	12 15	铸造性能良好，在空气、淡水、海水中耐蚀性较好，易切削，可以焊接	适于压力铸造，如电机、仪表压铸件及造船和机械制造业的耐蚀件
铸锰黄铜	ZCuZn40Mn2	砂型 金属型	345 390	20 25	有较高的温度和耐蚀性，铸造性能好，受热时组织稳定	在水、蒸汽、液体燃料中的耐蚀件，需镀锡或浇注巴合金的零件
铸硅黄铜	ZCuZn16Si4	砂型 金属型	345 390	15 20	具有较高的强度和良好的耐蚀性，铸造性能好，流动性高，铸件组织致密，气密性好	接触海水的管配件、水泵、叶轮，在空气、淡水、油、燃料及压力 4.5MPa 和<250℃蒸汽中工作的铸件

三、白　铜

白铜是指以铜为基体的金属，以镍为主加元素的铜合金。白铜包括普通白铜和特殊白铜。普通白铜是由铜和镍组成的铜合金；在普通白铜中再加入其他元素所形成的称为特殊白铜，如锌白铜、锰白铜、铁白铜、铝白铜、铁白铜等。根据生产方法的不同，白铜又分为加工白铜和铸造白铜。加工白铜是指有塑性可进行压力加工成形的白铜，铸造白铜是指用以生产铸件的白铜。

1. 普通白铜

普通白铜是 Cu-Ni 二元合金。由于铜和镍的晶格类型相同，因此，在固态时能无限互溶，形成单相 α 固溶体组织。普通白铜具有优良的塑性、很好的耐蚀性、耐热性、特殊的电性能和冷热加工性能。普通白铜可通过固溶强化和冷变形强化提高强度。随着普通白铜中镍的质量分数的增加，白铜的强度、硬度、电阻率、热电势、耐蚀性会显著提高，而电阻温度系数明显降低。普通白铜是制造精密机械零件、仪表零件、冷凝器、蒸馏器、热交换器和电器元件不可缺少的材料。普通白铜的牌号用“B＋数字”表示，其中“B”是“白”字的汉语拼音字首，数字表示镍的平均质量分数。例如，B19 表示镍的平均质量分数是 19％，铜的平均质量分数是 81％的普通白铜。

常用的普通白铜有 B0. 6、B5、B19、B25、B30 等。

2. 特殊白铜

特殊白铜是在普通白铜中加入锌、铝、铁、锰等元素而形成的白铜。合金元素的加入是为了改善白铜的力学性能、工艺性能、电热性能以及获得某些特殊性能，如锰白铜（又称康铜）具有较高的电阻率、热电势、较低的电阻温度系数、良好的耐热性耐蚀性，常用来制造热电偶、变阻器及加热器等。特殊白铜的牌号用“B＋主加元素符号＋几组数字”表示，数字依次表示镍和主加元素的质量分数，如 BMn3-12 表示镍的平均质量分数是 3％，锰的平均质量分数是 12％的锰白铜。常用的特殊白铜有铝白铜（BAl6-1. 5）、铁白铜（BFe30-1. 1）、锰白铜（BMn3-12）等。

常用典型白铜的牌号、性能及用途见表 6-5。

表 6－5　常用典型白铜的牌号、性能及用途

组别	合金牌号	化学成分/％				主要特性	用途举例
		w_{Ni}	w_{Mn}	其他	w_{Cu}		
普通白铜	B19	18. 0～20. 0	—	—	余量	具有较高耐腐蚀性，良好的力学性能，高温和低温下具有较高强度及塑性	在蒸汽海水中工作的耐腐蚀零件
铝白铜	BAl6-1. 5)	5. 5～6. 5	—	1. 2～1. 8Al	余量	可热处理强化，有较高的强度和良好的弹性	重要用途的弹簧

续表

组别	合金牌号	化学成分/%				主要特性	用途举例
		w_{Ni}	w_{Mn}	其他	w_{Cu}		
铁白铜	BFe30-1.1	29.0～32.0	0.5～1.2	0.5～1.0Fe	余量	良好的力学性能，在海水、淡水、蒸汽中具有较好的耐腐蚀性	高温、高压和高速条件下工作的零件
锰白铜	BMn3-12	2.0～3.5	11.5～13.5	—	余量	具有较高电阻率、低的电阻温度系数，电阻长期稳定性好	工作温度100℃以下的电阻仪器、精密电工测量仪器

四、青　铜

（一）青铜的分类和牌号

除黄铜和白铜以外的其他铜合金称为青铜。常见的如锡青铜、铝青铜、铍青铜等。按生产方式，可分为加工青铜和铸造青铜。

加工青铜的代号由“Q＋第一个主加元素符号＋数字－数字”组成。其中“Q”是“青”字汉语拼音字首，第一组数字是表示的第一个主加元素的平均质量分数，第二组数字表示其他合金元素的平均质量分数。例如，QSn4-3表示含Sn的平均质量分数是4%、其他合金元素的平均质量分数是3%，其余为Cu的平均质量分数是83%。

铸造青铜的牌号表示法是由“Z＋Cu＋合金元素符号＋数字”组成。其中“Z”是“铸”字汉语拼音字首，合金元素符号后的数字表示该元素的平均质量分数。例如：ZCuSn10Pb1，表示Sn的平均质量分数是10%、Pb的平均质量分数是2%，其余为铜的铸造锡青铜。

（二）锡青铜

以锡为主要元素的铜合金，其力学性能取决于锡的含量。当$w_{Sn}<7\%$时，锡完全溶入铜中形成面心立方的α。锡青铜的铸造收缩率很小，适于铸造外型及尺寸要求严格的铸件。但其流动性差，易于形成分散缩孔，不宜用作要求致密度较高的铸件。锡青铜对大气、海水与无机盐溶液有极高的抗蚀性，但对氨水、盐酸与硫酸的抗蚀性却不够理想。磷及含铝的锡青铜具有良好的耐磨性，适于用作轴承和轴套材料。

（三）铝青铜

铝青铜具有可与钢相比的强度，它有着高的冲击韧性与疲劳强度、耐蚀耐磨、受冲击时不产生火花等优点。铝青铜的结晶温度间隔小，流动性好，铸造时形成集中缩孔，可获得致密的铸件。常用来制造轴承、齿轮、摩擦片、涡轮等要求高强度、高耐磨性的零件。

常用青铜的牌号、性能及用途见表6-6。

表 6-6 常用青铜的牌号、性能及用途

类别	牌号	制品种类	力学性能		主要特征	用途举例
			σ_b/MPa	δ%		
压力加工青铜	(QSn4-3)	板、带棒、线	350	40	有高的耐磨性和弹性，抗磁性良好，能很好地承受冷、热加工；在硬态下，切削性好，易焊接，在大气、淡水和海水中耐蚀性好	制作弹簧及其他弹性元件、化工设备上的耐蚀零件以及耐磨零件、抗磁零件、造纸工业用的刮刀
	(QSn6.5-0.4)	板、带棒、线	750	9	锡磷青铜，性能用途和(QSn6.5-0.1)相似。因含磷量较高，其抗疲劳强度较高，弹性和耐磨性较好，但在热加工时有热脆性	除用作弹簧和耐磨零件外，主要用于造纸工业制作耐磨的铜网和载荷＜980MPa，圆周速度＜3m/s 的零件
	(QSn4.4-2.5)	板、带	650	3	含锌、铅，高的耐磨性和良好的可切削性，易于焊接，在大气、淡水中具有良好的耐蚀性	轴承、卷边轴套、衬套、圆盘以及衬套的内垫等
铸造锡青铜	ZCuSn10Zn2	砂型	240	12	耐蚀性、耐磨性和切削加工性能好，铸造性能好，铸件致密性较高，气密性较好	在中等及较高载荷和小滑动速度下工作的重要管配件及阀、旋塞、泵体、齿轮、叶轮和蜗轮等
		金属型	245	6		
	ZCuSn10Pb1	砂型	200	3	硬度高，耐磨性极好，不易产生咬死现象，在较好的铸造性能和切削加工性能，在大气和淡水中有良好的耐蚀性	右用于高载荷和高滑动速度下工作的耐磨零件，如连杆衬套、轴瓦、齿轮、蜗轮等
		金属型	310	2		
		离心	330	4		
特殊青铜	(QBe2)	板、带棒、线	500	3	含有少量镍，是力学、物理、化学综合性能良好的一种合金。经淬火时效后，具有高的强度、硬度、弹性、耐磨性、疲劳极限和耐热性，同时还具有高的导电性、导热性和耐寒性，无磁性，碰击时无火花，易于焊接，在大气、淡水和海水中抗蚀性极好	各种精密仪表、仪器中的弹簧和弹性元件，各种耐磨零件以及在高速、高压下工作的轴承、衬套，矿山和炼油厂用的冲击不生火花的工具以及各种深冲零件
	ZCu Pb30	金属型	—	—	有良好的自润滑性，易切削，铸造性能差，易产生比重偏析	要求高滑动速度的双金属轴瓦、减摩零件等
	ZCuAl10Fe3	砂型	490	13	高的强度，耐磨性和耐蚀性能好，可以焊接，但不易钎焊，大型铸件自700℃空冷时可防止变脆	强度高、耐磨、耐蚀的重型零件，如轴套、螺母、蜗轮及250℃以下管配件
		金属型	540	15		

第三节 钛及钛合金

钛金属在 20 世纪 50 年代才开始投入工业生产和应用，但其发展和应用却非常迅速，广泛用于航空、航天、化工、造船、机电产品、医疗卫生和国防等部门。由于钛具有密度小，强度高、比强度(抗拉强度除以密度)高、耐高温、耐腐蚀和良好的冷热加工性能等优点，并且矿产资源丰富。所以，钛金属主要用于制造塑性高、有适当的强度、耐腐蚀和可焊接的零件等。

一、纯 钛

1. 纯钛的性能

纯钛呈银白色，密度为 $4.508\times10^3 kg/m^3$，熔点为 1668℃，热膨胀系数小，塑性好，强度低，容易加工成形。纯钛结晶后有同素异构现象，在 882℃以下为密排六方晶格结构的 α-Ti，在 882℃以上为体心立方晶格结构的 β-Ti。

钛与氧的亲和力较大，非常容易与氧和氮结合形成一层致密的氧化物和氮化物薄膜，其稳定性高于铝及不锈钢的氧化膜。故在许多介质中钛的耐腐蚀性比大多数不锈钢更优良，尤其是抗海水的腐蚀能力非常突出。

2. 纯钛的牌号和用途

纯钛的牌号用“TA＋顺序号”表示，如 TA2 表示 2 号工业纯钛。工业纯钛的牌号有 TA1、TA2、TA3、TA4 四个牌号，顺序号越大，杂质含量越多。纯钛在航空和航天部门主要用于制造飞机骨架、蒙皮、发动机部件等；在化工部门主要用于制造热交换器、泵体、搅拌器、蒸馏塔、叶轮、阀门等；在海水净化装置及舰船方面制造相关的耐腐蚀零部件。

二、钛合金

为了提高钛在室温时的强度和在高温下的耐热性等，常加入铝、锆、钼、钒、锰、铬、铁等合金元素，获得不同类型的钛合金。钛合金按退火后的组织形态可分为 α 型钛合金、β 型钛合金和 $(\alpha+\beta)$ 型钛合金。

钛合金的牌号用(T＋合金类别代号＋顺序号)表示。T 是“钛”字汉语拼音字首，合金类别分别用 A、B、C 表示 α 型钛合金、β 型钛合金和 $(\alpha+\beta)$ 型钛合金。例如，TA7 表示 7 号 α 型钛合金；TB2 表示 2 号 β 型钛合金；TC4 表示 4 号 $(\alpha+\beta)$ 型钛合金。

α 型钛合金一般用于制造使用温度不超过 500℃的零件，如飞机蒙皮、骨架零件、航空发动机压气机叶片和管道、导弹的燃料缸、超音速飞机的涡轮机匣、火箭和飞船的高压低温容器等。常用的 α 型钛合金有：TA4、TA5、TA6、TA7、TA9、TA10 等。

β 型钛合金一般用于制造使用温度在 350℃以下的结构零件和紧固件，如压气机叶片、轴、轮盘及航空航天结构件等。常用的 β 型钛合金有：TB1、TB2、TB3、TB4 等。

$(\alpha+\beta)$ 型钛合金一般用于制造使用温度 500℃以下和低温下工作的结构零件，如各种容器、泵、低温部件、舰艇耐压壳体、坦克履带、飞机发动机结构件和叶片、火箭发动机外壳、火箭和导弹的液氢燃料箱部件等。钛合金中($\alpha+\beta$)型钛合金可以适应各种不同的用途,是目前应用最广泛的一种钛合金。常用的($\alpha+\beta$)型钛合金有:TC1、TC2、TC3、TC4、TC6、TC7、TC9、TC10、TC11、TC12 等。

钛及钛合金是一种很有发展前途的新型金属材料。我国钛金属的矿产资源丰富,其蕴藏量居世界前列,目前已形成了较完整的钛金属生产工业体系。

第四节　滑动轴承合金

一、滑动轴承的工作条件及对滑动轴承合金的性能要求

制造滑动轴承的轴瓦及其内衬的合金称滑动轴承合金。轴瓦是包围在轴颈外面的套圈,它直接与轴颈接触。当轴旋转时,轴瓦除了承受轴颈传递给它的静载荷以外,还要承受交变载荷和冲击载荷,并与轴颈发生强烈的摩擦。因为轴的价格较贵,更换困难,为了减少轴承对轴的摩擦,确保机器的正常运转,轴承合金应具备下列性能:

(1) 具有足够的抗压强度与疲劳强度,以承受轴颈所施加的载荷。

(2) 有足够的塑性和韧性,以保证与轴颈的配合良好,并承受冲击和振动。

(3) 摩擦系数小,并能保持住润滑油,以减少对轴颈的摩擦。

(4) 具有小的膨胀系数和良好的导热性、耐蚀性,以防止轴瓦和轴颈因强烈摩擦升温而发生咬合,并能抵抗润滑油的侵蚀。

(5) 具有良好的磨合能力,使载荷能均匀分布。

(6) 加工工艺性良好,价格低廉。

为了提高滑动轴承合金的强度和使用寿命,通常采用双金属方法制造轴瓦。例如利用离心浇注将滑动轴承合金铸在钢质轴瓦上,这种操作方法称为“挂衬”。

二、滑动轴承合金的理想组织

滑动轴承合金理想的组织状态是:在软的基体上均匀分布一定数量和大小的硬质点或在硬基体(其硬度低于轴颈硬度)上分布软质点。

当轴运转时,轴瓦的软基体易磨损而凹陷,能容纳润滑油,使磨合面表面形成连续的油膜,硬质点则相对凸起支撑轴颈。这就减小了轴颈和轴瓦之间的接触面积,降低摩擦系数。

软基体具有较好的磨合性和抗冲击、抗振动的能力,使轴颈和轴瓦之间能很好地磨合,并且偶然进入的外来硬质点能嵌入基体中,不致擦伤轴颈。但是,这类组织的承载能力较低。属于此类组织的滑动轴承合金有锡基滑动轴承合金、铅基滑动轴承合金。

在硬基体(其硬度低于轴颈硬度)上分布软质点的滑动轴承合金,能承受较高的载荷,但磨合性较差。属于此类组织的滑动轴承合金有铜基滑动轴承合金、铝基滑动轴承合金。

三、常用的滑动轴承合金

常用滑动轴承合金有锡基、铅基、铜基、铝基等滑动轴承合金。牌号由字母“Z+基体金属元素符号+主添加合金元素的化学符号+数字+辅添加合金元素的化学符号+数字”组成。其中“Z”是“铸”字汉语拼音的字首。例如，ZSnSb11Cu6 表示锑的平均质量分数为11%，铜的平均质量分数为6%，其余锡的平均质量分数为83%的锡基滑动轴承合金。

1. 锡基滑动轴承合金(锡基巴氏合金)

锡基滑动轴承合金是以锡为基体，加入锑(Sb)、铜等元素组成的滑动轴承合金。锡基滑动轴承合金具有适中的硬度、低的摩擦系数、较好的塑性和韧性、优良的导热性和耐腐蚀性。常用于制造重要滑动轴承，如制造汽轮机、发动机、压缩机等高速滑动轴承。但由于锡是稀缺贵金属，其成本较高以及锡基滑动轴承合金工作温度低于150℃。因此，锡基滑动轴承合金的应用受到一定限制。常用锡基滑动轴承合金有 ZSnSb8Cu4、ZSnSb11Cu6、ZSnSb4Cu4 等。

2. 铅基滑动轴承合金(铅基巴氏合金)

铅基滑动轴承合金通常是铅为基，加入锑、锡、铜等元素组成的滑动轴承合金。铅基滑动轴承的强度、硬度、韧性均低于锡基滑动轴承合金，摩擦系数较大，故适用于中等负荷的低速轴承，如汽车、拖拉机、轮船的曲轴轴承、电动机、空压机、减速器的滑动轴承等。铅基滑动轴承合金价格便宜，因此，应尽量用它来代替锡基滑动轴承合金。常用铅基滑动轴承合金有ZPbSb16Sn16Cu2、ZPbSb15Sn10 等。

3. 铜基滑动轴承合金(锡青铜和铅青铜)

以青铜为滑动轴承合金材料的合金称为铜基滑动轴承合金，如锡青铜、铅青铜、铝青铜、铍青铜等均可作为滑动轴承材料。

铜基滑动轴承合金是锡基滑动轴承合金的代用品。常用牌号是 ZCuPb30 铸造铅青铜，其铅的平均质量分数为30%。铅和铜在固态时互不溶解，Cu 为硬基体，颗粒状 Pb 为软质点，属于硬基体加软质点类型的滑动轴承合金，可以承受较大的压力。铅青铜具有良好的耐磨性、高的导热性(为锡基滑动轴承合金的6倍)、高的疲劳强度，并能在较高温度下(300～320℃)工作。广泛用于制造高速、重载荷下工作的发动机滑动轴承，如航空发动机、大功率发动机、柴油机等高速机器的主滑动轴承和连杆滑动轴承。

4. 铝基滑动轴承合金

铝基滑动轴承合金是以铝为基体元素，加入锑、锡或镁等合金元素形成的滑动轴承合金。与锡基、铅基滑动轴承合金相比，铝基滑动轴承合金具有原料丰富、价格低廉、导热性好、疲劳强度高和耐腐蚀性好等优点，能连续轧制生产，广泛用于高速重载汽车、拖拉机及柴油机轴承。这种轴承合金的主要特点是线膨胀系数较大，运转时易与轴咬合，尤其在冷起动时危险性更大。同时铝基滑动轴承合金硬度高，轴易磨损，需相应地提高轴的硬度。常用的铝基滑动轴承合金有铝锑镁合金和铝锡合金，如高锡铝基滑动轴承合金 ZAlSn6Cu1Ni1。

除上述滑动轴承合金外，灰铸铁也可以用于制造低速、不重要的滑动轴承。其组织中的钢基体为硬基体，石墨为软质点并起一定的润滑作用。

第五节　粉末冶金材料

粉末冶金是用一种金属粉末或金属粉末与非金属粉末的混合物作为原料，经过成型、烧结等过程制成零件或材料的方法，是一种不熔炼的冶金方法。

一、粉末冶金工艺简介

现以铁基粉末为例简述其工艺过程：

粉料制取→粉料混合→成型→烧结→后处理→成品

为了获得必要的性能，在铁粉中加入石墨和合金元素，另外还需要加入少量硬脂酸锌和机油作为压制成型的润滑剂，并按一定比例配制成混合料；混合料在巨大压力作用下粉状颗粒间产生机械咬合作用，相互结合为具有一定强度的成型制品；但此时强度并不高，还必须进行高温下的烧结，即制品在保护气氛下加热，材料中至少有一种组元仍处于固相，在高温下吸附在粉末表面的气体被清除，增加了颗粒间的接触表面，因而使粉末颗粒结合得更紧密。在此基础上再通过原子的扩散、变形粉末的再结晶以及晶粒长大等过程，就得到了金相组织与钢铁类似的铁基粉末冶金制品。

一般情况下，经烧结后的制品即可使用。但对要求精密度高、表面光洁、尺寸精度高的制品可再进行精压处理。对要改善力学性能的制品，可进行整体淬火或表面淬火等热处理。对轴承等制品为了达到润滑或耐蚀的目的，可进行浸油或浸渍其它液态润滑剂等处理。

二、粉末冶金的应用

用粉末冶金法可制造一些机械零件如齿轮、凸轮、轴承、摩擦片、含油轴承等。与一般生产方法相比，粉末冶金法具有少切削或无切削、材料利用率高、生产率高、减少机械加工设备、降低成本等优点。

粉末冶金法还可以制造一些具有特殊成分或具有特殊性能的金属材料，如硬质合金、耐热材料、减摩材料、摩擦材料、过滤材料、热交换材料、磁性材料以及核燃料元件等。

三、硬质合金

硬质合金是将一些难熔金属的碳化物（如碳化钨、碳化钛、碳化钽等）的粉末和起粘结作用的金属钴混合后，加压成形，再经烧结而制成的一种粉末冶金制品。硬质合金具有高硬度(69～81HRC)、高耐热性（可达 900～1000℃）、高耐磨性和较高抗压强度。用它制造刀具，其切削速度比高速钢高 4～7 倍，寿命提高 5～8 倍。硬质合金通常制成一定规格的刀片，装夹或镶焊在刀体上使用。

目前常用的硬质合金有下列几种。

1. 钨钴类硬质合金

钨钴类硬质合金由碳化钨(WC)和钴(Co)组成。其牌号用“YG+数字”表示，数字表示钴的平均质量分数。例如 YG3 表示 $w_{Co}=3\%$的钨钴类硬质合金。常用的牌号有 YG3、YG6、YG8 等。含钴量越高，合金的强度、韧性越好，硬度、耐热性下降。钨钴类硬质合金适用于制作切削铸件、青铜等脆性材料的刀具。

2. 钨钴钛类硬质合金

钨钴钛类硬质合金由碳化钨(WC)、碳化钛(TiC)和钴组成。其牌号用“YT+数字”表示，数字表示碳化钛的平均质量分数。例如 YT15 表示 $w_{TiC}=15\%$的钨钴钛类硬质合金。常用的牌号有 YT5、YT15、YT30 等。这类硬质合金有较高的硬度、红硬性和耐磨性，主要用于切削韧性材料(如钢材)的刀具。

3. 通用硬质合金

通用硬质合金用碳化钽(TaC)和碳化铌(NbC)取代钨钴钛类硬质合金中的部分碳化钛(TiC)而组成。其牌号用“YW+数字”表示，数字表示合金的序号，如 YW1、YW2 等。通用硬质合金兼有上述两类硬质合金的优点，应用广泛，可用于切削各类金属材料的刀具。

除上述三类硬质合金外，还有钢结硬质合金。它是以碳化物(TiC、WC)为硬化相，以合金钢(如高速钢、铬钼钢等)的粉末为粘结剂制成的粉末冶金材料。这种材料可进行焊接和锻造加工，它适用于制造各种形状复杂的刀具(如麻花钻头，铣刀等)。

硬质合金除用于各种刀具外，还广泛用于制造量具、模具和耐磨零件。

四、含油轴承材料

含油轴承材料是利用粉末冶金材料的多孔性，经浸油后，它具有很好的自润滑性。当轴承工作时，由于摩擦发热使孔隙中的润滑油被挤出工作表面，起润滑作用；当停止工作时，润滑油在毛细管的作用下又会渗入孔隙中，这样要保持相当长的时间不必加油也能有效地工作。含油轴承材料特别适用于不便经常加油的轴承，它还可避免因润滑油造成的脏污。目前，含油轴承材料在纺织机械、食品机械、家用电器、精密机械、汽车工业及仪表工业中都有应用。

习　题

1. 判断题

(1) 铝合金热处理也是基于铝具有同素异构转变。

(2) LF21 是防锈铝合金，可用冷压力加工或淬火、时效来提高强度。

(3) ZL109 是铝硅合金，其中还含有少量的合金元素，可用热处理来强化，常用于制造发动机的活塞。

(4) LY12 的耐蚀性比纯铝、防锈铝都好。

(5) H70 的组织为 $\alpha+\beta'$，具有较高的强度、较低的塑性。

2. 填空题

(1) ZL102 属于(　　)合金，一般用(　　)工艺方法来提高强度。

(2) H70 属于(　　)合金，其组织为(　　)，一般采用(　　)来提高强度。

(3) 铝合金热处理是首先进行(　　)处理，获得(　　)组织；然后经(　　)过程使其强度、硬度明显提高。

(4) 工业钛合金按其使用状态组织的不同，可分为(　　)钛合金、(　　)钛合金和(　　)钛合金，其中(　　)钛合金应用最广。

(5) 常用的滑动轴承合金有(　　)基、(　　)基、(　　)基和(　　)基滑动轴承合金。

3. 单项选择题

(1) 提高 LY11 零件强度的方法通常采用(　　)。

A. 淬火＋低温回火　　B. 固溶处理＋时效　　C. 变质处理　　D. 调质处理

(2) 为了获得较高强度的 ZL102(ZAlSi12)零件，通常采用(　　)。

A. 调质处理　　B. 变质处理

C. 固溶处理＋时效　　D. 淬火＋低温回火

(3) 为防止黄铜的应力腐蚀破坏可采用(　　)。

A. 去应力退火　　B. 固溶处理　　C. 调质处理　　D. 水韧处理

(4) 铸造人物铜像，最好选用(　　)。

A. 黄铜　　B. 锡青铜　　C. 铅青铜　　D. 铝青铜

4. 简答题

(1) 简要说明时效强化的机理，时效强化与固溶强化有何区别？

(2) 试述下列零件进行时效处理的意义与作用：

① 形状复杂的大型铸件在 500℃～600℃进行时效处理；

② 铝合金件淬火后于 140℃进行时效处理；

③ GCr15 钢制造的高精度丝杠于 150℃进行时效处理。

(3) 何谓硅铝明？它属于哪一类铝合金？为什么硅铝明具有良好的铸造性能？在变质处理前后其组织和性能有何变化？这类铝合金主要用于何处？

(4) 锡青铜属于什么合金？为什么工业用锡青铜的含锡量大多不超过 14％？

(5) 指出下列合金的类别、成分、主要特性及用途：

ZL108，LY12，LD7；H62，H59，HMn55-3-1，HSi80-3；QAl9-4，QBe2，ZCuPb30。

(6) 硬质合金的性能特点有哪些？常用的硬质合金有几类？

(7) 滑动轴承合金应具备哪些主要性能？具备什么样的理想组织？

第七章　非金属材料与新型材料

非金属材料指除金属以外的其它一切材料。这类材料发展迅速，种类繁多，已在各工业领域中广泛应用。在机械制造中使用的非金属材料主要包括有机高分子材料（如工程塑料、橡胶、合成纤维、胶粘剂、涂料及液晶等）和陶瓷材料（如陶瓷器、玻璃、水泥、耐火材料及各类新型陶瓷材料等），其中工程塑料和工程陶瓷在工程结构中占有重要的地位。

随着科学技术的发展，在传统金属材料与非金属材料仍在大量应用的同时，各种适应高科技发展的新型材料不断涌现，为新技术取得突破创造了条件。所谓新型材料是指那些新近发展或正在发展中的，采用高新技术制取的，具有优异性能和特殊性能的材料。新型材料是相对于传统材料而言的，二者之间并没有截然的分界。新型材料的发展往往以传统材料为基础，传统材料的进一步发展也可以成为新型材料。

目前，各种新型材料的开发正在加速，其特点是高性能化、功能化、复合化。传统的金属材料、有机材料、无机材料的界限正在消失。因此，新型材料的分类变得困难起来，一些原来可以比较容易区分的材料的属性也变得模糊起来。例如传统上认为导电性是金属固有的，而如今有机、无机材料也均可出现导电性。而复合材料的出现，更使它融多种材料性能于一体，甚至出现一些原来截然不同的性能。

第一节　高分子材料

一、高分子材料基本概念

高分子材料也叫高聚物材料，是高分子化合物为主要组成的材料。高分子化合物是指相对分子量大于 5000 的化合物，往往一个分子中包含成千上万甚至几十万个原子。高分子化合物包括有机高分子化合物和无机高分子化合物两大类，有机高分子化合物有合成的和天然的。工程中使用的有机高分子材料主要是人工合成的高分子聚合物，简称高聚物。

二、高聚物的人工合成

高聚物是通过聚合反应以低分子化合物结合形成的。聚合反应有加聚反应和缩聚反应两种。

1. 加聚反应

加聚反应是由一种或多种单体相互加成而形成聚合物的反应。这种反应没有低分子副产物生成。其中,单体为一种的叫均加聚,例如乙烯加聚成聚乙烯;单体为两种或两种以上的则称为共加聚,ABS 工程塑料就是丙烯腈、丁二烯和苯乙烯三种单体共聚合成的。在生产人造橡胶时广泛采用共聚反应。均聚物的产量很大,应用广泛。但由于其结构的限制,性能存在一些不足。而共聚物则可以通过改变单体,进而改进聚合物的性能。组成共聚物的单体不同,单体的排列方式不同及各种单体所占比例的不同都将使共聚物的性能发生很大的变化,这是对均聚物实行改性,制造新品种高聚物的重要途径。

2. 缩聚反应

缩聚反应是由一种或多种单体相互作用而形成高聚物,同时析出新的低分子副产物的反应,其单体是含有两种或两种以上活泼官能团的低分子化合物。按照参加反应的单体不同,单体缩聚反应分为均缩聚和共缩聚两种。酚醛树脂(电木)、聚酰胺(尼龙)、环氧树脂等都是缩聚反应产物。缩聚反应比加聚反应复杂。

三、高聚物分子的形态

高聚物分子的形态指高聚物链是否有分支、是否联结成网状等情况。据此可划分出三类高聚物。

1. 线型高聚物

线型高聚物分子是由许多链节连成线形长链。无分支,但通常呈蜷曲的线团状。这类高聚物有良好的弹性和热塑性,一些合成纤维和热塑性塑料即属于此类。

2. 支链(化)型高聚物

支链型高聚物分子的线性长链上不同位置处接出数量不等、长短不一的支链。支链的出现一般会使聚合物的粘度增加,性能得以强化。具有这种结构的有高压聚乙烯、ABS 塑料等。

3. 体型(网型)高聚物

体型(网型)高聚物分子的各链段之间相互联结,形成空间网络。这种结构非常稳定,即不能溶解,也不能熔融,尺寸稳定性好,但弹塑性很低。热固性塑料和硫化橡胶就属于这种结构。

有机高分子化合物的分子链的几何形状示意图如图 7-1 所示。

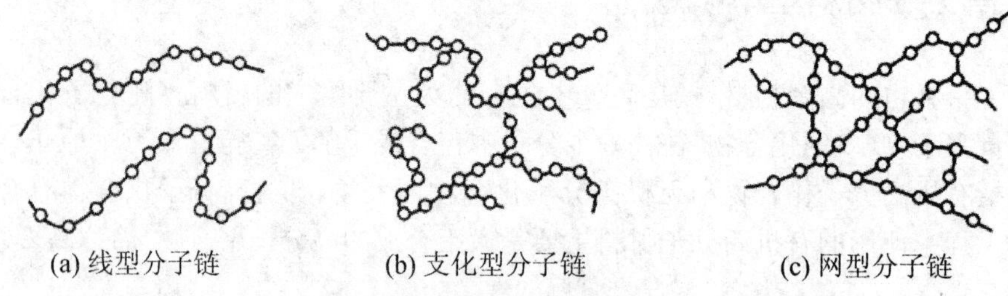

图 7-1 有机高分子化合物的分子链的几何形状示意图

四、有机高分子材料的组成及性能特点

1. 有机高分子材料的组成

有机高分子材料以高聚物为主要组分,再添加各种辅助组分而成。前者称为基料,例如

合成高聚物(树脂、橡胶)等;后者称为添加剂,例如填充剂、增塑剂、软化剂、固化剂、稳定剂、防老剂、润滑剂、发泡剂、着色剂等。

基料是主要组分,对高分子材料起决定性能的作用;添加剂是辅助组分,对材料起改善性能、补充性能的作用。

2. 有机高分子材料的性能特点

(1) 与金属材料相比,高分子材料的力学性能特点:

① 比强度高。高聚物的抗拉强度平均为100MPa左右,远低于金属,但由于其密度低,故其比强度并不低于金属。玻璃钢的强度比合金结构钢高,而其重量却轻得多。

② 高弹性和低的弹性模量。其实质就是弹性变形量大、弹性变形抗力小,这是高聚物特有的性能。

③ 高耐磨性和低硬度。高聚物硬度远低于金属,但耐磨性优于金属。有些高聚物摩擦系数小,且本身就具有润滑性能,例如聚四氟乙烯、尼龙等。

(2) 有机高分子材料的物理性能特点:

① 电绝缘性优良。高聚物中的原子一般是以共价键相结合,因而不易电离,导电能力低,绝缘性能好。

② 耐热性差。耐热性指材料在高温下长期使用保持性能不变的能力。由于高聚物链段间的分子间力较弱,在同时受热、受力时易发生链间滑脱和位移而导致材料软化、熔化。

③ 导热性低。高分子材料的线膨胀系数约为金属的3～4倍。在机械中会因膨胀过量而引起开裂、脱落、松动等。

(3) 高聚物在化学性能方面的特点主要表现为化学稳定性高,在碱、酸、盐中耐蚀性较强,如聚四氟乙烯在沸腾的王水中仍很稳定。但某些高聚物在某些特定的溶剂或油中会发生软化、熔胀等现象。

(4) 有机高分子材料的老化。高聚物在长期使用或存放过程中,由于外界物理、化学及生物因素的影响(如热、光、辐射,氧和臭氧、酸碱、微生物的作用等),使得聚合物内部结构发生变化,从而导致聚合物的性能随着时间延长逐渐恶化,直到丧失使用功能,这个过程称为老化。发生老化时,橡胶主要为龟裂、变软、变粘;塑料主要是脱色、失去光泽、开裂等。这些现象均是不可逆的。因此,老化是高聚物的一大弱点。造成高聚物老化的原因主要有两点:一是分子链产生交联或支化,使性能变硬、变脆;二是大分子发生断链或裂解,使分子量降低(这个过程称为降解),使聚合物发软变粘,力学性能恶化。一般可通过表面防护、加入抗老化剂等手段提高高聚物的抗老化能力。

第二节 工程塑料

塑料是一种以有机合成树脂为主要组成的高分子材料。它通常可在加热、加压条件下塑制成形,故称为塑料。

一、塑料的基本组成

工程上所用的塑料，是以高聚物(通常称为合成树脂)为基础，加入各种添加剂，在一定温度、压力下可塑成型。

1. 合成树脂

合成树脂即人工合成线型高聚物，是塑料的主要成分(约占40%～100%)，对塑料的性能起决定性作用，故绝大多数塑料都是以相应的树脂来命名。合成树脂受热时呈软化或熔融状态，使其具有良好的成型性能。

2. 添加剂

工程塑料中的添加剂都是为改善材料的某种性能而加入的。根据作用不同，添加剂可分为增塑剂、稳定剂、润滑剂、填充剂、增强剂、着色剂和发泡剂等，其主要作用是增加塑料制品的使用性能和改善塑料工艺性能。

(1) 填料。填料又称填充剂，主要起增强作用，还可使塑料具有所要求的性能。如加入铝粉可提高对光的反射能力和防老化，加入二硫化钼可提高自润滑性等。另外，有一些填料比树脂便宜，加入后可降低塑料成本。

(2) 增塑剂。为提高塑料的柔软性和可成形性需加入增塑剂，主要是一些低熔点的低分子有机化合物。如加入增塑剂的聚氯乙烯比较柔软，而未加入增塑剂的聚氯乙烯则比较刚硬。

(3) 固化剂。固化剂加入到某些树脂中可使线型分子链间产生交联，从而由线型结构变成体型结构，固化成刚硬的塑料。

(4) 稳定剂。稳定剂的作用是提高树脂在受热、光氧等作用时的稳定性。

此外，还有为防止塑料在成型过程中粘在模具上，并使塑料表面光亮美观而加入的润滑剂；为使塑料具有美丽的色彩加入的有机染料或无机养料等着色剂；其他还有发泡剂、阻燃剂、抗静电剂等。总之，根据不同的塑料品种和性能要求，可加入不同的添加剂。

二、塑料的分类

1. 按树脂的热性能分为热塑性塑料和热固性塑料两类

(1) 热塑性塑料。热塑性塑料为线型结构分子链，加热时会软化、熔融，冷却时会凝固、变硬，此过程可以反复进行。典型的品种有聚乙烯、聚氯乙烯、聚四氟乙烯、聚丙烯、聚苯乙烯、聚酰胺(尼龙)、ABS、聚甲醛、聚碳酸酯、聚砜、有机玻璃(聚甲基丙烯酸甲脂)等。这类塑料机械强度较高，成形工艺性能良好，可反复成形、再生使用。但耐热性与刚性较差。

(2) 热固性塑料。这类塑料为密网型结构分子链，其形成是固化反应的结果。具有密网型结构的合成树脂，初加热时软化、熔融，进一步加热、加压或加入固化剂，通过共价交联而固化。固化后再加热，则不再软化、熔融。品种有酚醛塑料、氨基塑料、环氧树脂、有机硅树脂等。这类塑料具有较高的耐热性与刚性，但脆性大，不能反复成型与再生使用。

2. 按应用范围分为通用塑料、工程塑料和其它塑料(如耐热塑料)三类

(1) 通用塑料。通用塑料主要指产量大、用途广、价格低廉的聚乙烯、聚氯乙烯、聚苯乙烯、聚丙烯、酚醛塑料等几大品种。它们约占塑料总产量的75%以上,广泛用于工业、农业和日常生活各个方面,但其强度较低。

(2) 工程塑料。工程塑料主要指用于制作工程结构、机器零件、工业容器和设备的塑料。最重要的有聚甲醛、聚酰胺(尼龙)、聚碳酸酯、ABS四种,还有聚氯醚、聚苯醚等。这类塑料具有较高的强度、弹性模量、韧性、耐磨性、耐蚀性和耐热性。目前工程塑料发展迅速。

(3) 其它塑料。其它塑料例如耐热塑料,一般塑料的工作温度不超过100℃,耐热塑料可在100~200℃甚至更高的温度下工作,如聚四氟乙烯、聚三氟乙烯、有机硅树脂、环氧树脂等。

随着塑料性能的改善和提高,新塑料品种的不断出现,通用塑料、工程塑料和耐热塑料之间也就没有明显的界限了。

三、塑料的性能

1. 化学性能

塑料具有良好的耐腐蚀性能,大多数塑料耐大气、水、酸、碱、油的腐蚀,其中聚四氟乙烯能耐王水的腐蚀。因此工程塑料能制作化工机械零件及在腐蚀介质中工作的零件。

2. 物理性能

塑料的密度小,相当于钢密度的1/4~1/7,热性能不如金属,遇热易老化、分解,塑料的导热性差,有良好的电绝缘性,塑料的线膨胀系数大,一般为钢的3~10倍。

3. 力学性能

一般塑料的强度、刚度和韧性都较差,其强度仅为30~150MPa;塑料具有良好的减摩性;塑料容易出现蠕变与应力松弛;塑料还具有良好的减振性和消声性。

四、常用工程塑料

常用工程塑料见表7-1、表7-2。

表7-1 常用热塑性塑料的性能、特点和用途

名称(代号)	主要性能特点	用途举例
聚氯乙烯(PVC)	硬质聚氯乙烯强度较高,电绝缘性优良,对酸、碱的抵抗力强,化学稳定性好,可在-15~60℃使用,良好的热成型性能,密度小	化工耐蚀的结构材料,如输油管、容器、离心泵、阀门管件,用途很广
	软质聚氯乙烯强度不如硬质,但伸长率较大,有良好的电绝缘性,可在-15~60℃使用	电线、电缆的绝缘包皮,农用薄膜,工业包装。但因有毒,故不适于包装食品
	泡沫聚氯乙烯质轻、隔热、隔音、防震	泡沫聚氯乙烯衬垫、包装材料

续表

名称(代号)	主要性能特点	用途举例
聚乙烯 (PE)	低压聚乙烯质地坚硬,有良好的耐磨性、耐蚀性和电绝缘性,而耐热性差,在沸水中变软;低压聚乙烯是聚乙烯中最轻的一种,其化学稳定性高,有良好的高频绝缘性、柔软性,耐冲击性和透明性;超高分子聚乙烯冲击强度高,耐疲劳,耐磨,需冷压浇注成型。	低压聚乙烯用于制造塑料板、塑料绳,承受小载荷的齿轮、轴承等;高压聚乙烯最适宜吹塑成薄膜、软管、塑料瓶等用于食品和药品包装的制品;超高分子聚乙烯减摩、耐磨及传动件还可制作电线及电缆包皮等
聚丙烯 (PP)	密度小,是常用塑料中最轻的一种。强度、硬度、刚性和耐热性均优于低压聚乙烯,可在100～120℃长期使用;几乎不吸水,并有较好的化学稳定性,优良的高频绝缘性,且不受温度影响。但低温脆性大,不耐磨,易老化	制作一般机械零件,如齿轮、管道、接头等耐蚀件,如泵叶轮、化工管道、容器、绝缘件;制作电视机、收音机、电扇、电机罩等
聚酰胺 (通称尼龙) (PA)	无味、无毒;有较高强度和良好韧性;有一定耐热性,可在100℃下使用。优良的耐磨性和自润滑性,摩擦系数小,良好的消声性和耐油性,能耐水、油、一般溶剂;耐蚀性较好;抗菌霉;成型性好。但蠕变值较大,导热性差(约为金属的1/100),吸水性高,成型收缩率较大	常用的有尼龙6、尼龙66、尼龙610、尼龙1010。用于制造要求耐磨、耐蚀的某些承载和传动零件,如轴承、齿轮、滑轮、螺钉、螺母及一些小型零件;还可作高压耐油性密封圈,喷涂金属表面作防腐耐磨涂层
聚甲基丙烯酸甲酯 (俗称有机玻璃) (PMMA)	透光性好,可透过99%以上太阳光;着色性好,有一定强度,耐紫外线及大气老化,耐腐蚀,优良的电绝缘性,可在－60～100℃使用。但质较脆,易溶于有机溶剂中,表面硬度不高,易擦伤	制作航空、仪器、仪表、汽车和无线电工业中的透明件与装饰件,如飞机座窗、灯罩、电视、雷达的屏幕,油标、油杯、设备标牌,仪表零件等
苯乙烯-丁二烯-丙烯腈共聚体 (ABS)	性能可通过改变三种单体的含量来调整。有高的冲击韧性和较高的强度,优良的耐油、耐水性和化学稳定性,好的电绝缘性和耐寒性,高的尺寸稳定性和一定的耐磨性。表面可镀饰金属,易于加工成型,但长期使用易起层	制作电话机、扩音机、电视机、电机、仪表的壳体,齿轮,泵体轮,轴承,把手,管道,贮槽内衬,仪表盘,轿车车身,汽车扶手等
聚甲醛 (POM)	优良的综合力学性能,耐磨性好,吸水性小,尺寸稳定性高,着色性好,良好的减摩性和抗老化性,优良的电绝缘性和化学稳定性,可在－40～100℃范围内长期使用。但加热易分解,成型收缩率大	制作减摩、耐磨及传动件,如轴承、滚轮、齿轮、电气绝缘件、耐蚀件和化工容器等
聚四氟乙烯 (也称塑料王) (F-4)	几乎能耐所有化学药品的腐蚀;良好的耐老化性及电绝缘性,不吸水;优异的耐高、低温性,在－195～250℃可长期使用;摩擦系数很小,有自润滑性。但其高温下不流动,不能热塑成型,只能用类似粉末冶金的冷压、烧结成型工艺,高温时会分解出对人体有害气体,价格较高	制作耐蚀件、减摩耐磨件、密封件、绝缘件,如高频电缆、电容线圈架以及化工用的反应器、管道等

续表

名称(代号)	主要性能特点	用途举例
聚砜(PSF)	双酚A型:优良的耐热、耐寒、耐候性,抗蠕变及尺寸稳定性,强度高,优良的电绝缘性,化学稳定性高,可在−100～150℃长期使用。但耐紫外线较差,成型温度高 非双酚A型:耐热、耐寒,在−240～260℃长期工作,硬度高,能自熄,耐老化、耐辐射,力学性能及电绝缘性都好,化学稳定性高。但不耐极性溶剂	制作高强度、耐热件、绝缘件、减摩耐磨件、传动件,如精密齿轮、凸轮、真空泵叶片、仪表壳体和罩,耐热或绝缘的仪表零件,汽车护板、仪表盘、衬垫和垫圈、计算机零件、电镀金属制成集成电子印刷电路板
氯化聚醚(或称聚氯醚)	极高的耐化学腐蚀性,易于加工,可在120℃下长期使用,良好的力学性能和电绝缘性,吸水性很低,尺寸稳定性好,但耐低温性较差	制作在腐蚀介质中的减摩、耐磨及传动件,精密机械零件,化工设备的衬里和涂层等
聚碳酸酯(PC)	透明度高达86%～92%,使用温度−100～130℃,韧性好,耐冲击、硬度高、抗蠕变、耐热、耐寒、耐疲劳,吸水性好,电性能好;有应力开裂倾向	飞机座舱罩,防护面盔,防弹玻璃及机械电子、仪表的零部件

表7-2 常用热固性塑料的性能、特点和用途

名称(代号)	主要性能特点	用途举例
聚氨酯塑料(PUR)	耐磨性优越,韧性好,承载能力高,低温时硬而不脆裂,耐氧、臭氧,耐候,耐许多化学药品和油,抗辐射,易燃;软质泡沫塑料吸音和减震优良,吸水性大;硬质泡沫高低温隔热性能优良	密封件,传动带;隔热、隔音及防震材料;齿轮,电气绝缘件;实心轮胎;电线电缆护套;汽车零件
酚醛塑料(俗称电木)(PF)	高的强度、硬度及耐热性,工作温度一般在100℃以上,在水润滑条件下具有极小的摩擦系数,优异的电绝缘性,耐蚀性好(俗称强碱),耐霉菌,尺寸稳定性好。但质较脆、耐光性差、色泽深暗;加工性差,只能模压	制作一般机械零件,水润滑轴承,电绝缘件,耐化学腐蚀的结构材料和衬里材料等,如仪表壳体、电器绝缘板、绝缘齿轮、整流罩,耐酸泵、刹车片等
环氧塑料(EP)	强度较高,韧性较好,电绝缘性优良,防水、防潮、防霉、耐热、耐寒,可在−80～200℃长期使用,化学稳定性较好,固化成型后收缩率小,对许多材料的粘结力强,成型工艺简便,成本较低	塑料模具、精密模具、机械仪表和电气结构零件,电气、电子元件及线圈的灌注、涂覆和包封以及修复机件等
有机硅塑料	耐热性高,可在180～200℃下长期使用,电绝缘性优良,高压电弧,高频绝缘性好,防潮性好,有一定的耐化学腐蚀性,耐辐射、耐火焰,耐臭氧,也耐低温。但价格较高	高频绝缘件,湿热带地区电机、电器绝缘件,电气、电子元件及线圈的灌注与固定,耐热件等

续表

名称(代号)	主要性能特点	用途举例
聚对-羟基苯甲酸酯塑料	是一种新型的耐热性热固性工程塑料。具有突出的耐热性,可在315℃下长期使用,短期使用温度范围为371～427℃,导热系数极高,比一般塑料高出3～5倍,很好的耐磨性和自润滑性,优良的电绝缘性、耐溶济性和自熄性	耐磨、耐蚀及尺寸稳定的自润滑轴承,高压密封圈,汽车发动机零件,电子和电气元件以及特殊用途的纤维和薄膜等

四、塑料制品的成型方法

塑料制品是以树脂和各种添加剂的混合料为原料,采用注射、挤压、压制、浇铸等方法制成的。制品在成型的同时,获得新性能。因此成型过程是生产塑料制品的关键。

1. 注射成型

注射成型(见图7-2)主要用于热塑性塑料。其成型是将粉料状塑料从料斗送入料筒,柱塞推进时,塑料被推入加热区,继而压过分流梭,通过喷嘴将熔融的塑料注入模腔中,冷却中打开模具即可获得所需形状的塑料制品。注射成型法可以制作尺寸精确、形状复杂、薄壁或带金属嵌件的塑料制品。

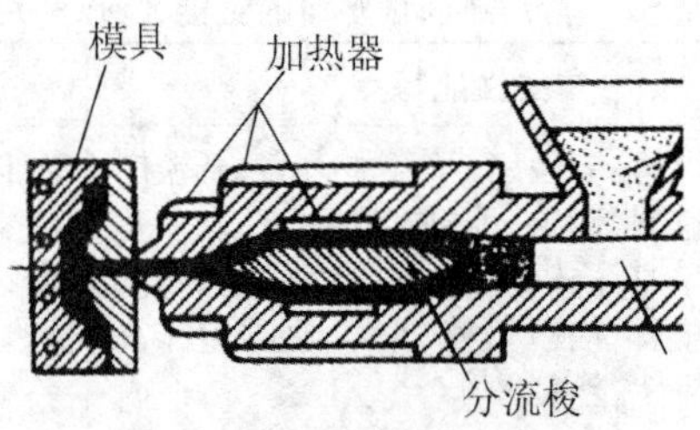

图7-2　注射成型示意图

2. 挤压成型

挤压成型(见图7-3)是用挤压法生产长度大且横截面均匀的塑料制品。其成型原理是:粒状塑料从料斗送入螺旋推进室,然后由旋转的螺杆送到加热区熔融,并受到压缩,迫使它们通过模孔落到输送机皮带,用喷射空气或水使它冷却变硬。此法主要用于热塑性塑料,生产各种板、管、棒、线等塑料制品,还能生产各种凹角形状的制品。

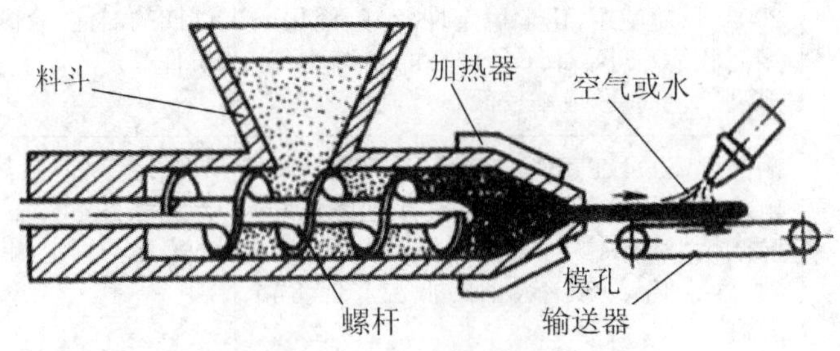

图7-3　挤压成型示意图

3. 压制成型

热固性塑料大多采用压制成型，压制成型主要有模压法和层压法两种。

(1) 模压成型。模压成型(见图 7－4)是将粒状加工成预制片状塑料装入已加热至一定温度的开口模膛中，然后闭模加压，使受热软化的塑料流动充满型腔，继而在热和压力的作用下交联固化成型，不必冷却便可脱模取出塑料制品。

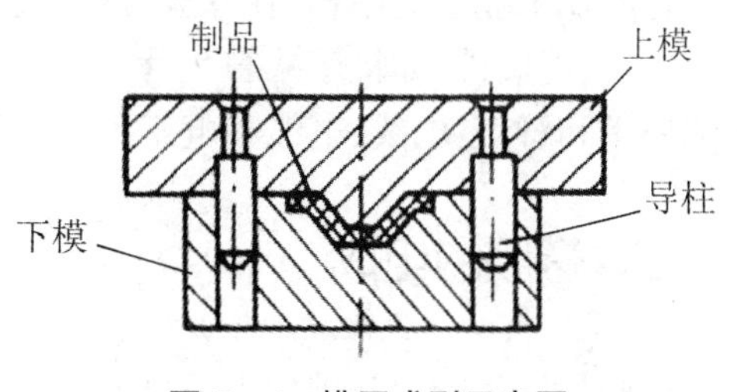

图 7－4 模压成型示意图

(2) 层压成型。层压成型(见图 7－5)是把由玻璃纤维或其他纤维制成的“布”(薄片填料)，用热固性液态树脂浸渍，并将其叠放成所需厚度，然后在相当高的压力和高温下，使其固化而获得层压塑料。层压塑料可作成板、管和棒。层压塑料具有优良的强度，用途较广，如可采用厚的层压塑料板制作齿轮等零件。

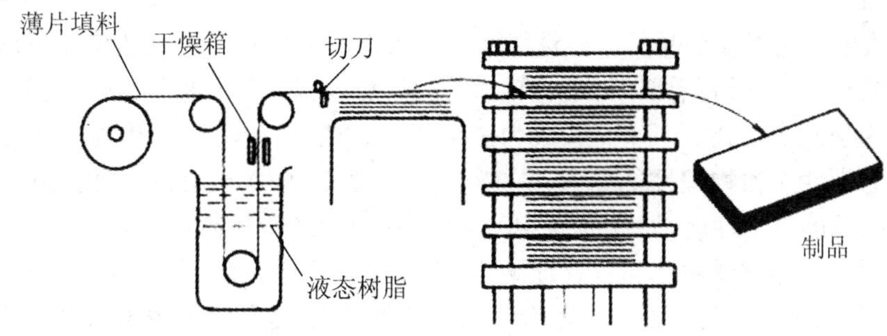

图 7－5 层压成型示意图

4. 浇注成型

塑料的浇铸成型工艺与金属相似，将熔融树脂浇入模腔(热固性塑料须加入固化剂和其他添加剂)，然后冷却或固化成型，用以生产形状简单的制品。

另外还有吹塑成型、冷压烧结(如聚四氟乙烯的成型)、真空成型等常用方法。塑料还用喷涂浸渍、粘结等工艺覆盖于其他材料表面。

成型的塑料制品大都可以直接使用。一些要求表面光洁、精度高的零件还可对其进行切削加工；为改善塑料制品的使用性能，还可对其施加表面处理，主要有镀金属和涂漆。

第三节 合成橡胶

一、橡胶的特性与应用

1. 橡胶的特性

橡胶是在室温下处于高弹态的高分子材料，最大的特性是高弹性，其弹性模量很低，只有 1～10MPa；弹性变形量很大，可达 100%～1000%；橡胶具有优良的伸缩性和储能能力；

此外，还有良好的耐磨、隔音、绝缘、不透气、不透水等性能。橡胶是常用的弹性材料、密封材料、减振防振材料和传动材料。

2. 橡胶的应用

橡胶在工业上应用相当广泛，可用于制作轮胎、动静态密封件（如旋转轴、管道接口密封件）、减震、防震件（如机座减震垫片、汽车底盘橡胶弹簧）、传动件（如三角胶带、传动滚子）、运输胶带和管道、电线、电缆和电工绝缘材料、制动片等。

二、橡胶的组成

橡胶是以生胶为基础加入适量的配合剂组成的。

1. 生胶

未加配合剂的天然或合成的橡胶统称为生胶。天然橡胶综合性能好，但产量不能满足日益增长的需要，而且也不能满足某些特殊性能要求。因此合成橡胶获得了迅速发展。

2. 配合剂

为了提高和改善橡胶制品的各种性能而加入的物质称为配合剂。橡胶配合剂的种类很多，有硫化剂、硫化促进剂、增塑剂、防老剂、填充剂、发泡剂和着色剂等，其中主要是硫化剂。硫化剂的作用是使橡胶分子产生交联成为三维网状结构，这种交联过程称为硫化。硫化可提高橡胶的力学性能和物理性能。常用的硫化剂主要是硫磺、含硫有机化合物、过氧化物等。为提高橡胶的力学性能，如强度、硬度、耐磨性和刚性等，还需加入填料，使用最普遍的是炭黑，以及作为骨架材料的织品，有纤维、甚至金属丝或金属编织物。填料的加入还可减少生胶用量，降低成本。其它配合剂还有为加速硫化过程，提高硫化效果而加入的硫化促进剂；用以增加橡胶塑性，改善成形工艺性能的增塑剂；以及防止橡胶老化加入的防老化剂（抗氧化剂）等。

三、橡胶的分类

橡胶品种很多，根据原材料的来源，主要有天然橡胶与合成橡胶两类。天然橡胶是橡树上流出的胶乳，是以异戊二烯为单体的不饱和状态的天然高分子化合物。天然橡胶具有很好的弹性，弹性模量为 3MPa～6MPa，较好的力学性能，良好的耐碱性及电绝缘性，常用来制造轮胎。缺点是不耐强酸、耐油差、不耐高温。合成橡胶种类繁多，常用来做各种机器中的密封圈、减震器等零件，又可作为电器用的绝缘体等。

根据应用范围，主要分为通用橡胶和特种橡胶。通用橡胶主要用于生产各种工业制品和日用品，特种橡胶主要用于生产在特殊环境下（高低温、酸碱、油类和辐射）使用的制品。

四、常用橡胶

常用橡胶的种类、性能及用途见表 7－3。

表 7-3 常用橡胶的种类、性能及用途

类别	名称	代号	主要性能特点	使用温度/℃	用途举例
通用橡胶	天然橡胶	NR	综合性能好，耐磨性、抗撕性和加工性能良好，电绝缘性好。缺点是耐油和耐溶剂性差，耐臭氧老化性较差	−70～110	用于制造轮胎、胶管、胶带、胶鞋及通用橡胶制品
	丁苯橡胶	SBR	优良的耐磨、耐热和耐老化性，比天然橡胶质地均匀。但加工成形困难，硫化速度慢。弹性稍差	−50～140	用于制造轮胎、胶管、胶带及通用橡胶制品。其中丁苯−10 用于耐寒橡胶制品，丁苯−50 多用于生产硬质橡胶
	顺丁橡胶	BR	性能与天然橡胶相似，尤以弹性好、耐磨和耐寒著称，易与金属粘合	≤120	用于制造轮胎、耐寒运输带、V 带、橡胶弹簧等
	氯丁橡胶	CR	力学性能好，耐氧、耐臭氧的老化性能好，耐油、耐溶剂性较好。但密度大，成本高，电绝缘性差，较难加工成形	−35～130	用于制造胶管、胶带、电缆粘胶剂、油罐衬里、模压制品及汽车门窗嵌条等
特种橡胶	聚氨酯橡胶	UR	耐磨性、耐油性优良，强度较高。但耐水、酸、碱的性能较差	≤80	用于制作胶辊、实心轮胎及耐磨制品
	硅橡胶	SIR	优良的耐高温和低温性能，电绝缘性好，较好的耐臭氧老化性。但强度低，价格高，耐油性不好	−100～300	用于制造耐高温、耐寒制品，耐高温电绝缘制品，以及密封、胶粘、保护材料等
	氟橡胶	FPM	耐高温、耐油、耐高真空性好，耐蚀性高于其他橡胶，抗辐射性能优良，但加工性能差、价格贵	−50～315	用于制造耐蚀制品，如化工容器衬里、垫圈、高级密封件、高真空橡胶件

第四节 胶粘剂与胶接技术

胶粘剂是一种能将同种或不同种材料粘合在一起，并在胶接面有足够的强度，它能起胶接、固定、密封、浸渗、补漏和修复的作用。胶接已与铆接、焊接并列为三种主要连接工艺。

一、胶粘剂的组成

胶粘剂以富有粘性的粘料为基础，并加以固化剂及改性剂（增塑剂、增韧剂、填料等）辅料。

1. 粘料

粘料分为有机、无机两类。有机胶粘剂包括树脂、橡胶、淀粉、蛋白质等高分子材料；无机胶粘剂包括硅酸盐类、磷酸盐类、陶瓷类等。

2. 固化剂

某些胶粘剂必须添加固化剂才能使粘料固化而产生胶接强度。例如环氧胶粘剂需加胺、酸酐或咪唑等固化剂。

3. 改性剂

改性剂用以改善胶粘剂的各种性能。有增塑剂、增韧剂、增粘剂、填料、稀释剂、稳定剂、分散剂、偶联剂、触变剂、阻燃剂、抗老化剂、发泡剂、消泡剂、着色剂和防腐剂等，有助于胶粘剂的配制、储存、加工工艺及性能等方面的改进。

二、胶粘剂的分类

通常将胶粘剂按应用性能分为以下几类。

1. 结构胶

结构胶胶接强度高，抗剪强度大于 15MPa，能用于受力较大的结构件胶接。

2. 非(半)结构胶

非(半)结构胶胶接强度较低，但能用于非主要受力部位或构件。

3. 密封胶

密封胶涂胶面能承受一定压力而不泄漏，起密封作用。

4. 浸渗胶

浸渗胶渗透性好，能浸渗铸件等，堵塞微孔沙眼。

5. 功能胶

功能胶具有特殊功能性如导电、导磁、导热、耐热、耐超低温、应变及点焊胶接等，以及具有特殊的固化反应，如厌氧性、热熔性、光敏性、压敏性等。

三、常用胶粘剂

1. 结构胶粘剂

常用的结构胶粘剂主要有三大类：改性环氧胶粘剂、改性酚醛树脂胶粘剂、无机胶粘剂，目前应用的结构胶粘剂大都为混合型。酚醛树脂胶粘剂是发展最早、价格最廉的合成胶粘剂，主要用于胶接木材生产胶合板。后来加入橡胶或热塑性树脂进行改性，制成韧性好、耐热、耐油水、耐老化、强度大的结构胶粘剂，广泛用于飞机制造、尖端技术和各生产领域。其中以酚醛-缩醛胶和酚醛-丁腈胶最为重要。

2. 非(半)结构胶粘剂

非(半)结构胶粘剂包括聚氨酯胶粘剂、丙烯酸酯胶粘剂、不饱和聚酯胶粘剂、α-氰基丙烯酸酯胶、有机硅胶粘剂、橡胶胶粘剂、热熔胶粘剂、厌氧胶粘剂等。丙烯酸酯胶粘剂的特点是不需称量和混合，使用方便，固化迅速、强度较高，适用于胶接多种材料。其品种很多，性能各异，主要有工业常用的 502 胶、501 胶。

3. 密封胶粘剂

密封胶粘剂(简称密封胶)以合成树脂或橡胶为基料，制成粘稠液态或固态物质，涂于各种机械接合部位，防止渗漏、机械松动或冲击损伤等，起到密封作用。密封胶可用于汽车、机床及各类机械设备的零部件，如法兰、轴承、管道、油泵等的密封，螺纹铆接、镶嵌、接插处缝隙的密封，以及电子元件灌封、绝缘密封等。

表 7 - 4 定性介绍了一些品种结构胶粘剂和非(半)结构胶粘剂的特点和用途。

表 7 - 4　部分常用胶粘剂的特点和用途

品种	主要成分	特点	固化条件	用途举例
环氧-尼龙胶	环氧或改性环氧、尼龙、固化剂	强度高，但耐潮湿和耐老化性较差，双组分	高温	一般金属结构件的胶接
环氧-聚砜胶	环氧、聚砜、固化剂	强度高，耐湿热老化，耐碱性好，单组分或双组分	高温或中温	金属结构件的胶接，高载荷接头、耐碱零件的胶接
环氧-酚醛胶	环氧、酚醛	耐热性好，可达 200℃，单组分、双组分或胶膜	高温	耐 150～200℃金属工件的胶接
环氧-聚氨酯胶	环氧、聚酯、异氰酸酯、固化剂	韧性好，耐超低温好，可在 －196℃ 下使用，双组分	室温或中温	金属工件的胶接，超低温工件的胶接，低温密封
环氧-聚硫胶	环氧、聚硫橡胶、固化剂	韧性好，双组分	室温或中温	金属、塑料、陶瓷、玻璃钢的胶接
环氧-丁腈胶	环氧、丁腈橡胶、固化剂	韧性好，双组分	室温或中温	100℃下使用的受冲击金属件的胶接
环氧-丁腈胶	改性环氧、丁腈橡胶、增塑剂、填料、潜性固化剂、促进剂	200～250℃、5min 内即可固化，耐冲击、单组分	中温或高温	金属、非金属结构件的胶接，“粘连磁钢”的制造，电机磁性槽钢锲引拔成形，玻璃布与铁丝的胶接
酚醛-缩醛胶	酚醛、聚乙烯醇缩醛	强度高，耐老化，能在 150℃下长期使用	高温	金属、塑料、陶瓷、玻璃钢等的胶接
酚醛-丁腈胶	酚醛、丁腈橡胶	韧性好，耐热，耐老化性较好	高温	250℃以下使用的金属工件的胶接
氧化铜磷酸盐无机胶	氧化铜磷酸、氢氧化铝	耐热在 600℃以上，配胶、施工较易，适用于槽接、套接	室温或中温	金属、陶瓷、刀具、工模具等的胶接和修补
硅酸盐无机胶	硅酸铝、磷酸铝、或少量氧化锆或氧化硅、硅酸钠	耐热性高，可达 1000～1300℃，质较脆，固化工艺不便，适于槽接、套接	室温到中温	金属、陶瓷高温零部件的胶接
预聚体型聚氨酯胶	二异氰酸酯与多羟基树脂预聚体、多羟基树脂，如聚醚、聚酯、环氧等	胶接强度高，耐低温性(－196℃)极好，能胶接多种材料	室温或中温	金属、塑料、玻璃、陶瓷、纸张、织物、木材等的胶接，低温零件的胶接、修补

续表

品种	主要成分	特点	固化条件	用途举例
反应型（第二代）丙烯酸酯胶	甲基丙烯酸甲酯、甲基丙烯酸、弹性体、促进剂、引发剂	双组分，不需称量和混合，固化快，润湿性强，对金属、塑料的胶接强度好，耐油性好，耐老化	室温	金属、ABS、有机玻璃、塑料的胶接
α-氰基丙烯酸酯胶	α-氰基丙烯酸甲酯或乙酯、丁酯单体、增塑剂	瞬间快速固化，使用方便，质脆，耐水、耐湿性较差，单组分	室温几分钟	金属、陶瓷、玻璃、橡胶、塑料（尼龙、聚氯乙烯、有机玻璃）的胶接，一般要求和小面积仪表零件的胶接和固定
树脂改性氯丁（橡胶）胶	氯丁橡胶、酚醛、硫化体系	韧性好，初粘力高，可在－60～100℃下使用	室温	橡胶、皮革、塑料、木材、金属的胶接
聚氨酯厌氧胶	聚氨酯丙烯酸双酯、促进剂、催化剂、填料	韧性好，胶接强度较高，适用范围较广	隔氧，室温，10min 固化	螺栓、柱锁固定，防水、防油、防漏，金属、塑料的胶接和临时固定、密封

四、胶接技术

（一）胶接接头设计

各种连接结构的形成应该由连接方法本身的特点所决定，胶接接头的强度一般是抗拉强度和抗剪强度比较高，而不均匀扯离强度较小，剥离强度更小。常见的胶接接头有板条搭接、角接、T 型、嵌接、套接等接头形式。在设计接头时，应合理地增大胶接面积和增加机械紧固力（如套接、钉接等），以提高胶接接头的承载能力。

（二）胶粘剂的选用

每种胶粘剂有各自适应的胶接材料和使用环境条件，因此选用胶粘剂时，必须考虑以下几点：

（1）胶接材料的种类和性质。例如胶接热塑性塑料可以用熔剂、热熔胶粘剂，热固性塑料可用与胶粘金属同类的胶粘剂，而聚乙烯、聚丙烯、聚四氟乙烯等难胶接塑料未经特殊的表面处理则不能胶接。

（2）各种胶接结构和胶接接头所承受的载荷特点及温度、介质等环境因素。

（3）胶接的目的与用途。除连接目的之外，密封、固定、修补、堵漏、防腐及某种电、磁、热、光等特殊功能。

（4）胶粘剂的性能和使用成本。

(三) 胶接材料的表面处理

胶接材料的表面处理影响胶接接头的强度和耐久性。表面处理主要目的有两方面：一是净化表面，除去材料表面妨碍胶接的油污、锈迹、吸附物、灰尘和水分等；二是改变材料表面的物理化学性质，如获得活性的易于胶接的特殊表面或造成特定的粗糙度等。

一般塑料、橡胶、玻璃等材料往往采用打磨（或研磨），适当粗化表面和溶剂脱脂处理两步。对难胶接的聚四氟乙烯等氟塑料在胶接前应进行更为严格的特殊表面活性处理。例如用钠、萘处理剂浸泡 15 分钟或辐射接枝等处理。

(四) 胶接工艺

胶接工艺主要包括接头设计、表面处理、配胶、涂胶、晾置、叠合、固化、检查等，这些工艺环节的操作对胶接质量有明显影响。

1. 配胶

胶棒、胶条、胶膜、胶带等热熔胶和压敏胶及单液型液体可直接使用。对于双组分或多组分的液态胶，使用前应按规定比例规定现用现配。根据运用长短和需用量确定配胶量，配胶要充分搅拌。

2. 涂胶和晾置

胶粘剂按其形态不同可用机械设备或手工喷撒、涂刷、浸渍等涂布方法。有的胶粘剂在涂胶后需要晾置一定时间，使溶剂部分挥发，达到一定稠度后叠合；而 502 胶等晾置的目的是吸收微量水分，引发聚合，实现固化。

3. 叠合

涂胶后经过适当晾置、被胶接物表面要紧密粘合在一起。橡胶型胶粘剂叠合应一次对准位置，不可错动，用木锤敲打、压平、排除空气；而液体无溶剂胶粘剂叠合后最好来回错动几次，以增加接触，排除空气，调匀胶层。

4. 固化

固化即胶粘剂通过溶剂挥发，熔体冷却、乳液凝聚等物理作用或缩聚、加聚、交联、接枝等化学反应，使其变为固态。固化的主要控制因素是温度、压力、时间。不同的胶粘剂，固化条件不同。温度是最重要的参数，适当提高温度，固化时间可以缩短；温度过低不能实现固化；温度过高，胶层变脆。

固化常用的加热方法为电烘箱和红外线加热；采用高频、超声波、微波及射线等方法，能加速固化；还有紫外光固化工艺，常用的加压方法有重锤、气囊、真空以及压机等。

五、胶接的特点与应用

(一) 胶接的特点

1. 与焊接、铆接、螺接相比，胶接有许多的优点

(1) 能连接同类或不同类的、软的或硬的、脆性的或韧性的各种材料，特别是异种材料连接，如金属与玻璃、陶瓷、橡胶、织物、塑料之间的连接。

(2) 应力分布均匀，延长结构寿命。由于胶接使应力分布在被胶接物的整个接合面上，结构受力均匀,可以避免铆钉孔和焊点周围应力集中所引起的疲劳龟裂。胶接多层板结构能避免或延缓裂纹的扩展。

(3) 减轻结构重量。用胶接可以得到刚性好、强度大、重量轻的结构,例如一架重型轰炸机用胶接代替铆接,重量下降 34%。

(4) 制造成本低。复杂的结构部件采用胶接可以一次完成,简化设计结构、工模具,不需复杂的设备和装备,生产效率高,使生产成本大幅度降低。

(5) 胶接件表面光滑,并防腐蚀,对于高速飞行的飞行器和曲面要求严格的雷达反射面等具有重要意义。

(6) 胶接可以获得某些特殊性能如密封、防腐、导电、绝缘、导热、隔热、减振和其他性能。

2. 胶接也存在一些不足,限制了它在某些方面的应用

(1) 大多数胶接件在湿热、冷热交变、冲击或复杂环境下的工作寿命不够高。

(2) 有机胶粘剂构成的胶接接头耐热性较差,老化是一个较大的问题。

(3) 胶接件有较高的抗剪强度、抗拉强度,但剥离强度很低。

(4) 胶接质量目前尚无可靠的无损检测方法。

(5) 使用有机胶粘剂尤其是溶剂型胶粘剂,存在易燃、有毒等安全问题。

(二) 胶接的应用

航空工业使用胶粘剂最早,用于金属结构、金属与橡胶、塑料、蜂窝夹层结构与壁板的胶接,代替铆接、螺接、焊接,减轻结构重量。还用于座舱、油箱等的密封,起到耐油、防水的作用。

在汽车工业上主要用于顶蓬、壁板、挡板、衬垫等合成材料的胶接以及油水箱、气缸、门窗、管路螺栓的密封。

胶接在机械工业和电子工业作用很大,从产品制造到设备维修都可以采用胶接技术。以胶接代替其他连接方法,例如以导电胶代替锡焊、各种管路密封、铸件浸渗修补、机件磨损修复、标牌粘贴、变压器电机线圈的绝缘固定、电器仪表的装配、工具、量具、夹具的胶接,甚至大型设备机身裂纹修复等。

胶接技术在兵器工业、石油化工、建筑、医疗、纺织服装、印刷、文化教育、生活日用品等各个领域得到广泛应用。例如管道、阀门和容器发生油、气和其他介质的跑、冒、滴、漏,是化工、石油、煤气和发电等行业比较普遍存在的问题。近年推广的不停车带压粘堵修复技术较好地解决了这一难题,对确保生产的正常进行发挥十分显著的作用。

第五节 合 成 纤 维

一、纤维的分类

纤维是指长度与直径之比大于 100 甚至达 1000,并具有一定柔韧性的物质。纤维分两大类：一类是天然纤维，如棉花、羊毛、蚕丝、麻等；另一类是化学纤维（包括人造纤维和合成纤维），即用天然高聚物或合成高聚物经化学加工而制得的纤维。由天然高聚物制得的纤维，称为人造纤维；由合成高聚物制得的纤维，称为合成纤维。人造纤维如果是以含有纤维素的天然高聚物（如棉短绒、木材、甘蔗渣、芦苇）为原料制取的，则称为再生纤维素纤维；如果是以含有蛋白质的天然高聚物（如玉米、大豆、花生、牛乳酪等）为原料制取的，则称为再生蛋白质纤维。合成纤维根据高聚物大分子主链的化学组成，分为杂链纤维和碳纤维两类。

二、纤维的特点和用途

纤维具有弹性模量大，受力时形变小，强度高等特点。在现代生活中，纤维的应用无处不在。例如，纤维可以使我们穿得舒服，御寒防晒；粘胶基碳纤维帮导弹穿上"防热衣"，可以使导弹耐几万摄氏度的高温；防渗防裂纤维可以增强混凝土的强度和防渗性能，对于大坝、机场、高速公路等工程可起到防裂、抗渗、抗冲击和抗折作用；纤维充填材料，能有效地提高被充填材料的强度和刚度；修补肌肉、骨骼、血管也需要纤维。

三、合成纤维的生产工艺

合成纤维的生产工艺包括单体的制备与聚合、纺丝和后加工等基本环节。

1. 制备与聚合

利用石油、天然气、煤等原料，经过分馏、裂化和分离得到有机低分子化合物，如苯、乙烯、丙烯、苯酚等作为单体，在一定温度、压力和催化剂作用下聚合成高聚物，即合成纤维的材料，又称为成纤高聚物。

2. 纺丝

将成纤高聚物的熔体或浓溶液，用纺丝机连续、定量而均匀地从喷丝头（或喷丝板）的毛细孔中挤出，形成液态细流，然后在空气、水或特定凝固浴中固化为初生纤维，该过程成为"纤维成形"或称"纺丝"。

3. 后加工

纺丝成形后得到的初生纤维在结构上是不完善的，在物理性能和力学性能上也较差，如强度低、尺寸稳定性差，不能直接用于纺织加工，必须经过一系列的后加工工序才能得到结构稳定、性能优良的纤维。后加工随合成纤维品种、纺丝方法和产品要求而异，其中主要的工序是拉伸和定型。例如，短纤维的后加工包括集束、拉伸、水洗、上油、干燥、热定型、卷曲、切断、打包等一系列工序；弹力丝和膨胀纱等还要进行特殊的后加工。

四、常用合成纤维

与天然纤维相比，合成纤维具有强度高、密度小、弹性好、耐磨、耐酸碱、保暖、不霉烂、不被虫蛀等优点，广泛应用于衣物、生活用品、汽车与飞机轮胎的帘子线、渔网、索桥、船缆、降落伞及绝缘布等，是一种发展迅速的有机高分子材料。合成纤维品种多，大规模生产的约有40种，其中发展最快的是聚酯纤维（涤纶）、聚酰胺纤维（锦纶）、聚丙烯腈纤维（腈纶）、聚乙烯醇纤维（维纶）、聚丙烯纤维（丙纶）、聚氯乙烯纤维（氯纶），通称六大纶。涤纶、锦纶和腈纶三品种的产量占合成纤维的90%以上。

第六节 陶瓷材料

陶瓷是由金属和非金属元素组成的无机化合物材料，性能硬而脆，比金属材料和工程塑料更能抵抗高温和环境的作用，已成为现代工程材料的重要组成部分。

一、陶瓷的分类

陶瓷的种类很多，工业陶瓷大致可分为普通陶瓷和特种陶瓷两大类。如果按性能和应用的不同，陶瓷也可分为工程陶瓷和功能陶瓷两大类。

1. 普通陶瓷(传统陶瓷)

除陶、瓷器之外，玻璃、水泥、石灰、砖瓦、搪瓷、耐火材料都属于陶瓷材料。一般人们所说的陶瓷常指日用陶瓷、建筑陶瓷、卫生陶瓷、电工陶瓷、化工陶瓷等。普通陶瓷以天然硅酸盐矿物如粘土(多种含水的铝硅酸盐混合料)、长石(碱金属或碱土金属的铝硅酸盐)、石英(SiO_2)、高岭土($Al_2O_3 \cdot 2SiO_2 \cdot 2H_2O$)等为原料烧结而成。

2. 特种陶瓷(现代陶瓷)

采用纯度较高的人工合成原料，如氧化物、氮化物、硅化物、硼化物、氟化物等制成的，它们具有各种特殊力学、物理、化学性能。

3. 工程陶瓷

在工程结构上使用的陶瓷称为工程陶瓷。现代工程陶瓷主要在高温下使用，故也称高温结构陶瓷。这些陶瓷具有在高温下优越的力学、物理、化学性能，在某些科技场合和工作环境往往是唯一可用的材料。工程陶瓷有许多种，目前应用广泛和有发展前途的有氧化铝、氮化硅、碳化硅和增韧氧化物等材料。

4. 功能陶瓷

利用陶瓷特有的物理性能可制造出种类繁多用途各异的功能陶瓷材料。例如导电陶瓷、半导体陶瓷、压电陶瓷、绝缘陶瓷、磁性陶瓷、光学陶瓷(光导纤维、激光材料等)，以及利用某些精密陶瓷对声、光、电、热、磁、力、湿度、射线及各种气氛等信息显示的敏感特性而制得的各种陶瓷传感器材料。

二、陶瓷材料制作工艺

陶瓷胚体的生产过程要经历三个阶段，即坯料制备、成形和烧结。

1. 坯料制备

采用天然的岩石、矿物、粘土等作为原料时，一般经过原料粉碎、去杂质、磨细、配料(保证制品性能)、脱水(控制坯料水分)、练坯等过程。

2. 成形

陶瓷成形就是将粉料直接或间接地转变成具有一定形状、体积和强度的形体，也称素坯。成形方法很多，主要有可塑法、注浆法和压制法。

可塑法又称塑性料团成形法，是将粉料与一定量的水或塑化剂混合均匀化，使之成为具有良好的塑性的料团，再用手工或机械成形。

注浆法又称浆料成形法（如图 7－6 所示），是将原料粉配制成糊状浆料注入模具中成形，还可将其分为注浆成形和热压注浆成形。

压制法又称粉料成形法，是粉料直接成形的方法，与粉末冶金的成形方法完全一致，其又分作干压法和冷等静压法两种。

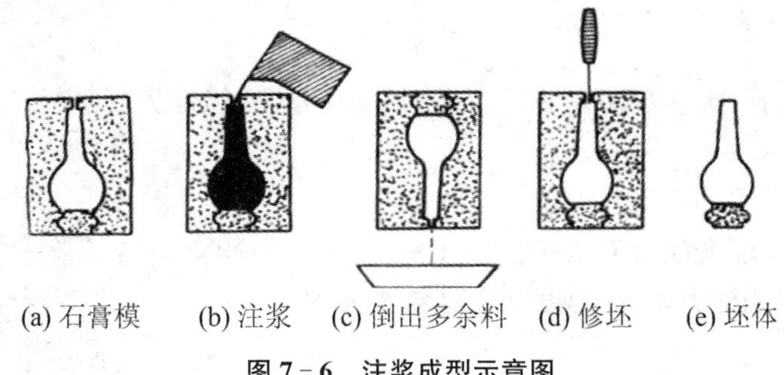

(a) 石膏模　(b) 注浆　(c) 倒出多余料　(d) 修坯　(e) 坯体

图 7－6　注浆成型示意图

3. 烧结

陶瓷制品成形后还要烧结，未经烧结的陶瓷制品叫做生坯。烧结是将成形后的生坯体加热到高温（有时还须同时加压）并保持一定时间，通过固相或部分液相物质原子的扩散迁移或反应，消除坯料中的孔隙并使材料致密化，同时形成特定的显微组织结构的过程。

三、陶瓷材料的组织结构

陶瓷材料的性能取决于材料的物质结构和显微结构。物质结构主要指材料的结合键，显微结构主要指在光学显微镜或电子显微镜下观察到的组织结构。

大多数陶瓷材料的性能与其组织结构有密切关系。金属晶体是以金属键相结合构成的，高取物是以共价键结合构成的，而陶瓷则是由天然或人工的原料经高温烧结成的致密固体材料，其组织结构比金属复杂得多，其内部存在晶体相、玻璃相和气相。

1. 晶相

晶相是陶瓷材料中最主要的组成，它由固溶体和化合物组成，一般为多晶体，最常见的晶相主要由氧化物和硅酸盐两大类。氧化物结构的特点是氧离子紧密排列成简单立方、面心立方和密排六方结构，金属离子填充于间隙中。硅酸盐结构的特点是阳离子形成四面体，硅离子位于四面体中心，组成硅氧四面体，四面体之间以共有顶点的氧离子相互连接，由于连接方式不同，形成了不同的硅酸盐结构（链状、岛状、层状、骨架状等）。

2. 玻璃相

玻璃相是陶瓷烧结时各组成物及杂质发生一系列物理、化学反应后形成的一种非晶态物质，它的作用是粘结分散的晶相，降低烧结温度，抑制晶粒长大和填充气孔。由于玻璃相熔点低、热稳定性差，导致陶瓷在高温下产生蠕变，因此一般控制其含量为 20％～40％。

3. 气相

气相是指陶瓷孔隙中的的气体，是在陶瓷生产过程中形成并被保留下来的。气孔对陶瓷性能的影响是双重的，它使陶瓷密度减小，并能减震，这是有利的一面；不利的是它使陶瓷强度降低，介电耗损增大，电击穿强度下降，绝缘性降低。因此，生产上要控制气孔数量、大小及分布，一般气孔体积分数占5%～10%，力求气孔细小均匀分布，呈球状。

四、陶瓷材料的性能特点

1. 力学性能

与金属材料相比，大多数陶瓷的硬度高，弹性模量高，脆性大，几乎没有塑性，抗拉强度低，抗压强度高。

2. 热性能

陶瓷熔点高，抗蠕变能力强，热硬性可达1000℃。但陶瓷的热膨胀系数和导热系数小，承受温度快速变化的能力差，在温度剧变时会开裂。

3. 化学性能

化学稳定性很高，有良好的抗氧化能力，在强腐蚀介质、高温共同作用下有良好的抗腐蚀能力。

4. 其他物理性能

大多数陶瓷是电绝缘体，特种陶瓷具有特殊的光、电、磁、声等特殊性能。

五、常用工程结构陶瓷的种类、性能和用途

常用工程结构陶瓷的种类、性能和用途如表7-5。

表7-5　常用工程结构陶瓷的种类、性能和用途

名称		密度 /g·cm^{-3}	抗弯强度 /MPa	抗拉强度 /MPa	抗压强度 /MPa	膨胀系数	应用举例
普通陶瓷	普通工业陶瓷	2.3～2.4	65～85	26～36	460～680	3～6	绝缘子，绝缘的机械支撑件，静电纺织导纱器
	化工陶瓷	2.1～2.3	30～60	7～12	80～140	4.5～6	受力不大、工作温度低的酸碱容器、反应塔、管道
特种陶瓷	氧化铝瓷	3.2～3.9	250～450	140～250	120～2500	5～6.7	内燃机火花塞，轴承，化工泵的密封环，导弹导流罩，坩埚热电偶套管，刀具，拉丝模等
	氮化硅瓷 反应烧结 热压烧结	2.4～2.6 3.10～3.13	166～206 490～590	141 150～275	1200 —	2.99 3.28	耐磨、耐腐蚀、耐高温零件，如石油、化工泵的密封环，电磁泵管道、阀门，热电偶套管，转子发动机刮片，高温轴承，刀具等

续表

名称		密度 /g·cm^{-3}	抗弯强度 /MPa	抗拉强度 /MPa	抗压强度 /MPa	膨胀系数	应用举例
特种陶瓷	氮化硼瓷	2.15～2.2	53～109	25 (1000℃)	233～315	1.5～3	坩埚、绝缘零件、高温轴承、玻璃制品成型模等
	氧化镁瓷	3.0～3.6	160～280	60～80	780	13.5	熔炼 Fe、Cu、Mo、Mg 等等金属的坩埚及熔化高纯度 Th 及其合金的坩埚
	氧化铍瓷	2.9	150～200	97～130	800～1620	9.5	高温绝缘电子元件，核反应堆中子减速剂和反射材料，高频电炉坩埚等
	氧化锆瓷	5.5～6.0	1000～500	140～500	144～2100	4.5～11	熔炼 Pt、Pd、Rh 等金属的坩埚、电极

第七节 复合材料

工程技术和科学的发展对材料的要求越来越高，这种要求是综合性的，有时是相互矛盾的。例如，有时既要求导电性优良，又要求绝热；有时既要求强度高于钢，又要求弹性类似橡胶。显然仅靠开发单一的新材料难以满足上述要求，而将不同性能的材料复合成一体，实现性能上的互补，则是一条有效的途径。

复合材料(composite material)是指两种或多种不同性能的材料，用某种工艺方法合成的一种新的多相固体材料。由于复合材料各组分之间“取长补短”“协同作用”，极大地弥补了单一材料的缺点，创造单一材料不具备的双重或多重功能，或者在不同时间或条件下发挥不同的功能。例如：玻璃纤维的断裂能仅有 75×10^{-5}J，常用树脂亦只有 22.6×10^{-3}J，而由两者复合成的玻璃钢的断裂能高达 17.6J。由此可见“复合”是开发新材料的重要途径。组成材料的种类、性能、形态不同，复合方法不同，会得到不同的强化效果。

一、复合材料的种类

复合材料种类繁多，目前较常见的是以金属材料、高分子材料和陶瓷材料为基体，以粒子、纤维和片状为增强体组成的各种复合材料(见表 7-6)。

表 7-6　复合材料的种类

<table>
<tr><th colspan="2" rowspan="3">增强体</th><th colspan="9">基　体</th></tr>
<tr><th rowspan="2">金属</th><th colspan="5">无机非金属</th><th colspan="3">有机材料</th></tr>
<tr><th>陶瓷</th><th>玻璃</th><th>水泥</th><th>碳素</th><th>木材</th><th>塑料</th><th colspan="2">橡胶</th></tr>
<tr><td colspan="2">金　属</td><td>金属基复合材料</td><td>陶瓷基复合材料</td><td>金属网嵌玻璃</td><td>钢筋水泥</td><td colspan="2">无</td><td>无</td><td>金属丝增强塑料</td><td>金属丝增强橡胶</td></tr>
<tr><td rowspan="3">无机非金属</td><td>陶瓷纤维粒料</td><td>金属基超硬合金</td><td>增强陶瓷</td><td>陶瓷增强玻璃</td><td>增强水泥</td><td colspan="2">无</td><td>无</td><td>陶瓷纤维增强塑料</td><td>陶瓷纤维增强橡胶</td></tr>
<tr><td>碳纤维粒料</td><td>碳纤维增强金属</td><td>增强陶瓷</td><td>陶瓷增强玻璃</td><td>增强水泥</td><td colspan="2">碳纤维增强碳合金材料</td><td>无</td><td>碳纤维增强塑料</td><td>碳纤炭黑增强橡胶</td></tr>
<tr><td>玻璃纤维粒料</td><td>无</td><td>无</td><td>无</td><td>增强水泥</td><td colspan="2">无</td><td>无</td><td>玻璃纤维增强塑料</td><td>玻璃纤维增强橡胶</td></tr>
<tr><td rowspan="3">有机材料</td><td>木材</td><td>无</td><td>无</td><td>无</td><td>水泥木丝板</td><td colspan="2">无</td><td>无</td><td>纤维板</td><td>无</td></tr>
<tr><td>高聚物纤维</td><td>无</td><td>无</td><td>无</td><td>增强水泥</td><td colspan="2">无</td><td>塑料合板</td><td>高聚物增强塑料</td><td>高聚物纤维增强橡胶</td></tr>
<tr><td>橡胶胶粒</td><td>无</td><td>无</td><td>无</td><td>无</td><td colspan="2">无</td><td>橡胶合板</td><td>高聚物合金</td><td>高聚物合金</td></tr>
</table>

按复合材料基体的不同可分为树脂基复合材料、橡胶基复合材料、金属基复合材料、陶瓷基复合材料及碳—碳基复合材料。目前应用最多的是树脂基复合材料和金属基复合材料。

按照增强体的不同可将复合材料分为：① 纤维增强复合材料，例如纤维增强橡胶（如橡胶轮胎、传动皮带）、纤维增强塑料（如玻璃钢）等；② 颗粒增强复合材料，例如金属陶瓷、烧结弥散硬化合金等；③ 层状复合材料，如双层金属（巴氏合金-钢双金属滑动轴承材料）和填充骨架型复合材料等。其中纤维增强复合材料又分为长纤维、短纤维和晶须增强型复合材料。其中发展最快应用最广的是各种纤维（玻璃纤维、碳纤维、硼纤维、SiC 纤维等）增强的复合材料。

二、复合材料的性能特点

1. 比模量高、比强度高

比模量是指材料的弹性模量与其密度之比；比强度是抗拉强度与密度之比。其实质是单位质量所提供的变形抗力和承载能力，这对要求自重小、运转速度高的结构零件很重要。各类材料的强度性能比较见表 7-7。

表 7-7 各类材料强度性能比较

材料	密度 ρ /g·cm^{-3}	抗拉强度 σ_b /MPa	弹性模量 E /GPa	比强度(σ_b/ρ) /MPa/g·cm^{-3}	比模量(E/ρ) /GPa/g·cm^{-3}
钢	7.8	1010	206	129	26
铝	2.8	460	74	165	26
玻璃钢	2.0	1040	39	520	20
碳纤维/环氧树脂	1.45	1472	137	1015	95
硼纤维/环氧树脂	2.1	1344	206	640	98
硼纤维	2.65	981	196	370	74

2. 良好的耐疲劳性能

复合材料中的纤维缺陷少,因而本身抗疲劳能力高;而基体的塑性和韧性好,能够消除或减少应力集中,不易产生微裂纹;大量纤维的存在,使裂纹扩展要经历非常曲折、复杂的路径,促使复合材料疲劳强度的提高。试验测定表明,碳纤维复合材料的疲劳极限可达抗拉强度的70%~80%,而金属的疲劳极限只有其抗拉强度的一半左右。

3. 优越的高温性能

由于各种增强纤维一般在高温下仍可保持高的强度,所以用它们增强的复合材料的高温强度和弹性模量均较高,特别是金属基复合材料。例如7075—76铝合金,在400℃时,弹性模量接近于零,强度值也从室温时的500MPa降至30~50MPa。而碳纤维或硼纤维增强组成的复合材料,在400℃时,强度和弹性模量可保持接近室温下的水平。碳纤维复合材料在非氧化气氛下可在2400~2800℃长期使用。

4. 减振性能

材料的比模量越大,则其自振频率越高,可避免在工作状态下产生共振及由此引起的早期破坏。

5. 断裂安全性

纤维增强复合材料是力学上典型的静不定体系,纤维增强复合材料在每平方厘米截面上,有几千至几万根增强纤维(直径一般为10~100μm),较大载荷下部分纤维断裂时载荷由韧性好的基体重新分配到未断裂纤维上,构件不会瞬间失去承载能力而断裂。

6. 耐磨性好

金属基复合材料,尤其是陶瓷纤维、晶须、颗粒增强金属基复合材料具有很好的耐磨性。

三、复合材料简介

(一)树脂基复合材料

树脂基复合材料又称聚合物基复合材料,是目前应用最广泛的一类复合材料。它是以有机聚合物为基体,连续纤维为增强材料组合而成的。以玻璃纤维增强的塑料(俗称玻璃钢)问世以来,工程界才明确提出"复合材料"这一术语。此后由于碳纤维、硼纤维、碳化硅纤维等高性能增强体和一些耐高温树脂基体的相继问世,发展了大量高性能树脂基复合材料,成为先进复合材料的重要组成部分。

1. 玻璃纤维增强热固性塑料

玻璃纤维增强热固性塑料是玻璃纤维作为增强材料、热固性塑料(包括环氧树脂、酚醛树脂、不饱和聚酯树脂等)作为基体的纤维增强塑料,俗称玻璃钢。根据基体种类不同,可将其分成三类:玻璃纤维增强环氧树脂、玻璃纤维增强酚醛树脂、玻璃纤维增强聚酯树脂。玻璃纤维增强热固性塑料的突出特点是比重小(为1.6~2.0,比最轻的金属铝还要轻)、比强度高(比高级合金钢还高),“玻璃钢”这个名称便由此而来。该种复合材料耐磨性、绝缘性和绝热性好,吸水性低,易于加工成形;但是这类材料弹性模量低,只有结构钢的1/5~1/10,刚性差,耐热性比热塑性玻璃钢好但仍不够高,只能在300℃以下工作。为提高它的性能,可对基体进行化学改性,如环氧树脂和酚醛树脂混溶后做基体的环氧—酚醛玻璃钢,其热稳定性好,强度也高。热固性玻璃钢主要用于机器护罩、车辆车身、绝缘抗磁仪表、耐蚀耐压容器和管道及各种形状复杂的机器构件和车辆配件。

2. 玻璃纤维增强热塑性塑料

玻璃纤维增强热塑性塑料是由玻璃纤维(包括长纤维或短切纤维)作为增强材料和基体材料热塑性塑料(如尼龙、ABS塑料等)组成,具有高强度高冲击韧性,良好的低温性能及热胀系数小的特性。热塑性玻璃钢强度不如热固性玻璃钢,但成形性好、生产率高,且比强度也不低。如尼龙66玻璃钢具有刚度、强度、减摩性好,可用作轴承、轴承架、齿轮等精密件、电工件、汽车仪表、前后灯等;ABS玻璃钢可用作化工装置、管道、容器等。

3. 碳纤维树脂复合材料

碳纤维增强树脂复合材料由碳纤维与聚酯、酚醛、环氧、聚四氟乙烯等树脂组成,其性能优于玻璃钢,具有密度小,强度高,弹性模量高(因此比强度和比模量高)的优点,并具有优良的抗疲劳性能和耐冲击性能,良好的自润滑性、减摩耐磨性、耐蚀和耐热性;但碳纤维与基体的结合力差(必须经过适当的表面处理才能与基体共混成形)。这类材料主要应用于航空航天、机械制造、汽车工业及化学工业中。

4. 硼纤维树脂复合材料

硼纤维树脂复合材料由硼纤维和环氧、聚酰亚胺等树脂组成,具有高的比强度和比模量,良好的耐热性。如硼纤维—环氧树脂复合材料的弹性模量分别为铝或钛合金的三倍或两倍,而比模量则为铝或钛合金的4倍;其缺点是各向异性明显,加工困难,成本太高。主要用于航空航天和军事工业。

5. 碳化硅纤维树脂复合材料

碳化硅与环氧树脂组成的复合材料,具有高的比强度和比模量,抗拉强度接近碳纤维—环氧树脂复合材料,而抗压强度为其两倍,是一类很有发展前途的新材料,主要用于航空航天工业。

(二) 金属基复合材料

与传统的金属材料相比,金属基复合材料具有较强的比强度和比刚度,而与树脂基复合材料相比,又具有优良的导电性和耐热性,与陶瓷材料相比,它又具有高韧性和抗高冲击性能。

1. 纤维增强金属基复合材料

纤维增强金属基复合材料是由高性能长纤维和金属合金组成的一类先进复合材料。纤维增强金属基复合材料常用的增强纤维有硼纤维、碳(石墨)纤维、氧化铝纤维、碳化硅纤维等。基体金属主要有铝及其合金、镁及其合金、钛及其合金、铜合金、高温合金及新近发展的金属化合物。如硼纤维增强铝基复合材料(B/Al)、碳化硅纤维增强铝基复合材料(SiC/Al)、氧化铝纤维增强镁基复合材料(Al_2O_3/Mg)氧化铝纤维增强镍基金属间化合物复合材料(Al_2O_3/Ni_3Al)。

纤维增强金属基复合材料特别适合于作航天飞机主舱骨架支柱、发动机叶片、尾翼、空间站结构材料;以及汽车构件、保险杠、活塞连杆及自行车车架、体育运动器械等。

2. 颗粒增强金属基复合材料

颗粒增强金属基复合材料是由一种或多种陶瓷颗粒或金属基颗粒增强体与金属基组成的先进复合材料。这种材料一般选择具有高模量、高强度、耐磨及良好高温性能;并在物理、化学上与基体相匹配的颗粒作为增强体,一般为碳化硅、三氧化二铝、碳化钛、硼化钛等陶瓷颗粒,有时也用金属颗粒作为增强体。典型的代表有 SiC/Al 复合材料。

3. 晶须增强金属基复合材料

晶须增强金属基复合材料是由各种晶须为增强体、金属材料为基体所形成的复合材料。增强晶须主要有碳化硅晶须和氮化硅晶须。

目前以碳化硅晶须增强铝基(SiC/Al)复合材料的发展较快,它是针对于航空航天等高技术领域的实际需求而开发的一类先进复合材料。可以采用多种工艺方法,如粉末冶金法、挤压铸造法进行制备。

(三)陶瓷基复合材料

现代陶瓷材料致命弱点是脆性,这使陶瓷材料的使用受到了很大的限制。陶瓷中加入起增韧作用的第二相而制成的陶瓷基复合材料即是一种重要的增韧方法。

陶瓷基复合材料的增强体通常为纤维、晶须和颗粒状。主要是碳纤维或石墨纤维,它能大幅度的提高冲击韧性和热震性,降低陶瓷的脆性,而陶瓷基体则保证纤维在高温下不氧化烧蚀,使材料的综合力学性能大大提高。如碳纤维—石英陶瓷的冲击韧性为烧结石英的 40 倍,抗弯强度为 5 倍~12 倍,能承受 1200~1500℃的高温气流冲蚀,可用于宇航飞行器的防热部件上;碳纤维- Si_3N_4 复合材料可在 1400℃长期工作,用于制造飞机发动机叶片。

第八节 其它新型材料

一、高温材料

所谓高温材料一般是指在 600℃以上,甚至在 1000℃以上能满足工作要求的材料,这种材料在高温下能承受较高的应力并具有相应的使用寿命。常见的高温材料是高温合金,其发展和使用温度的提高与航空航天技术紧密相关。现在高温材料的应用范围越来越广,从锅炉、蒸汽机、内燃机到石油、化工用各种部件等都用到高温材料。另外原子反应堆对材料使用性能的要求,促使高温材料的种类不断增多,使用温度不断提高,性能不断改善。反过来，高温材料的性能提高，又扩大了其应用领域。

目前开发使用的高温材料主要有铁基高温合金、镍基高温合金和高温陶瓷材料等。为适应现代工业更高的要求，高温合金的研究开发尽管难度极大，也不断取得进展。现在已经使用或正在研制的新型高温合金有定向凝固高温合金、单晶高温合金、粉末冶金高温合金、快速凝固高温合金、金属间化合物高温合金和其他难熔金属高温合金等。新型高温合金的问世极大地促进了航空航天等工业的发展。

二、形状记忆材料

形状记忆是指在某些材料在一定条件下，虽经变形而仍然能够恢复到变形前原始形状的能力。最初具有形状记忆功能的材料是一些合金材料，如 Ni-Ti 合金。目前高分子形状记忆材料因为其优异的综合性能也已成为重要的研究与应用对象。

著名的形状记忆合金的应用例子是制造月面天线。半球形的月面天线直径达数米，登月舱难以运载进入太空。科学家们利用 Ni-Ti 合金的形状记忆效应，首先将处于一定状态下的 Ni-Ti 合金丝制成半球形的天线，然后压成小团，用阿波罗火箭送上月球，放置在月面上。小团被阳光晒热后恢复原状，即可成功地用于通讯。

目前形状记忆合金主要分为 Ni-Ti 系、Cu 系和 Fe 系合金等。Ni-Ti 系形状记忆合金是最具有实用化前景的形状记忆材料。铜系形状记忆合金主要是 Cu-Zn-Al 合金和 Cu-Ni-Al 合金，与 Ni-Ti 合金相比，其加工制造较为容易，价格便宜，记忆性能也比较好。除形状记忆合金外还有形状记忆高聚物，如聚乙烯结晶性聚合物等。

形状记忆材料可用于各种管接头、电路的连接、自控系统的驱动器以及热机能量转换材料等。形状记忆材料还可用于各种温度控制仪器，如温室窗户的自动开闭装置、防止发动机过热用的风扇离合器等。由于形状记忆材料具有感知和驱动的双重功能，因此其可能成为未来微型机械手和机器人的理想材料。

三、非晶态材料

非晶态材料是相对晶态而言的，此时的原子是混乱排列的状态。非晶态材料的种类很多，如传统的硅酸盐玻璃、非晶态聚合物以及非晶态半导体、非晶态超导体、非晶态离子导体等。这里主要介绍非晶合金。由于非晶合金在结构上与玻璃相似，故亦称为金属玻璃。金属玻璃可采用液相急冷法、气相沉积法、注入法等制备。

非晶合金在力学、电学、磁学及化学性能诸方面均有独特之处。其具有很高的强度和硬度。非晶合金 $Fe_{80}B_{20}$ 抗拉强度达 3630MPa，而晶态超高强度钢的抗拉强度仅为 1800～2000MPa。非晶态铝合金的抗拉强度是超硬铝的两倍。同时，非晶态还具有很高的韧性和塑性，许多淬火态的金属玻璃薄带可以反复弯曲，即使弯曲到 180°也不会断裂。因此既可冷轧弯曲加工，也可编织成各种网状物。

四、超导材料

超导材料是近年来发展最快的功能材料之一。超导体是指在一定温度下材料电阻为零，物质内部失去磁通成为完全抗磁性的物质。

超导材料一般分为超导合金（如 Nb-Zr 系和 Ti-Nb 系合金）、超导陶瓷和超导聚合物等。

超导材料在工业中有重大应用价值。

1. 在电力系统方面

超导电力储存是目前最高的储存方式。利用超导输电可大大降低目前高达 7%左右的输电损耗。超导磁体用于发电体，可大大提高电机中的磁感应强度，提高发电机的输出功率。利用超导磁体实现磁流体发电，可直接将热能转换为电能，使发电效率提高 50～60%。

2. 在运输方面

超导磁悬浮列车是在车底部安装许多小型超导磁体，在轨道两旁埋设一系列闭合的铝环。列车运行时，超导磁体产生的磁场相对于铝环运动，铝环内产生的感应电流与超导磁体相互作用，产生的浮力使列车浮起。列车速度愈高，浮力愈大。磁悬浮列车时速可达 500km。

3. 在其它方面

在超导材料可用于制作各种高灵敏的器件，利用超导材料的隧道效应可制造运算速度极快的超导计算机等。

五、纳米材料

纳米材料是指纳米颗粒和由它们构成的纳米薄膜和固体，是一种结构尺寸在 1～100nm（$1nm=10^{-9}m$）范围内的超细材料。纳米材料已成为新世纪最有发展前景的新材料和新技术之一。

由于纳米材料的超细化，其晶体结构和表面电子结构发生了一系列变化。产生了一般宏观物体所不具备的量子尺寸效应、小尺寸效应、表面效应和宏观量子隧道效应。从而使由纳米超微粒组成的纳米材料与常规材料相比，在电、磁、光、力、热和化学等方面具有了一系列奇异的性能。例如，纳米粉末外观呈黑色，可强烈吸收电磁波，是物理学上的理想黑体。因此可作为吸收红外线、雷达波的隐身材料，在现代隐身战机上有重要作用；纳米粉末熔点普遍比大块金属低得多，烧结温度可大为降低，许多纳米微粒在极低温度下几乎无热阻，导热性能好；一些纳米微粒导电性能好，超导转变温度较高；铁磁性金属的纳米粉末具有很强的磁性，磁矫顽力很高，制成的磁记录材料其信噪比和稳定性很高。此外，纳米材料比表面积大，敏感度高，可作为高效催化剂和高灵敏度的传感器；由于其极小的线度尺寸，可用于医学和生物工程方面疾病的检查，提高药物疗效和细胞分离等。由纳米粒子凝聚而成的块体或薄膜等纳米结构材料的使人们设计新型材料成为可能，如将金属纳米颗粒放入常规陶瓷中可大大改善材料的力学性能。

除以上几种金属和非金属新型材料外，现在还有新型超硬材料、超塑性材料、磁性材料、电子信息材料和压电陶瓷新型功能材料等。新型材料正在取得日新月异的发展。

习　　题

1. 填空题

(1) 机械工程中常用的非金属材料有(　　)、(　　)、(　　)、(　　)和(　　)等。

(2) 塑料是指以(　　)为主要成分,再加入其他(　　),在一定条件下塑制成制品。

(3) 按应用范围分类,塑料可以分为(　　)、(　　)、(　　)。

(4) 生胶是指未加配合剂的(　　)或(　　)的总称。

(5) 合成纤维的生产工艺包括(　　)的制备与聚合、(　　)和(　　)加工等基本工序。

(6) 陶瓷组织结构比金属复杂得多,其内部存在(　　)相、(　　)相与(　　)相,这三种相的相对数量、形状和分布对陶瓷性能的影响很大。

(7) 传统陶瓷的基本原料是(　　)。

(8) 玻璃钢是(　　)和(　　)的复合材料。

(9) 按复合材料的增强剂种类和结构形式的不同,复合材料可分为(　　)增强复合材料、(　　)增强复合材料和(　　)增强复合材料三类。

2. 选择题

(1) 橡胶是优良的减振材料和摩阻材料,因为它具有突出的(　　)。

A. 高弹性　　B. 黏弹性　　C. 塑料　　D. 减摩性

(2) 传统陶瓷包括(　　),而特种陶瓷主要有(　　)。

A. 水泥　　B. 氧化铝　　C. 碳化硅

D. 氮化硼　　E. 耐火材料　　F. 日用陶瓷

(3) 纤维增强树脂复合材料中,增强纤维应该(　　)。

A. 强度高,塑性好　　B. 强度高,弹性模量高

C. 强度高,弹性模量低　　D. 塑性好,弹性模量高

3. 简答题

(1) 什么是热塑性塑料?什么是热固性塑料?试举例说明。

(2) 聚乙烯、聚氯乙烯、聚苯乙烯、聚丙烯、ABS 塑料、聚酰胺、聚碳酸酯、有机玻璃、塑料王等材料的性能及用途。

(3) 简述橡胶的组成及性能特点。

(4) 何谓胶接技术?胶接的特点有哪些?

(5) 纤维有何特点和用途?

(6) 陶瓷材料的生产制作过程是怎样的?

(7) 举出四种常见的工程陶瓷材料,并说明其性能及在工程上的应用。

(8) 复合材料有哪些特点?

第八章　工程材料的选择

第一节　机械零件的失效分析

一、基本概念

任何机械产品都具有一定的设计功能与使用寿命。机械产品在使用过程中由于构成零件的材料损伤和变质,导致其尺寸、形状或材料的组织与性能的变化而丧失其规定功能的现象,称为失效。机械零件的失效一般包括以下几种情况:

(1) 零件由于断裂、腐蚀、磨损、变形等完全被破坏,全部丧失其功能,不能继续工作。

(2) 零件在外部环境作用下,部分丧失其功能,虽然能安全工作,但不能完成规定功能。

(3) 零件严重损伤,继续使用失去可靠性和安全性。

上述情况中的任何一种发生,都可以认为零件已经失效。零件的失效,特别是那些事先没有明显征兆的失效,往往会带来巨大的损失,甚至导致重大事故。1986 年美国航天飞机"挑战者"号就是由于密封胶圈失效引起燃油泄漏造成了空中爆炸的灾难性事故。因此,对零件的失效进行分析,找出失效的原因,并提出防止或推迟失效的措施,具有十分重要的意义。另外,失效分析,对于零件的设计、选材加工以及使用等也都是十分必要的,它为这些工作提供了实践基础。

二、零件的失效形式

根据零件损坏的特点,可将失效形式分为三种基本类型:过量变形、断裂和表面损伤。

(一) 过量变形失效

过量变形失效包括弹性变形失效、塑性变形失效和蠕变变形失效。其特点是非突发性失效,一般不会造成灾难性事故。但塑性变形失效和蠕变变形失效有时也可造成灾难性事故,应引起充分重视。

(1) 弹性变形失效。零件在外力作用下产生弹性变形,如果弹性变形过量将造成零件的失效,即弹性变形失效。例如,机床主轴在工作中发生过量弹性弯曲变形,不仅产生振动,而且会使零件加工质量下降,还会使轴与轴承之间的配合不良而导致设备失效。引起弹性变形失效的主要原因是零部件的刚度不足,为此,要预防弹性变形失效,应正确选择零件的几何尺寸及材料的弹性模量。

(2) 塑性变形失效。零件承受大于屈服极限时的外力作用,将产生塑性变形,使零件之间的相对位置发生变化,致使整个机器运转不良,引起失效。例如变速箱中齿轮的齿形受强载荷的作用发生了塑性变形,齿形不正确,轻者造成啮合不良,发出振动的噪音;重者发生卡齿或断齿,引起设备事故。塑性变形是一种永久变形,可在零件的形状和尺寸上表现出来。在给定载荷条件下,塑性变形发生与否,取决于零件几何尺寸及材料的屈服强度。

(3) 蠕变变形失效。受长期固定载荷作用的零件,在工作中特别是在高温下发生蠕变。当其蠕变变形量超过规定范围时,处于不安全状态,严重时可能与其它零件相互碰撞,产生失效。如锅炉、汽轮机、燃汽轮机、航空发动机及其它热机的零部件,由于蠕变所致的变形、应力松弛都会使机械零件失效。

(二) 断裂失效

断裂失效是机械零件失效的主要形式,当工作中的零件突然断裂时会带来巨大的损失。因此人们长期以来就非常重视断口的观察及其分析技术的研究,寻找断裂的原因和影响因素。根据断口形貌和断裂原因,可分为韧性断裂失效和脆性断裂失效。

1. 韧性断裂失效

零件在断裂前发生明显的宏观塑性变形的断裂称为韧性断裂。工程上使用的金属材料其韧性断裂的宏观断口一般来说断面减小,且断口呈纤维状特征,微观断口呈韧窝状,韧窝是由于显微空洞的形成、长大并连接而导致韧性断裂产生的。当韧性较好的材料所承受的载荷超过该材料的强度极限时,就会发生韧性断裂。韧性断裂是一个缓慢的过程,在断裂的过程中不需要消耗相当多的能量,与之相伴随的是产生大量的塑性变形。宏观的塑性变形方式和大小取决于应力状态和材料性质。

2. 脆性断裂失效

零件在断裂前没有明显的塑性变形或塑性变形量很小(<2%~5%)的断裂称为脆性断裂。疲劳断裂、低应力脆性断裂、蠕变断裂等均属于脆性断裂。

(1) 疲劳断裂失效。零件承受交变应力,在远低于材料屈服强度的应力作用下,由于材料的冲击韧性大大降低而发生的突然断裂,称为疲劳断裂。据统计,工程构件80%以上的断裂失效都属于疲劳断裂。电镜观察断口时,在疲劳扩展区可看到疲劳特征的条纹。

(2) 低应力脆性断裂失效。在介质和应力联合作用下,零件在工作应力远低于材料的屈服强度作用下,由于材料自身固有的裂纹扩展导致产生无明显塑性变形的突然断裂,称为低应力脆性断裂。低应力脆性断裂按其断口的形貌可分为解理断裂和沿晶断裂。解理断裂断口的形貌呈现平滑明亮结晶状,沿晶断裂断口的形貌呈现冰糖状。

(3) 蠕变断裂失效。蠕变断裂即在应力不变的情况下,变形量随时间的延长而增加,最后由于变形过大或断裂而导致的失效。最终的断裂也是瞬时的。在工程中最常见的多属于高温低应力的沿晶蠕变断裂。

综上所述,脆性断裂是在低应力、无先兆情况下发生的,断裂前无明显的塑性变形,它是突发性的断裂,具有很大的危险性和破坏性,甚至会造成重大事故。因此应给予足够的重视。

(三) 表面损伤失效

零件在工作过程中,由于机械和化学的作用,使工件表面及表面附近的材料受到严重损伤以致失效，称为表面损伤失效。表面损伤失效大体上分为三类：腐蚀失效、磨损失效和表面疲劳失效。

(1) 腐蚀失效。腐蚀是金属暴露于活性介质环境中因表面损耗而发生的化学和电化学作用的结果。腐蚀造成材料表面的损耗，引起零件尺寸和性能的变化，使零件失效称为腐蚀失效。腐蚀失效除与材料的成分、组织有关外，还与周围介质有很大关系。为防止和减小腐蚀失效，应根据介质的成分、性质合理选用耐腐蚀材料，在材料表面涂敷防护层，采用电化学保护以及采用缓蚀剂等。

(2) 磨损失效。相互接触的零件相对运动时表面发生磨损，造成零部件尺寸变化、精度降低不能继续工作而导致的失效称为磨损失效。例如轴与轴承、齿轮与齿轮、活塞环与汽缸套等在服役时表面产生的损伤。磨损失效所造成的后果一般不像断裂失效和腐蚀失效那么严重，然而近年来却发现一些灾难性的事故是由磨损失效造成的。工程上主要通过提高材料的表面硬度来提高零件的耐磨性。

(3) 表面疲劳失效。相互接触的两个运动表面做滚动或滚动一滑动摩擦时，在交变接触应力作用下，使表层材料发生疲劳破坏而脱落，由此造成零件的失效称为表面疲劳失效。齿轮副、凸轮副、滚动轴承的滚动体与外圈、轮箍与钢轨等都可能产生表面疲劳失效。零件的表面损伤失效主要发生在零件的表面，因此，采用各种表面强化处理是防止表面损伤失效的主要途径。

三、失效的基本因素

无论是机械设备或其零件，影响失效的基本因素都可归结为以下几个方面。

(一) 设计因素

零件的结构、形状、尺寸设计不合理最容易引起失效。设计上引起失效的主要原因，是对零件的工作条件估计不当或对应力计算错误，从而使零件因过载而失效。为了保证产品质量，必须精心设计。设计计算的核心是基于该零件在给定工况、结构和环境条件下可能发生的基本失效模式而建立的相应设计计算基准，即在给定条件下正常工作的准则，从而定出合适的材质、尺寸、结构，提出图纸、说明书等技术文件。

(二) 材料因素

材料是零件安全工作的基础，因材料而导致失效的原因主要表现在以下两个方面：一是选材不当。由于对材料性能指标的试验条件和应用场合缺乏全面的了解，致使所选材料的性能指标不能满足实际服役条件的要求，从而导致零件的早期失效。另外，材料的缺口敏感性、脆性转变温度等未考虑进去，都将加大零件的过早失效。二是材质欠佳。如所购材料存在各种冶金缺陷，如气孔、缩松、夹杂物、杂质含量等超过规定的标准等。

(三) 制造因素

产品在加工制造过程中，制造质量达不到设计要求往往是导致零件失效的一个重要因素。如零件在铸造中产生气孔、缩松、应力变形；锻造过程中产生夹层、冷热裂纹；焊接过程中产生的虚焊、成分偏析；热处理过程中产生的淬裂、未淬透、回火脆性；切削加工产生的尺寸超差、表面质量达不到要求等等都会直接或间接使零件过早失效。

(四) 装配调试因素

在安装过程中,未达到所要求的质量指标,如啮合传动件(齿轮、杆、螺旋等)的间隙过紧或过松;联结件必要的“防松”不可靠,润滑与密封装置不良;在初步安装调试后,未按规定逐级加载啮合。违反操作规程、维修不及时等都可能导致零件失效。

(五) 运转维修因素

对运转工况参数(载荷、速度等)的监控不正确,定期大、中、小检修的制度不合理,维修不及时,违反操作规范等,也都会造成零件的失效。

应该说明的是,工作失效的原因可能单一的,也有可能是多种因素共同作用的结果,但每一失效事故均应有一个导致失效的主要原因,据此可提出防止失效的主要措施。

四、失效分析的步骤及方法

失效分析工作涉及多门学科知识。其实践性较强。要想获得快速准确的分析结果就要采取正确的失效分析方法,对零件进行失效分析的基本步骤、方法如下:

(1) 现场调查。现场调查是失效分析最关键、最费力也是必不可少的程序,主要包括两方面的内容:一是调查并记录失效现场的相关信息,查看零件失效的部位、形式,收集失效残骸或样品;二是咨询有关背景材料,如设计图样、加工工艺等文件、使用维修情况等。

(2) 整理分析。对现场的调查记录和失效零件的背景资料进行整理分析,为后续试验指明方向。

(3) 断口分析。对失效零件或试样进行宏观和微观断口分析,确定失效的发源地与失效形式,初步判断可能的失效原因。

(4) 成分、组织、性能的分析与测试。为了深入查明失效的根源,提供有说服力的证据,根据失效零件的具体情况,还可以选择进行金相分析、电镜分析、成分分析、表面及内部质量分析、应力分析、力学分析及力学性能测试等。通过相关分析与测试,与设计要求进行比较,找出其不合规范之处。

(5) 判定成因。综合各方面的记录、资料及分析测试结果,判断并确定失效的具体原因,提出防止与改进措施,写出分析报告。

第二节　工程材料的选材原则

机械零件使用的种类繁多,如何合理地选择材料就成为一项非常重要的工作。在掌握各种工程材料性能的基础上,正确合理地选择和使用材料是从事机械设计与制造的工程技术人员的一项重要任务。处理好选材和合理安排加工工艺对于保证零件的使用性能要求、降低成本、提高生产率和经济效益等都有重要意义。零件在设计制造时,既要首先考虑材料如何满足使用性能要求的结构设计，与此同时还要考虑所选用的材料是否便于加工制造及制造过程的费用大小。因此，选择工程材料的基本原则是在保证使用性能的前提下，要求材料具有较好的工艺性能和经济性。

一、保证使用性能足够的原则

使用性能主要是指零件在使用状态下材料应该具有的机械性能、物理性能和化学性能。它是选材的首要因素。对于承受载荷的工程构件和机器零件最重要的使用性能是力学性能，同时根据不同用途，对材料的物理和化学性能会提出诸如热导率、电绝缘性、耐腐蚀、耐高温等性能要求。对零件的使用性能要求是在其工作条件和失效形式分析的基础上提出来的。根据使用性能选材的步骤如下：

(1) 分析零部件的工作条件，确定使用性能。工作条件受力状态分析包括受力状态(例如拉伸、压缩、弯曲或扭转等)、载荷的性质(例如动载、静载、循环载荷或单调载荷等)、载荷的大小及分布(例如均布载荷或集中载荷)、工作温度(例如低温、常温、高温或变温)、环境介质(润滑剂、海水、酸、碱、盐等)、对零部件的特殊要求(电、热、磁)等，在对零部件进行全面分析的基础上确定零部件的使用性能。

(2) 分析零部件的失效原因，确定使用性能。对零部件使用性能的要求往往是多方面的。例如，对于传动轴，要求其具有较高的疲劳强度、韧性和轴颈的硬度和耐磨性。因此，需要通过对零部件失效原因进行分析，找出导致失效的主要原因，准确确定出零部件所必需的主要使用性能。实际选材时，有的零件以综合性能指标来选材，有的零件以疲劳强度来选材，有的零件以耐磨性来选材。

通过对零件工作条件和失效形式的全面分析，确定零件对使用性能的要求，然后利用使用性能与实验室性能的相应关系，将使用性能具体转化为实验室机械性能指标，例如强度、韧性或耐磨性等。这是选材最关键的步骤，也是最困难的一步。之后，根据零件的几何形状、尺寸及工作中所承受的载荷，计算出零件中的应力分布。再由工作应力、使用寿命或安全性与实验室性能指标的关系，确定对实验室性能指标要求的具体数值。

表 8-1 中举出了几种常用零件的工作条件、失效形式和要求的主要机械性能指标。在确定了具体机械性能指标和数值后，即可利用手册选材。但是，零件所要求的机械性能数据，不能简单地同设计手册完全等同相待，还必须注意以下情况：

(1) 选材时，不仅要考虑材料的化学成分，还要考虑材料的生产制造方法和处理工艺。材料的性能不但与化学成分有关，也与加工、处理后的状态有关，金属材料尤其明显。所以要分析手册中的性能指标是在什么加工、处理条件下得到的。例如普通碳钢，从生产上可分为沸腾钢和镇静钢，前者杂质含量相对较高，虽对材料的强度影响不大，但会使塑性降低，另外在处理工艺上，是退火态还是冷扎态其性能大不一样，因此，在选材时应进行详细分析、试验。

(2) 手册中给出的性能数据是各种标准试样的性能指标。如果实际工件的截面尺寸比标准试样的大，则随截面尺寸的增大，机械性能一般是降低的。因此必须考虑零件尺寸与手册中试样尺寸的差别，并进行适当的修正。

表 8-1 几种常用零件的工作条件、失效形式及要求的主要机械性能指标

零件	工作条件			常见的失效形式	要求的主要机械性能
	应力种类	载荷性质	受载状态		
紧固螺栓	拉、剪应力	静载		过量变形,断裂	强度,塑性
传动轴	弯、扭应力	循环,冲击	轴颈摩擦,振动	疲劳断裂,过量变形,轴颈磨损	综合力学性能
传动齿轮	压、弯应力	循环,冲击	摩擦,振动	齿断裂,磨损,疲劳断裂,接触疲劳(麻点)	表面高强度及疲劳强度,心部韧度
弹簧	扭、弯应力	交变,冲击	振动	弹性失稳,疲劳破坏	弹性强度,屈强比,疲劳强度
冷作模具	复杂应力	交变,冲击	强烈摩擦	磨损,脆断	硬度,足够的强度,韧度

(3) 材料的化学成分、加工、处理的工艺参数本身都有一定波动范围。一般手册中的性能,大多是波动范围的下限值。就是说,在尺寸和处理条件相同时,手册数据是偏安全的。

由于硬度的测定方法比较简单,不破坏零件,并且在确定的条件下与某些机械性能指标有大致固定的关系,所以常作为设计中控制材料性能的指标。但它也有很大的局限性,例如,硬度对材料的组织不够敏感,经不同处理的材料常可得到相同的硬度值,而其他机械性能却相差很大,因而不能确保零件的使用安全。所以,设计中在给出硬度值的同时,还必须对处理工艺(主要是热处理工艺)作出明确的规定。

对于工作在复杂条件下的零件,必须采用特殊实验室性能指标作选材依据。例如采用高温强度、低周疲劳及热疲劳性能、疲劳裂纹扩展速率和断裂韧性、介质作用下的机械性能等。

二、工艺性能良好的原则

材料的工艺性能是指在一定条件下将材料加工成毛坯或零件的难易程度,工程制造都是通过毛坯的成形和后续的机械加工完成的,在此过程中根据需要还要穿插相应的热处理工艺。不同材料的毛坯成形方法不同,同一种材料依零件的结构、形状、尺寸及不同的性能要求也有不同的成形方法。通常,把选用材料制造零件所采用的毛坯成形及机械加工方法和工艺,以及确定的热处理方法和工艺,按工艺顺序编制成零件的加工工艺路线。金属材料的加工工艺路线如图 8-1 所示。

由图 8-1 可见,用金属材料制造零件的基本加工方法首先要形成毛坯,方法可根据所选材料的性质和零件的具体结构形状,选择铸造、压力加工、焊接等毛坯成形方法,其次及为保证零件的尺寸、精度要求,要在相应的切削加工机床上进行粗加工、半精加工和精加工。从毛坯形成后到后续的切削加工,为改善加工性能和使零件得到所要求的性能,需要对被加工零件实施相应的热处理。所以金属材料的加工工艺路线比较复杂,不同零件有不同的加工工艺路线,而且对材料的工艺性能的要求也较高。一般,金属材料的工艺性能主要包括铸

造性能、锻造性能、焊接性能、热处理性能和切削加工性能等。

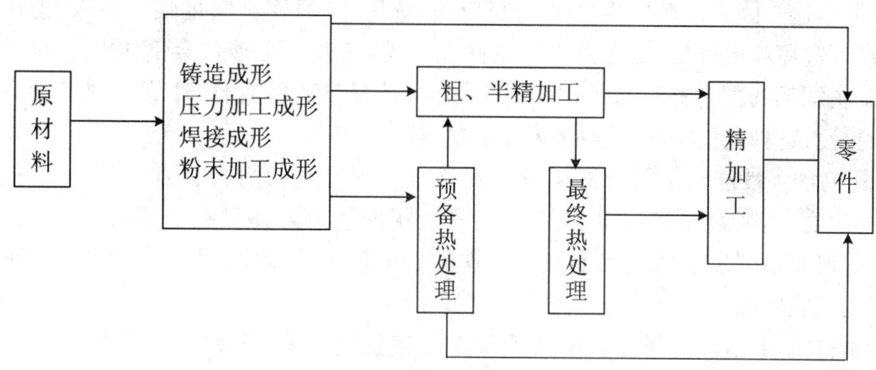

图 8-1 金属材料的加工工艺路线

(1) 铸造性能。金属材料的铸造性能包括合金的流动性、收缩性、偏析性能、吸气性、热裂倾向性等。不同合金的铸造性能有较大的差别，如表 8-2 所示。同一材料由于化学成分不同，其铸造性能也不同。在金属材料中，一般接近共晶成分的合金铸造性能较好，即合金的熔点低，流动性较好，易产生集中缩孔，偏析倾向小等，通常，灰口铸铁、铸造铝合金、铸造铜合金的铸造性能比较优越。

表 8-2 常用金属材料的铸造性能比较

合金	流动性	收缩性		偏析倾向	熔点	其它
		体收缩	线收缩			
铸造铝合金	尚好	小	小	大	低	易吸气和氧化
铸造黄铜	好	小	小	较小	比铸铁低	易形成集中缩孔
铸造青铜	较黄铜差	最小	较小	大	比铸铁低	易产生缩松
灰口铸铁	很好	小	小	小	较高	——
球墨铸铁	比灰铁稍差	大	小	小	比灰铁略高	易产生缩孔、缩松
铸钢	差	大	大	大	高	导热性差，易产生缩松

(2) 锻造性能。指金属材料在经受冷、热加工时其塑性和变形抗力的大小、可热加工的温度范围、抗氧化性及对加热、冷却的要求等。在金属材料中，锻造性能最好的是低碳钢，中碳钢次之，高碳钢较差，形变铝合金、铜合金、低碳钢的锻造性能较好，铸铁、铸造铝合金很差，不能进行锻造加工。

(3) 焊接性能。指在特定生产条件下金属材料焊合优质焊接接头的能力，包括形成冷裂或热裂的倾向、形成气孔的倾向等。优良的焊接性能，能使焊接时不易产生裂纹和其它缺陷外，焊缝还应具有较高的力学性能，且焊接工艺较简单。常用金属材料中，低碳钢的焊接性能最好，高碳钢的焊接性能较差，铸铁的焊接性能更差。在钢铁材料中，碳的质量分数越高，其可焊性越差。铝合金、铜合金的焊接性能一般，焊接时易产生氧化、吸气和变形。

(4) 热处理性能。热处理性能包括淬透性、变形开裂倾向、过热敏感性、回火脆性倾向、氧化脱碳倾向、冷脆性等。大多数钢和铝合金、钛合金以及球墨铸铁等都可通过热处理进行材料的强化。对于需要热处理强化的金属材料，其热处理工艺特别重要。一般当零件结构形状及冷却条件一定时,高碳钢的淬火变形与开裂倾向比低碳钢大,碳钢比合金钢大,选材时应充分考虑这一因素。例如生产某精密滑阀,选用45号钢可满足强度要求,但由于零件形状复杂,为避免淬火开裂,从热处理工艺性能考虑,应改用中碳合金钢40Cr。另外选择弹簧钢时,应注意热处理时材料的氧化和脱碳倾向;选择渗碳钢时,应注意材料在渗碳过程中的过热敏感性;选择调质钢时,应注意材料的高温回火淬性。

(5) 切削加工性能。主要指材料被切削的难易程度及切削后的表面质量,一般用切削速度、切削深度、切削力大小、零件加工后的表面粗糙度及刀具耐用度等来衡量。通常太硬或太软的材料其切削加工性能都不好。铸铁的切削加工性能比钢好,钢中易切削钢的切削加工性能比其它钢好。

与金属材料相比,高分子材料的成形加工工艺比较简单,其主要工艺是成形加工,其工艺性能良好。高分子材料也易于切削加工,但因其导热性能较差,易使工件温度急剧升高,从而导致热固性树脂变焦,热塑性材料变软。少数高分子材料还可进行焊接和热处理,其工艺简单易行。陶瓷材料成形后,除了可进行磨削(必须采用超硬材料的砂轮,如金刚石)外,几乎不能进行其他加工。

三、经济性合理的原则

材料的经济性是指满足零件使用性能和工艺性能要求的前提下,应尽可能考虑降低零件的制造总成本,使产品具有最强的竞争力,以获得最大的经济效益。零件的总成本包括:材料的价格、零件的用材量、试验研究费、加工费、维修管理费等。为此,材料选用时应充分利用资源优势,尽可能采用标准化、通用化的材料,以降低原材料的成本,减少运输、试验研究费用。在满足使用要求的前提条件下,应充分考虑以铁代钢、以铸代锻、以焊代锻,以降低材料成本、简化加工工艺。

第三节　典型零件材料的选材举例

一、轴类零件

轴是所有机器的重要零件之一,其主要作用是支承旋转零件(如齿轮、蜗轮、凸轮等)或通过旋转运动来传递动力或运动。

(一) 轴类零件的工作条件及失效形式

多数轴类零件的工作条件为:传递扭矩,承受交变扭转和弯曲载荷,轴颈处承受较大的摩擦;有时还要承受一定的冲击与过载。此外,轴上的轴肩、键槽、螺纹和销孔等其几何形状复杂,易产生应力集中。

轴类零件的失效形式主要有三种类型:一是过量变形,即在使用过程中产生不允许的过度变形,包括弹性变形、塑性变形和高温蠕变。二是断裂,包括严重超载或承受高冲击载荷造成的断裂，及交变载荷长期作用造成的疲劳断裂。三是磨损，如轴颈、键槽处过度磨损，使其丧失规定的尺寸、几何形状及精度而失效。

（二）轴类零件对材料性能的要求

根据轴类零件的工作条件及失效形式，轴类零件材料必须满足如下性能要求：

（1）良好的综合力学性能，即要求有足够的强度、刚度和一定的韧性，以防止过载或冲击所引起的变形和断裂。

（2）良好的耐磨性，以提高使用寿命。

（3）高的疲劳抗力，以防止疲劳断裂。

此外，必须有足够的淬透性、较小的淬火变形、良好的切削加工性和低廉的价格。对要求比较高的特殊环境下工作的轴还应具有特殊的性能，如蠕变抗力、耐腐蚀性等。

（三）常用轴的选材

大多数轴类零件采用锻钢制造，对于阶梯直径相差较大的阶梯轴或对力学性能要求较高的重要轴、大型轴，应采用锻造毛坯。而对力学性能要求不高的光轴、小轴，则可采用轧制圆钢直接加工。选材分类情况如下：

（1）承受交变应力和动载荷的轴类零件，如船用推进器轴、锻锤锤杆等，应选用淬透性好的调质钢，如 30CrMnSi、40CrMn 钢等。

（2）对于中、低速内燃机曲轴，以及连杆、凸轮轴，可以用球墨铸铁，不仅满足了力学性能要求，而且制造工艺简单，成本低。

（3）主要承受弯曲和扭转应力的轴类零件，如变速箱传动轴、发动机曲轴、机床主轴等。这类轴在整个截面上所受的应力分布不均匀，表面应力较大，心部应力较小，所以不需选用淬透性很高的钢种，可选用合金调质钢，如汽车主轴常采用 40Cr、45Mn2 等钢。

（4）高精度、高速传动的轴类零件，如镗床主轴，常选用氮化钢，如 38CrMoAlA 等，并进行调质及氮化处理。

（四）典型轴类零件选材举例

以 M131W 万能磨床砂轮主轴为例。图 8-2 为 M131W 万能磨床砂轮主轴简图，该主轴是主要用来传递动力和承受弯曲、扭转等中等或重载荷的零件，故要求具有较高的强度；同时，砂轮主轴与滑动轴承相配合，由于主轴转速高而导致轴颈与轴瓦磨损严重，故要求轴颈具有较高的硬度和耐磨性；另外，砂轮在装拆过程中易使主轴锥孔或外圆锥面拉毛，影响加工精度，所以要求这些部位具有一定的耐磨性。

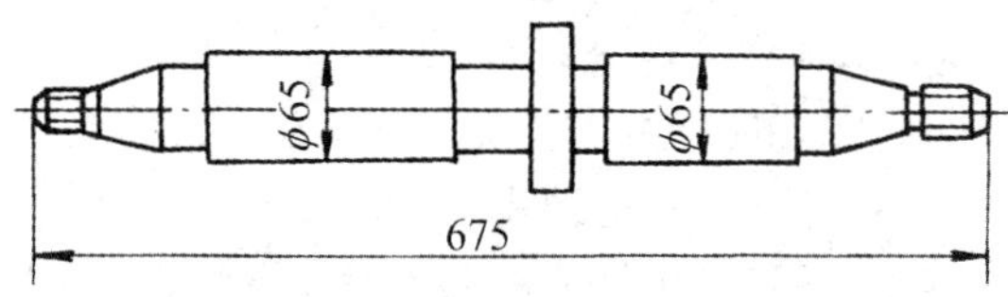

图 8-2 磨床主轴简图

因此为了保证磨床的加工精度，对主轴首先要考虑其耐磨性，其次应保证必要的强度。

根据以上要求，选择 40Cr 较为合适。其加工工艺路线如下：

下料→锻造→退火→粗加工→调质处理→精加工→表面淬火→粗磨→低温人工时效→精磨

退火的目的是消除锻造应力及组织不均匀性，降低硬度，改善加工性；调质处理是为了提高主轴的综合性能，以满足心部的强度要求，同时在表面淬火时能获得均匀的硬化层；表面淬火是为了使轴颈和外圆锥部分获得高硬度，提高耐磨性，人工时效的作用是进一步稳定淬硬层组织和消除磨削应力，以减少主轴的变形。

二、齿轮类零件的选材

(一) 齿轮的工作条件及失效形式

齿轮的工作条件为：通过齿面的接触传递动力，齿面承受很大的接触应力和摩擦力；因传递扭矩，齿根部分承受很大的交变弯曲载荷；有些齿轮在换挡、启动或啮合不均匀时还承受冲击载荷等。导致齿轮失效的主要形式有齿轮疲劳冲击断裂、过载断裂、齿面接触疲劳与齿根折断。

(二) 齿轮零件对材料性能的要求

根据齿轮的工作条件及失效形式，齿轮零件材料必须满足如下性能要求：

(1) 高的接触疲劳强度和弯曲疲劳强度；

(2) 齿面具有高的硬度和耐磨性；

(3) 齿轮心部具有足够的强度与韧性；

(4) 良好的工艺性能；

(5) 适宜的价格。

齿轮的性能要求。齿轮在机器中主要担负传递功率与调节速度的任务，有时也起变运动方向的作用。在工作时，通过齿面的接触传递动力。对于不同机器中的齿轮，因载荷大小、速度高低、精度要求、冲击强弱等工作条件的差异，对性能的要求也有所不同，故应选用不同的材料及相应的强化方法。

(三) 常用齿轮的选材

(1) 锻钢。重要用途的齿轮大多采用锻钢制造，主要有调质钢齿轮和渗碳钢齿轮两类。

① 调质钢齿轮。调质钢主要用于对耐磨性要求较高，而冲击韧性要求一般的硬齿面(HB>350)齿轮，如车床、钻床、铣床等机床的变速箱齿轮，通常采用 $45^{\#}$ 钢、40Cr、42SiMn 等。经调质处理后进行表面高频感应淬火和低温回火。

② 渗碳钢齿轮。渗碳钢主要用于制造速度高、重载荷、冲击较大的硬齿面(>55HRC)以齿轮，如汽车、拖拉机变速箱、驱动桥齿轮重要齿轮等，通常采用 20CrMnTi、20MnVB、20CrMnMo 等钢，经渗碳、淬火和低温回火处理，表面硬度高且耐磨，心部强韧耐冲击。

(2) 铸钢。形状复杂的大尺寸齿轮毛坯，采用锻造方法难以成形时，可采用铸钢制作。常用的铸钢有 ZG270－500、ZG310－570 等。

(3) 铸铁。对于一些轻载、低速、不受冲击、精度和结构要求不高的不重要齿轮，可采用铸铁制造。灰口铸铁 HT200、HT250、HT300 等多用于制造开式传动齿轮，球墨铸铁 QT600－3、QT500－7 等多用于制造闭式传动齿轮。

(4) 有色合金。对于仪器、仪表或某些工作时接触腐蚀介质的轻载齿轮，常采用黄铜、铝青铜、锡青铜和硅青铜等有色合金制造。

(5) 非金属材料。受力不大，以及在无润滑条件下工作的小型齿轮，可用尼龙、ABS、聚甲醛等非金属材料制造。

(四) 典型齿轮选材举例

以 C620—1 车床主轴箱中轴上的三联滑动齿轮为例，图 8－3 为其三联滑动齿轮简图。该齿轮主要用来传递动力并改变转速，通过拨动箱外手柄使齿轮在轴上作滑移运动，从而与其平行的轴上的不同齿轮啮合，可获得不同的转速。从该齿轮工作的过程来看，齿轮承受载荷不大，滑移啮合中与其平行的轴上的齿轮虽有碰撞，但冲击力不大，运动也较平稳，所以可选用中碳钢来制造。但考虑到整个齿轮较厚，采用中碳钢难以淬透，于是选用中碳合金钢更好，如 40Cr 并经高频表面淬火，其加工工艺路线如下：

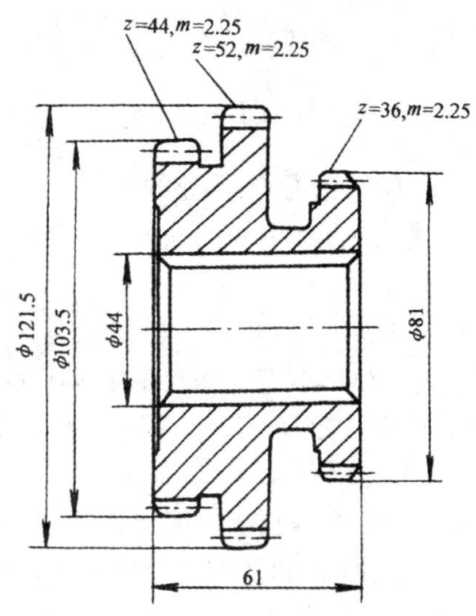

图 8－3 C620—1 卧式车床床头箱中三联滑动齿轮简图

下料→齿坯锻造→正火(850～870℃空冷)→粗加工→调质(840～860℃油淬，600～650℃回火)→精加工→齿轮高频感应加热淬火(860～880℃高频感应加热，乳化液冷却)→低温回火(180～200℃回火)→精磨。

正火处理的目的是消除锻造应力，均匀组织，改善切削加工性。对于一般齿轮，正火也可作为高频淬火前的最终热处理工序。调质处理可使齿轮获得较高的综合力学性能，齿轮可承受较大的弯曲应力和冲击载荷，并可减少淬火变形。高频淬火及低温回火提高了齿轮表面硬度和耐磨性，并且使齿轮表面产生压应力，提高了抗疲劳破坏的能力。低温回火可消除淬火应力，对防止产生磨削裂纹和提高抗冲击能力是有利的。

三、刃具的选材

(一) 刃具的工作条件及失效形式

切削加工使用的车刀、刨刀、铣刀、钻头、锯条、丝锥等统称为刃具，刃具一般由工作部分和夹持部分组成。刃具材料一般是指工作部分的材料。

刃具的工作条件是：刃具切削材料时，受到被切削材料的强烈挤压，刃部受到很大的弯曲应力，钻头、铰刀等刃具还会受到较大的扭转应力作用。刃具刃部与被切削材料的强烈摩擦使刃部温度升高到 500～600℃。另外，刃具往往承受较大的冲击与振动。

刃具的失效形式主要有磨损、断裂和刃部软化。由于摩擦,刃具刃部易磨损,这不但增加了切削抗力,降低了零件的表面质量,影响被加工零件的形状和尺寸精度。由于刃具往往承受较大的冲击与振动,容易造成刃具的崩刃或折断。另外,由于刃具刃部与被切削材料的强烈摩擦使刃部温度升高,若刃具材料的红硬性低或高温性能不足,刃部硬度会显著下降,最终丧失切削能力。

(二) 刃具材料的性能要求

根据刃具的工作条件及失效形式,对于高速切削的刃具材料必须满足如下性能要求:

(1) 高的硬度和耐磨性,硬度一般要大于 62HRC;

(2) 高的红硬性;

(3) 强韧性好;

(4) 高的淬透性。

(三) 常用刃具的选材

(1) 碳钢。简单、低速的手用刃具,如手锯锯条、锉刀、木工用刨刀、凿子等,对红硬性和强韧性要求不高,主要的使用性能是高的硬度和耐磨性。因此,可用碳素工具钢制造,如T8、T10、T12 钢等。

(2) 低合金刃具钢。形状较复杂的刃具,如丝锥、板牙、拉刀等,可用低合金刃具钢9SiGr、GrWMn 制造。因在钢中加了 Gr、W、Mn 等元素,使钢的淬透性和耐磨性大大提高,耐热性和韧性也有所改善,可在 300℃以下使用。

(3) 高速钢。对于车刀、铣刀、钻头及其它复杂精密刃具,可选用高速钢 W18Gr4V、W6Mo5Gr4V2 等制造。因在钢中加了较多的 W、Mo、Gr、V 等贵重的合金元素,使钢的淬透性、红硬性、强韧性和耐磨性等大幅度提高,硬度可达 62～68HRC,切削温度可达 500～550℃。

(4) 硬质合金。硬质合金是由硬度和熔点很高的 TiC、WC 和金属用粉末冶金方法制成。常用硬质合金的牌号有 YG6、YG8、YT6、YT15 等。硬质合金的硬度很高,可达 89～94HRA,而且耐磨性和耐热性很高,使用温度可达 1000℃,其切削速度比高速钢高几倍。主要用于高速强力切削和难加工材料的切削。但硬质合金制造刃具时的工艺性能较差,且抗弯强度较低,冲击性能较差,价格昂贵。

(5) 陶瓷。陶瓷的耐磨性好,特别是硬度及红硬性极高。用陶瓷制作的刃具工作热温度可达 1400℃以上。主要用于各种淬火钢、冷硬铸铁等高硬度难加工材料的切削。但陶瓷制作的刃具抗冲击性能较弱,容易崩刃。

典型刃具选材举例参见第五章。

习　题

1. 什么是零件的失效? 零件失效形式有哪几种? 失效的原因一般包括哪几个方面?
2. 选择零件材料应遵循哪些原则? 运用手册选材时应注意哪些问题?

3. 材料的加工工艺性有哪些？如何评价其优劣？

4. 零件选材的经济性应如何考虑？

5. 某齿轮要求具有良好的综合力学性能，表面硬度50～55HRC，用45钢制造。加工路线为：下料→锻造→热处理→粗加工→热处理→精加工→热处理→精磨。试说明工艺路线中各热处理工序的名称和目的。

第九章　铸　　造

铸造是将一定化学成分的合金熔化，浇注到与零件尺寸、形状相适应的铸型型腔中，待其冷却凝固后获得一定形状和性能要求的铸件的成形方法。铸造是金属零件成形的主要工艺之一。

铸造按铸型特点来分，可分为砂型铸造和特种铸造两大类。砂型铸造主要是用型砂(或芯砂)作为造型材料制造铸型。这种造型材料来源广泛，价格低廉，且砂型铸造方法适应性强，因此砂型铸造是目前生产中用得最多，最基本的铸造方法，目前用砂型铸造生产的铸件占铸件总产量的90%以上。特种铸造是人们在生产实践中发展起来的除砂型铸造以外的其他铸造方法。用得较普遍的有熔模铸造、金属型铸造、压力铸造和离心铸造等。

铸造在国民经济建设中占有重要的地位。据统计，在机床、内燃机、矿山机械、冶金机械等行业中，铸件占整机重量的70%～90%；在汽车、拖拉机中占50%～70%；在农业机械中占40%～70%。在航空和信息产业中也广泛使用铸件。我国铸造工厂有2.6万家，从业人员超过百万，是世界第一铸件生产大国。

在铸造生产过程中，由于液态合金浇入铸型中一次成形，因而具有很多优点：

(1) 适应性广泛。工业上常用的金属材料如铸铁、铸钢、有色合金等均可在液态下成形，特别是不宜压力加工或焊接成形的材料，铸造生产方法具有特殊的优势。并且铸造工艺灵活性大，铸件的大小、形状几乎不受限制，质量可从零点几克到数百吨。

(2) 可以制成形状复杂的零件。具有复杂内腔的毛坯或零件如各种箱体、机床床身、阀体、泵体、缸体等只能通过铸造成形。

(3) 生产成本较低。铸造用原材料大都来源广泛，价格低廉。与其它成形方法相比，铸件与最终零件的形状相似、尺寸接近，加工余量小，节约金属。同时，设备费用较低。

当然，铸造生产也存在一些缺点：如铸造生产的工序多，生产过程难以精确控制，使得铸件的质量不够稳定；铸件组织疏松、晶粒粗大，内部常有缩孔、缩松、气孔等缺陷产生，导致铸件力学性能特别是冲击性能较低。

第一节　合金的铸造性能

铸造生产过程复杂，影响铸件质量的因素也非常多。其中合金的铸造性能的优劣对能否获得优质铸件有着重要影响，它是确定具体铸造工艺的关键。合金的铸造性能是指合金在铸造过程中表现出来的工艺性能，如流动性、收缩性、吸气性和偏析等。

一、合金的流动性及充型能力

(一) 流动性

合金的流动性是铸造合金本身的流动能力，它是合金的主要铸造性能之一。如果合金的流动性差，则充型能力差，铸件易产生浇不足、冷隔、气孔和夹渣等缺陷。液态合金的流动性好，易于充满型腔，有利于气体和非金属夹杂物的上浮和对铸件进行补缩。

合金的流动性好坏通常用螺旋形流动性试样衡量。如图 9－1 所示。浇注的试样越长，其流动性越好。常用合金的流动性见表 9－1。

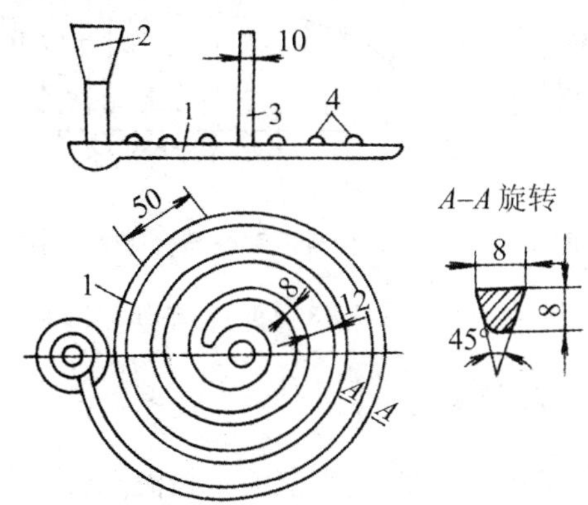

图 9－1　螺旋形流动试样

1－试样　2－浇口杯　3－冒口　4－试样凸点

表 9－1　常用合金的流动性(砂型，试样截面 8mm×8mm)

合　金		造型材料	浇注温度/℃	螺旋线长度/mm
灰铸铁	$w_{(C+Si)}=6.2\%$	型　砂	1300	1800
	$w_{(C+Si)}=5.9\%$			1300
	$w_{(C+Si)}=5.2\%$			1000
	$w_{(C+Si)}=4.2\%$			600
铸钢板	$w_{C}=0.4\%$	型　砂	1600	100
	$w_{C}=0.4\%$		1640	200
锡青铜	$w_{Sn}=9\%\sim11\%$ $w_{Zn}=2\%\sim4\%$	型　砂	1040	420
硅黄铜	$w_{Si}=1.5\%\sim4.5\%$	型　砂	1100	1000
铝合金(硅铝明)		金属型(300℃)	680～720	700～800

(二) 影响合金流动性的因素

化学成分对合金流动性的影响最为显著。纯金属和共晶成分的合金，由于是在恒温下进行结晶，液态合金从表层逐渐向中心凝固，固液界面比较光滑，因此对液态合金的流动阻力较小。同时，共晶成分的合金凝固温度最低，可获得较大的过热度，推迟了合金的凝固，故流动性最好。其它成分的合金是在一定温度范围内凝固的，从铸型表层沿中心方向一定区域内存在着固液两相共存，粗糙的固液界面使合金的流动阻力加大，合金的流动性随结晶温度范围的加宽而逐步下降。

Fe－C合金的流动性与含碳量之间的关系如图9－2所示。由图可见，亚共晶铸铁随含碳量增加，结晶温度区间减小，流动性逐渐提高，愈接近共晶成分，合金的流动性愈好。

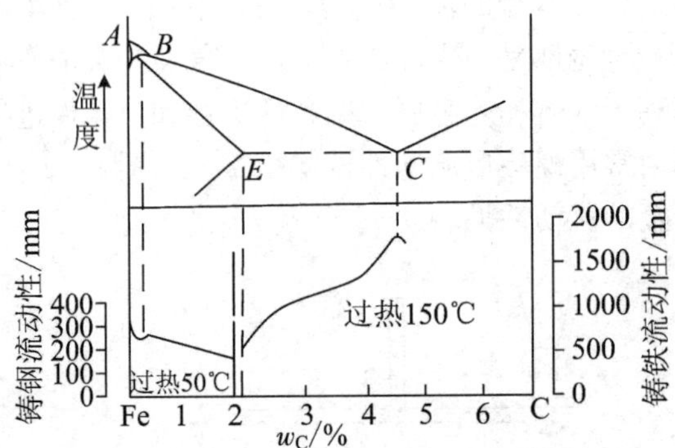

图9－2　Fe－C合金流动性与含碳量关系

合金的比热、密度、导热系数、结晶潜热等物理性质也直接影响合金的流动性。

(三) 充型能力及其影响因素

液态合金充满型腔的过程称为充型，充型能力是指液态合金充满铸型型腔，获得形状完整、轮廓清晰的合格铸件的能力，铸件的很多缺陷都是在此阶段形成的。充型能力不好，铸件易出现浇不足、冷隔等缺陷，产生废品。

充型能力除了受合金本身流动性影响外，还受到许多工艺因素方面的影响。

1. 浇注条件

(1) 浇注温度。提高浇注温度，可使合金保持液态的时间延长，使合金凝固前传给铸型的热量多，从而降低液态合金的冷却速度，还可使液态合金的黏度减小，显著提高合金的流动性。但随着浇注温度的提高，铸件的一次结晶组织变得粗大，且易产生气孔、缩孔、粘砂、裂纹等缺陷，故在保证充型能力的前提下，浇注温度应尽量低。通常铸钢的浇注温度为1520～1620℃；铸铁的为1230～1450℃；铝合金的为680～780℃。

(2) 充型压力。液态金属在流动方向上所受到的压力越大，充型能力就越好。如通过提高浇注时的静压力的方法，可提高充型能力。一些特种工艺，如压力铸造、低压铸造、离心铸造等，充型时合金液受到的压力较大，充型能力较好。

(3) 浇注系统。浇注系统的结构越复杂，流动的阻力就越大，充型能力就降低。铸型的结构越复杂、导热性越好，合金的流动性就越差。提高合金的浇注温度和浇注速度，以及增大静压头的高度会使合金的流动性增加。

2. 铸型条件

铸型的导热性越好，铸型的蓄热能力越弱，合金保持液态的时间越短，充型能力则越低。例如，铸造合金采用金属型的充型能力比砂型的要低。铸型的温度越高，合金的充型能力越好，例如为改善合金属型的充型能力，一般要对金属型预热。浇注系统和铸型的结构越复杂，合金在充型时的阻力越大，充型能力就会下降。

二、铸件的凝固方式

铸件的成形过程是液态金属在铸型中的凝固过程。合金的凝固方式对铸件的质量、性能以及铸造工艺等都有极大的影响。

铸件在凝固过程中,其断面一般存在3个区域,即固相区、凝固区和液相区,其中液相和固相并存的凝固区对铸件质量影响最大。通常根据凝固区的宽窄将铸件的凝固方式分为逐层凝固、体积凝固和中间凝固方式。

(1) 逐层凝固。纯金属或共晶成分合金在恒温下结晶,凝固过程中铸件截面上的凝固区域宽度为零,截面上固液两相界面分明,随着温度的下降,固相区不断增大,逐渐到达铸件中心,这种凝固方式称为"逐层凝固",如图9-3(a)所示。

(2) 体积凝固。当合金的结晶温度范围很宽,或因铸件截面温度梯度很小,铸件凝固在某段时间内,其液固共存的凝固区域很宽,甚至贯穿整个铸件截面,这种凝固方式称为"体积凝固"或称糊状凝固,如图9-3(c)所示。

(3) 中间凝固。金属的结晶温度范围较窄,或结晶温度范围虽宽但铸件截面温度梯度大,铸件截面上的凝固区域宽度介于逐层凝固与体积凝固之间,称为"中间凝固"方式,如图9-3(b)所示。

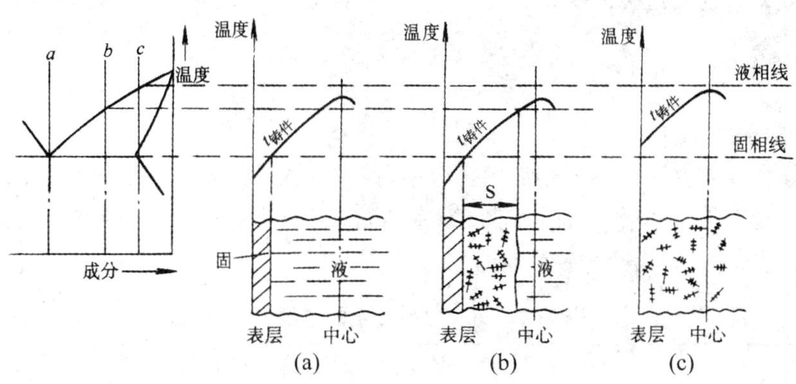

图9-3 铸件的凝固方式

铸件质量与凝固方式密切相关。一般说来,逐层凝固时,合金的充型能力强,有利于防止缩孔和缩松;糊状凝固时,难以获得结晶致密的铸件。在常用铸造合金中,灰铸铁、铝硅合金等倾向逐层凝固,易于获得致密的铸件。球墨铸铁、锡青铜、铝铜合金等倾向糊状凝固,为获得组织致密的铸件,需采取适当的工艺措施,以便补缩或减小凝固区域。

三、铸造合金的收缩

(一) 收缩的概念

液态合金从出炉到浇入铸型直至结晶凝固冷却到室温,金属原子间的距离是不断缩短的。因此,把液态合金在凝固和冷却过程中,体积和尺寸减小的现象称为合金的收缩,它是铸造合金本身的物理性质。收缩是铸件中许多缺陷如缩孔、缩松、裂纹、变形和内应力等产生的基本原因。收缩对获得符合要求的几何形状和尺寸，以及致密优质铸件有着重要影响。收缩是铸造合金的重要铸造性能之一。合金的收缩经历如下3个阶段，如图9-4所示。

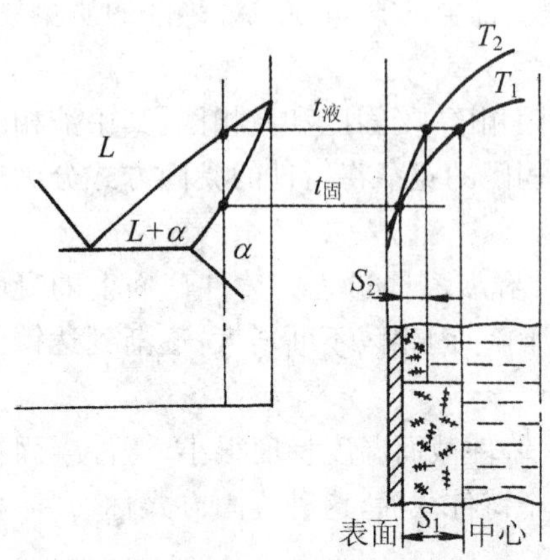

图9-4　温度梯度对凝固区域的影响

液态收缩——从浇注温度冷却至凝固开始温度之间的收缩。

凝固收缩——从凝固开始温度冷却到凝固结束温度之间的收缩。

固态收缩——从凝固完毕时的温度冷却到室温之间的收缩。

合金的收缩率为上述三个阶段收缩率的总和。

金属的液态收缩和凝固收缩，表现为合金体积的缩小，使型腔内金属液面下降，通常用体收缩率来表示，是铸件产生缩孔和缩松缺陷的根本原因；体收缩率是冒口设计的重要依据。固态收缩虽然也引起体积的变化，但在铸件各个方向上都表现出线尺寸的减小，对铸件的形状和尺寸精度影响最大，故常用线收缩率来表示，它是铸件产生内应力以至引起变形和产生裂纹的主要原因。在设计和制造模样时线收缩率是参考依据之一。

（二）影响收缩的因素

1. 化学成分的影响

不同成分合金的收缩率不同。常用合金中，铸钢的收缩率最大，灰铸铁最小。碳素钢随含碳量的增加凝固收缩率增加，而固态收缩率略减；灰铸铁中碳、硅含量越高，硫含量越低，收缩率越小。表9-2列出几种铁碳合金的体收缩率。

表9-2　几种铁碳合全的体收缩率

合金种类	含碳量 w_C/%	浇注温度 /℃	液体收缩率 /%	凝固收缩率 /%	固态收缩率 /%	总体收缩率 /%
碳素铸钢	0.35	1610	1.6	3.0	7.86	12.46
白口铸铁	3.00	1400	2.4	4.2	5.4～6.3	12～12.9
灰铸铁	3.50	1400	3.5	0.1	3.3～4.2	6.9～7.8

灰铸铁收缩小是由于其中大部分碳是以石墨状态存在的，石墨的比容大，在结晶过程中，析出石墨所产生的体积膨胀抵消了部分收缩所致。故含碳量越高，灰铸铁的收缩越小。

2. 浇注温度的影响

浇注温度主要影响液态收缩。合金的浇注温度愈高，过热度愈大，液态收缩量愈大，则总收缩量相应增加。

3. 铸件结构与铸型条件的影响

铸件在铸型中是受阻收缩而不是自由收缩。其阻力来自铸型和型芯。铸型中的铸件冷却时，因形状和尺寸不同，各部分的冷却速度不同；铸件壁厚不同，壁在型内所处的位置不同，其冷却速度也不同，上述结果对铸件收缩产生阻碍。另外，铸型和型芯对铸件的收缩也将产生机械阻力。因此，铸件的实际收缩率比自由收缩率小。

（三）铸件的缩孔和缩松

1. 缩孔和缩松的形成

缩孔产生的条件是合金在恒温或很小的范围内结晶，金属液以逐层凝固的方式进行凝固。缩孔常产生在铸件的厚大部位或上部最后凝固部位，常呈倒锥状，内表面粗糙。缩孔的形成过程如图 9－5 所示。液态合金充满铸型型腔后，由于铸型的吸热，发生液态收缩，但它将从浇注系统得到补充。因此，在此期间型腔总是充满金属液的，如图 9－5(a)所示。随着液态温度的降低，靠近型腔表面的金属凝固成一层硬壳，并紧紧包住内部的液态金属。此时内浇道已凝固，壳中金属液的收缩因被外壳阻碍，不能得到补缩，故其液面开始下降如图 9－5(b)所示。随着温度的继续下降，外壳加厚，内部剩余的液体由于液态收缩和补充凝固层的收缩，使体积缩减，液面继续下降，如图 9－5(c)所示。此过程一直延续到凝固终了，在铸件上部形成了缩孔(图中 d)。温度继续下降至室温，因固态收缩使铸件的外轮廓尺寸略有减小(图中 e)。纯金属和共晶成分的合金，易形成集中的缩孔。

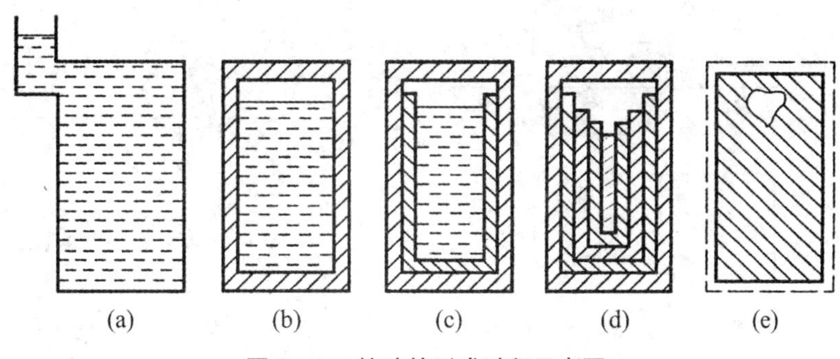

图 9－5　缩孔的形成过程示意图

缩松的形成，主要出现在呈糊状凝固方式的合金中或断面较大的铸件壁中，是被树枝状晶体分隔开的封闭的液体区收缩难以得到补缩所致。如图 9－6 所示。

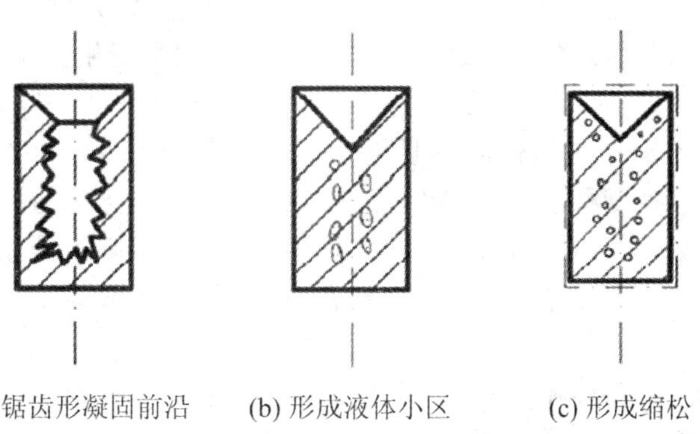

图 9－6　缩松的形成过程

缩松大多分布在铸件中心轴线处、热节处、冒口根部、内浇口附近或缩孔下方，它分布面广，难以控制，因而对铸件的力学性能影响很大，是铸件最危险的缺陷之一。

铸件中的缩松也是由于合金的液态收缩和凝固收缩得不到补充而产生的。

2. 缩孔和缩松的防止

缩孔和缩松使铸件受力的有效面积减小，而且在孔洞处易产生应力集中，可使铸件力学性能大大减低，以致成为废品。为此必需采取适当的措施加以防止。防止铸件产生缩孔、缩松的基本方法是采用“顺序凝固原则”，即针对合金的凝固特点制定合理的铸造工艺，使铸件在凝固过程中建立良好的补缩条件，尽可能使缩松转化为缩孔，并使缩孔出现在最后凝固的部位，在此部位设置冒口补缩。使铸件的凝固按薄壁——厚壁——冒口的顺序先后进行，让缩孔移入冒口中，从而获得致密的铸件，如图 9-7 所示。

为了实现顺序凝固，在安放冒口的同时，在铸件上某些厚大部位（热节）增设冷铁，如图 9-8 所示，由于冷铁加快了该处的冷却速度，使厚度较大的凸台反而最先凝固，从而实现了自下而上的顺序凝固，防止了凸台处缩孔、缩松的产生，可以看出，冷铁仅是加快某些部位的冷却速度，以控制铸件的凝固顺序，但本身并不起补缩作用。冷铁通常用钢或铸铁制成。

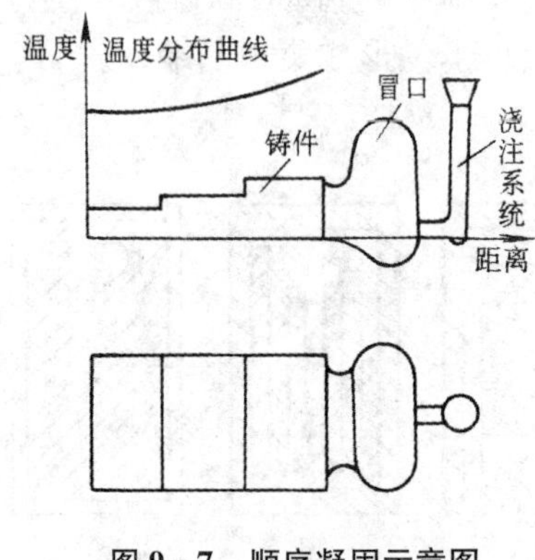

图 9-7　顺序凝固示意图

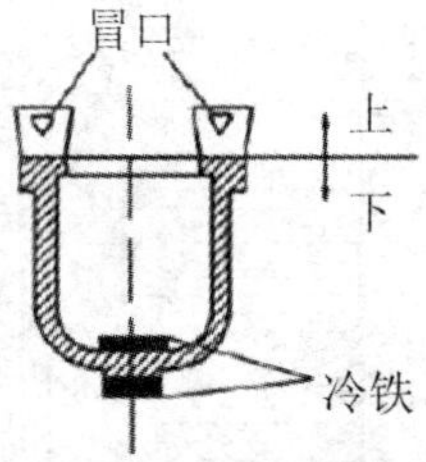

图 9-8　冷铁的应用

四、铸造应力、变形与裂纹

铸件凝固后在冷却过程中，由于温度下降会产生固态收缩，有些合金甚至还会因发生固态相变而引起收缩或膨胀，这将导致铸件的体积和长度发生变化。若这种变化受到阻碍，就会在铸件内产生应力，称为铸造应力。

铸造应力的存在将引起铸件的变形和裂纹。当铸件内产生的总应力超过合金的屈服极限 σ_s 时，铸件将发生塑性变形使铸件尺寸发生改变；当总应力超过合金的强度极限 σ_b 时，铸件将产生裂纹；当总应力低于合金的弹性极限 σ_e 时，则以残余应力存在于铸件内。具有残余应力的铸件，其状态处于不稳定状态，将自发地进行变形以减少内应力趋于稳定状态。

铸造应力对铸件质量影响很大。尤其在交变载荷作用下工作的零件，当载荷的作用方向与铸造应力方向一致时，则应力可能超过合金的强度极限，使铸件产生局部裂纹或断裂。有残余应力的铸件，机械加工后发生变形或降低零件精度。在腐蚀性介质中，应力还会降低其耐腐蚀性能，甚至产生应力腐蚀开裂。因此，应尽量减小和消除铸件中的应力。

(一) 减小铸造应力的措施

产生铸造应力的主要原因是由于铸件各部分的温度不同,冷却不均匀,以及铸型、型芯、浇铸系统等阻碍收缩的结果。为了减小铸件在冷却过程中产生的铸造应力,应采取各种措施减小冷却过程中各部分的温差,以及改善铸型和型芯的退让性。具体措施如下:

(1) 在铸造工艺上采取“同时凝固原则”,是减少和消除铸造应力的重要工艺措施。同时凝固是指采取一些工艺措施,尽量减小铸件各部位间的温度差,使铸件各部位同时冷却凝固,如图 9-9 所示。

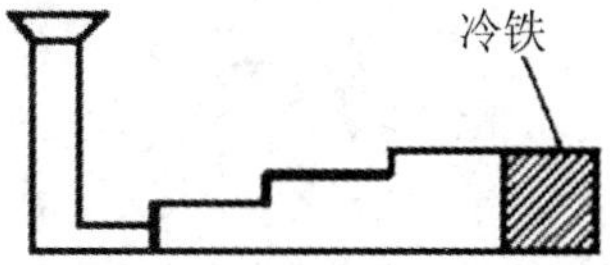

冷铁

图 9-9　同时凝固示意图

(2) 尽量减少铸件的壁厚差,适当提高铸型温度。

(3) 改善铸型和型芯的退让性。控制铸型和型芯的紧实度,加入木屑、焦炭末等退让性好的材料,采用壳型、壳芯、树脂砂等,以减小铸件收缩时的应力。

(二) 消除铸造应力的措施

事实上,即使采用上述措施,铸造应力也不能完全消除,铸件中仍有残余应力存在。为此,需采取以下措施予以消除。

(1) 人工时效。将铸件重新加热到合金的临界温度以上,使铸件处于塑性状态的温度范围,通常在 550℃～650℃之间进行保温,使铸件的各部分的温度均匀一致,让铸造应力消失。然后随炉缓冷,此工艺即为人工时效,也叫去应力退火。

(2) 自然时效。自然时效是将具有残余应力的铸件置于露天场地,经过几个月乃至一年以上,随着自然温度的变化,使铸件缓慢发生变形,从而消除内应力。

(3) 设计铸件时应尽量使铸件形状简单、对称、壁厚均匀。另外,根据铸件的具体结构特点,可采用反变形设计及校直、增加拉筋结构等。

第二节　砂型铸造

一、砂型铸造的工艺过程

将液体金属浇入用型砂紧实成的铸型中,待凝固冷却后,将铸型破坏,取出铸件的铸造方法称为砂型铸造。砂型铸造是传统的铸造方法,它适用于各种形状、大小及各种常用合金铸件的生产。砂型铸造工艺,如图 9-10 所示。主要工序包括制造模样、制备造型材料、造型、制芯、合型、熔炼、浇注、落砂、清理与检验等。

二、砂型铸造造型方法

造型是指用型砂及模样等工艺装备制造铸型的过程。造型是砂型铸造最基本的工序,通常分为手工造型和机器造型两大类。造型方法选择是否合理，对铸件质量和成本有着很大影响。

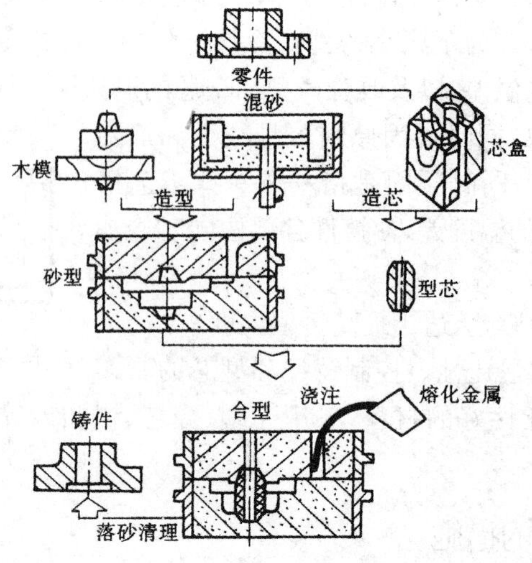

图 9-10　砂型铸造工艺流程

(一) 手工造型

手工造型是全部用手工或手动工具完成的造型工序。手工造型的特点是操作方便灵活、适应性强，模样生产准备时间短，但生产率低，劳动强度大，铸件质量不易保证。只适用于单件或小批量生产。

各种常用手工造型方法的特点及其适用范围见表 9-3。

表 9-3　常用手工造型方法的特点和应用范围

造型方法			主要特点	适用范围
按砂箱特征区分	两箱造型		铸型由上型和下型组成，造型、起模、修型等操作方便。是造型最基本的方法	适用于各种生产批量，各种大、中、小铸件
	三箱造型		铸型由上、中、下三部分组成，中型的高度须与铸件两个分型面的间距相适应。三箱造型费工，应尽量避免使用	主要用于单件、小批量生产具有两个分型面的铸件
	地坑造型		在车间地坑内造型，用地坑代替下砂箱，只要一个上砂箱，可减少砂箱的投资。但造型费工，而且要求操作者的技术水平较高	常用于砂箱数量不足，制造批量不大或质量要求不高的大、中型铸件

续表

造型方法			主要特点	适用范围
按模样特征区分	整模造型	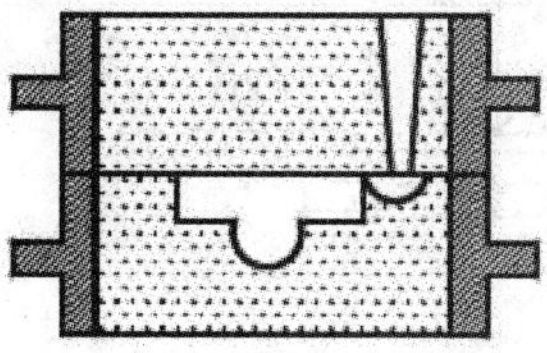	模样是整体的，分型面是平面，多数情况下，型腔全部在下半型内，上半型无型腔。造型简单，铸件不会产生错型缺陷	适用于一端为最大截面，且为平面的铸件
	挖砂造型	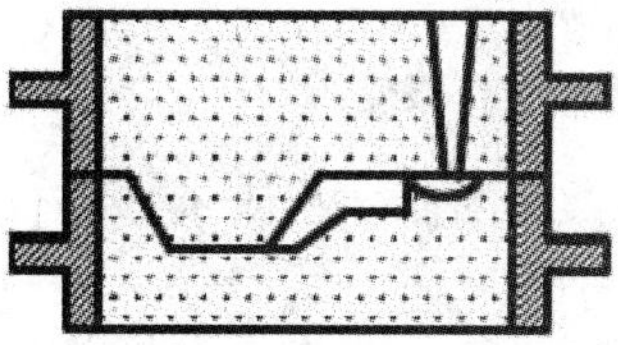	模样是整体的，但铸件的分型面是曲面。为了起模方便，造型时用手工挖去阻碍起模的型砂。每造一件，就挖砂一次，费工、生产率低	用于单件或小批量生产分型面不是平面的铸件
按模样特征区分	假箱造型	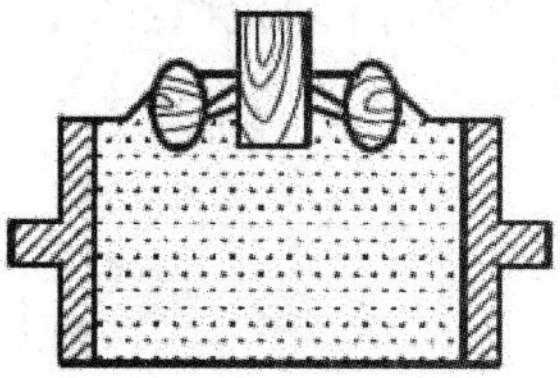	为了克服挖砂造型的缺点，先将模样放在一个预先作好的假箱上，然后放在假箱上造下型，假箱不参与浇注，省去挖砂操作。操作简便，分型面对齐	用于成批生产分型面不是平面的铸件
	刮板造型	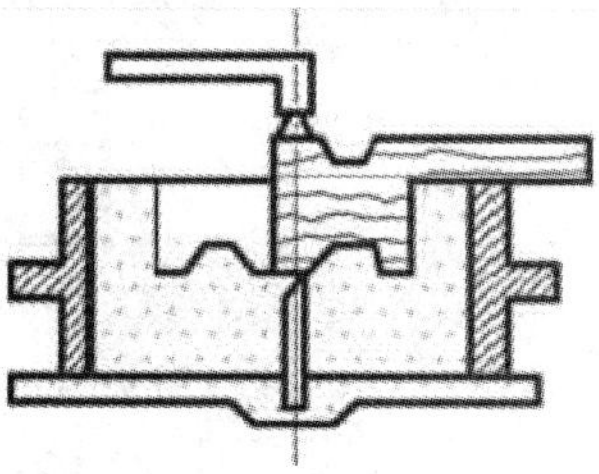	用刮板代替模样造型。可大大降低模样成本，节约木材，缩短生产周期。但生产率低，要求操作者的技术水平较高	主要用于有等截面的或回转体的大、中型铸件的单件或小批量生产
	活块造型	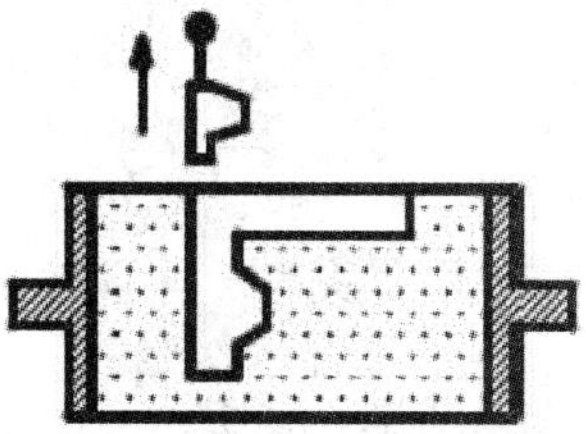	铸件上有妨碍起模的小凸台、肋条等。制模时将此部分作成活块，在主体模样起出后，从侧面取出活块。造型费工，要求操作者的技术水平较高	主要用于单件、小批量生产带有突出部分、难以起模的铸件

造型方法的选择具有较大灵活性，一个铸件往往可用多种方法造型，应根据铸件结构特点、形状和尺寸、生产批量及车间具体条件等进行分析比较，以确定最佳方案。

(二) 机器造型

机器造型是用机器来完成填砂、紧实和起模等造型操作过程，是现代化铸造车间的基本造型方法。与手工造型相比，可以提高生产率和铸型质量，减轻劳动强度。但设备及工装模具投资较大，生产准备周期较长，主要用于成批大量生产。

(1) 机器造型紧实砂型的方法。机器造型紧实砂型的方法很多，最常用的是振压紧实和压实紧实法等。振压紧实法如图 9－11 所示，砂箱放在带有模样的模板上，填满型砂后靠压缩空气的动力，使砂箱与模板一起振动而紧砂，再用压头压实型砂即可。

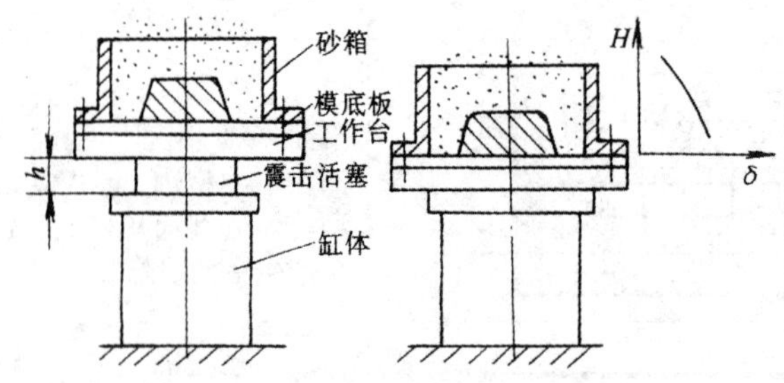

图 9-11　振压式造型机工作原理

压实法是直接在压力作用下使型砂得到紧实。如图 9-12 所示，固定在横梁上的压头将辅助框内的型砂从上面压入砂箱得以紧实。

(2) 起模方法。为了实现机械起模，机器造型所用的模样与底板连成一体，称为模板。

模板上有定位销与砂箱精确定位。图 9-13 是顶箱起模的示意图。当砂型紧实后，造型机的四根顶杆同时垂直向上将砂箱顶起而完成起模。

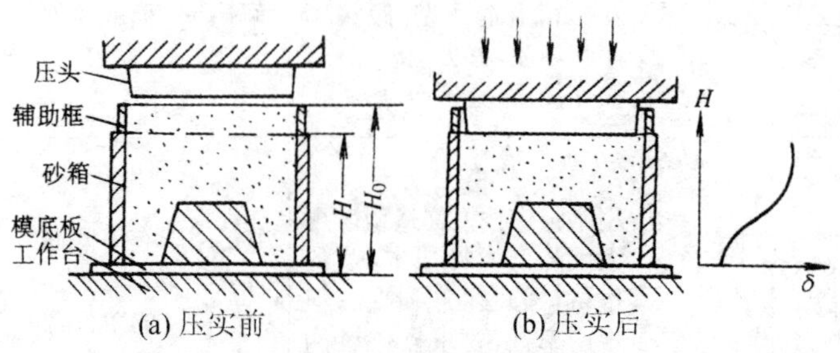

图 9-12　压实法示意图

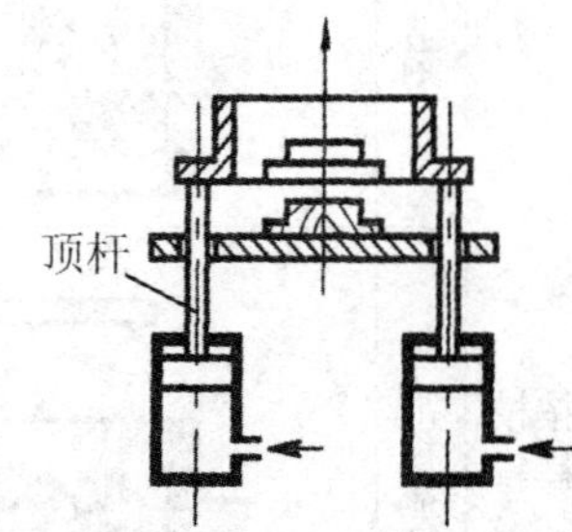

图 9-13　顶箱起模示意图

三、浇注系统的确定

浇注系统指液态金属流入铸型型腔的通道。浇注系统一般包括外浇口、直浇道、横浇道、内浇口等，如图 9-14 所示。浇注系统应保证液态金属平稳地引入铸型，要有利于排渣和排气，并能控制铸件的凝固顺序。外浇口常做成开口较大的杯形，目的是使液态金属的引入并减缓液态金属对砂型的冲击。直浇道是连接外浇口与横浇道的垂直通道。横浇道位于内浇口之上，起排渣等作用。内浇口是直接和型腔相连的通道，应使液态金属快而平稳地充型。

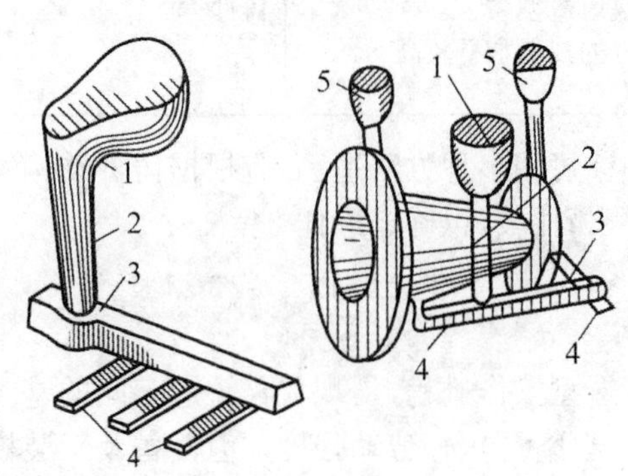

图 9-14　浇注系统的组成

1-外浇口　2-直浇道　3-横浇道
4-内浇口　5-冒口

铸型中能储存一定金属液，补偿铸件收缩以防止产生缩孔和缩松缺陷的空腔称为冒口。图 9-14 中 5 所示。冒口的作用是补缩、集渣、通气、排气。对冒口的要求是：金属液足够补缩量；补缩通道畅通，且保证冒口的凝固时间要大于铸件的凝固时间。

浇口位置的确定对铸件质量影响很大，依据铸件的具体结构、合金种类等有以下几种：

(1) 顶注式。内浇口设置在铸件顶部，如图 9-15(a)所示，液态金属从铸型上部流入型腔，有利于实现自下而上的顺序凝固，易于补缩，冒口尺寸小，是常用的一种形式。缺点是充型不平稳。若铸型较高，充型时液态金属的飞溅、氧化、吸气和冲砂都较严重，因此顶注式适用于高度较小，形状简单的薄壁铸件。

(2) 底注式。液态金属从铸型底部注入型腔，如图 9-15(b)所示，它充型平稳，易于排气、排渣、常用于易氧化的有色金属铸件及形状复杂、要求较高的黑色金属铸件，缺点是补缩性差，高大薄壁件不易充满型腔。

(3) 中间注入式。内浇口放在铸件中间某一部位上，将液态金属引入铸型，如图 9-15(c)所示，一般从分型面引入，在水平分型两箱造型中，得到了广泛应用。

(4) 分段注入式。在铸型的不同高度开设内浇口，将液态金属引入铸型型腔如图 9-15(d)所示，液态金属先由下部内浇口充型，随着液面上升而后从上部内浇口充型。它充型平稳，排气顺畅，补缩较好，缺点是造型困难，适用于水平分型的多箱造型及高度较大的垂直分型的中、大型铸件。

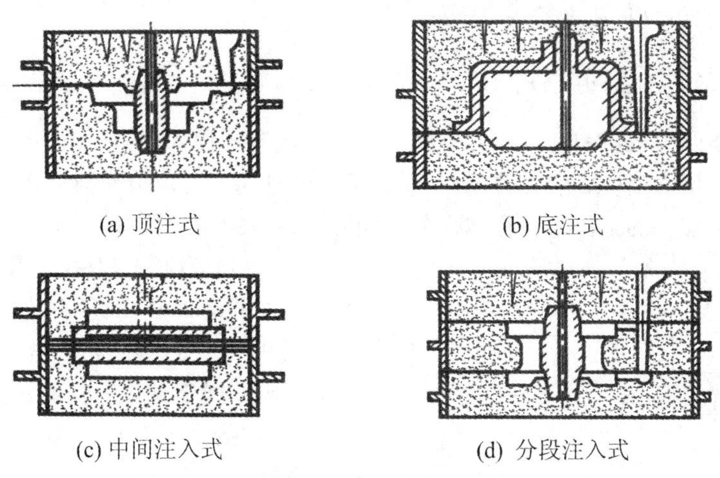

图 9-15 浇口的位置

四、铸造工艺设计

铸造生产必须首先根据零件结构特点、技术要求、生产批量和生产条件进行铸造工艺设计，并绘制铸造工艺图。铸造工艺包括：铸件浇注位置和分型面位置的选择，加工余量、收缩率和拔模斜度等工艺参数的选择，型芯和芯头结构、浇注系统、冒口和冷铁的布置等。铸造工艺图是在零件图上绘制出制造模样和铸型所需技术资料，并表达铸造工艺方案的图形。

(一) 铸件浇注位置的选择

铸件的浇注位置是指浇注时铸件在铸型内所处的空间位置。铸件浇注时的位置，对铸件质量、造型方法、砂箱尺寸、机械加工余量等都有着很大的影响。在选择浇注位置时应以保证铸件质量为主，一般注意以下几个原则。

(1) 铸件上重要的受力面、主要加工面在浇注时应朝下。图 9－16(a)所示的床身铸件上,其受力工作面、主要加工面是床身导轨,应选择导轨面朝下,以保证导轨面组织致密,不出现缩孔等缺陷。浇注位置如图 9－16(b)所示。

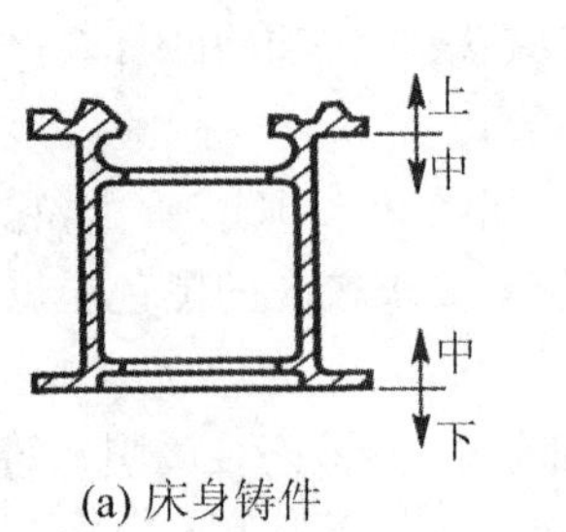

(a) 床身铸件

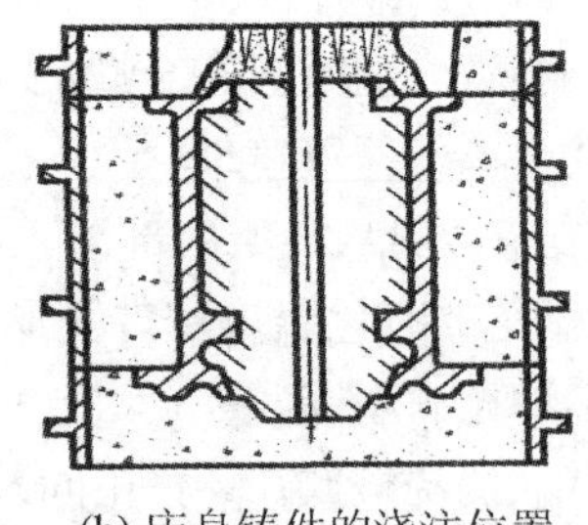
(b) 床身铸件的浇注位置

图 9－16　床身的浇注位置

(2) 面积较大的薄壁部分置于铸型下部或使其处于垂直或倾斜位置,这样有利于金属的充填,可以有效防止铸件产生浇不足或冷隔等缺陷。

(3) 对于容易产生缩孔的铸件,应将厚大部分放在分型面附近的上部或侧面,以便在铸件厚壁处直接安置冒口,使之实现自下而上的定向凝固。

(二) 铸型分型面的选择原则

分型面是指两半铸型相互接触的表面。分型面决定了铸件(模样)在造型时的位置。铸型分型面的选择不恰当会影响铸件质量,使制模、制型、造芯、合箱或清理等工序复杂化,甚至还可增大切削加工的工作量。在选择分型面时应注意以下原则。

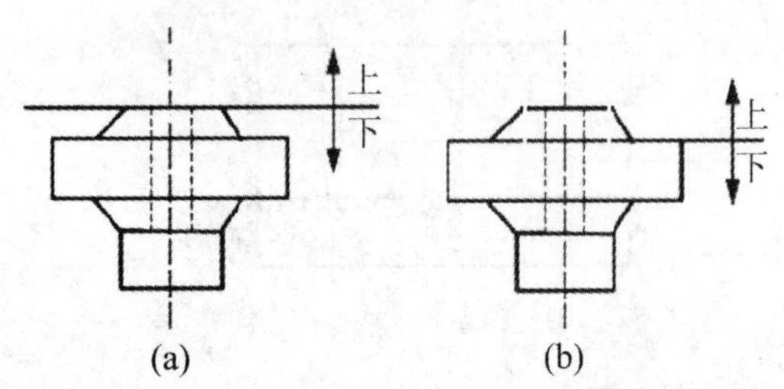

图 9－17　分型面应选在最大截面处示意图

(1) 为便于起模,分型面应尽量选在铸件的最大截面处,并力求采用平直面。图 9－17 所示零件,若按(a)图确定分型面则不便于起模,分型面选择不当;改为(b)图的最大截面处则便于起模,分型面选择合理。

(2) 尽量减少分型面的数目,以减少砂箱适应机器造型的要求,铸件质量也易于保证。图 9－18 所示为槽轮铸件的三种分型方案。方案 a、b 均为两个分型面的三箱造型,会产生上中箱错箱缺陷。选用方案 c 就能采用两箱造型,铸件质量易于保证,特别适用于大批量生产。

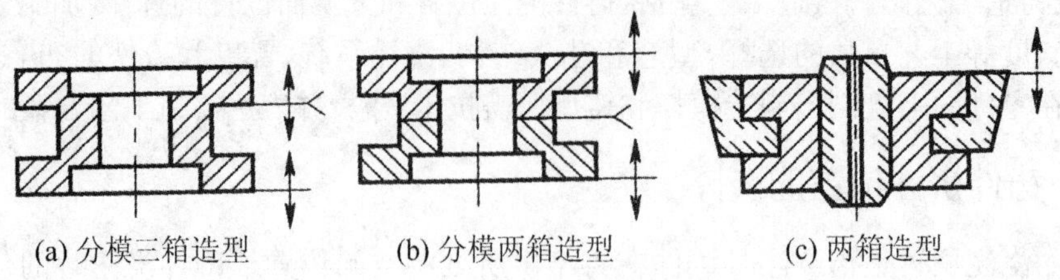

图 9－18　槽轮的分型方案

(3) 尽量使铸件全部或大部置于同一砂箱内，并使铸件的重要加工面、工作面、加工基准面及主要型芯位于下型内。这样便于型芯的安放和检验，还可使上型的高度减低，便于合箱，并可保证铸件的尺寸精度，防止错箱。图 9-19 所示螺栓塞头分型面的选择，如采用方案(b)可使铸件全部放在下型，避免了错箱，铸件质量得到保证。

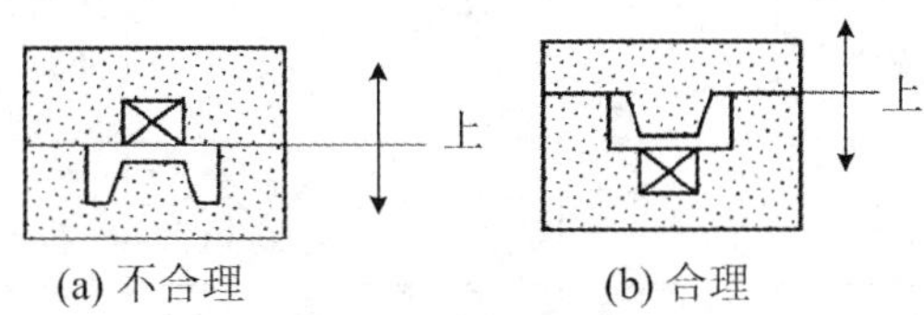

图 9-19　螺栓塞头的分型面

(4) 铸件的非加工面上，尽量避免有披缝，如图 9-20 所示。

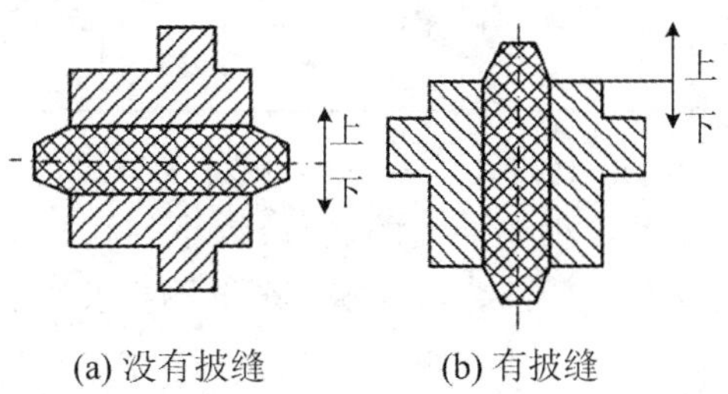

图 9-20　在非加工面上避免披缝的方法

分型面的上述诸原则，对于某个具体的铸件来说难以全面满足，有时甚至互相矛盾。因此，必须抓住主要矛盾，全面考虑，至于次要矛盾，则应从工艺措施上设法解决。在确定浇注位置和分型面时，一般情况下，应先保证铸件质量选择浇注位置，而后通过简化造型工艺确定分型面。但在生产中，有时二者的确定会相互矛盾，必须综合分析各种方案的利弊，选择最佳方案。

(三) 工艺参数的确定

铸造工艺参数是指铸造工艺设计时，需要确定的某些工艺数据。这些工艺数据一般与模样和芯盒尺寸有关，同时也与造型、制芯、下芯及合型的工艺过程有关。选择不当会影响铸件的精度、生产率和成本。常见的工艺参数有如下几项。

(1) 收缩率。金属冷凝时，因收缩原因，铸件尺寸一般比模样尺寸要缩小，其尺寸缩小的百分率叫做铸造的收缩率。铸造收缩率 K 表达式为：

$$K=\frac{L_{模}-L_{件}}{L_{件}}\times 100\%$$

式中　$L_{模}$——模样或芯盒工作面的尺寸，单位为 mm；

　　　$L_{件}$——铸件的尺寸，单位为 mm。

收缩率的大小取决于铸造合金的种类及铸件的结构、尺寸等因素。通常，灰铸铁的铸造收缩率为 0.7%～1.0%，铸造碳钢为 1.3%～2.0%，铸造锡青铜为 1.2%～1.4%。

(2) 零件需要加工的表面，应留出合适的加工余量。加工余量要根据铸造合金、加工要求、铸件的形状和尺寸、浇注位置等合理确定。铸件的机械加工余量等级选择。灰铸铁的机械加工余量见表 9-4。

表 9-4 灰铸铁的机械加工余量 (单位:mm)

铸件最大尺寸	浇注时位置	加工面与基准面之间的距离					
		<50	50～120	120～260	260～500	500～800	800～1250
<120	顶面底、侧面	3.5～4.5 2.5～3.5	4.0～4.5 3.0～3.5				
120～260	顶面底、侧面	4.0～5.0 3.0～4.0	4.5～5.0 3.5～4.0	5.0～5.5 4.0～4.5			
260～500	顶面底、侧面	4.5～6.0 3.5～4.5	5.0～6.0 4.0～4.5	6.0～7.0 4.5～5.0	6.5～7.0 5.0～6.0		
500～800	顶面底、侧面	5.0～7.0 4.0～5.0	6.0～7.0 4.5～5.0	6.5～7.0 4.5～5.5	7.0～8.0 5.0～6.0	7.5～9.0 6.5～7.0	
800～1250	顶面底、侧面	6.0～7.0 4.0～5.5	6.5～7.5 5.0～5.5	7.0～8.0 5.0～6.0	7.5～8.0 5.5～6.0	8.0～9.0 5.5～7.0	8.5～10 6.5～7.5

(3) 最小铸出孔。对于铸件上的孔、槽，一般来说，较大的孔、槽应当铸出，以减少切削加工工时，节约金属材料，并可减小铸件上的热节；较小的孔则不必铸出，用机械加工较经济。最小铸出孔的参考数值见表 9-5。对于零件图上不要求加工的孔、槽以及弯曲孔等，一般均应铸出。

表 9-5 铸件毛坯的最小铸出孔 (单位:mm)

生产批量	最小铸出孔的直径	
	灰铸铁件	铸钢件
大量生产	12～15	
成批生产	15～30	30～50
单件、小批量生产	30～50	50

(4) 起模斜度。为了使模样(或型芯)易于从砂型(或芯盒)中取出，凡垂直于分型面的立壁，制造模样时必须留出一定的倾斜度，此倾斜度称为起模斜度，如图 9-21 所示。在铸造工艺图上，加工表面上的起模斜度应结合加工余量直接表示出，而不加工表面上的斜度(结构斜度)仅需用文字注明即可。起模斜度应根据模样高度及造型方法来确定。模样越高，斜度取值越小；内壁斜度比外壁斜度大，手工造型比机器造型的斜度大。

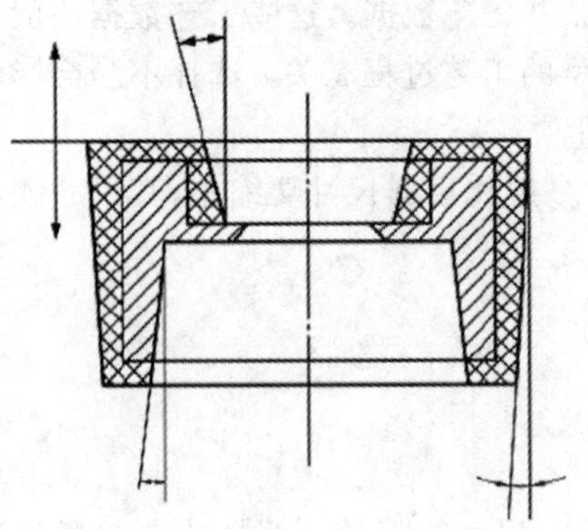

图 9-21 起模斜度的设计

(5) 铸造圆角。铸件上相邻两壁之间的交角应设计成圆角，防止在尖角处产生冲砂及裂纹等缺陷。圆角半径一般为相交两壁平均厚度的 1/3～1/2。铸件不同壁厚的连接应逐渐过渡。拐弯和交接处应采用较大的圆角连接，如图 9-22 所示。要尽量避免锐角结构，如图 9－23 所示，以避免因应力集中而产生开裂。

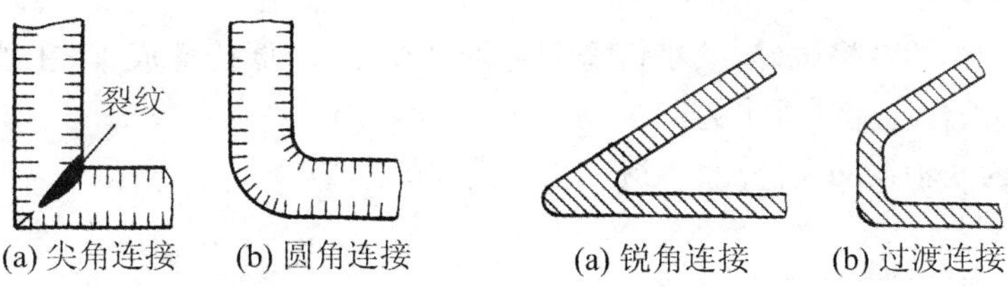

图 9－22　圆角连接　　　　**图 9－23　避免锐角结构**

铸造圆角的大小应与铸件的壁厚相适应，数值可参阅表 9－6。

表 9－6　铸件的内圆角半径 *R* 值　　（单位：mm）

	(a+b)/2	＜8	8～12	12～16	16～20	20～27	27～35	35～45	45～60
	铸铁	4	6	6	8	10	12	16	20
	铸钢	6	6	8	10	12	16	20	25

（6）合理设计铸件壁厚。铸件的壁厚越大，越有利于液态合金充填型腔。但是随着壁厚的增加，铸件心部的晶粒越粗大，而且凝固收缩时没有金属液的补充，易产生缩孔、缩松等缺陷，故承载力并不随着壁厚的增加而成比例地提高。铸件壁厚减小，有利于获得细小晶粒，但不利于液态合金充填型腔，容易产生冷隔、浇不到等缺陷。为了获得完整、光滑的合格铸件，铸件壁厚设计应大于该合金在一定铸造条件下所能得到的“最小壁厚”。表 9－7 列出了砂型铸造条件下铸件的最小壁厚。当铸件壁厚不能满足力学性能要求时，常采用带加强肋结构的铸件，而不是用单纯增加壁厚的方法。如图 9－24 所示。

表 9－7　砂型铸造铸件最小壁厚的设计　　（单位：mm）

铸件尺寸	铸钢	灰铸铁	球墨铸铁	可锻铸铁	铝合金	铜合金
＜200×200	5～8	3～5	4～6	3～5	3～3.5	3～5
200×200～500×500	10～12	4～10	8～12	6～8	4～6	6～8
500×500	15～20	10～15	12～20	—	—	—

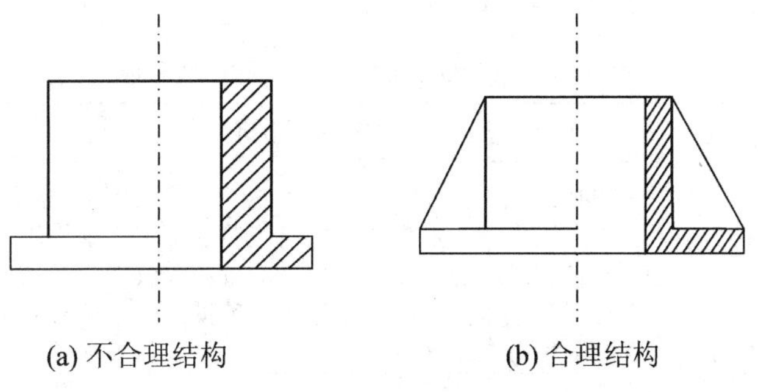

图 9－24　采用加强肋减小铸件的壁厚

（四）铸造工艺图的绘制

为了获得健全的合格铸件，减小铸型制造的工作量，降低铸件成本，在砂型铸造的生产准备过程中，必须合理地制订出铸造工艺方案，并绘制出铸造工艺图。

图 9－25 为联轴器的零件图、铸造工艺及模样图。

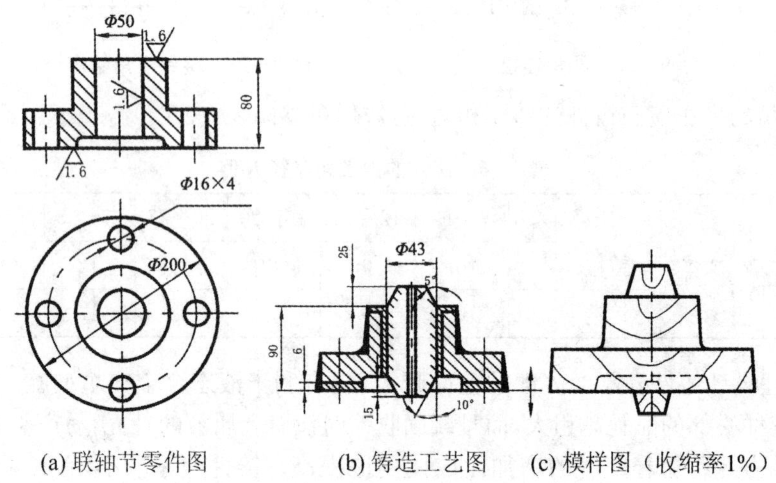

(a) 联轴节零件图　(b) 铸造工艺图　(c) 模样图（收缩率1%）

图 9－25　联轴节的铸造工艺图

（五）铸造工艺设计的一般程序

铸造工艺设计就是在生产铸件之前，编制出控制该铸件生产工艺的技术文件。铸造工艺设计主要是画铸造工艺图、铸型装配图和编写工艺卡片等，它们是生产的指导性文件，也是生产准备、管理和铸件验收的依据。因此，铸造工艺设计的好坏，对铸件的质量、生产率及成本起着决定性的作用。

一般大量生产的定型产品、特殊重要的单件生产的铸件，铸造工艺设计制定比较细致，内容涉及较多。单件、小批生产的一般性产品，铸造工艺设计内容可以简化。在最简单的情况下，只须绘制一张铸造工艺图即可。

铸造工艺设计的内容和一般程序见表 9－8。

表 9－8　铸造工艺设计的内容和一般程序

项目	内　容	用途及应用范围	设计程序
铸造工艺图	在零件图上用规定的红、蓝等各色符号表示出：浇注位置和分型面，加工余量，收缩率，起模斜度，反变形量，浇、冒口系统，内外冷铁，铸肋，砂芯形状、数量及芯头大小等	制造模样、模底板、芯盒等工装以及进行生产准备和验收的依据。适用于各种批量的生产	① 产品零件的技术条件和结构工艺性分析② 选择铸造及造型方法③ 确定浇注位置和分型面④ 选用工艺参数⑤ 设计浇冒口、冷铁和铸肋⑥ 型芯设计
铸件图	把经过铸造工艺设计后，改变了零件形状、尺寸的地方都反映在铸件图上	铸件验收和机加工夹具设计的依据。适用于成批、大量生产或重要铸件的生产	⑦ 在完成铸造工艺图的基础上，画出铸件图

续表

项目	内　　容	用途及应用范围	设计程序
铸型装配图	表示出浇注位置,型芯数量、固定和下芯顺序,浇冒口和冷铁布置,砂箱结构和尺寸大小等	生产准备、合箱、检验、工艺调整的依据。适用于成批、大量生产的重要件,单件的重型铸件	⑧ 通常在完成砂箱设计后画出
铸造工艺卡片	说明造型、造芯、浇注、打箱、清理等工艺操作过程及要求	生产管理的重要依据。根据批量大小填写必要条件	⑨ 综合整个设计内容

第三节　特种铸造

砂型铸造虽然是铸造生产中最基本的方法,并且有许多优点,但也存在一些难以克服的缺点,如一型一件,生产率低,铸件表面粗糙,加工余量较大,废品率较高,工艺过程复杂,劳动条件差等。为了克服上述缺点,在生产实践中开发出一些区别于砂型铸造的其它铸造方法,统称为特种铸造。每种特种铸造方法,在提高铸件精度和表面质量、改善合金性能、提高劳动生产率、改善劳动条件和降低铸造成本等方面,各有其优越之处。近年来,特种铸造在我国发展非常迅速,尤其在有色金属的铸造生产中占有重要地位。特种铸造具有铸件精度和表面质量高、铸件内在性能好、原材料消耗低、工作环境好等优点。但铸件的结构、形状、尺寸、质量、材料种类往往受到一定限制。

本节就几种应用较多的特种铸造方法的工艺过程、特点及应用作一些简单介绍。

一、熔模铸造

熔模铸造又称石蜡铸造,通常是用易熔的石蜡和硬脂酸等材料制成蜡模,在蜡模表面上涂上数层耐火材料,待其硬化干燥后,将其中的蜡模熔去而制成型壳,经过焙烧,进行浇注,而获得铸件的一种方法。这种铸造方法能够获得具有较高精度和表面质量的铸件,故又有"熔模精密铸造"之称。

(一) 熔模铸造的工艺过程

熔模铸造的工艺过程如图 9-26 所示。主要包括蜡模制造、结壳、脱蜡、焙烧和浇注等过程。

(1) 压型制造。通常是根据零件图制造出与零件形状尺寸相符合的母模(图 a);再由母模形成一种模具(称压型)的型腔(图 b);把熔化成糊状的蜡质材料压入压型,等冷却凝固后取出,就得到蜡模(图 c,d,e)。在铸造小型零件时,常把若干个蜡模粘合在一个浇注系统上,构成蜡模组(图 f),以便一次浇出多个铸件。

(2) 制造型壳。把蜡模组放入粘结剂与硅粉配制的涂料中浸渍,使涂料均匀地覆盖在蜡模表层,然后在上面均匀地撒一层硅砂,再放人硬化剂中硬化。如此反复 4～6 次,最后在蜡模组外表形成由多层耐火材料组成的坚硬的型壳(图 g)。

(3) 熔化蜡模(脱蜡)。通常将带有蜡模组的型壳放在80～90℃的热水中,使蜡料熔化后从浇注系统中流出。

(4) 型壳的焙烧。把脱蜡后的型壳放入加热炉中,加热到800～950℃,保温0.5～2h,烧去型壳内的残蜡和水分,洁净型腔。为使型壳强度进一步提高,可将其置于砂箱中,周围用粗砂充填,即"造型",然后再进行焙烧。

(5) 浇注。将型壳从焙烧炉中取出后,周围堆放干砂,加固型壳,然后趁热(600～700℃)浇入合金液,并凝固冷却(图h)。

(6) 脱壳和清理。用人工或机械方法去掉型壳、切除浇冒口,清理后即得铸件。

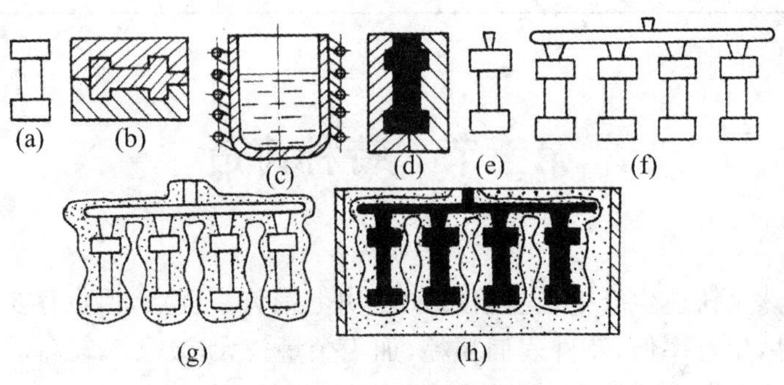

图9-26 熔模铸造的工艺过程

(a) 母模 (b) 压型 (c) 熔蜡 (d) 制造蜡模
(e) 蜡模 (f) 蜡模组 (g) 结壳,脱蜡 (h) 填砂,浇注

(二) 熔模铸造的特点和应用

熔模铸造的工艺特点是使用易熔模,无分型面,不必开箱取模,铸型壳光洁、精确,热壳浇铸,合金的充型能力好,金属液型壳的复印性好。因而熔模铸件精度高,表面质量好。尺寸精度可达5～7级,表面粗糙度可达3.2μm,可铸出孔的最小直径可达0.5mm,铸件的最小壁厚可达0.3mm。即可铸出形状复杂的薄壁铸件,从而大大减少机械加工工时,显著提高金属材料的利用率。

熔模铸造的型壳耐火度高,适用于各种合金材料,尤其适用于那些高熔点合金及难切削加工合金的铸造。并且生产批量不受限制,单件、小批、大量生产均可。但熔模铸造工序繁杂,生产周期长,铸件的尺寸和重量受到限制,一般不超过25kg。

熔模铸造可生产碳素钢、合金钢、有色合金、球墨铸铁件,常用在生产汽轮机及燃气轮机的叶片,泵的叶轮,切削刀具,以及飞机、汽车、拖拉机、风动工具和机床上的小型零件。

二、金属型铸造

金属型铸造是将液态金属在重力作用下浇入金属铸型,以获得铸件的一种方法。铸型可以反复使用几百次到几千次,所以又称永久型铸造。

(一) 金属型的结构与材料

根据分型面位置的不同,金属型可分为垂直分型式、水平分型式和复合分型式三种结构,其中垂直分型式金属型开设浇注系统和取出铸件比较方便,易实现机械化,应用较广,如

图 9－27 所示。

(二) 金属型铸造的特点及应用范围

(1) 金属型复用性好，实现了“一型多铸”，工序简单，生产率高，劳动条件好。

(2) 金属型内腔表面光洁，刚度大，因此铸件的尺寸精度和表面质量比砂型铸件显著提高，故机械加工余量小。

(3) 金属型导热快，铸件冷却速度快，一方面使凝固后铸件晶粒细小，从而提高了铸件的力学性能。但另一方面不宜铸造大型、形状复杂和薄壁铸件。

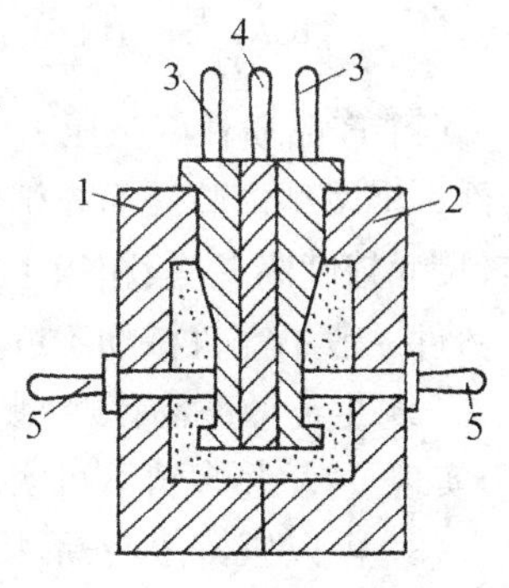

图 9－27 金属型铸造示意图

1-左半型 2-右半型 3,4-组合型芯 5-销孔型芯

(4) 由于金属型不透气且无退让性，铸件易产生浇不足、裂纹及白口缺陷等。

金属型铸造适用于大批量生产非铁合金铸件，如铝合金活塞、连杆、汽缸体、汽缸盖、油泵壳体及铜合金轴瓦、轴套等；铸铁件的金属型铸造目前也有所发展，但其尺寸限制在300mm 以内，质量不超过 8kg，如电熨斗底板等。

三、压力铸造

压力铸造简称压铸，其实质是在高压作用下，使液态或半液态金属以较高的速度充填金属型型腔，并在压力下成形和凝固而获得铸件的方法。常用的压射比压为 30～150MPa，充型时间 0.01～0.2s。

(一) 压铸机和压铸工艺过程

压铸是在压铸机上完成的，压铸机根据压室工作条件不同，分为冷压室压铸机和热压室压铸机两类。热压室压铸机的压室与坩埚连成一体，而冷压室压铸机的压室是与坩埚分开的。冷压室压铸机又可分为立式和卧式两种，目前以卧式冷压室压铸机应用较多。图 9－28 为立式压铸机工作过程示意图。合型后，用定量勺将金属液注入压室中(图 a)；压射活塞向下推进，将金属液压入铸型(图 b)；金属凝固后，压射活塞退回，下活塞上移顶出余料，动型移开，取出铸件(图 c)。

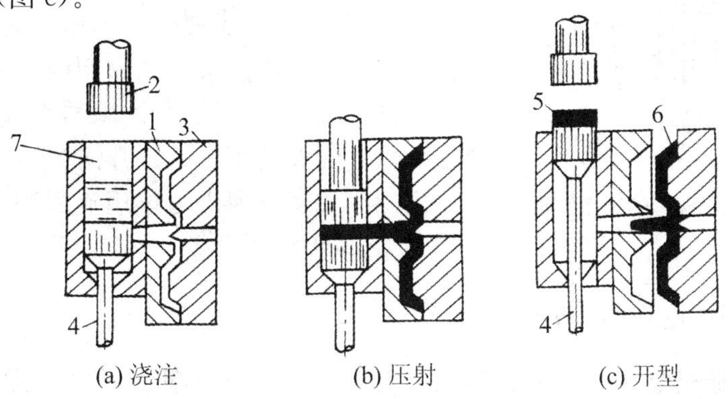

图 9－28 立式压铸机工作过程示意图

1-定型 2-压射活塞 3-动型 4-下活塞 5-余料 6-压铸件 7-压室

(二) 压力铸造的特点及其应用

(1) 产品质量好。压力铸造是在高速、高压下成形，可铸出形状复杂、轮廓清晰的薄壁铸件。金属型内腔表面光洁、刚度大，因此铸件的尺寸精度和表面质量比砂型铸件显著提高，尺寸精度高，一般相当于6～7级，甚至可达4级。表面光洁度一般相当于5～8级。故压铸件一般不需机械加工或少量加工后即可直接使用。

(2) 生产效率高。小型热室压铸机平均每小时可压铸3000～7000次；金属型复用性好，实现了"一型多铸"，可实现自动化和半自动化生产。

(3) 可以压铸薄壁、形状复杂以及具有很小孔和螺纹的铸件。如锌合金的压铸件最小壁厚可达0.8mm，最小可铸螺纹厚可达0.7mm，还可压铸镶嵌件。

压力铸造的缺点是气体难以排出，压铸件易产生皮下气孔，压铸件不能进行热处理，也不宜在高温下工作；金属液凝固快，厚壁处来不及补缩，易产生缩孔和缩松；设备投资大，铸型制造周期长、造价高，不宜小批量生产。

压力铸造主要应用于生产锌合金、铝合金、镁合金和铜合金等铸件，在汽车、拖拉机制造业、仪表和电子仪器工业、农业机械、国防工业、计算机、医疗器械等制造业中有广泛的用途。

四、低压铸造

低压铸造是液体金属在压力作用下由下而上充填型腔，并在压力下结晶以形成铸件的方法。由于所用的压力较低(0.02～0.06MPa)，所以叫低压铸造。低压铸造是介于重力铸造和压力铸造之间的一种铸造方法。

(一) 低压铸造的工艺过程

低压铸造的工作原理如图9-29所示。其下部是一个密闭的坩埚炉，用于储存熔炼好的金属液。坩埚炉的顶部紧固着铸型(通常为金属型也可为砂型)，垂直升液管金属液与朝下的浇铸系统相通。

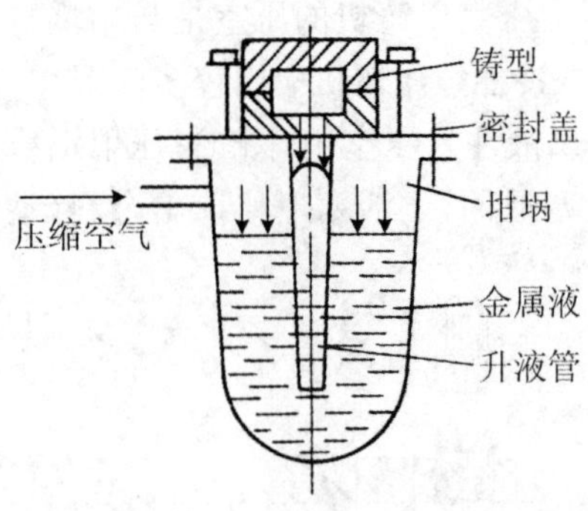

图9-29 低压铸造的工作原理

铸型在浇铸前必须预热到工作温度，并在型腔内喷刷涂料。压铸时，把熔炼好的金属液倒入保温坩埚，装上密封盖，锁紧铸型，缓慢地向坩埚炉内通入干燥的压缩空气，金属液受气体压力的作用，由下而上沿着升液管和浇注系统充满型腔，并在压力下结晶。当铸件凝固后，使坩埚内炉内与大气相通，金属液的压力恢复到大气压。于是升液管内及浇铸系统中尚未凝固的金属液因重力作用流回到坩埚内。然后开启铸型，取出铸件。

(二) 低压铸造的特点及应用

(1) 低压铸造充型平稳，铸件产生气孔夹渣较少，省去了补缩冒口，金属消耗少，金属的利用率高达95%以上。

(2) 设备比较简单，能适于各种铸件批量的生产，不仅适用于生产有色金属铸件，还可用砂型生产黑色金属铸件。如生产大型合金球墨铸铁曲轴,就是采用水平制作砂型,将铸型倾斜用于低压充型,而后将铸型再转到垂直位置进行冷凝,以满足曲轴的技术要求。

(3) 采用底铸式充型,金属液充型平稳,无飞溅现象,可避免卷入气体及对型壁和型芯的冲刷,提高了铸件的合格率。

低压铸造广泛应用于生产质量要求高的铝、镁合金铸件,如汽车发动机缸体、缸盖、活塞、叶轮等。

五、离心铸造

离心铸造是将液态金属浇入旋转的铸型中,使液态金属在离心力的作用下充填铸型并凝固成形的一种铸造方法。

(一) 离心铸造的类型

为使铸型旋转,离心铸造必须在离心铸造机上进行。根据铸型旋转轴空间位置的不同,离心铸造机通常可分为立式和卧式两大类,其工作原理如图 9－30 所示。在立式离心铸造机上,铸型绕垂直轴旋转的,由于离心力和液态金属本身重力的共同作用,使铸件内表面呈抛物面形状,造成铸件上薄下厚。因此立式离心铸造主要用于高度小于直径的各种盘、环类铸件。在卧式离心铸造机上,铸型绕水平轴旋转。由于铸件各部分的冷却条件相近,故铸出的圆筒型铸件壁厚均匀,因此卧式离心铸造适合浇注长径比较大的各种管件。

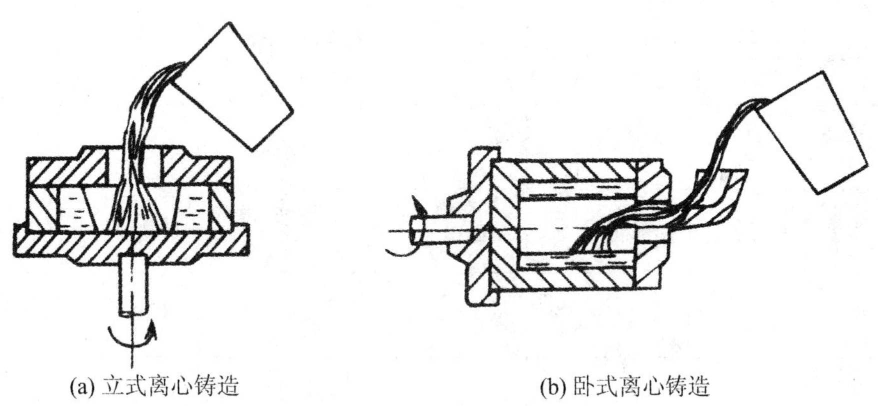

(a) 立式离心铸造　　(b) 卧式离心铸造

图 9－30　离心铸造机原理图

(二) 离心铸造的特点及应用范围

(1) 用离心铸造可生产空心旋转体铸件,不需要型芯和浇注系统。

(2) 可以提高金属液充填铸型的能力。由于金属液体旋转时产生离心力作用,因此一些流动性差的合金和薄壁铸件可用离心铸造生产。

(3) 铸件不需冒口补缩,省工省料、生产率高,质量好,成本也较低。

(4) 便于浇注双金属轴套或轴瓦。

离心铸造的主要缺点是:由于离心力的作用,金属中的气体、熔渣等夹杂物,因密度较轻而集中在铸件的内表面上,所以内孔的尺寸不精确,质量也较差,必须增加加工余量,另外,铸件易产生成分偏析。

离心铸造主要应用于大批量生产的各种铸铁和铜合金的管类、套类、环类铸件和小型成形铸件，如铸铁管、汽缸套、铜套、双金属轴承、特殊钢的无缝管坯、造纸机滚筒等铸件的生产。

六、铸造方法的选择

各种铸造方法均有其优缺点，选用哪种铸造方法，必须依据生产的具体特点来定，既要保证产品质量，又要考虑产品的成本和现场设备、原材料供应情况等，要进行全面分析比较，以选定最适当的铸造方法。表 9－9 列出了几种常用的铸造方法，供选择时参考。

表 9－9　几种铸造方法的比较

铸造方法 比较项目	砂型铸造	熔模铸造	金属型铸造	压力铸造	低压铸造	离心铸造
适用金属	任意	不限制，以铸钢为主	不限制，以有色合金为主	铝、锌等低熔点合金	以有色合金为主	以铸铁、铜合金为主
适用铸件大小	任意	一般<25kg	以中小铸件为主，也可用于数吨大件	一般为 10kg 下小件，也可用于中等铸件	中、小铸件为主	不限制
生产批量	不限制	成批、大量也可单件生产	大批、大量	大批、大量	成批、大量	成批、大量
铸件尺寸精度	IT14～IT15	IT11～IT14	IT12～IT14	IT11～IT13	IT12～IT14	IT12～IT14（孔径精度低）
表面粗糙度 Ra/μm	粗糙	12.5～1.6	12.5～6.3	3.2～0.8	12.5～3.2	12.5～6.3（内孔粗糙）
铸件内部质量	结晶粗	结晶粗	结晶粗	结晶细，内部多有气孔	结晶细	缺陷很少
铸件加工余量	大	小或不加工	小	不加工	小	内孔加工量大
生产率（一般机械化程度）	低、中	低、中	中、高	最高	中	中、高
应用举例	机床床身、轧钢机机架、混速器箱体、带轮等一般铸件	刀具、叶片、自行车零件、机床零件、刀杆、风动工具等	铝活塞、水暖器材、水轮机叶片、一般有色合金铸件	汽车化油器、喇叭、电器、仪表、照相机零件	发动机缸体、缸盖、壳体、箱体、船有螺旋桨、纺织机零件	各种铁管、套筒、环、辊、叶轮、滑动轴承等

第四节 铸件结构工艺性

铸件结构工艺性通常是指所设计的零件在满足使用性能要求的前提下，铸造成形的难易程度。铸件的本身结构应符合铸造生产的要求，以便适应整个工艺过程的进行，从而保证产品质量。铸件结构是否合理，对简化铸造生产过程，减少铸件缺陷，节省金属材料，提高生产率和降低成本等具有重要意义。

一、合金铸造性能对铸件结构设计的要求

铸造性能是指金属或合金在液态成形的过程中，易获得外形准确、内部健全的铸件的能力。因此铸件结构的设计必须考虑到合金铸造性能的要求，因为与合金铸造性能有关的一些缺陷如缩孔、变形、裂纹、气孔和浇不足等缺陷，有时是由于铸件结构设计不够合理，未能充分考虑合金铸造性能的要求所致。

（一）合理设计铸件壁厚

在确定铸件壁厚时，应综合考虑以下三方面的内容：一是保证铸件达到所需要的强度和刚度；二是尽可能减少壁厚；三是铸造时工艺简单。铸件壁厚减小，有利于获得细小晶粒，但不利于液态合金充填型腔，过小时容易产生冷隔、浇不足等缺陷。铸件的最小壁厚与合金种类、铸型条件等因素有关。表 9－7 给出了一般砂型铸造条件下的最小壁厚。

（二）壁厚应尽可能均匀

铸件壁厚尽可能均匀，否则厚壁处易产生缩孔、缩松等缺陷；同时，不均匀的壁厚还将造成铸件各部分的冷却速度不同，冷却收缩时各部分相互阻碍，产生热应力，易使铸件薄弱部位产生变形和裂纹。

（三）铸件壁的连接方式要合理

（1）铸件壁厚不同的部分进行连接时，应力求平缓过渡，避免截面突变，以减小应力集中，防止产生裂纹。如图 9－31 所示。

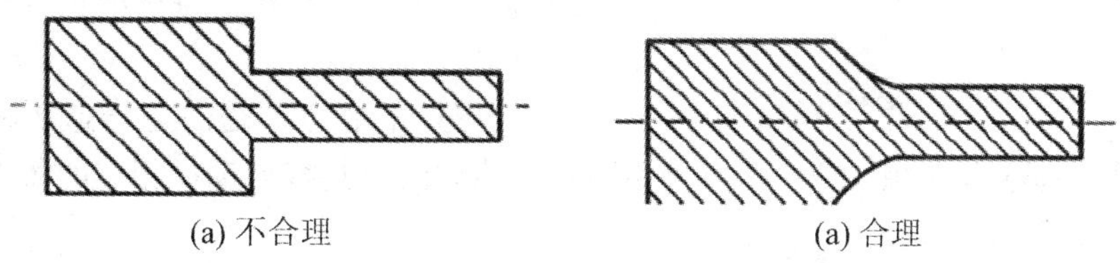

图 9－31　铸件壁厚的过渡形式

（2）连接处避免集中交叉和锐角。两个以上的壁连接处热量积聚较多，易形成热节，铸件容易形成缩孔，因此当铸件两壁交叉时，中、小铸件采用交错接头，大型铸件采用环形接

头，如图 9－32(c)。当两壁必须锐角连接时，要采用图 9－32(d)所示的过渡形式。

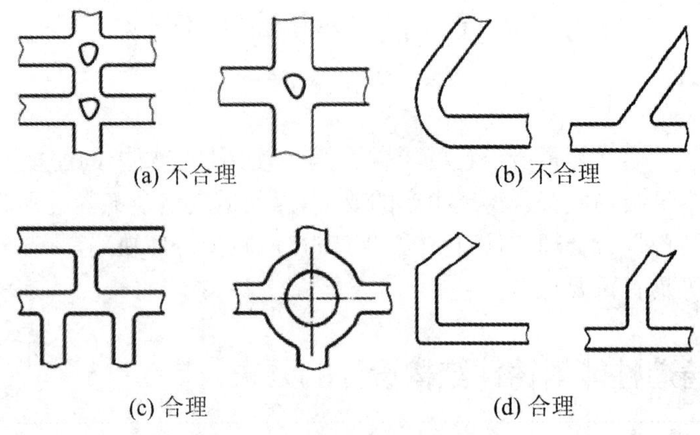

图 9－32　间连接结构的对比

(四) 避免水平方向出现大的平面

铸件上水平方向的较大平面，在浇注时金属液面上升较慢，长时间烘烤铸型表面，使铸件容易产生夹砂、浇不足等缺陷，也不利于夹渣、气体的排除，因此，应尽量用倾斜结构代替过大水平面，如图 9－33 所示。

图 9－33　避免大水平壁的结构

(五) 避免铸件收缩受阻的设计

铸件在浇注后的冷却凝固过程中，若其收缩受阻，铸件内部将产生应力，导致变形、裂纹的产生。因此铸件结构设计时，应尽量使其自由收缩。图 9－33 所示的轮形铸件，轮缘和轮毂较厚，轮辐较薄，铸件冷却收缩时，极易产生热应力，其中图 9－34(a)轮辐对称分布，虽然制模和造型方便，但是因收缩受阻易产生裂纹，若改为图 9－34(b)奇数轮辐或图 9－34(c)所示弯曲轮辐，可利用铸件微量变形来减少内应力。

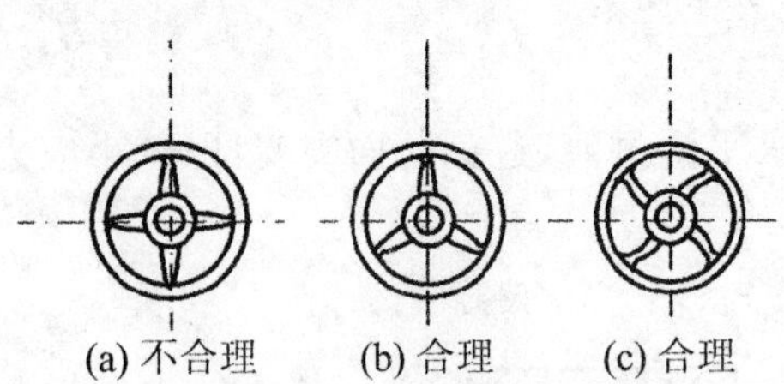

图 9－34　轮辐的设计

以上介绍的只是砂型铸造铸件结构设计的特点，在特种铸造方法中，应根据每种不同的铸造方法及其特点选择相应的铸件结构。

二、铸造工艺对铸件结构设计的要求

铸件结构的设计应尽量使制模、造型、制芯、合型和清理等工序简化，提高生产率。

（一）铸件的外形应力求简单

（1）避免外部侧凹。铸件在起模方向上若有侧凹，必将增加分型面的数量，使砂箱数量和造型工时增加，同时也使铸件容易产生错型，影响铸件的外形和尺寸精度。如图 9－35(a)所示的端盖，由于上下法兰的存在，使铸件产生侧凹，铸件具有两个分型面，所以必须采用三箱造型，或增加环状外型芯，造型工艺复杂。改为图 9－35(b)所示结构，取消上部法兰，使铸件只有一个分型面，就可采用两箱造型，这样可以明显提高造型效率。

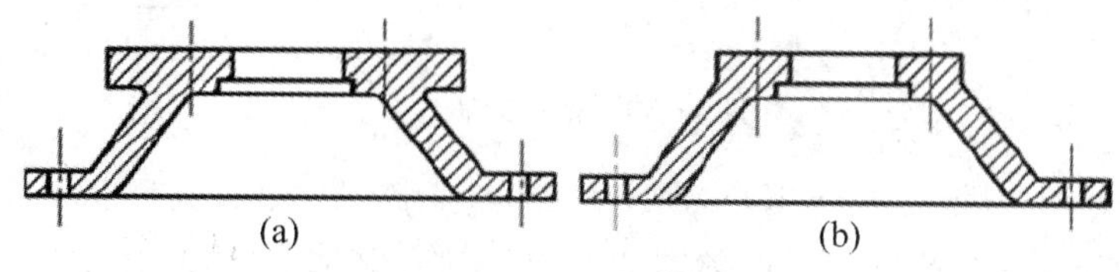

图 9－35　端盖的设计

（2）凸台、肋板的设计。设计铸件侧壁上的凸台、肋板时，要考虑到起模方便，尽量避免使用活块和型芯。图 9－36(a)、(b)所示凸台均妨碍起模，应将相近的凸台连成一片，并延长到分型面，如图 9－36(c)、(d)所示，则不需要活块和活型芯，便于起模。

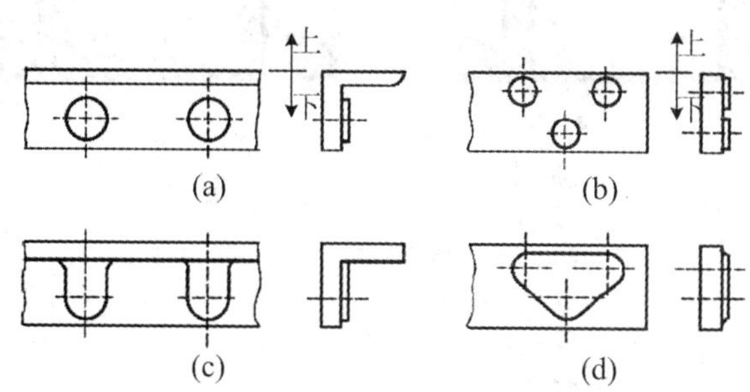

图 9－36　凸台的设计

（二）合理设计铸件内腔

铸件的内腔结构采用型芯来形成，这将延长生产周期，增加成本，因此，设计铸件结构时，应尽量不用或少用型芯。

（1）尽量避免或减少型芯。图 9－37(a)所示悬臂支架采用方形中空截面，为形成其内腔，必须采用悬臂型芯，型芯的固定、排气和出砂都很困难。若改为图 9－37(b)所示工字形开式截面，可省去型芯。图 9－38(a)带有向内的凸缘，必须采用型芯形成内腔，若改为图 9－38(b)结构，则可通过自带型芯形成内腔，使工艺过程较为合理。

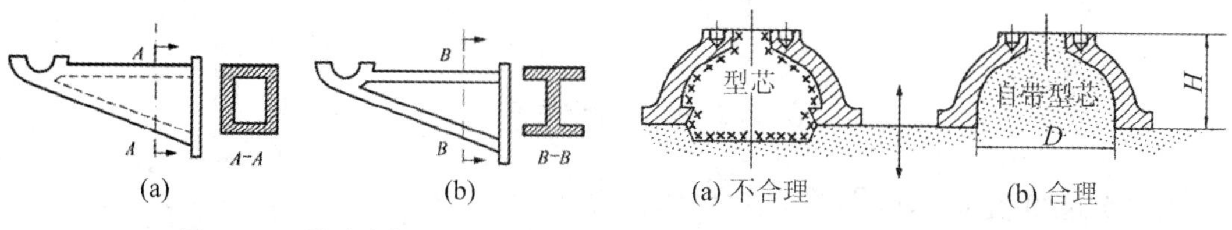

图 9－37　悬臂支架图

图 9－38　内腔的两种设计

（2）型芯要便于固定、排气和清理。型芯在铸型中的支撑必须牢固，否则型芯经不住浇注时金属液的冲击而产生偏芯缺陷，造成废品。如图 9－39(a)所示轴承架铸件，其内腔采用两个型芯，其中较大的呈悬臂状，需用型撑来加固，如果将铸件的两个空腔打通，改为图 9－39(b)所示结构，采用一个整体型芯形成铸件的空腔，型芯既能很好地固定，而且下芯、排气、清理都很方便。

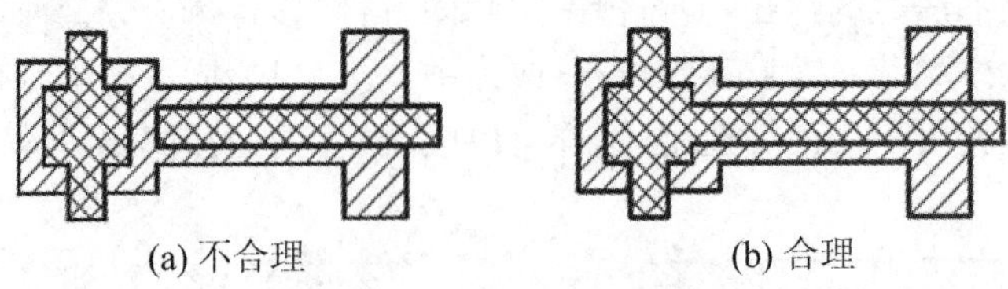

(a) 不合理　　(b) 合理

图 9－39　轴承架铸件

(3) 应避免封闭内腔。图 9－40(a)所示铸件为封闭空腔结构，其型芯安放困难、排气不畅、无法清砂、结构工艺性极差。若改为图 9－40(b)所示结构是合理的。

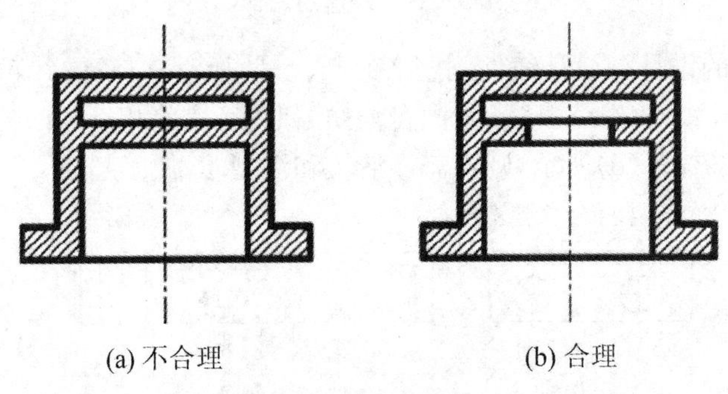

(a) 不合理　　(b) 合理

图 9－40　铸件结构避免封闭内腔示意图

(三) 分型面尽量平直

如果分型面不平直，造型时必须采用挖砂造型或假箱造型，而这两种造型方法生产率低。图 9－41(a)所示杠杆铸件的分型面是不直的，若改为图 9－41(b)结构，分型面变成平面，方便了制模和造型，分型面设计是合理的。

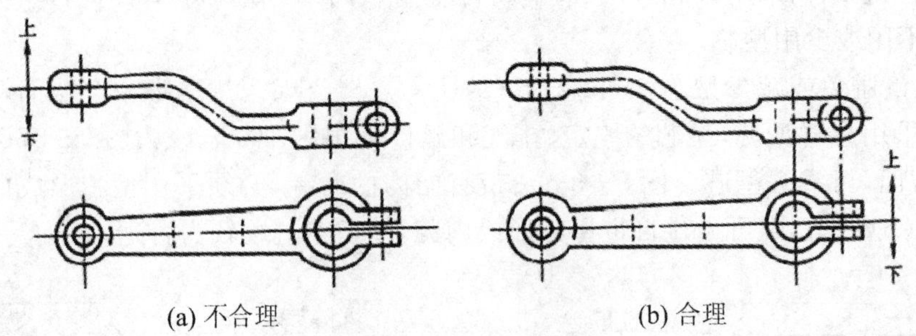

(a) 不合理　　(b) 合理

图 9－41　杠杆铸件结构

(四) 铸件要有结构斜度

铸件垂直于分型面的不加工表面，应设计出结构斜度，如图 9－42(b)所示，在造型时容易起模，不易损坏型腔，有结构斜度是合理的。图 9－42(a)所示为无结构斜度的不合理结构。

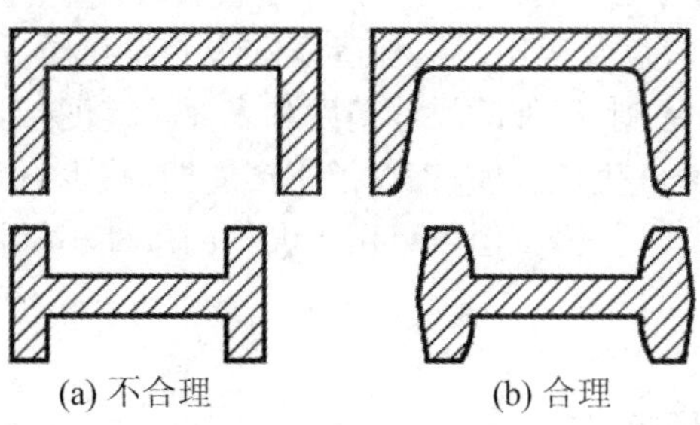

图 9－42　铸件结构斜度

要注意的是铸件的结构斜度和起模斜度不容混淆。结构斜度是在零件的非加工面上设置的，直接标注在零件图上，且斜度值较大。起模斜度是在零件的加工面上设置的，在绘制铸造工艺图或模样图时使用，切削加工时将被切除。

第五节　铸造新技术与发展趋势

随着机械制造水平的飞速发展，新能源、新材料、自动化技术、信息技术、计算机技术等相关学科高新技术成果的应用，促进了铸造技术的快速发展。一些新的科技成果与传统工艺的结合，创造出一些新的铸造方法。目前，铸造技术正朝着优质、高效、低耗、节能、污染小和自动化的方向发展。

一、造型技术的发展

(一) 气体冲压造型

气体冲压造型是近年来发展起来的一种新的造型工艺方法。它包括空气冲击造型和燃气冲击造型两类。

(1) 主要工艺过程。将型砂填入砂箱和辅助框内，然后打开冲击阀，将储存在压力罐内的压缩空气突然释放出来，作用在砂箱里松散的型砂上面，使其紧实成形；或利用可燃气体燃烧爆炸产生的冲击波使型砂紧实成形。

(2) 气体冲压造型的特点及应用。气体冲压造型可一次紧实成形，无需辅助紧实，具有砂型紧实度高且均匀、能生产复杂的铸件、噪声小、设备结构简单、生产率高和节约能源等优点，主要用于交通运输、纺织机械所用铸件以及水管的造型。

(二) 真空实型铸造

真空实型铸造又称气化模铸造、消失铸造。

(1) 主要工艺过程。采用聚苯乙烯发泡塑料模样代替普通模样，将刷过涂料的模样放入可抽真空的特制砂箱内，填干砂后，振动紧实，抽真空，不取出模样就浇入金属液，在高温金属液的作用下，塑料模样燃烧、气化、消失，金属液取代原来塑料模所占据的空间位置，冷却凝固后获得所需铸件的铸造方法。

（2）真空实型铸造的特点及应用。这种造型方法无需起模，没有铸造斜度和活块，无分型面，无型芯，因而无飞边毛刺，铸件的尺寸精度和表面粗糙度接近熔模铸造，增大了设计铸造零件的自由度，简化了铸件生产工序，缩短了生产周期，减少材料消耗。一般来说，真空实型铸造的应用范围是十分广泛的，不但可以用于大件的单件小批量生产，而且可用于中小件的大批量生产。

二、快速原型制造技术

铸造模型的快速原型制造技术（RPM）是以分层合成工艺为基础的计算机快速立体模型制造系统，包括分层合成工艺的计算机智能铸造生产是最近几年机器制造业的一个重要发展方向。快速原型制造技术集成了现代数控技术、CAD/CAM技术、激光技术以及新型材料的成果于一体，突破了传统的加工模式，可以自动、快速地将设计思想物化为具有一定结构和功能的原型或直接制造零件，从而对产品设计进行快速评价、修改，以适应市场的快速发展要求，提高企业的竞争力。

（一）快速原型制造技术的工作原理

首先将零件的CAD三维几何模型，输入到计算机上，然后以分解算法将模型分解成一层层的横向薄层，确定各层的平面轮廓，将这些模型数据信息按顺序一层接一层地传递到分层合成系统。在计算机的控制下，由激光器或紫外光发生器逐层扫描塑料、复合材料、液态树脂等成形材料，在激光束或紫外光束作用下，这些材料将会发生固化、烧结或粘结而制成立体模型。用这种模型作为模样进行熔模铸造、实型铸造等，可以大大缩短铸造生产周期。

（二）快速原型制造技术发展趋势

目前，正在应用与开发的快速原型制造技术有以分层叠加合成工艺为原理的激光立体光刻技术（SLA）、激光粉末选区烧结成形技术（SLS）、熔丝沉积成形技术（FDM）、叠层轮廓制造技术（LOM）等多种工艺方法。每种工艺方法原理相同，只是技术上有所差别。

（1）激光立体光刻技术（SLA）。采用SLA成形方法生产金属零件的最佳技术路线是：SLA原型（零件型）→熔模铸造（消失模铸造）→铸件，主要用于生产中等复杂程度的中小型铸件。

（2）激光粉末选区烧结成形技术（SLS）。采用SLS成形方法生产金属零件的最佳技术路线是：SLS原型（陶瓷型）→铸件，SLS原型（零件型）→熔模铸造（消失模铸造）→铸件，主要用于生产中小型复杂铸件。

（3）熔丝沉积成形技术（FDM）。采用FDM成形方法生产金属零件的最佳技术路线是：FDM原型（零件型）→熔模铸造→铸件，主要用于生产中等复杂程度的中小型铸件。

三、计算机在铸造中的应用

在铸造领域应用计算机标志着生产经验与现代科学的进一步结合，是当前铸造科研开发和生产进展的重要内容之一。近年来,应用的铸造工艺计算机辅助设计系统是利用计算机协助生产工艺设计者分析铸造方法、优化铸造工艺、估算铸造成本、确定设计方案并绘制铸造图等,将计算机的快速性、准确性与设计者的思维、综合分析能力结合起来,从而极大地提高了产品的设计质量和速度,使产品更具有竞争力。

习　　题

1. 名词解释

(1) 铸造;(2) 充型能力;(3) 缩孔;(4) 缩松;(5) 分型面;(6) 特种铸造;(7) 起模斜度。

2. 填空题

(1) 铸件的凝固方式有____________,____________和____________。其中恒温下结晶的金属或合金以____________方式凝固,凝固温度范围较宽的合金以____________方式凝固。

(2) 缩孔产生的基本原因是____________。防止缩孔的基本原则是按照____________原则进行凝固。

(3) 手工造型有____________、____________、____________、____________、____________和____________。

(4) 浇注系统由____________、____________、____________和____________组成。

3. 选择题

(1) (　　)的合金,铸造时合金得流动性较好,充型能力强。

A. 糊状凝固　　B. 逐层凝固　　C. 中间凝固

(2) 防止和消除铸造应力的措施是采用(　　)。

A. 同时凝固原则　　B. 顺序凝固原则

(3) 合金液体的浇注温度越高,合金的流动性(　),收缩率(　)。

A. 愈好　　B. 愈差　　C. 愈小　　D. 愈大

(4) 铸件冷却后的尺寸将比型腔得尺寸(　)。

A. 大　　B. 小　　C. 一样

4. 判断题

(1) 机器造型不能进行三箱造型。(　)

(2) 铸造造型时,模样的尺寸和铸件的尺寸一样大。(　)

5. 简答题

(1) 铸造生产有那些优缺点?

(2) 合金的铸造性能对铸件的质量有何影响?常用铸造合金中,哪种铸造性能较好?哪种较差?为什么?

(3) 什么是液态合金的充型能力?它与合金得流动性有何关系?为什么铸钢的充型能力比铸铁差?

(4) 缩孔和缩松对铸件质量有何影响?为何缩孔比缩松较容易防止?

(5) 什么是顺序凝固原则和同时凝固原则?两种凝固原则各应用于哪种场合?

(6) 试述分型面选择原则有哪些?它与浇注位置选择原则的关系如何?

第十章　锻　　压

锻压是利用外力使金属坯料产生塑性变形，获得所需尺寸、形状及性能的毛坯或零件的加工方法。锻压是锻造和冲压的总称。它是金属压力加工的主要方式，也是机械制造中毛坯生产的主要方法之一。

大多数金属材料在冷态或热态下都具有一定的塑性，因此它们可以在室温或高温下进行各种锻压加工。

锻压常分为轧制、挤压、拉拔、自由锻、模锻、板料冲压等。它们的成形方式如图 10－1 所示。

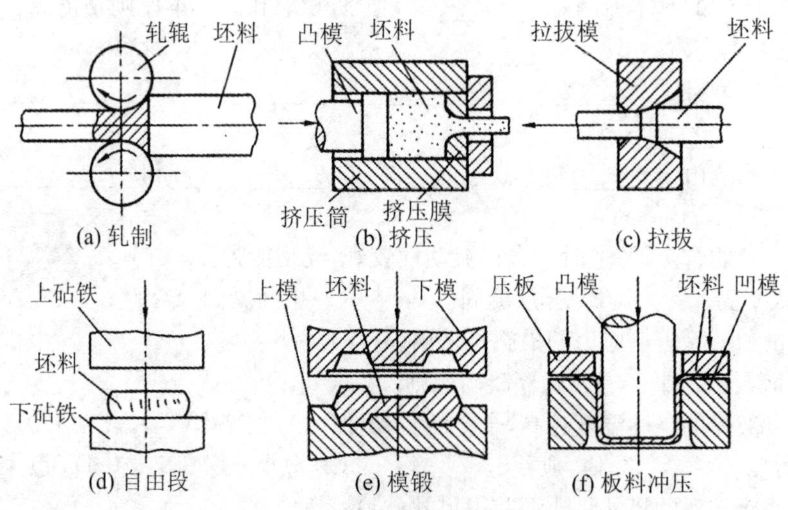

图 10－1　常用的压力加工方法

金属锻压加工主要有以下的特点：

(1) 锻压加工后，可使金属获得较细密的晶粒，可以压合铸造组织内部的气孔等缺陷，并能合理控制金属纤维方向，以使纤维方向与应力方向一致，提高零件的性能。

(2) 锻压加工后，坯料的形状和尺寸发生改变而其体积基本不变，与切削加工相比，可节约金属材料和加工工时。

(3) 除自由锻造外，其他锻压方法如模锻、冲压等都具有较高的劳动生产率。

(4) 能加工各种形状、重量的零件，使用范围广。

由于锻压具有上述特点，因此承受冲击或交变应力的重要零件(如机床主轴、齿轮、曲轴、连杆等)，都应采用锻件毛坯加工。所以锻压加工在机械制造、军工、航空、轻工、家用电器等行业得到广泛应用。以汽车为例，按重量计算，汽车上 70％的零件均是由锻压加工方法制造的。

第一节 锻压加工工艺基础

金属材料经过锻压加工之后，由于产生了塑性变形，其内部组织发生很大变化，使金属的性能得到改善和提高，为锻压方法的广泛使用奠定了基础。因此只有较好地掌握塑性变形的实质、规律和影响因素，才能正确选用锻压加工方法，合理设计锻压加工零件。

一、金属的锻造性能

金属的锻造性能(又称可锻性)是衡量压力加工工艺性好坏的主要工艺性能指标。金属的可锻性好，表明该金属适用于压力加工；可锻性差，表明金属不宜选用锻压加工方法变形。金属的可锻性常从金属材料的塑性和变形抗力两个方面来考虑，材料的塑性越好，变形抗力越小，则材料的锻造性能越好，越适合压力加工。在实际生产中，往往优先考虑材料的塑性。

金属的塑性是指金属材料在外力作用下产生永久变形而不破坏其完整性的能力，用伸长率 δ、断面收缩率 ψ 来表示。材料的 δ、ψ 值越大或镦粗时变形程度越大且不产生裂纹，塑性也越大。变形抗力是指金属在塑性变形时反作用于工具上的力。变形抗力越小，变形消耗的能量也就越少，锻压越省力。塑性和变形抗力是两个不同的独立概念。例如奥氏体不锈钢在冷态下塑性很好，但变形抗力却很大。

金属的锻造性能取决于材料的性质(内因)和加工条件(外因)。

1. 化学成分对锻压性能的影响

纯金属的锻压性能一般比合金好；在铁碳含金中，含碳量越少，锻压性能越好；合金钢中合金元素的种类和含量增多，锻压性能变坏；钢中的硫引起钢的热脆，使钢的锻压性能变差。

2. 金属组织对锻压性能的影响

固溶体有良好的塑性，锻压性能较好；化合物锻压性能差；合金中单相组织比多相组织锻压性能好。铸态和晶粒粗大组织不如轧制状态和晶粒细密组织锻压性能好。

3. 变形温度对锻压性能的影响

金属材料随着温度的升高，变形抗力下降，塑性增加，锻压性能得到改善。

4. 其他因素对锻压性能的影响

综上所述，金属的锻造性能既取决于金属的本质，又取决于变形条件。在压力加工过程中，要根据具体情况，尽量创造有利的变形条件，充分发挥金属的塑性，降低其变形抗力，以达到塑性成形加工的目的。

二、锻造比及流线组织

(一) 锻造流线

在锻造过程中，金属的脆性杂质被打碎，顺着金属主要伸长方向成带状分布；塑性杂质随着金属变形沿主要伸长方向成带状分布，且在再结晶过程中不会消除。这样热锻后的金属组织就具有一定的方向性,通常称为锻造流线,又叫纤维组织。

在机械零件的设计与制造过程中,必须考虑流线的合理分布。使零件工作时的正应力与流线方向一致,切应力与流线方向垂直,使材料的性能得到充分发挥。锻造流线与零件的轮廓相符合而不被切断,是进行锻造成形工艺设计的一条重要原则。例如,曲轴毛坯的锻造,应采用拔长后弯曲工序,使纤维组织沿曲轴轮廓分布,拐颈处流线分布合理。这样曲轴工作时不易断裂,如图 10－2(a)所示,而(b)图是用棒材直接切削加工出的曲轴,拐颈处流线组织被切断,使用时容易沿轴肩断裂。

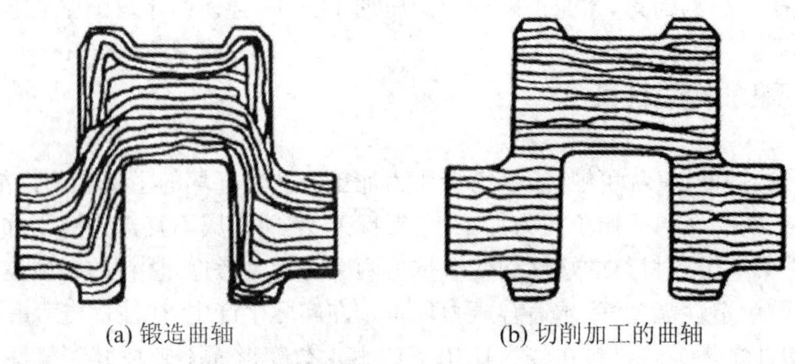

(a) 锻造曲轴　　(b) 切削加工的曲轴

图 10－2　曲轴的流线分布

(二) 锻造比

形成的流线组织使金属的力学性能呈现各向异性。金属在纵向(平行流线方向)上塑性和韧性提高,而在横向(垂直流线方向)上塑性和韧性降低。变形程度越大,流线组织就越明显,力学性能的方向性也就越显著。锻压过程中,常用锻造比(Y)来表示变形程度使金属性能呈现各向异性。纵向性能高于横向。通常用变形前后的截面比、长度比或高度比来表示。

拔长时:$Y=A_0/A$(A_0、A 分别表示拔长前后金属坯料的横截面积);

镦粗时:$Y=H_0/H$(H_0、H 分别表示镦粗前后金属坯料的高度)。

锻造比对锻件的锻透程度和力学性能有很大影响。

当 Y=2 时,随着金属内部组织的致密化,锻件纵向和横向的力学性能均有显著提高;

当 $Y=2\sim5$ 时,锻造中流线组织明显,产生明显的各向异性,沿流线方向力学性能略有提高,但垂直于流线方向的力学性能开始下降;

当 $Y>5$ 后,因金属组织的致密度和晶粒细化度均已达到最大值,纵向性能不再提高,横向性能却急剧下降。因此,选择适当的锻造比相当重要。

因此,以钢锭为坯料进行锻造时,应按锻件的力学性能要求选择合理的锻造比。对沿流线方向有较高力学性能要求的锻件(如拉杆),应选择较大的锻造比:对垂直于流线方向有较高力学性能要求的锻件(如吊钩),锻造比取 2～2.5 即可。

三、金属的塑性变形规律

锻压加工是利用金属的塑性变形而进行的,只有掌握其变形规律,才能合理制订工艺规程,达到预期的变形效果。金属塑性变形时遵循的基本规律主要有最小阻力定律和体积不变规律等。

（一）最小阻力定律

金属在塑性变形过程中，其质点都将沿着阻力最小的方向移动，称为最小阻力定律。阻力最小的方向移动是通过该质点向金属变形的周边所作的法线方向，因为质点沿此方向移动的距离最短，所需的变形功最小。最小阻力定律符合力学的一般原则，它是塑性成形加工中最基本的规律之一。

利用最小阻力定律可以推断，任何形状的物体只要有足够的塑性，都可以在平锤头下镦粗使其逐渐接近于圆形。这是因为在镦粗时，金属流动距离越短，摩擦阻力也越小。

图 10－3 所示圆形截面的金属朝径向流动；方形、长方形截面则分成 4 个区域分别朝垂直与四个边的方向流动，最后逐渐变成圆形、椭圆形。由此可知，圆形截面金属在各个方向上的流动最均匀，镦粗时总是先把坯料锻成圆柱体再进一步锻造。

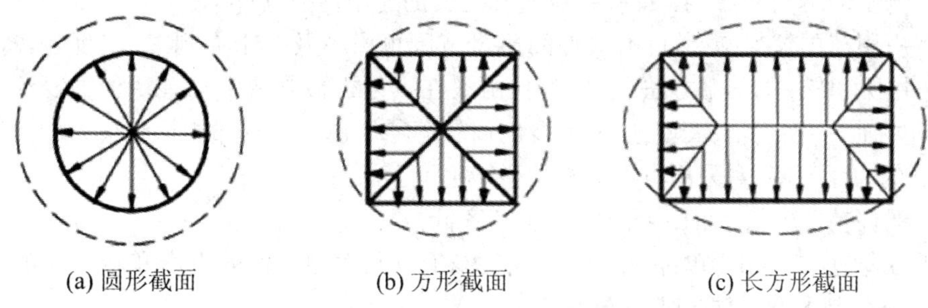

(a) 圆形截面　(b) 方形截面　(c) 长方形截面

图 10－3　不同截面金属的流动情况

通过调整某个方向的流动阻力来改变某些方向上金属的流动量，以便合理成形，消除缺陷。例如，在模锻中增大金属流向分型面的阻力，或减小流向型腔某一部分的阻力，可以保证锻件充满型腔。在模锻制坯时，可以采用闭式滚挤和闭式拔长模膛来提高滚挤和拔长的效率。

（二）塑性变形时的体积不变规律

金属固态成形加工中金属变形后的体积等于变形前的体积，这叫体积不变定理（又叫质量恒定定理）。实际上金属在塑性变形过程中，体积总有些微小变化，然而这些变化对整个金属坯件来说是相当微小的，故一般可忽略不计。因此在每一工序中，坯料一个方向尺寸减小，必然使其他方向的尺寸有所增加，在确定各工序间尺寸变化时，就可运用该定理。

第二节　常用锻造方法

锻造是毛坯成形的重要手段，尤其在工作条件复杂、力学性能要求高的重要结构零件的制造中，具有重要的地位。它是在加压设备及工具（模具）的作用下，使坯料、钢锭产生局部或全部的塑性变形，以获得一定尺寸、形状和质量的锻件的加工方法。根据变形时金属流动的特点不同，可以分为自由锻和模锻两大类。

一、自由锻

自由锻是利用冲击力或压力，使金属在上、下砧铁之间，产生塑性变形而获得所需形状、尺寸以及内部质量锻件的一种加工方法。自由锻造时，除与上、下砧铁接触的金属部分受到约束外，金属坯料朝其它各个方向均能自由变形流动，不受外部的限制，故无法精确控制变形的发展。

自由锻分为手工锻造和机器锻造两种，手工锻造只适合单件生产小型锻件，生产率也低，机器锻造则是自由锻的主要生产方法。锻件质量和尺寸主要由锻工的操作方法来保证。

（一）自由锻的特点及应用

(1) 自由锻工艺灵活，工具简单，设备和工具的通用性强，成本低。

(2) 应用范围较为广泛，自由锻件的质量范围可由不及一千克到二、三百吨，对于大型锻件，自由锻是唯一的加工方法，这使得自由锻在重型机械制造中具有特别重要的作用，例如水轮机主轴、多拐曲轴、大型连杆、重要的齿轮等零件在工作时都能承受很大的载荷，要求具有较高的力学性能，常采用自由锻方法生产毛坯。

(3) 锻件精度较低，加工余量较大，生产率低。

故自由锻主要应用于单件、小批量生产、修配以及大型锻件的生产和新产品的试制等。自由锻也是锻制大型锻件的唯一方法。

（二）自由锻的工序

自由锻的工序可分为基本工序、辅助工序和精整工序三大类。

1. 基本工序

它是使金属坯料实现变形的主要工序。主要有以下几个工序。

(1) 镦粗是指沿工件轴向进行锻打，使其长度减小，横截面积增大的锻造工序。

(2) 拔长是指拔长是沿垂直于工件的轴向进行锻打，以使其截面积减小，而长度增加的操锻造工序。

(3) 冲孔是指冲头在工件上冲出通孔或盲孔的锻造工序。

(4) 弯曲是指采用一定的工模具将毛坯弯成所规定的外形的锻造工序。

(5) 扭转是指将坯料的一部分相对于另一部分绕其轴线旋转一定角度的锻造工序。

(6) 错移是指将坯料的一部分相对于另一部分平移错开的锻造工序。

(7) 切割是指分割坯料或去除锻件余量的锻造工序。

2. 辅助工序

它是指进行基本工序之前的预变形工序。如压钳口、倒棱、压肩等。

3. 精整工序

它是指修整锻件的最后形状与尺寸，消除表面的不平整，使锻件达到要求的工序。主要有修整、校直、平整端面等。

上述各种自由锻工序简图见表 10-1。

表 10－1　自由锻工序简图

基本工序		
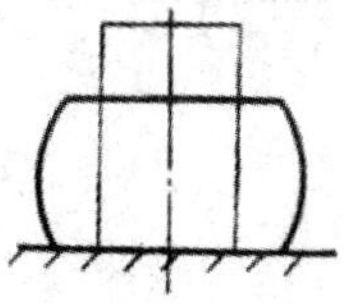 镦粗	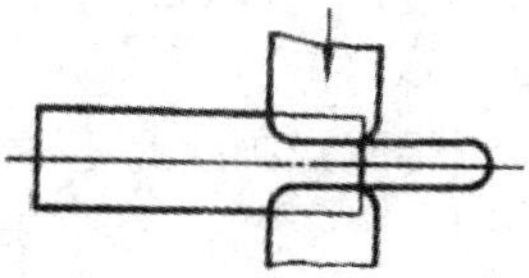 拔长	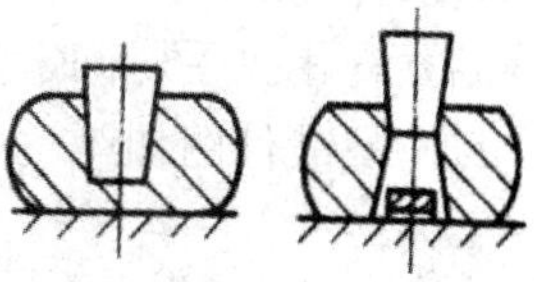 冲孔
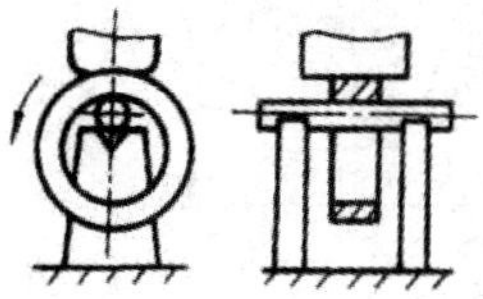 芯轴扩孔	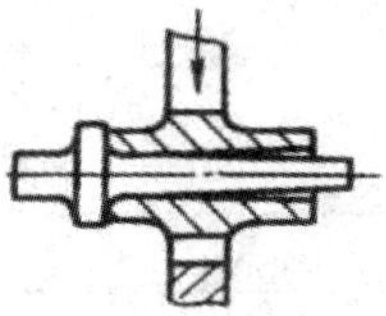 芯轴拔长	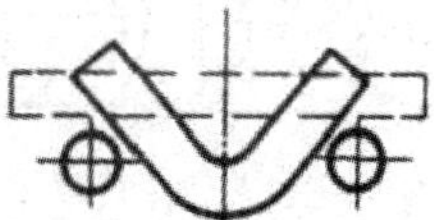 弯曲
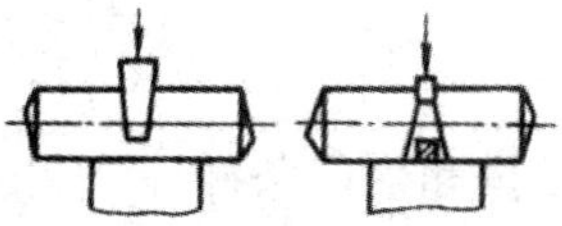 切割	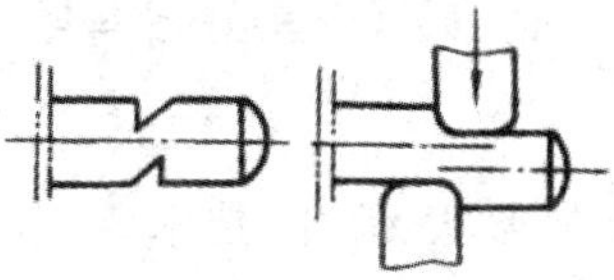 错移	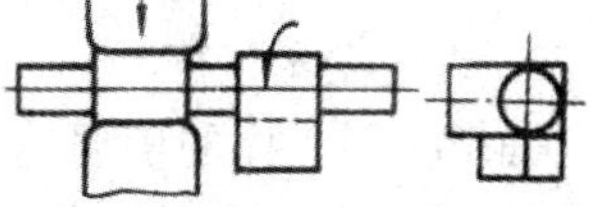 扭转
辅助工序		
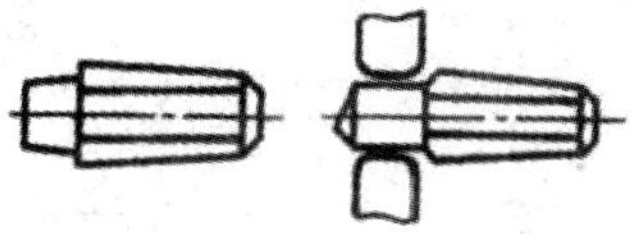 压钳把	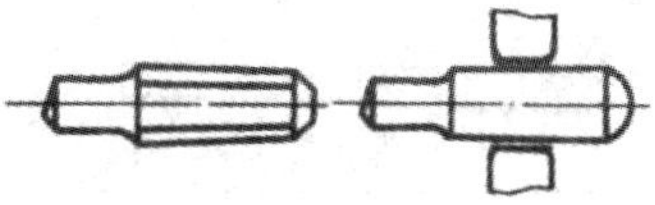 倒棱	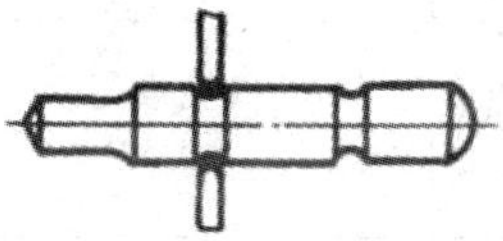 压肩
修整工序		
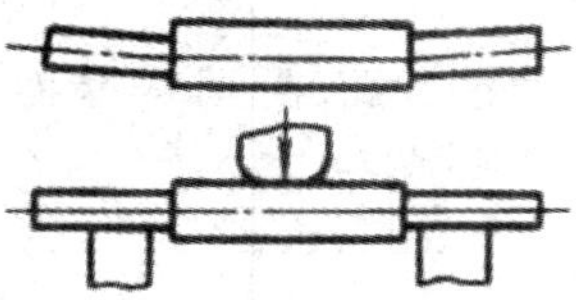 校正	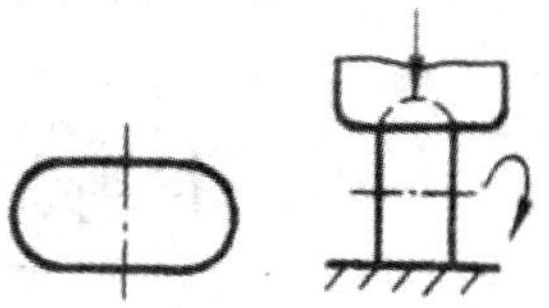 滚圆	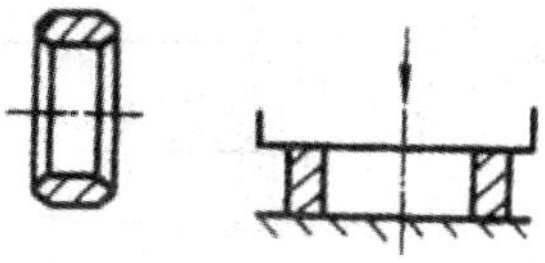 平整

(三) 自由锻的工艺规程

工艺规程是组织生产过程、控制和检查产品质量的依据。自由锻工艺规程包括：

1. 锻件图

锻件图是在零件图的基础上，考虑加工余量、锻件公差、工艺余块等因素后绘制而成的。它是工艺规程的核心部分。

绘制自由锻件图应考虑如下几个内容：

(1) 余块。余块是指为了简化零件的形状和结构、便于锻造而增加的一部分金属，如消除零件上的锭槽、窄环形沟槽、齿谷或尺寸相差不大的台阶。

(2) 加工余量和公差。锻件加工余量是指在零件的加工表面上为切削加工而增加的尺寸，锻件公差是指锻件名义尺寸的允许变动值，它们的数值应根据锻件的形状、尺寸、锻造方法等因素查相关手册确定。

自由锻锻件图如 10－4 所示，图中双点画线为零件轮廓。

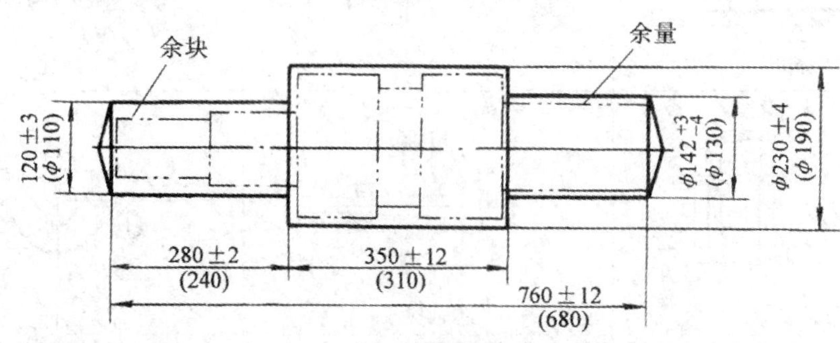

图 10－4　自由锻锻件图

2. 确定变形工序

确定变形工序的依据是锻件的形状、尺寸、技术要求、生产批量和生产条件等。一般自由锻件大致可分为六类，其形状特征及主要变形工序见表 10－2。

表 10－2　自由锻锻件分类及基本工序方案

类别	图　例	锻造工序	实例
盘类		镦粗或局部镦粗	圆盘、齿轮、叶轮、轴头等
轴类		拔长或镦粗再拔长(或局部镦粗再拔长)	传动轴、齿轮轴、连杆、立柱等
环类		镦粗、冲孔、在心轴上扩孔	圆环、齿圈、法兰等
筒类		镦粗、冲孔、在心轴上拔长	圆筒、空心轴等
曲轴类		拔长、错移、镦台阶、扭转	各种曲轴、偏心轴

续表

类别	图例	锻造工序	实例
弯曲类		拔长、弯曲	弯杆、吊钩、轴瓦等

3. 计算坯料重量及尺寸

$$G_{坯料}=G_{锻件}+G_{烧损}+G_{料头}$$

式中 $G_{坯料}$——坯料质量，单位为 kg；

$G_{锻件}$——锻件质量，单位为 kg；

$G_{烧损}$——加热时坯料因表面氧化而烧损的质量，单位为 kg，第一次加热取被加热金属质量分数的 2%～3%，以后各次加热取 1.5%～2.0%；

$G_{料头}$——锻造过程中被冲掉或切掉的那部分金属的质量，单位为 kg，如冲孔时坯料中部的料芯，修切端部产生的料头等。

对于大型锻件，当采用钢锭作坯料进行锻造时，还要考虑切掉的钢锭头部和尾部的质量。

4. 选择锻造设备

根据作用在坯料上力的性质，自由锻设备分为锻锤和液压机两大类。

锻锤产生冲击力使金属坯料变形。锻锤的吨位是以落下部分的质量来表示的。生产中常使用的锻锤是空气锤和蒸汽一空气锤。空气锤利用电动机带动活塞产生压缩空气，使锤头上下往复运动进行锤击。它的特点是结构简单，操作方便，维护容易，但吨位较小，只能用来锻造 100kg 以下的小型锻件。蒸汽一空气锤采用蒸汽和压缩空气作为动力，其吨位稍大，可用来生产质量小于 1500kg 的锻件.

液压机产生静压力使金属坯料变形。目前大型水压机可达万吨以上，能锻造 300 吨的锻件。由于静压力作用时间长，容易达到较大的锻透深度，故液压机锻造可获得整个断面为细晶粒组织的锻件。液压机是大型锻件的唯一成形设备，大型先进液压机的生产常标志着一个国家工业技术水平发达的程度。另外，液压机工作平稳，金属变形过程中无振动，噪音小，劳动条件较好。但液压机设备庞大、造价高。

自由锻设备的选择应根据锻件大小、质量、形状以及锻造基本工序等因素，并结合生产实际条件来确定。例如，用铸锭或大截面毛坯作为大型锻件的坯料。

可能需要多次镦、拔操作，在锻锤上操作比较困难，并且心部不易锻透，而在水压机上因其行程较大，下砧可前后移动，镦粗时可换用镦粗平台，所以大多数大型锻件都在水压机上生产。

5. 确定锻造温度范围

锻造温度范围是指始锻温度和终锻温度之间的温度范围。

(1) 始锻温度。始锻温度是指开始锻造时坯料的温度，也是允许的最高加热温度。这一温度不宜过高，否则可能造成过热和过烧；但始锻温度也不宜过低，因为过低则使锻造温度范围缩小，缩短锻造操作时间，增加锻造过程的复杂性。因此，确定始锻温度的原则是在不出现过热、过烧的前提下，应尽量提高始锻温度，以增加金属的塑性，降低变形抗力，有利于锻造成形加工。非合金钢的始锻温度应比固相线低 200℃左右。

(2) 终锻温度。终锻温度是指坯料经过锻造成形，在停止锻造时锻件的瞬时温度。如果这一温度过高，则停锻后晶粒会在高温下继续长大，造成锻件晶粒粗大；如果终锻温度过低时锻件塑性较低，锻件变形困难，容易产生冷形变强化。因此，确定终锻温度的原则是在保证锻造结束前金属具有足够的塑性，以及锻造后能获得再结晶组织的前提条件下，终锻温度应稍低一些。非合金钢的终锻温度，常取 800℃左右。

6. 填写工艺卡片

齿轮的自由锻造工艺卡片见表 10-3。

表 10-3　齿轮坯锻造工艺卡

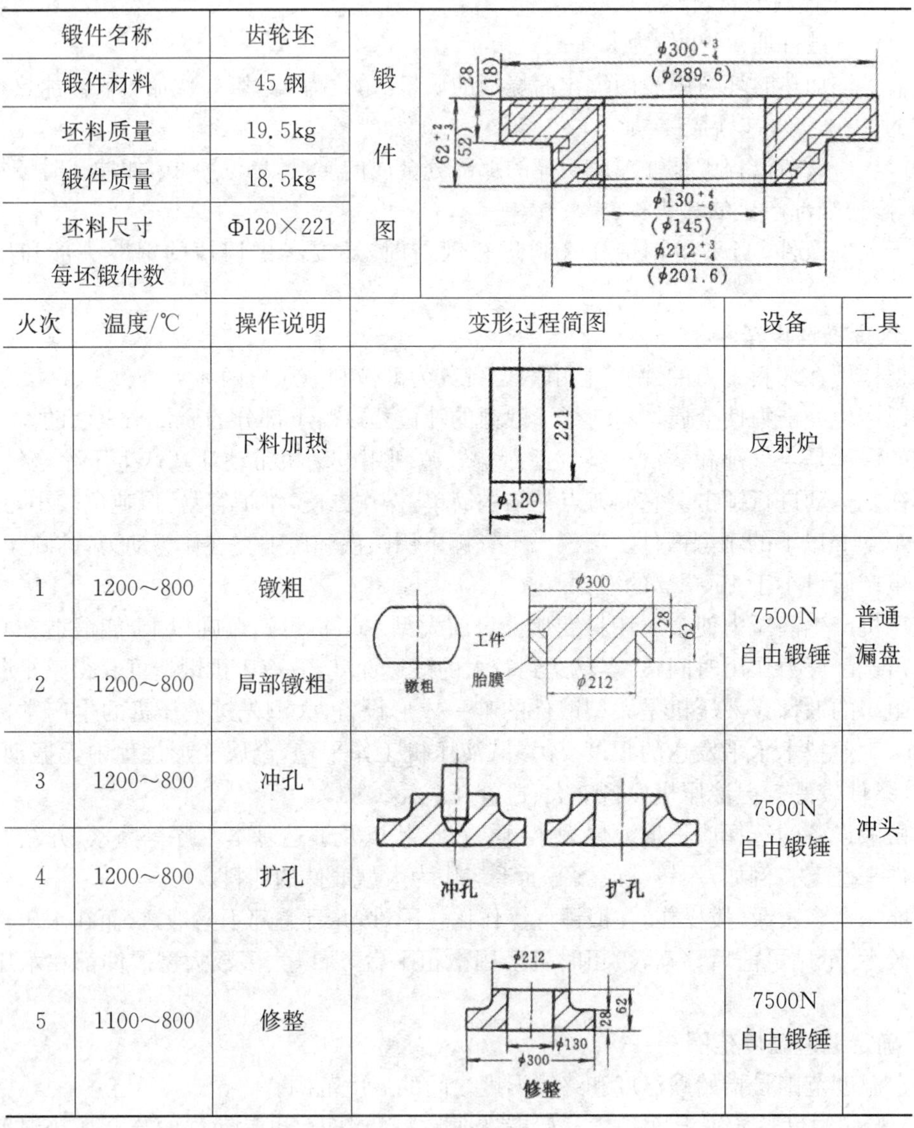

锻件名称	齿轮坯	锻件图	$\phi300^{+3}_{-4}$ ($\phi289.6$)；28 (18)；62^{+2}_{-3} (52)；$\phi130^{+4}_{-6}$ ($\phi145$)；$\phi212^{+3}_{-4}$ ($\phi201.6$)
锻件材料	45 钢		
坯料质量	19.5kg		
锻件质量	18.5kg		
坯料尺寸	Φ120×221		
每坯锻件数			

火次	温度/℃	操作说明	变形过程简图	设备	工具
		下料加热	221；$\phi120$	反射炉	
1	1200～800	镦粗	镦粗；工件；胎膜；$\phi300$；28；62；$\phi212$	7500N 自由锻锤	普通漏盘
2	1200～800	局部镦粗			
3	1200～800	冲孔	冲孔；扩孔	7500N 自由锻锤	冲头
4	1200～800	扩孔			
5	1100～800	修整	修整；$\phi212$；62；28；$\phi130$；$\phi300$	7500N 自由锻锤	

(四) 自由锻件的结构工艺性

设计自由锻造零件时，除应满足使用性能要求外，还必须考虑锻造工艺的特点，一般情况力求简单和规范，这样可使自由锻成形方便，节约金属，保证质量和提高生产率。具体要求见表 10－4。

表 10－4　自由锻锻件结构工艺性

结构要求	不合理的结构	合理的结构
应避免圆锥体结构和锻件的斜面，尽量用圆柱体代替圆锥体，用平面代替斜面	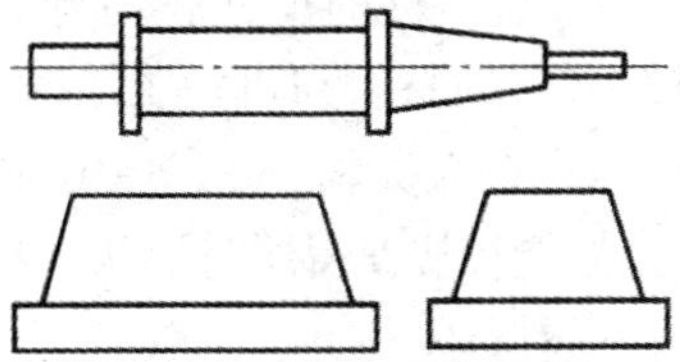	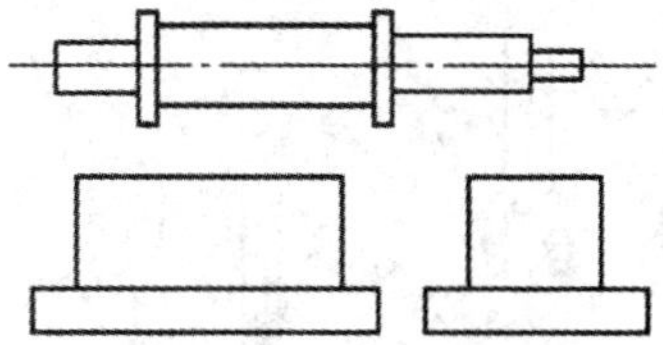
应避免圆柱体与圆柱体相交，改为平面与圆柱体相交或平面与平面相交	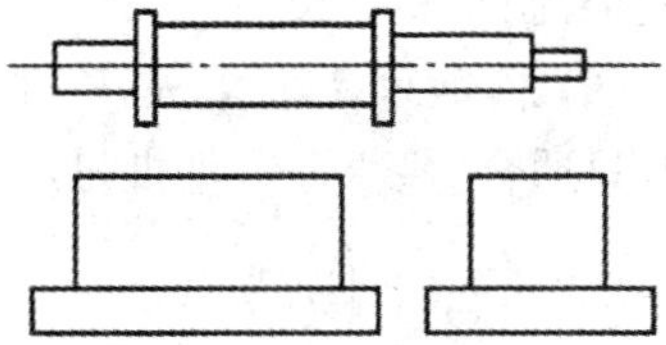	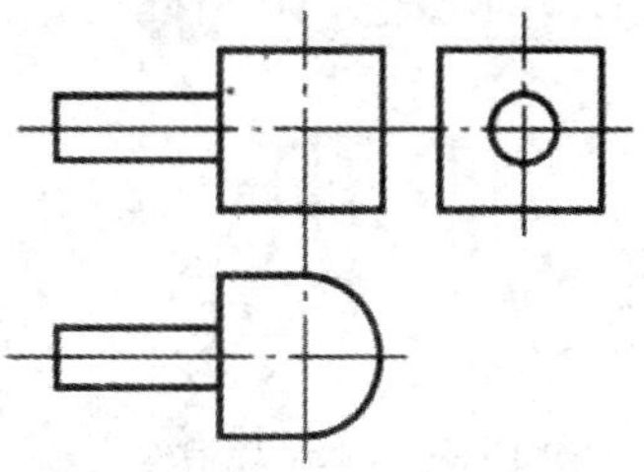
避免加强筋和凸台等构，采取适当措施加固零件	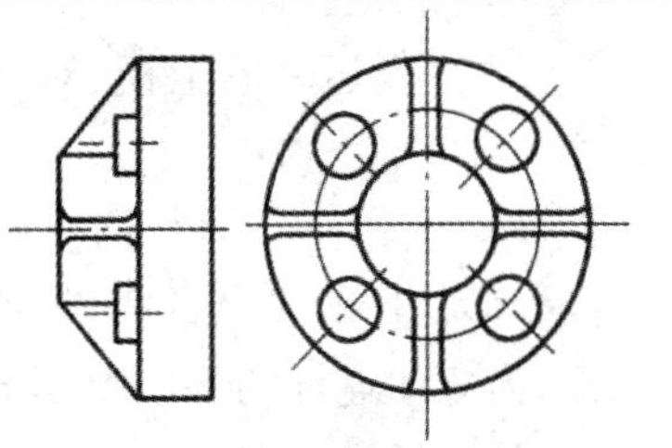	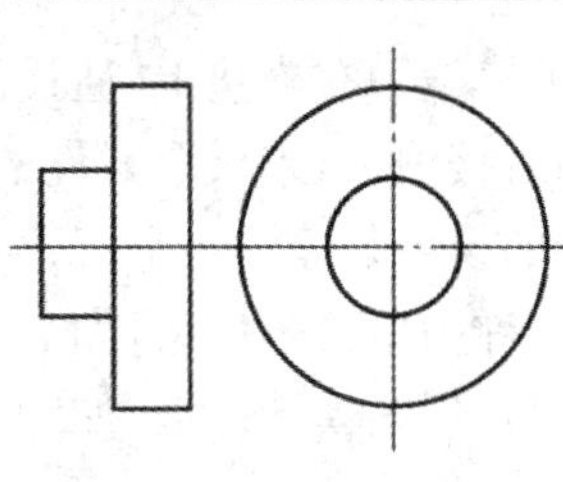
避免相邻截面尺寸相差太大的结构，改为其他结构连接	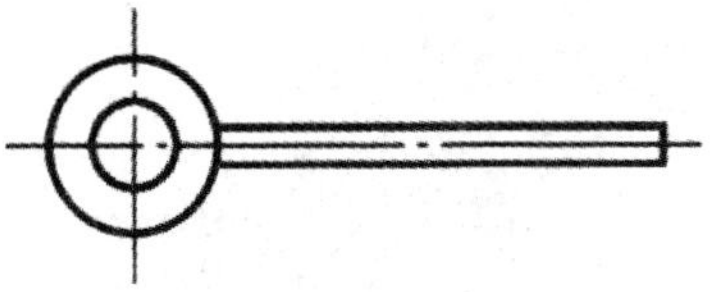	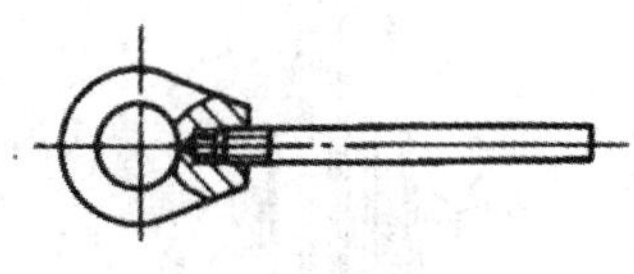
避免椭圆形、工字形或其他非规则形状截面及非规则外形	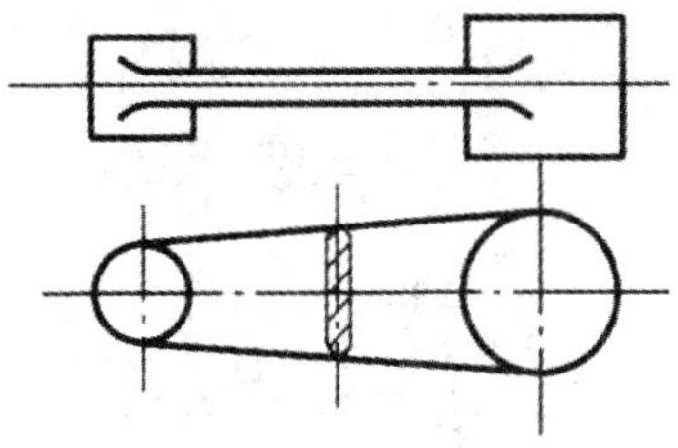	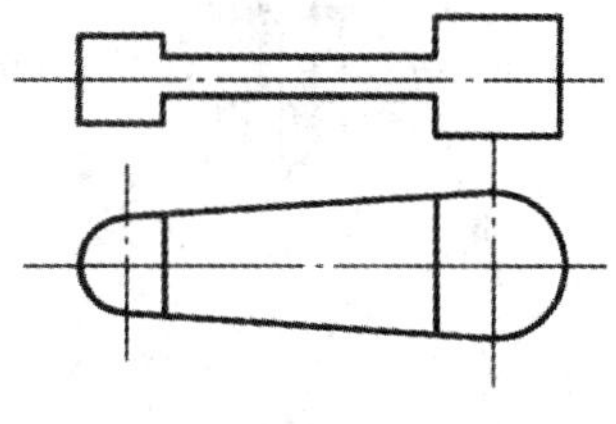

二、模　　锻

模锻是在模锻设备上，利用高强度锻模，使金属坯料在模膛内受压产生塑性变形，而获得所需形状、尺寸以及内部质量锻件的加工方法称为模锻。在变形过程中由于模膛对金属坯料流动的限制，因而锻造终了时可获得与模膛形状相符的模锻件。模锻按使用的设备不同分为：锤上模锻、曲柄压力机上模锻、摩擦压力机上模锻、胎模锻等。

(一) 与自由锻相比模锻的特点及应用

(1) 锻件形状可以比较复杂,用模膛控制金属的流动,可生产结构比较复杂锻件(如图10-5所示)。

(2) 力学性能高,模锻锻件内部的锻造流线比较完整。

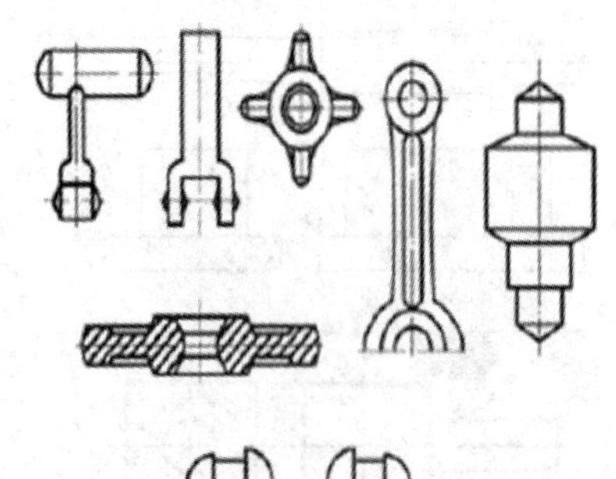

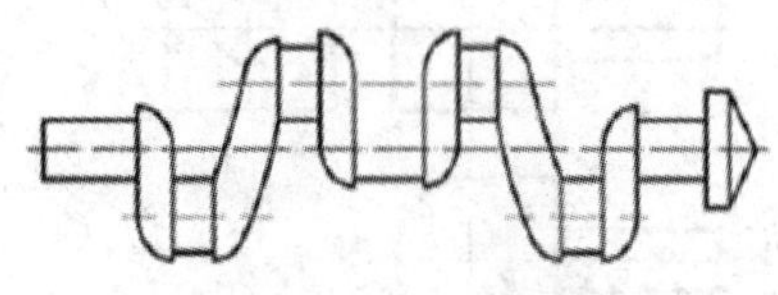

图 10-5 典型模锻件

(3) 模锻件的尺寸较精确,表面质量较好,加工余量较小,节约材料与机加工工时。

(4) 生产效率较高。模锻时,金属的变形在模膛内进行,故能较快获得所需形状。易于实现机械化,批量越大成本越低。

(5) 设备及模具费用高,设备吨位大,锻模加工工艺复杂,制造周期长。

(6) 模锻件不能太大,一般不超过150kg。因此,模锻只适合中、小型锻件批量或大批量生产。

(二) 锤上模锻

锤上模锻是较常用的模锻方法,它将上模固定在锤头上,下模紧固在模垫上,通过随锤头作上下往复运动的上模,对置于下模中的金属坯料施以压力直接锻击,来获取锻件的锻造方法。

常用的设备是蒸汽—空气模锻锤,如图10-6所示。形状简单的锻件可以在单模膛内锻造成形,称为单模膛模锻,如图10-7所示,形状比较复杂的零件,必须在几个模膛内锻造成形后获得,称多模膛模锻,如图10-8所示为弯曲连杆的多模膛模锻过程。

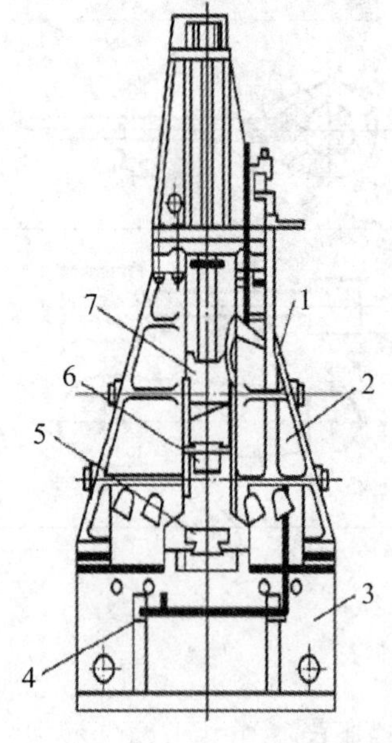

图 10-6 蒸汽—空气模锻锤

1—操纵机构 2—锤身 3—砧座 4—踏杆

5—下模 6—上模 7—锤头

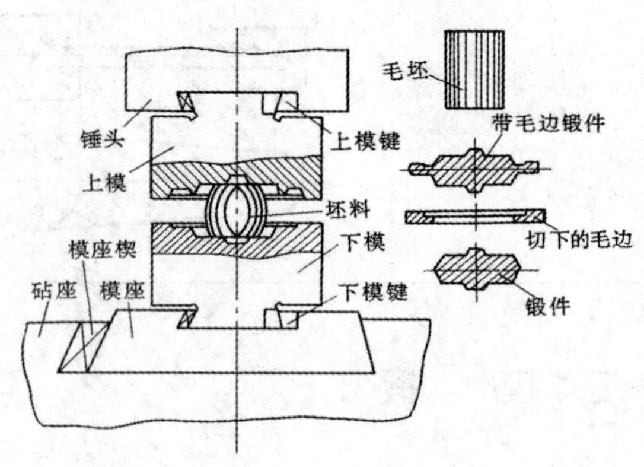

图 10-7 单模膛模锻示意图

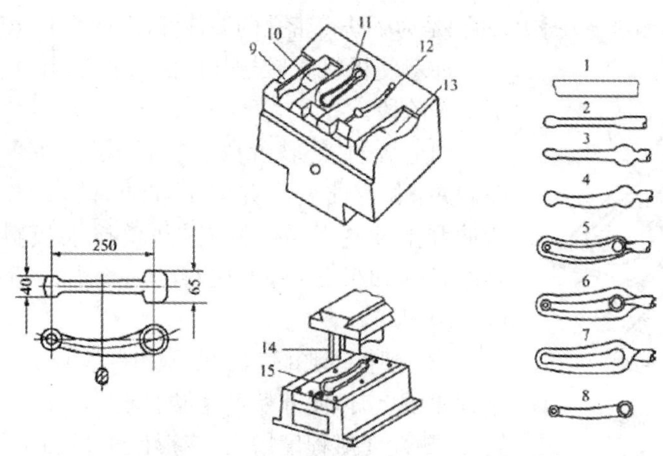

图 10-8 弯曲连杆模锻过程

1—原始坯料 2—延伸 3—滚压 4—弯曲 5—预锻 6—终锻 7—飞边 8—锻件 9—延伸模膛 10—滚压模膛 11—终锻模膛 12—预锻模膛 13—弯曲模膛 14—切边凸模 15—切边凹模

第三节 板料冲压

利用冲压设备和冲模使金属或非金属板料产生分离或变形的压力加工方法称为冲压，也称为板料冲压。这种加工方法通常是在常温下进行的，所以又称冷冲压。只有当板料厚度超过 8mm 或材料塑性较差时才采用热冲压。

一、板料冲压特点及应用

板料冲压与其他加工方法相比具有以下特点：

(1) 板料冲压所用原材料必须有足够的塑性，如低碳钢、高塑性的合金钢、不锈钢、铜、铝、镁及其合金等。

(2) 冲压制品具有较高的精度、较低的表面粗糙度，质量稳定，互换性能好。

(3) 可加工形状复杂的薄壁零件。

(4) 冲压操作简单，生产率高，成本低，易于实现机械化和自动化。

(5) 冲压制品具有材料消耗少、重量轻、强度高和刚度好的特点。

(6) 冲模精度要求高，结构较复杂，生产周期较长，制造成本较高，故只适用于大批量生产场合。

板料冲压广泛于汽车、拖拉机、家用电器、仪器仪表、飞机、导弹、兵器以及日用品的生产中。

板料冲压的基本工序可分为冲裁、拉深、弯曲和成形等。

二、冲　　裁

冲裁是使坯料沿封闭轮廓分离的工序。包括落料和冲孔。落料时，冲落的部分为成品，而余料为废料，如图 10－9 所示；冲孔是为了获得带孔的冲裁件，而冲落部分是废料，和落料相反。

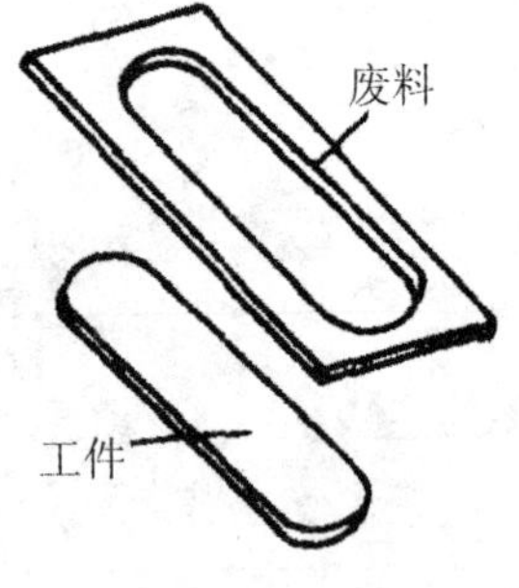

图 10－9　落料

冲裁使板料变形与分离的过程如图 10－10 所示。包括以下 3 个阶段。

(1) 弹性变形阶段。在凸模压力下，板料产生弹性压缩、拉深和弯曲变形并向上翘曲，凸、凹模的间隙越大，板料弯曲和上翘越严重。同时，凸模挤入板料上部，板料的下部则略挤入凹模孔口，但板料的内应力未超过材料的弹性极限(图 10－10a)。

(2) 塑性变形阶段。凸模继续向下运动，当板料内的应力达到屈服点时，便开始产生塑性变形。随凸模挤入板料深度的增大，塑性变形程度增大，变形区板料加工硬化加剧，冲裁变形力不断增大，直到刃口附近侧面的板料由于拉应力的作用出现微裂纹时，塑性变形阶段结束(图 10－10b)。

(3) 断裂分离阶段。冲头继续向下运动，已形成的微裂纹逐渐扩展，上下裂纹相遇重合后，板料被剪断分离(图 10－10c)。

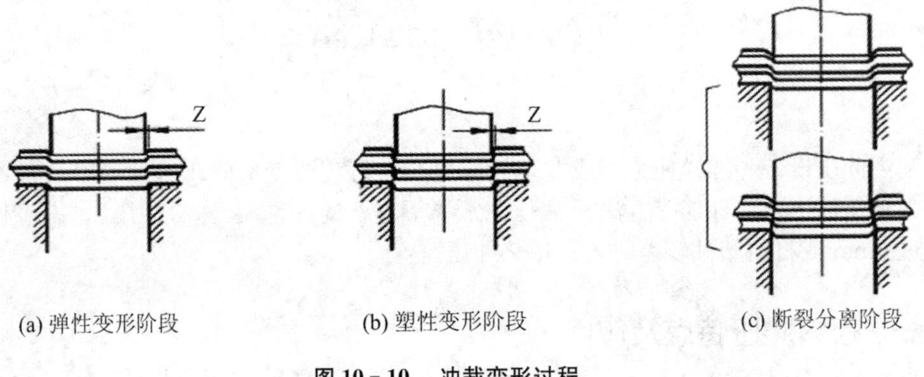

图 10－10　冲裁变形过程

三、拉　深

拉深是利用拉深模使板料变成开口空心件的冲压工序。拉深可以制成筒形、阶梯形、盒形、球形、锥形及其它复杂形状的薄壁零件(图 10－11)。

(一) 变形过程

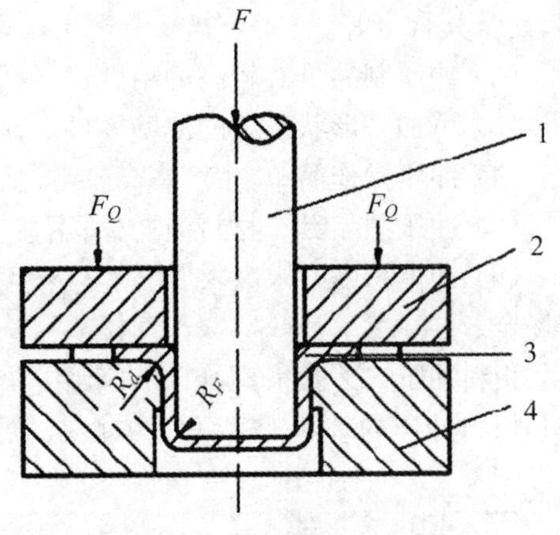

图 10－11　拉深过程示意图

1—凸模 2—压边圈 3—坯料 4—凹模

将直径为 D 的平板坯料放在凹模上，在凸模作用下，坯料被拉入凸模和凹模的间隙中，变成内径为 d，高为 h 的杯形零件，其拉深过程变形分析如图 10－12 所示，它包括以下 3 个变形区。

(1) 筒底区。金属基本不变形，只传递拉力，受径向和切向拉应力作用；

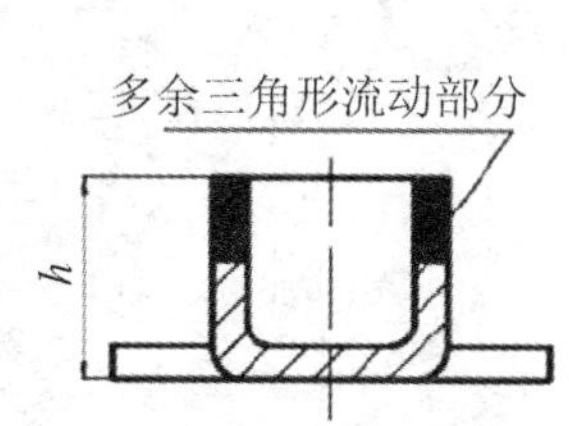

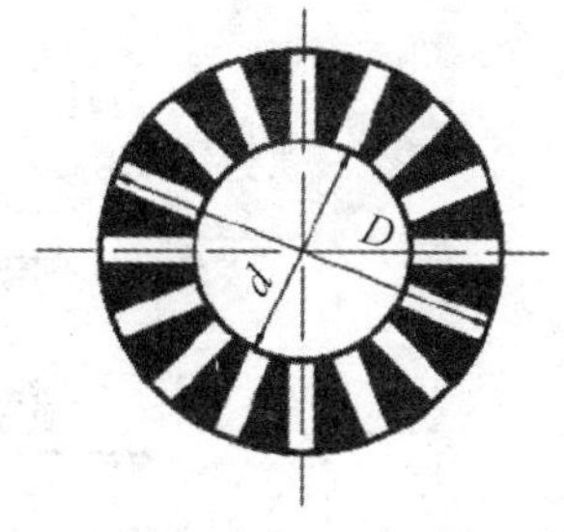

图 10－12 拉深过程变形分析

(2) 筒壁部分。是由凸缘部分经塑性变形后转化而成，受轴向拉应力作用；形成拉深件的直壁，厚度减小，直壁与筒底过渡圆角部被拉薄得最为严重；

(3) 凸缘区。是拉深变形区，这部分金属在径向拉应力和切向压应力作用下，凸缘不断收缩逐渐转化为筒壁，顶部厚度增加。

(二) 拉深中的废品及预防措施

拉深过程中最常见的问题是起皱和拉裂，如图 10－13 所示。

由于凸缘受切向压应力作用，厚度的增加使其容易产生折皱。在筒形件底部圆角附近拉应力最大，壁厚减薄最严重，易产生破裂而被拉穿。

(a) 起皱　(b) 拉裂

图 10－13 拉深件废品

防止拉深时出现起皱和拉裂，主要采取以下措施：

(1) 控制拉深系数值，不能太小，拉深系数不小于 0.5～0.8。

(2) 拉深模具的工作部分必须加工成圆角，凹模圆角半径 $R_d=(5\sim10)t$（t 为板料厚度），凸模圆角半径 $R_F<R_d$，如图 10－11 所示。

(3) 控制凸模和凹模之间的间隙 Z，间隙 $Z=(1.1\sim1.5)t$。

(4) 使用压边圈，进行拉深时使用压边圈，可有效防止起皱。

(5) 拉深时加润滑剂，以减少摩擦，降低拉深件壁部的拉应力，减少模具的磨损，提高模具的使用寿命。

四、弯　曲

弯曲是利用模具或其他工具将坯料一部分相对另一部分弯曲成一定的角度和圆弧的变形工序。弯曲的方法很多，可以在压力机上利用模具弯曲，也可以在专用弯曲机上进行折弯、滚弯或拉弯，如图 10－14 所示。

弯曲变形与任何方式的塑性变形一样，在总变形中总存在一部分弹性变形，外力去掉后，塑性变形被保留下来，而弹性变形部分则恢复，从而使坯料产生与弯曲变形方向相反的变形，这种现象称为弹复或回弹。回弹现象会影响弯曲件的尺寸精度。一般在设计弯曲模时，使模具角度与工件角度差一个回弹角，(回弹角一般小于 10°)这样在弯曲回弹后能得到较准确的弯曲角度。

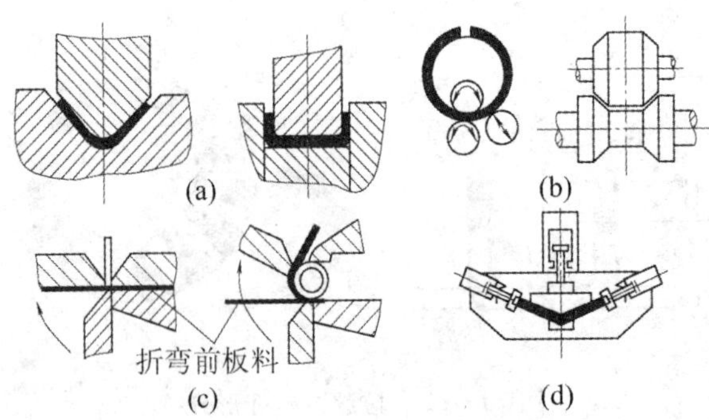

图 10-14 弯曲加工方法

五、成 形

成形工艺是指使板料毛坯或制件产生局部拉深或压缩变形来改变其形状的冲压工艺。成形工艺应用广泛,既可以与冲裁、弯曲、拉深等工艺相结合,制成形状复杂、强度高、刚性好的制件,又可以被单独采用,制成形状特异的制件。主要包括翻边、胀形、起伏等。

(一) 翻边

翻边是指使材料的平面部分或曲面部分上沿一定的曲率翻成竖立边缘的冲压成形工艺,在生产中应用较广。如图 10-15 所示。

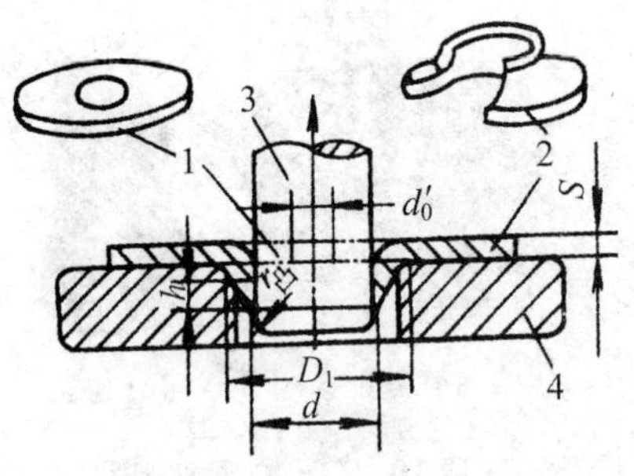

图 10-15 翻边简图

1—坯料 2—工件 3—凸模 4—凹模

圆孔翻边的主要变形是坯料的切向和径向拉深,越接近孔边缘变形越大。因此,圆孔翻边的缺陷往往是边缘拉裂。翻边破裂的条件取决于变形程度的大小。

内孔翻边的主要缺陷是裂纹的产生,因此,一般内孔翻边高度不宜过大。当零件所需凸缘的高度较大,可采用先拉深、后冲孔、再翻边的工艺来实现,如图 10-16(b)所示。

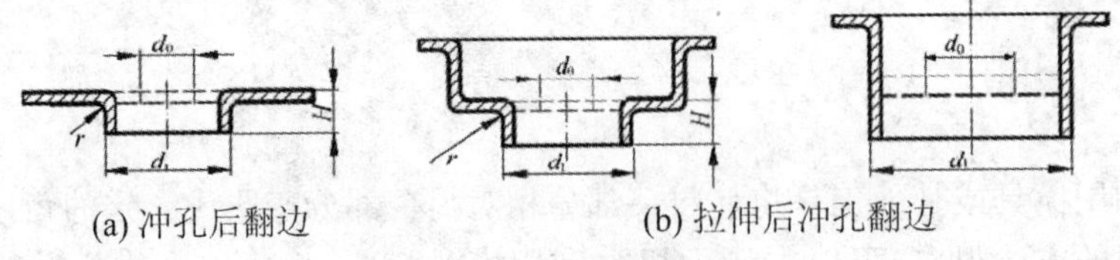

图 10-16 内孔翻边举例

(二) 胀形

胀形是利用局部变形使半成品部分内径胀大的冲压成形工艺。可以采用橡皮胀形、机械胀形、气体胀形或液压胀形等。

图 10－17 所示为球体胀形。其主要过程是先焊接成球形多面体，然后向其内部用液体或气体打压变成球体。图 10－18 所示为管坯胀形。在凸模的作用下，管坯内的橡胶变形，将管坯直径胀大，靠向凹模。胀形结束后，凸模抽回，橡胶恢复原状，从胀形件中取出。凹模采用分瓣式，使工件很容易取出。

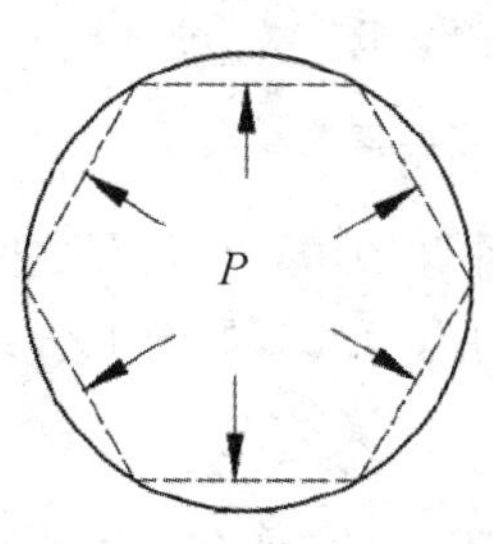

图 10－17　球体胀形图

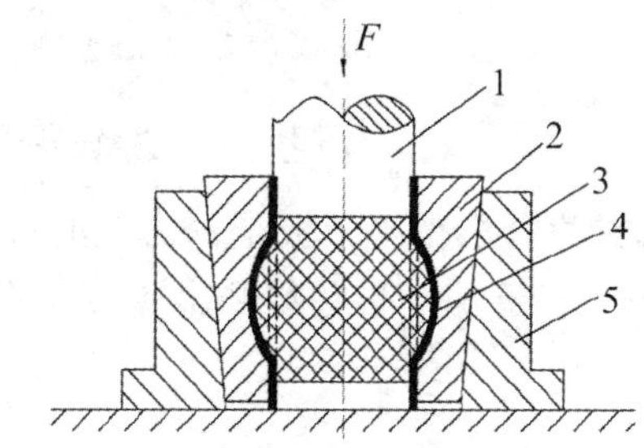

图 10－18　管坯胀形图

1—凸模 2—凹模 3—橡胶 4—坯料 5—外套

（三）起伏

起伏是利用局部变形使坯料压制出各种形状的凸起或凹陷的冲压工艺。起伏能提高局部变形部位的强度和刚度。

起伏主要应用于在薄板零件上制出筋条、文字、花纹等。图 10－19 所示为采用橡胶凸模压筋，从而获得与钢制凹模相同的筋条。图 10－20 是刚性模压坑。

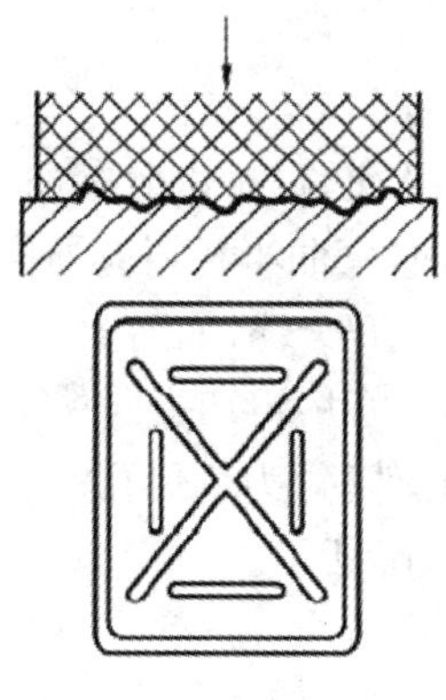

图 10－19　软模压筋

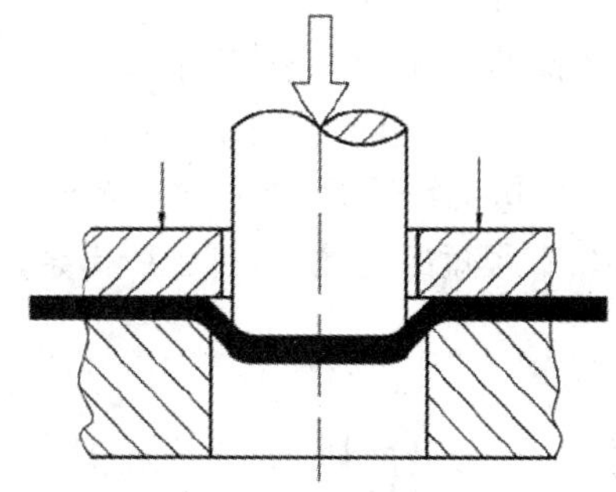

图 10－20　刚性模压坑

六、板料冲压件的结构工艺性

冲压件结构应具有良好的工艺性能，以便使冲压工序简单，模具制造容易，节省材料，降低成本，保证质量，提高生产率。设计冲压件应注意以下几个问题：

（一）冲压件的形状与尺寸

1. 对冲裁件的要求

（1）落料件的外形和冲孔的孔形应力求简单、对称，排样时能将废料降低到最低限度，以提高材料的利用率，如图 10－21 所示。同时，应避免细长槽与细长悬臂结构，如图 10－22

所示，否则，模具制造困难，寿命低。

(a) 材料利用率高（79%）

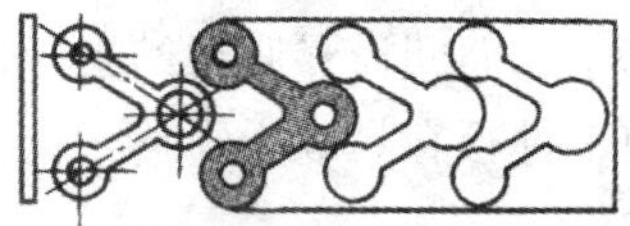
(b)材料利用率低（38%）

图 10－21　零件形状与材料利用率关系

(2) 圆孔的直径不得小于板厚 δ；方孔的每边长不得小于 0.9δ；孔与孔之间及孔到工件边缘的距离不得小于 δ；工件边缘凸出或凹进的尺寸不得小于 1.5δ，如图 10－23 所示。

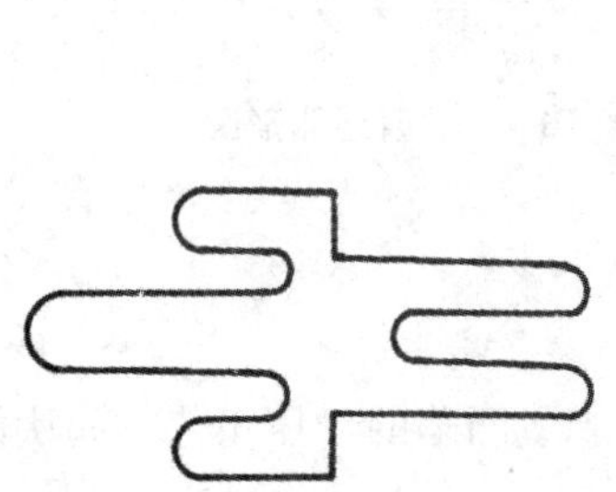
图 10－22　不合理的落料件外形

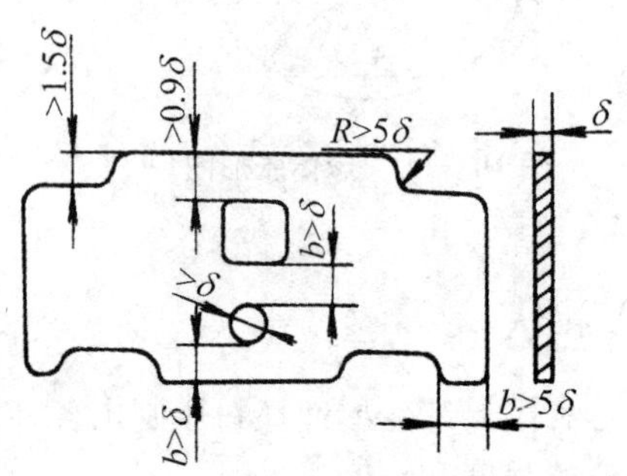

图 10－23　冲孔件尺寸与厚度的关系

(3) 冲孔件与落料件上直线间的交接处、曲线与直线的交接处均应用圆弧连接，以避免工件的应力集中和模具的破坏，其最小圆角半径 $r_{min}>0.5\delta$。

2. 对弯曲件的要求

(1) 弯曲件形状应尽量对称，弯曲半径不得小于材料允许的最小弯曲半径 $r_{min}=(0.25\sim1)\delta$。若弯曲时产生的拉深应力垂直于纤维组织方向，弯曲半径还应加倍。

(2) 弯曲边不宜过短，否则难以弯曲成形。一般弯曲边长 $H>2\delta$，如图 10－24(a)所示。如果要求具有很短的弯曲边，可先留出余量，以增大弯曲边，弯好后再切去。

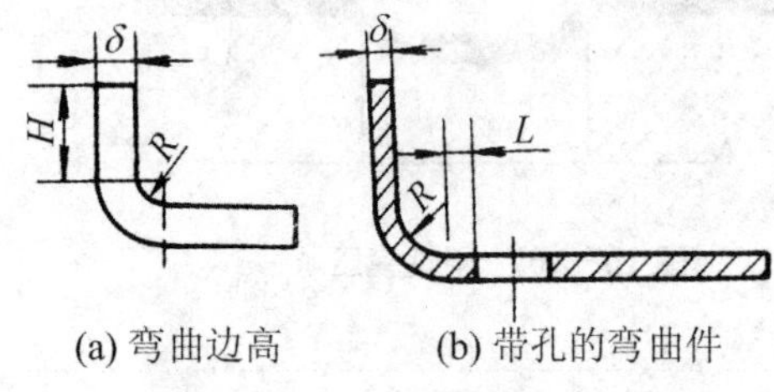

(a) 弯曲边高　　(b) 带孔的弯曲件

图 10－24　弯曲件结构工艺性

(3) 弯曲带孔件时，为避免孔的变形，孔的位置应如图 10－24(b)所示。

3. 对拉深件的要求

(1) 拉深件外形应简单、对称，以减少拉深件的成形难度和模具制作难度。

(2) 拉深件的圆角半径在不增加工艺程序的情况下，最小许可半径应如图 10－25 所示；否则，将增加拉深次数和整形工作，增多模具数量，易于产生废品和提高成本。

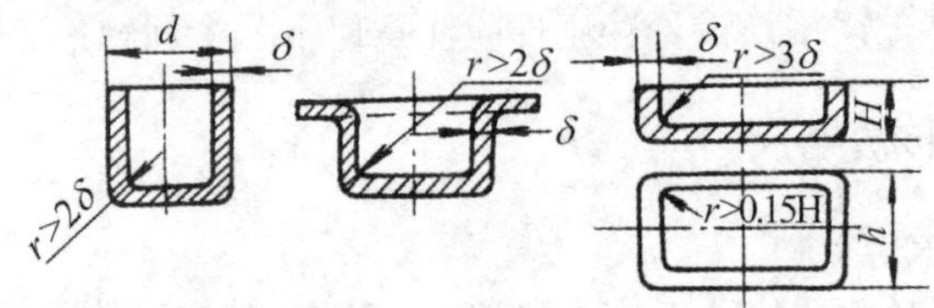

图 10－25　拉深件最小允许半径

(二) 冲压件的厚度

在强度、刚度允许的条件下,应尽可能采用较薄的材料来制作零件,以节约金属。对局部刚度不足的地方,可采用加强筋提高刚度,以实现薄板材料代替厚板材料,节省金属,如图 10－26 所示。

(a) 无加强筋　(b) 有加强筋

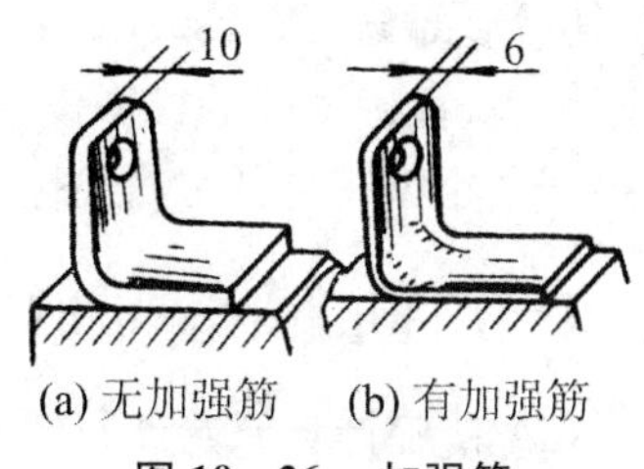

图 10－26　加强筋

(三) 改进结构可以简化工艺及节省材料

(1) 采用冲压—焊接结构,对于形状复杂的冲压件,先分别冲制若干简单件,然后焊接成复杂件,以简化冲压工艺,降低成本,如图 10－27 所示。

(2) 采用冲口工艺,以减少组合件数量。图 10－28(a)所示,原设计用三个件铆接或焊接组合,现采用图 10－28(b)冲口工艺(冲口、弯曲),制成整体零件,可以节省材料,简化工艺。

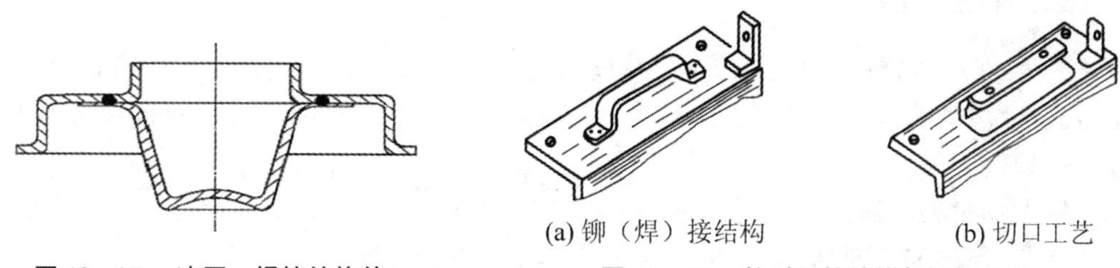

图 10－27　冲压—焊接结构件

(a) 铆（焊）接结构　(b) 切口工艺

图 10－28　铆(焊)接结构与切口工艺

(四) 冲压件的精度和表面质量

对冲压件的精度要求,不应超过工艺所能达到的一般精度,冲压工艺的一般精度如下:

落料不超过 IT10;冲孔不超过 IT9;弯曲不超过 IT9～IT10;拉深件的高度尺寸精度为 IT8～IT10,经整形工序后精度可达 IT6～IT7。冲压件表面质量的要求不应高于原材料的表面质量,否则要增加切削加工等工序,使产品成本大为提高。

第四节　现代塑性加工与发展趋势

随着工业的不断发展,对塑性加工生产提出了越来越高的要求,不仅要能生产各种毛坯,而且还要直接生产出各种形状复杂的零件;不仅能用易变形的材料进行生产,而且还要用难变形的材料进行生产。因此,近年来在压力加工生产中出现了许多新工艺、新技术,并得到迅速发展,如精密模锻、零件挤压、零件轧制及超塑性成形等。现代塑性加工正向着高科技、自动化和精密成形的方向发展。

一、精密模锻

精密模锻是在模锻设备上锻造出形状复杂、高精度锻件的锻造工艺。如精密锻造锥齿轮，其齿形部分可直接锻出，而不必再切削加工。精密模锻工艺方法很多。精密模锻一般都在刚度大、精确度高的模锻设备上进行，如曲柄压力机、摩擦压力机或高速锤等。精密模锻多用于中小型零件的大批量生产，如汽车、自行车、飞行操纵杆、发动机连杆等零件。

（一）保证精密模锻的主要措施

(1) 精确计算原始坯料的尺寸，严格按坯料质量下料，否则会增大锻件尺寸公差，降低精度。

(2) 精密制造模具，精锻模膛的精度必须比锻件精度高两级，精锻模应有导向结构，以保证合模准确。

(3) 采用无氧化或少氧化加热法，尽量减少坯料表面形成的氧化皮。

(4) 需要细致清理坯料表面，除净坯料表面的氧化皮、脱碳层等。

(5) 模锻过程中要很好地冷却锻模和进行润滑。

（二）精密模锻优点

(1) 锻件尺寸精度较高和表面粗糙度较低，可不经或只需少量机械加工，一般精密锻的公差余量约为普通锻件的 1/3，表面粗糙度为 Ra3.2～0.8μm 之间，尺寸精度为 IT15～IT12。

(2) 节约金属，提高生产率。

(3) 具有良好的金属组织和流线，从而提高了零件的力学性能。

(4) 零件生产成本低。

二、挤　压

挤压是指在挤压冲头的强大压力和一定的速度条件作用下，迫使毛坯金属从凹模型腔中挤出，从而获得所需要的工件。

（一）零件的挤压方式

根据挤压时金属流动方向与凸模运动方向的关系，挤压具有四种基本方式：

(1) 正挤压，金属的流动方向与凸模运动方向相同，如图 10-29(a)所示。正挤压法适用于制造横截面是圆形、椭圆形、扇形、矩形等的零件，也可是等截面的不对称零件。

(2) 反挤压，金属的流动方向与凸模运动方向相反，如图 10-29(b)所示。反挤压法适用于制造横截面为原形、方形、长方形、多层圆形、多格盒形的空心件。

(3) 复合挤压，在挤压过程中，一部分金属的流动方向与凸模运动方向相同，另一部分金属的流动方向与凸模运动方向相反，如图 10-29(c)所示。复合挤压法适用于制造截面为圆形、方形、六角形、齿形、花瓣形的双杯类、杯-杆类零件。

(4) 径向挤压，金属的流动方向与凸模运动方向呈 90°，如图 10-29(d)所示。此类成型过程可制造十字轴类零件，也可制造花键轴的齿形部分、齿轮的齿形部分等。

根据金属坯料变形温度不同，挤压成形还有可分为冷挤压、热挤压和温挤压。

(1) 冷挤压，金属材料在再结晶温度以下进行的挤压称为冷挤压。对于大多数金属而言，其在室温下的挤压即为冷挤压。冷挤压时金属的变形抗力比热挤压大的多。但产品尺寸精度高，可达 IT8～IT9，表面粗糙度为 Ra3.2～0.4μm；变形后的金属组织为加工硬化组织，故产品的强度高；冷挤压时可以通过对坯料进行热处理和润滑处理等方法提高其冷挤压的性能。

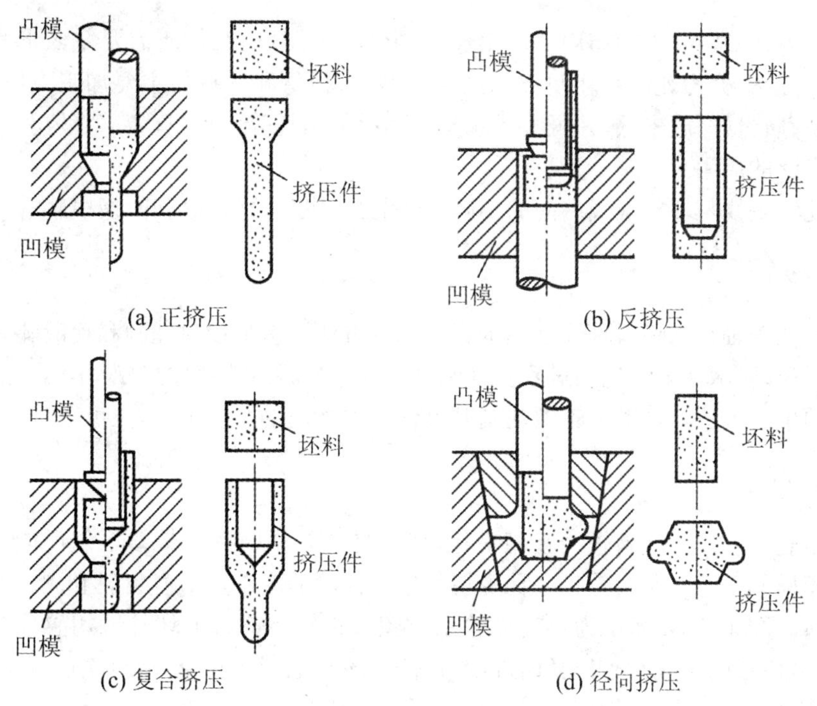

图 10－29　挤压成形

(2) 热挤压，把坯料加热到强度较低，氧化较轻的温度范围进行挤压称为热挤压。坯料变形的温度与锻造温度基本相同。热挤压中，金属的变形抗力小，允许的变形程度较大，生产率高，表面粗糙度高，精度较低。热挤压广泛地应用于冶金部门生产铝、铜、镁及其合金的型材和管材等。目前也越来越多地用于机器零件和毛坯的生产。

(3) 温挤压时金属坯料变形的温度介于室温和再结晶温度之间(100～800℃)。与冷挤压相比，变形抗力低，变形程度增大，提高了模具的寿命；与热挤压相比，坯料氧化脱碳少，表面粗糙度值低，产品尺寸精度较高。温挤压不仅适用于挤压中碳钢，也适用于挤压合金钢零件。

(二) 挤压成形的工艺特点

(1) 挤压时金属坯料处于三向受压状态，可提高金属坯料的塑性，扩大了金属材料的塑性加工范围。

(2) 其材料利用率可达 70%～90%，生产率高，材料消耗少。

(3) 可制出形状复杂、深孔、薄壁和异型断面的零件。

(4) 挤压零件的精度高，表面粗糙度值低，尤其是冷挤压成形。

(5) 挤压变形后，零件内流线不被切断，而是沿着挤压件轮廓连续分布，提高了零件的力学性能。

三、轧制成形

金属坯料在旋转轧辊的作用下产生连续塑性变形,从而获得所需要截面形状并改变其性能的加工方法,称为轧制。轧制工艺是生产型材、板材和管材的主要加工方法,因为它具有生产率高、质量好、成本低,并可大量减少金属材料消耗等优点,近年来在零件生产中也得到越来越广泛的应用。

根据轧辊轴线与坯料轴线方向的不同,轧制分为纵轧、横轧、斜轧、楔横轧等。

(一) 纵轧

纵轧是轧辊轴线与坯料轴线互相垂直的轧制方法。包括型材轧制和辊锻轧制等。

图 10－30 所示为辊锻轧制过程。坯料通过装有圆弧形模块的一对作相反旋转运动的轧辊变形的生产方法称辊锻。辊锻轧制既可作为模锻前的制坯工序,也可直接辊锻工件。

(二) 横轧

横轧是轧辊轴线与坯料轴线互相平行,坯料在两轧辊摩擦力带动下作反向旋转的轧制方法。利用横轧工艺轧制齿轮是一种少切削加工齿轮的新工艺。直齿轮和斜齿轮均可用横轧方法制造。图 10－31 所示为热轧齿轮示意图。在轧制前将毛坯外缘用感应加热器 3 加热,然后将带齿形的主轧轮 1 作径向进给,迫使轧轮与毛坯 2 对辗,在对辗过程中,轧轮 1 继续径向送进到一定的距离,使坯料金属流动而形成轮齿。

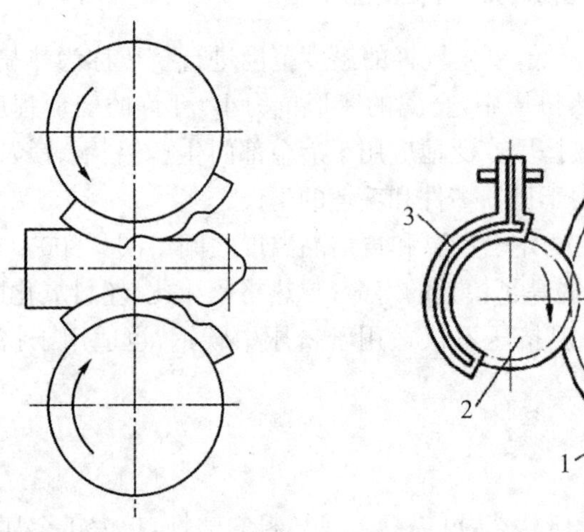

图 10－30　辊锻成形过程

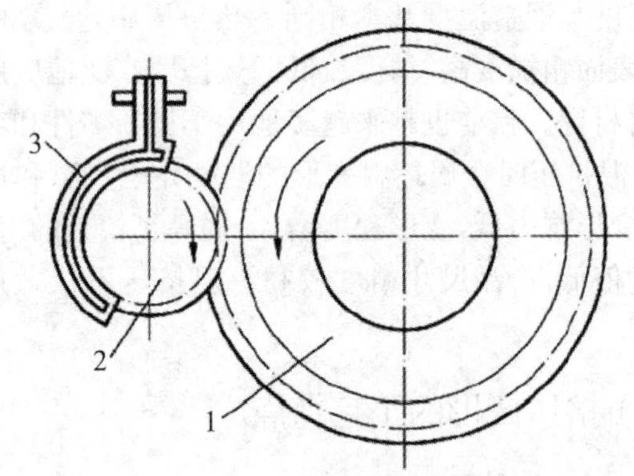

图 10－31　热轧齿轮过程示意图

1—主轧轮 2—毛坯 3—感应加热器

由于被轧制的锻件内部流线与齿形轮廓一致,故可提高齿轮的力学性能和工作寿命。

(三) 斜轧

轧辊轴线与坯料轴线相交一定角度的轧制方法称斜轧也称螺旋斜轧。两个同向旋转的轧辊交叉成一定角度,轧辊上带有所需的螺旋型槽,使坯料以螺旋式前进,因而扎制出形状呈周期性变化的毛坯或各种零件如图 10－32(a)所示。

如图 10－32(b)所示为刚球斜轧，棒料在轧辊见螺旋形槽里受到轧制，并被分离成单个球，轧辊每转一圈，即可轧制出一个钢球，轧制过程是连续的。

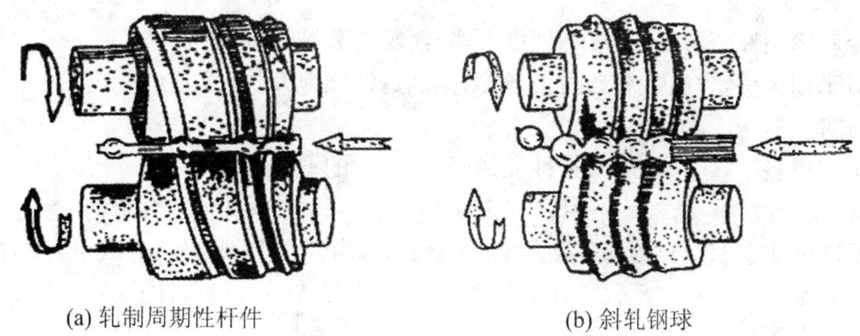

(a) 轧制周期性杆件　　(b) 斜轧钢球

图 10－32　螺旋斜轧示意图

(四) 楔横轧

带有楔形模具的两(或三个)轧辊，向相同的方向旋转，棒料在它的作用下反向旋转的轧制方法，如图 10－33 所示。其变形过程主要是靠两个楔形凸块压缩坯料，使坯料径向尺寸减小，长度增加。

楔横轧主要用于加工阶梯轴、锥形轴等各种对称的零件或毛坯。

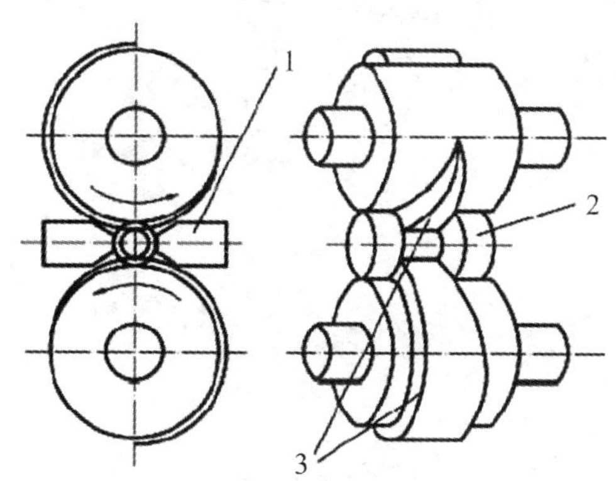

图 10－33　楔横轧示意图

1—导板 2—轧件 3—带楔形凸块的轧辊

习　　题

一、填空题

1. 当沿着锻造流线方向拉深时，有(　　)抗拉强度；当沿着垂直锻造流线方向剪切时，有(　　)抗剪强度。

2. 自由锻的工序可分为(　　)工序、(　　)工序、(　　)工序三大类。

3. 模锻按使用设备不同,可分为(　　)模锻、(　　)模锻、(　　)模锻三种。

4. 板料冲压工序可分为(　　)工序、(　　)工序两大类。

二、判断题

1. 金属冷塑性变形后,强度和硬度下降,而塑性和韧性提高。(　　)

2. 对于钢来讲,含硫量和含磷量愈多,则锻造性能愈好。(　　)

三、选择题

1. 下列材料中,(　　)的锻造性能最好,(　　)的锻造性能最差。

A　铸铁　　　　B　低碳钢　　　　C　合金钢

2. 板料冲裁时,被分离的部分成为成品或坯料,称为( );被分离的部分成为废料,称为( )。

A　冲裁　　　　B　落料　　　　C　冲孔

四、名词解释

锻压　　成形

五、简答题

1. 以圆钢为坯料,自由锻制带孔圆环形、圆筒形锻件,其锻造工序有何异同?

2. 下图中自由锻锻件结构工艺性不好,说明原因,画出正确图形。

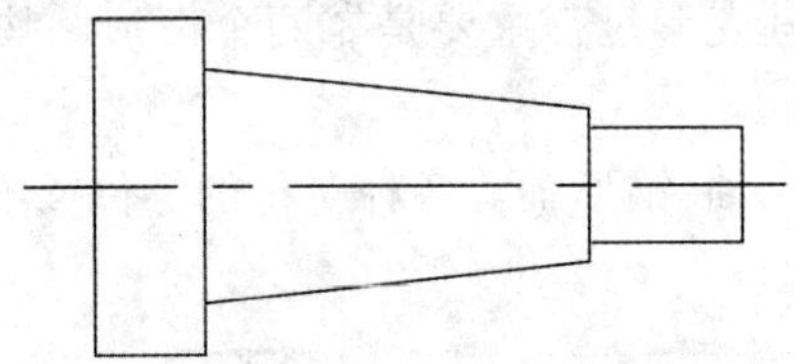

第十一章 焊　　接

焊接技术则是机械制造工业中的关键技术之一。例如很多工业产品以及能源工程、海洋工程、航空航天工程、石油化工工程等都离不开焊接技术。随着近代科学技术的迅猛发展，对结构和材料的要求越来越高，如造船和海洋工程要求解决大面积拼板、大型立体框架结构自动焊及各种低合金高强钢的焊接问题；石油化学工业要求解决各种耐高温、耐低温及耐各种腐蚀性介质的压力容器焊接；航空航天工业中要求解决铝、钛等轻合金结构的焊接；重型机械工业中要求解决大截面构件的拼接；电子及精密仪表制造工业要求解决微型精密焊件的焊接。

GB3375—94《焊接术语》中指出："焊接是通过加热或加压，或两者并用，并且用或不用填充材料，使工件达到结合的一种方法"。焊接是通过适当的物理、化学方法，使两个分离的固体通过原子间的结合力结合起来的一种连接方法。

第一节 焊接概述

一、焊接的分类

焊接方法的种类很多，通常分为三大类：熔焊、压焊和钎焊。

(1) 熔焊。它是将待焊处的母材金属熔化以形成焊缝的焊接方法。它包括气焊、电弧焊、电渣焊、激光焊、电子束焊、等离子弧焊、堆焊和铝热焊、CO_2、TIG、MIG、MAG 等。

(2) 压焊。焊接过程中，必须对焊件施加压力(加热或不加热)以完成焊接的焊接方法。它包括爆炸焊、冷压焊、摩擦焊、扩散焊、超声波焊、高频焊和电阻焊等。

(3) 钎焊。采用比母材熔点低的金属材料作钎料，将焊件和钎料加热到高于钎料熔点，低于母材熔化温度，利用液态钎料润湿母材，填充接头间隙并与母材相互扩散实现连接焊件的工艺方法。它包括硬钎焊、软钎焊等。

二、焊接的特点

(一) 焊接的优点

焊接与螺钉联接、铆接，铸件及锻件相比，具有下列优点：

(1) 节省金属材料，减轻结构重量，经济效益好。

(2) 简化加工与装配工序,生产周期短,生产效率高。

(3) 结构强度高(接头能达到与母材等强度),接头密封性好。

(4) 为结构设计提供较大的灵活性。例如,按结构的受力情况可优化配置材料,按工况需要,在不同部位选用不同强度、不同耐磨性、耐腐蚀性、耐高温性等的材料。

(5) 焊接工艺过程容易实现机械化和自动化。

(二) 焊接的缺点

(1) 焊接结构容易引起较大的残余变形和焊接内应力,从而影响结构的承载能力、加工精度和尺寸稳定性。同时,在焊缝与焊件交界处还会引起应力集中,对结构的脆性断裂有较大的影响。

(2) 焊接接头中易存在一定数量的缺陷,如裂纹、气孔、夹渣、未焊透、未熔合等。缺陷的存在会降低强度、引起应力集中、损坏焊缝致密性,是造成焊接结构破坏的主要原因之一。

(3) 焊接接头具有较大的性能不均匀性。由于焊缝的成分及金相组织与母材不同,接头各部位经历的热循环不同,使不同区域接头的性能不同。

(4) 焊接过程中产生高温、强光及一些有害气体,故需加强劳动保护。

控制焊接质量并保证其使用性能是现代焊接工程中关键技术问题之一。

第二节　焊接基础知识

一、熔焊冶金过程

(一) 焊接熔池的冶金特点

熔化焊与一般炼钢的液相冶金反应比较,具有反应区温度高,熔化金属与气相、熔渣的接触面积(比表面积)大,反应时间短,分区域连续进行等特点。

熔焊从母材和焊条被加热熔化,到熔池的形成、停留、结晶,要发生一系列的冶金化学反应,从而影响焊缝的化学成分、组织和性能。熔化焊冶金反应时间虽短,但温度很高,各相间的接触面积大,增加了合金元素的烧损和蒸发,高温下,电弧空间的气体(H_2、N_2、O_2、CO、H_2O等)分解,呈原子状态,增大了气体的活泼性,促进液态金属对气体的吸收。

焊接时,空气中的氧气和氮气在电弧高温作用下分解,形成氧原子和氮原子。氧原子与熔化的金属接触,氧化反应使焊缝金属中的C、Mn、Si等元素明显烧损,而含氧量则大幅度提高,导致金属的强度、塑性和韧性都急剧下降,在熔池金属结晶时CO气体来不及逸出就会形成气孔。

氮能以原子的形式溶于大多数金属中,氮在液态铁中的溶解度随温度的升高而增大,当液态铁结晶时,氮的溶解度急剧下降。这时过饱和的氮以气泡形式从熔池向外逸出,若来不及逸出熔池表面,便在焊缝中形成气孔。氮原子还能与铁化合形成Fe_4N等化合物,以针状夹杂物形态分布在晶界和晶内,使焊缝金属的强度、硬度提高,而塑性、韧性下降,特别是低温韧性急剧降低。

除了氧和氮以外,氢的溶入和对焊缝金属也是十分有害。当液态铁吸收了大量氢以后,在熔池冷却结晶时会引起气孔,当焊缝金属中含氢量高时,会导致金属的脆化(称氢脆)和冷裂纹等问题。

焊缝金属中的硫和磷主要来自焊条药皮和焊剂中,焊缝含硫量高时,会导致热脆性和热裂纹,并能降低金属的塑性和韧性。磷会严重地降低金属的低温韧性。

不同的焊接方法有不同的反应区,药芯焊丝、非熔炼焊剂埋弧焊和手工电弧焊有三个反应区:药剂反应区、熔滴反应区和熔池反应区;实芯焊丝熔化极气体保护焊和熔炼焊剂埋弧焊具有熔滴反应区和熔池反应区;钨极氩弧焊和高能束焊则只有熔池反应区。

(二) 对熔池的保护和冶金处理

为了保证焊缝金属的质量,降低焊缝中各种有害杂质的含量.熔焊时必须对焊接区进行机械保护和对熔池进行冶金处理。

(1) 对焊接区采取机械保护。采用焊条药皮、焊剂或保护气体等,使焊接区的熔化金属被熔渣或气体保护,与空气隔绝,防止空气污染熔化金属。

(2) 对熔池进行冶金处理。通过在焊条药皮或焊剂中加入铁合金等,对熔化金属进行脱氧、脱硫、脱磷、去氢和渗合金等。清除已经进入熔池中的有害杂质,增加合金元素,以保证和调整焊缝金属的化学成分。

二、焊接接头组织和性能

熔焊是焊件局部经历加热和冷却的热过程。随着热源的离开,熔池金属便开始结晶。焊接结晶过程对焊缝金属的组织、性能具有重大的影响,焊接过程中的许多缺陷,如气孔、裂纹、夹杂、偏析等大都是在熔池结晶的过程中产生的。因此,掌握焊接结晶过程的特点、焊缝金属组织转变规律以及有关缺陷产生的机理和有效防止缺陷发生的措施,有益于保证焊接质量。

(一) 焊缝的组织与性能

焊缝是由熔池金属结晶而成的,结晶首先从熔池底壁开始,沿垂直于熔池和母材的交界线向熔池中心长大,形成柱状晶,如图 11-1 所示。熔池结晶过程中,由于冷却速度很快,已凝固的焊缝金属中的化学元素来不及扩散造成合金元素偏析。

焊接熔池结晶的特点:

(1) 熔池的体积小、冷却速度大:焊接熔池的体积远比金属冶炼和铸造时小,由于溶池的体积小,周围又被冷金属所包围,熔池的冷却速度很大,平均冷却速度约为 4～100℃/s,比铸锭的冷却速度大出 10000 倍左右。焊接含碳量高、合金元素较多的钢种及铸铁时,容易产生硬化组织和结晶裂纹。由于熔池中心和边缘之间存在很大的温度差会使焊缝中的柱状晶大大发展,一般情况下,电弧焊的焊缝中没有等轴晶。

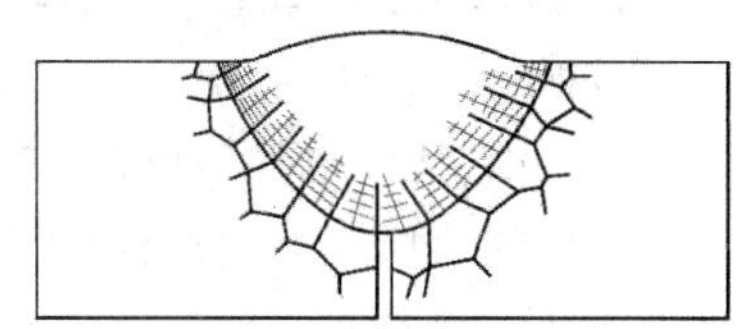

图 11-1 焊缝的柱状结晶示意图

(2) 熔池在运动状态下结晶：焊接熔池是以等速随同热源一起移动的，熔池的结晶是一个连续熔化、连续结晶的动态过程，在熔池的前半部进行熔化过程，而熔池的后半部进行结晶过程。此外，熔池在结晶过程中，由于熔池内部气体的外逸、焊条的摆动、电弧的吹力等因素的作用，对液态熔池金属搅拌作用甚强，有利于气体、夹杂物的排除和焊缝金属成分的混合。

(3) 熔池液态金属处于过热状态：在低碳钢和低合金钢电弧焊时，熔池的平均温度可达(1770±100)℃，熔池的液态金属处于很高的过热状态，合金元素的烧损比较严重，使熔池中作为结晶晶核的质点大为减少，也促使焊缝易得到柱状晶。

(二) 热影响区的组织与性能

热影响区是指在焊接热循环的作用下，焊缝两侧因焊接热而发生金相组织和力学性能变化的区域。低碳钢的焊接热影响区组织变化，如图 11－2 所示。由于各点温度不同，组织和性能变化特征也不同，其热影响区一般包括半熔化区、过热区、正火区和部分相变区。

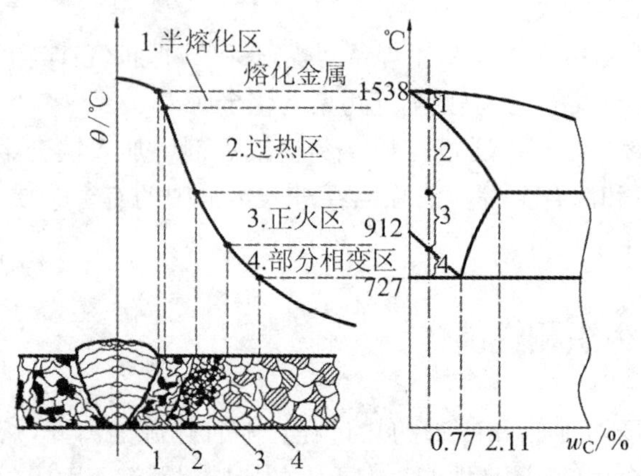

图 11－2　低碳钢焊接热影响区组织变化示意图

(1) 半熔化区。是焊缝与基体金属的交界区，也称为熔合区。焊接加热时，该区的温度处于固相线和液相线之间，金属处于半熔化状态。熔合区的化学成分和组织性能都有很大的不均匀性，其组织中包含未熔化而受热长大的粗大晶粒和铸造组织，力学性能下降较多，是焊接接头中的薄弱区域。

(2) 过热区。焊接加热时此区域处于 1100℃至固相线的高温范围，由于加热温度高，奥氏体晶粒发生严重的长大现象，冷却后产生晶粒粗大的加热组织。此区的塑性和韧性严重降低，尤其是冲击韧性降低更为显著，脆性大，也是焊接接头中的薄弱区域。

(3) 正火区。母材金属被加热到 Ac_3～1100℃的范围，铁素体和珠光体全部转变为奥氏体。冷却后得到均匀细小的铁素体和珠光体组织，其力学性能优于母材。

(4) 部分相变区。焊接时被加热到 Ac_1～Ac_3 之间的区域属于部分相变区。该区域中只有一部分母材金属发生奥氏体相变，而另一部分是始终未能溶入奥氏体的铁素体，它不发生转变，但随温度升高，晶粒略有长大。所以冷却后此区晶枝大小不一，组织不均匀，其力学性能稍差。

(三) 改善焊接接热影响区组织和性能的措施

熔焊过程总会产生一定尺寸的热影响区，其中半熔化区和过热区对焊接接头不利，应尽量减小。

影响焊接接头组织和性能的因素有焊接材料、焊接方法、焊接工艺参数、焊接接头形式和坡口等。

(1) 实际生产中,焊接低碳钢结构,用焊条电弧焊和埋弧焊时,热影响区尺寸较小,焊后可不进行热处理。

(2) 对合金钢结构或电渣焊接低碳钢结构,热影响区尺寸较大,焊接必须进行热处理,通常是正火改善接头质量。

(3) 对焊后不能进行热处理的结构,只能通过正确选择焊接方法、制定合理工艺来减小焊接热影响区,以保证焊接质量。

三、焊接应力与变形

焊接时,由于焊接接头是局部不均匀加热,金属冷却后沿焊缝纵向收缩时受到低温部分的阻碍,致使焊缝及其纵向产生拉应力,而焊缝区域产生压应力。如焊接过程中焊件能够自由收缩,则焊后变形大而应力小,反之变形小而应力大。

焊接应力和各种焊接变形,使焊接产品的质量下降,或使下一道工序无法顺利进行。更重要的是焊接应力或焊接残余应力往往是造成裂纹的直接原因,即使不造成裂纹,也会降低焊接结构的承载能力和使用寿命。在焊后矫正焊接变形要进行大量复杂的工作,严重的会使焊件报废。

(一) 应力与变形的形成

1. 应力与变形产生的原因

产生焊接应力与变形的因素很多,其中最根本的是焊件受热不均匀,其次是由于焊缝金属的收缩、金相组织的变化及焊件的刚度不同所至。另外,焊缝在焊接结构中的位置、装配焊接顺序、焊接方法、焊接电流及焊接方向等对焊接应力与变形也有一定的影响。

下面以钢板边缘一侧加热和冷却时的变形与应力的变化来讨论不均匀加热导致变形与应力过程,假想钢板是由许多互不相连的窄条组成,加热和冷却窄条发生如图 11－3 的变化。此图表明了边缘一侧加热和冷却条件下变形与应力的形成原因。

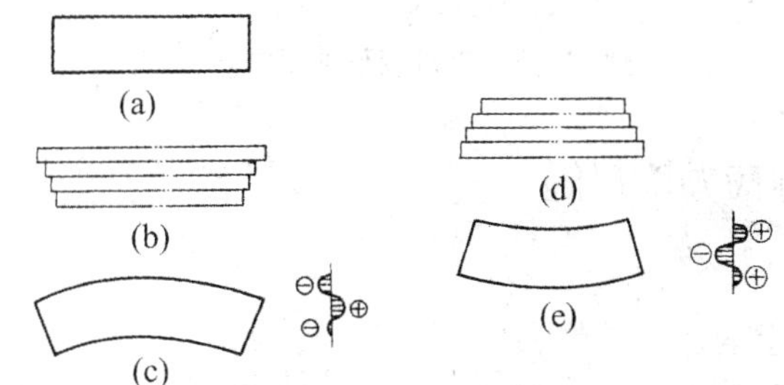

(a) 原始状态 (b) 假想各板条的伸长 (c) 加热后的变形
(d) 假想各板条的收缩 (e) 冷却后的变形

图 11－3 钢板边缘一侧加热和冷却时的变形与应力

2. 焊接时的应力与变形分布

钢板中心加热时对接接头焊缝的应力与变形的分布，如图 11－4 所示，可见，焊缝往往受拉应力，焊缝附近产生压应力。

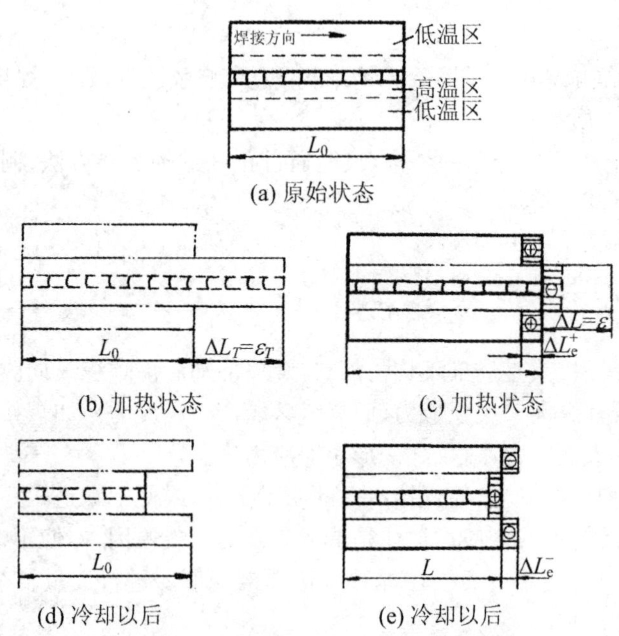

图 11－4　对接加热和冷却时应力与变形分布

3. 变形的基本形式

常见的焊接残余变形的基本形式有尺寸收缩、角变形、弯曲变形、扭曲变形和翘曲变形五种，如图 11－5 所示。但在实际的焊接结构中，这些变形并不是孤立存在的，而是多种变形共存，并且相互影响。

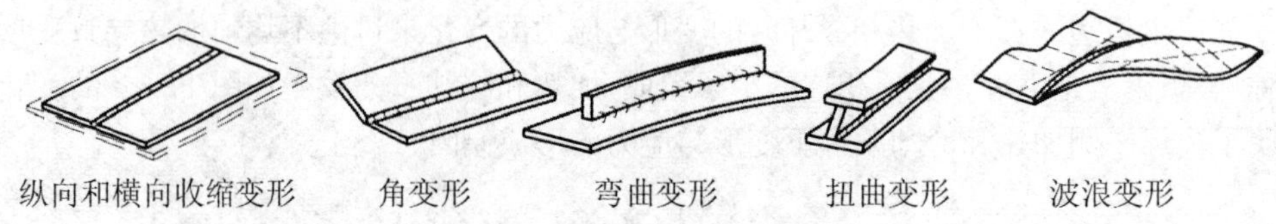

图 11－5　焊接变形的基本形式

（二）减少或消除应力的措施

1. 设计措施

(1) 尽量减少结构上的焊缝数量和尺寸。

(2) 避免焊缝过分集中，焊缝保持足够的距离。例如图 11－6 容器接管的焊接。

(3) 采用刚度较小的接头形式。例如图 11－7 焊接管的连接。

2. 工艺措施

(1) 选择合理的焊接顺序和方向。为防止和减少焊接结构的应力，可按以下几个原则合理安排焊接顺序。

① 尽可能考虑焊缝能自由收缩。减少焊接结构在施焊时的拘束度，尽可能让焊缝自由收缩，最大限度地减少焊接应力。图 11－8 所示为一大型容器底部拼板焊缝，它是由许多平板拼接而成。考虑到焊缝能自由收缩的原则，先焊相互错开的短焊缝，后焊直通长焊缝。这样的焊接顺序，能最大限度地考虑到焊缝的自由收缩，以减少焊接应力。

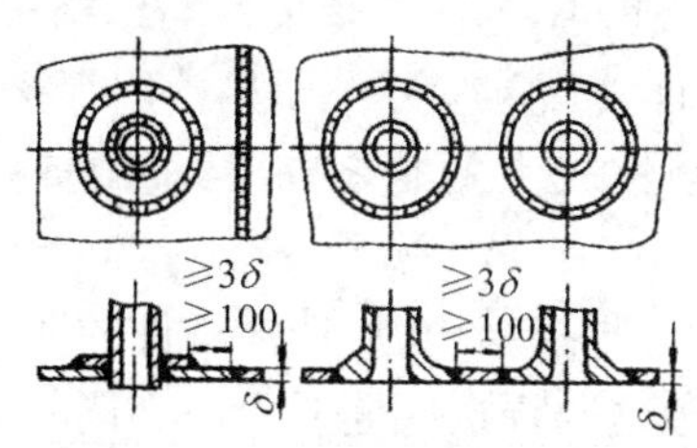

图 11－6　容器接管的焊接

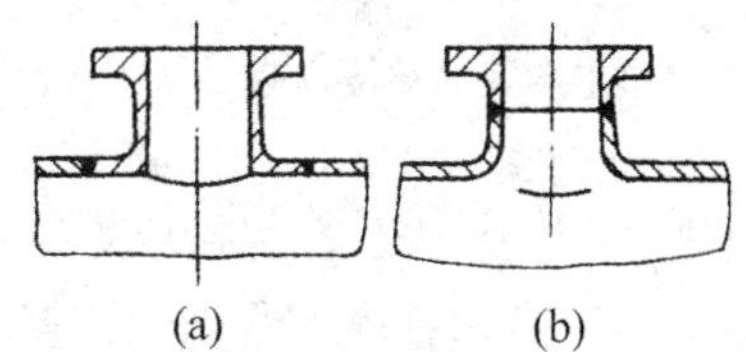

图 11－7　焊接管的连接

② 先焊收缩量最大的焊缝。对一个焊接构件来说，往往先焊的焊缝其拘束度小，即焊缝收缩时受阻较小，故焊后应力较小。另外，由于对接焊缝的收缩量比角焊缝的收缩量大，故当同一焊接结构这两种焊缝并存时，应尽量先焊对接焊缝。对接的收缩量比角焊大，如图 11－9 先焊 1 后焊 2。

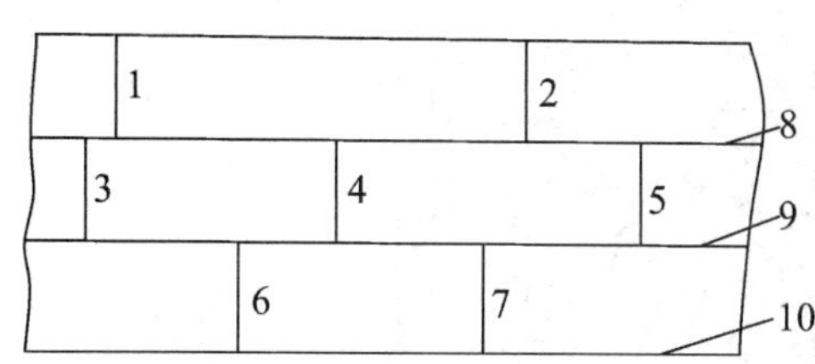

图 11－8　拼板合理的装配焊接顺序

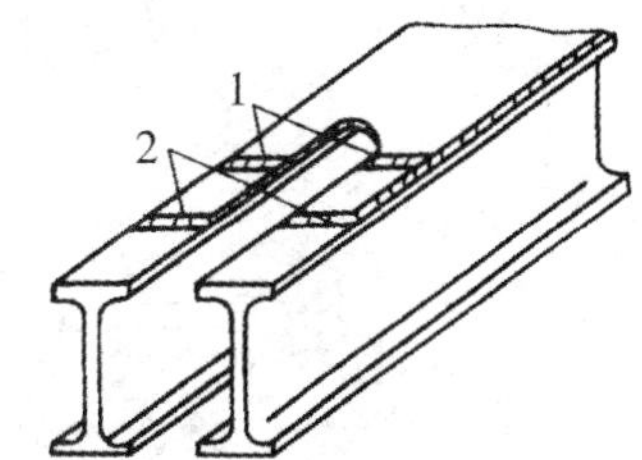

图 11－9　带盖板的双工字梁结构焊接顺序

③ 焊接平面交叉焊缝时，应先焊横向焊缝。平面交叉焊缝的交叉总会产生较大的焊接应力，故一般在设计中应尽量避免。如不可避免，应参照图 11－10 所示的焊接顺序进行焊接。

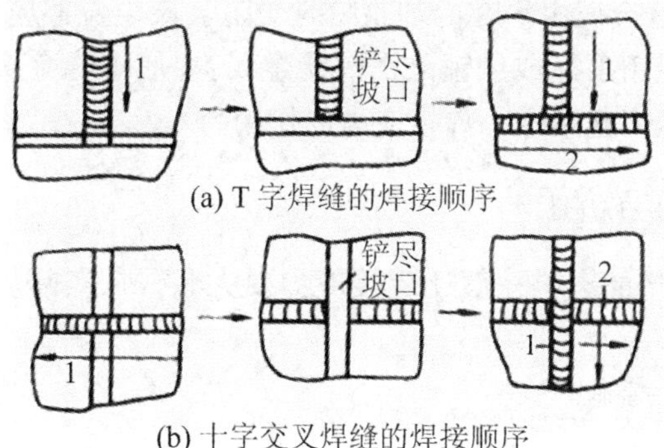

图 11－10　交叉焊缝的焊接顺序

④ 工作时受力最大的焊缝先焊。如图 11－11 所示的工字梁先焊受力最大的翼板对接焊缝 1，后焊腹板对接焊缝 2，最后焊预先留出的一段角焊缝 3。

(2) 选择合理的焊接工艺参数。根据焊接结构的具体情况，在焊接时，应尽可能采用较小的线能量，如采用小直径的焊条和较小的电流以减小焊件受热范围，从而可以减小焊接应力。

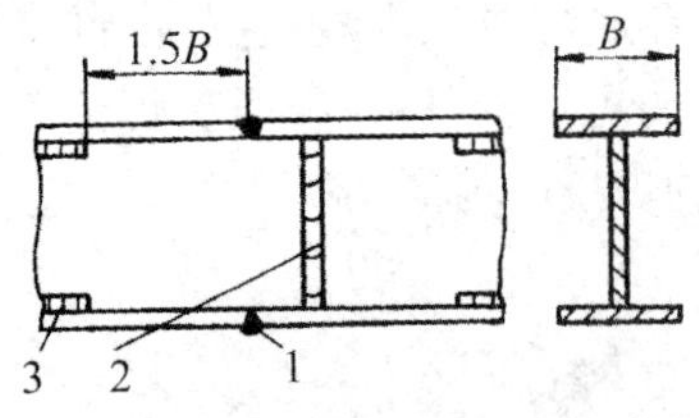

图 11－11 对接工字梁的焊接顺序

(3) 预热法。预热法即是指在焊接开始前对焊件的全部(或局部)进行加热的工艺措施，一般预热的温度是在150～650℃之间。预热法的目的是减小焊接区和结构整体的温差，温差越小，越能使焊缝区与结构整体尽可能地均匀冷却，从而减少内应力。预热常用焊接淬硬倾向大的材料以及刚性较大的材料，以及刚度较大或脆性材料。

(4) 加热"减应区"法。在焊接或焊补刚性很大的焊接结构时，选择构件的适当部位，加热那些阻碍焊接区自由伸缩的部位(称"减应区")，使之与焊接区同时膨胀和同时收缩，起到减少焊接残余应力的作用。图 11－12 为几种简单结构采用加热"减应区"法的示意图。

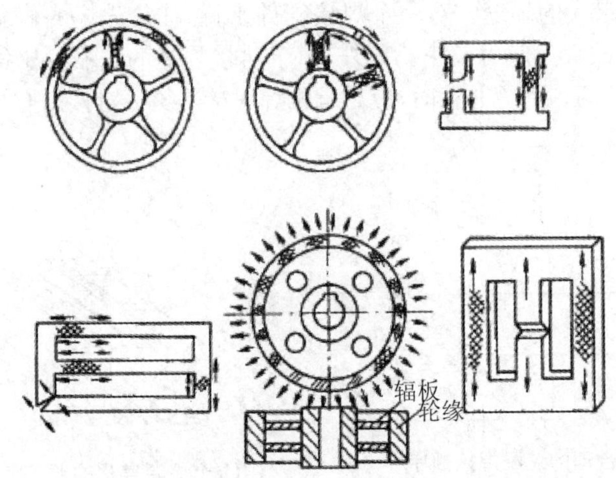

图 11－12 几种简单结构采用加热"减应区"法的示意图
(网纹是减应区，"→"为热膨胀方向)

(5) 敲击法。焊缝区金属由于在冷却收缩时受阻会产生拉伸应力，为减小这种应力，在焊后的冷却过程中，可以用手锤或风锤敲击焊缝金属，促使焊缝金属产生塑性变形，以抵消焊缝的一部分收缩量，从而起到减小焊接应力的作用。

(三) 变形的预防与矫正

焊接变形对结构生产的影响一般比焊接应力要大些。在实际焊接结构中，要尽量减少变形。

1. 减少变形的设计措施

(1) 选择合理的焊缝形状和尺寸。主要包括如下：

① 在保证结构有足够承载能力的前提下选择最小的焊缝尺寸。如图 11－13 所示。

② 选择合理的坡口形式。相同厚度的平板对接，开 V 形坡口焊缝的角变形大于双面 V 形坡口焊缝。T 形接头立板端开 J 形坡口比开单边 V 形坡口角变形小(见图 11－14)。

(2) 减少焊缝的数量。只要条件允许，多采用型材、冲压件；在焊缝多且密集处，采用铸—焊联合结构，就可以减少焊缝数量。此外，适当增加壁板厚度，以减少肋板数量，或者采用压形结构代替肋板结构，都对防止薄板结构的变形有利。

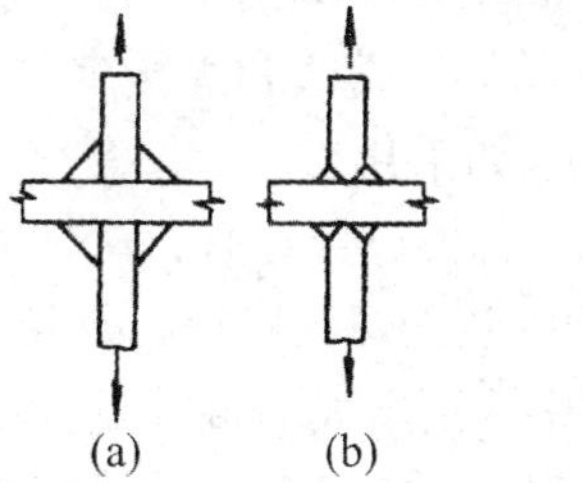

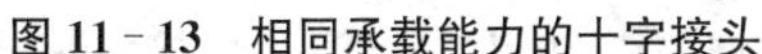

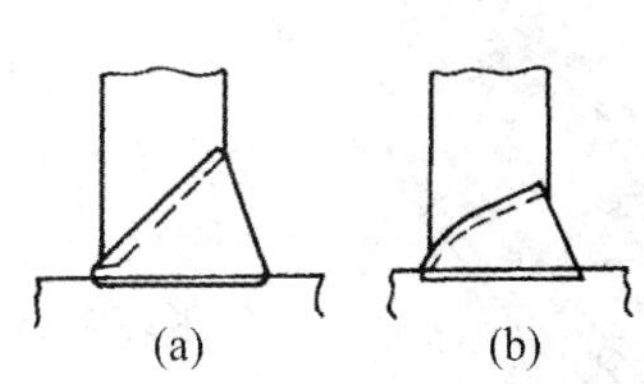

图 11－13　相同承载能力的十字接头　　图 11－14　T 形接头的坡口

(3) 合理安排焊缝位置。尽量把焊缝安排在结构截面的中性轴或靠近中性轴，力求在中性轴两侧的变形大小相等方面相反，起到相互抵消的作用。如图 11－15 和如图 11－16。

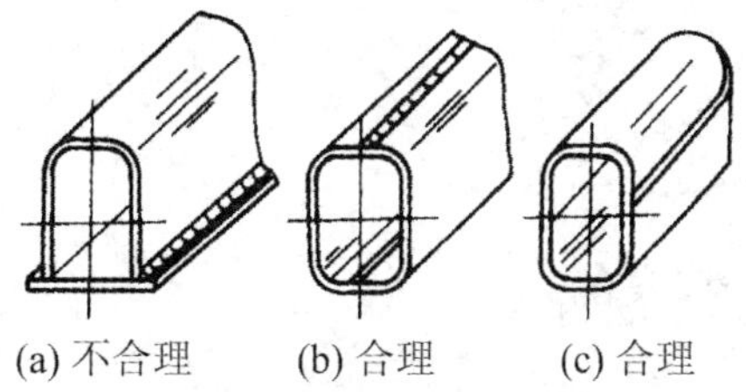

图 11－15　箱形结构的焊缝安排

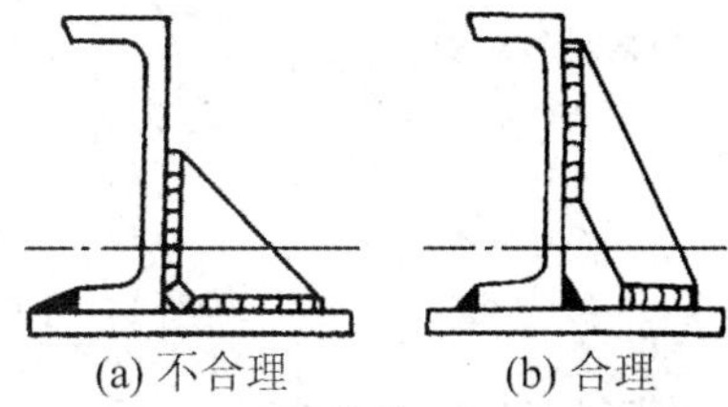

图 11－16　合理安排焊缝位置防止焊接变形

2. 减少变形的工艺措施

为了控制焊接变形，在设计焊接结构时，应合理地选用焊缝的尺寸和形状，尽可能减少焊缝的数量，焊缝的布置应力求对称。在焊接结构的生产中，通常可采用以下工艺措施：

(1) 反变形法。根据焊件变形规律，焊前预先将焊件向着与焊接变形的相反方向进行人为的变形，使之达到抵消焊接变形的目的。见图 11－17 所示。

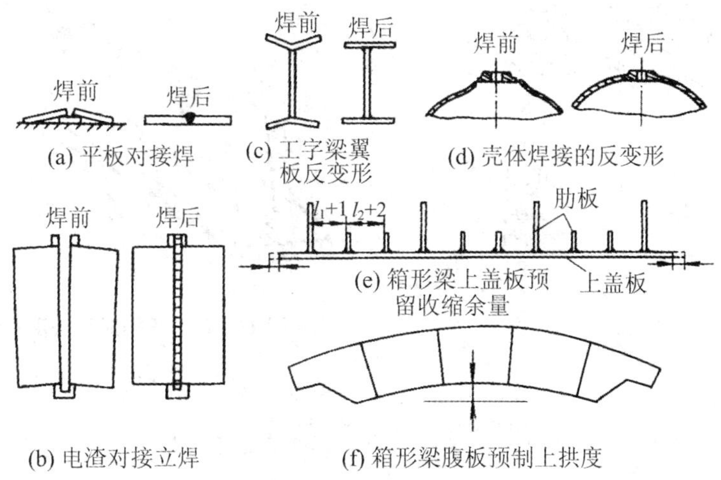

图 11－17 无外力作用下的反变形法

(2) 刚性固定法。刚性大的结构焊后变形一般较小;当构件的刚性较小时,利用外加刚性拘束以减小焊接变形的方法称为刚性固定法,如图 11－18 所示。

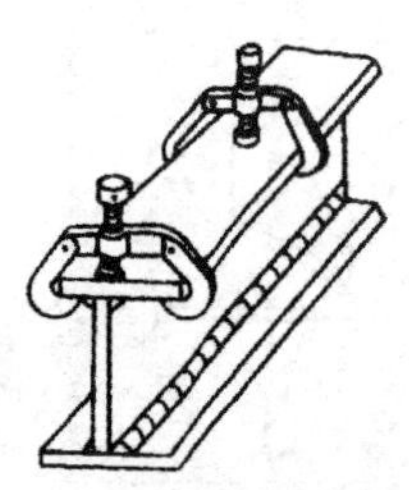

图 11－18 刚性固定法预防焊接变形示意图

(3) 选择合理的焊接方法和焊接工艺参数。选用能量比较集中的焊接方法,如采用 CO_2 焊、等离子弧焊代替气焊和手工电弧焊,以减小薄板焊接变形。

(4) 选择合理的装配焊接顺序。焊接结构的刚性通常是在装配、焊接过程中逐渐增大的,结构整体的刚性要比其部件的刚性大。因此,对于截面对称、焊缝布置也对称的简单结构,采用先装配成整体,然后按合理的焊接顺序进行生产,可以减小焊接变形,如图 11－19 所示,图中的阿拉伯数字为焊接顺序。最好能同时对称施焊。

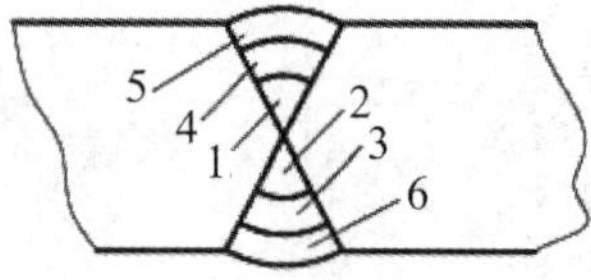

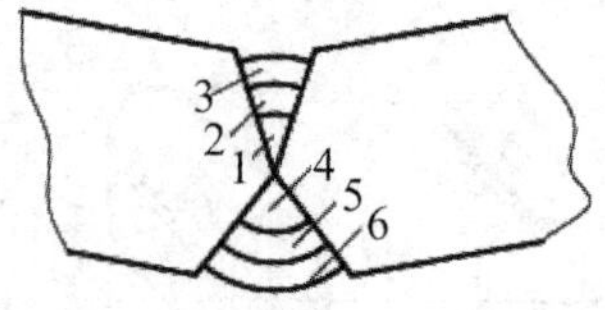

图 11－19 预防焊接变形的焊接顺序

3. 矫正焊接变形的措施

矫正焊接变形的方法主要有机械矫正和火焰矫正两种。

机械矫正是利用外力使构件产生与焊接变形方向相反的塑性变形,使二者互相抵消,可采用辊床、压力机、矫直机等设备(图 11－20),也可手工锤击矫正。

火焰矫正是利用局部加热时(一般采用三角形加热法)产生压缩塑性变形,在冷却过程中,局部加热部位的收缩将使构件产生挠曲,从而达到矫正焊接变形的目的,如图 11－21 所示。

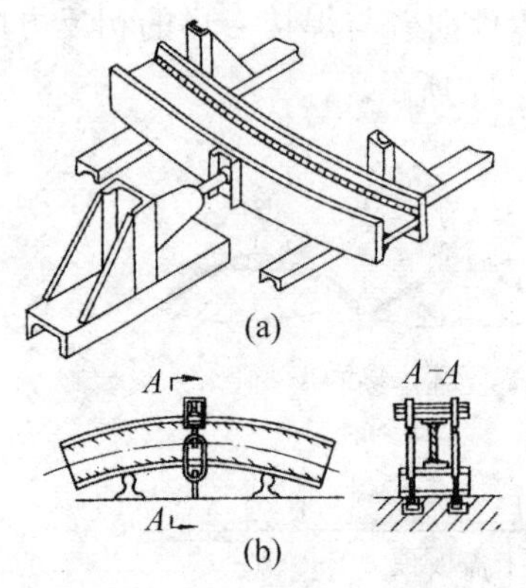

图 11－20 机械矫正法示意图

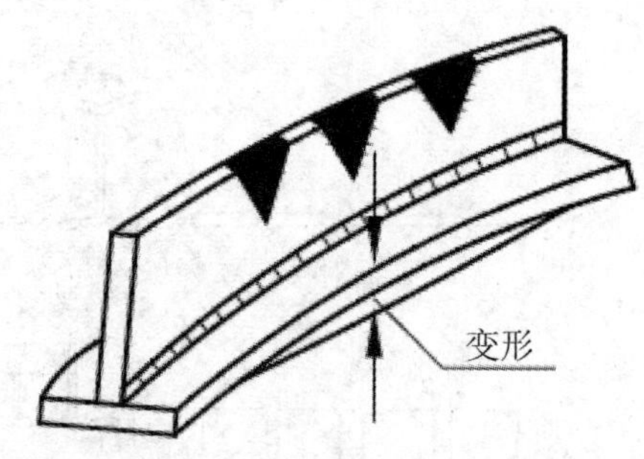

图 11－21 火焰矫正法示意图

第三节 常用焊接方法

焊接的方法种类很多,按照焊接过程的特点可分为三大类:熔化焊、压力焊、钎焊。

三类焊接方法原理在本章第一节中已作为介绍，下面介绍几种常见的焊接方法。

一、手工电弧焊

焊条电弧焊利用电弧放电产生的热量，熔化焊条和焊件，从而获得牢固的焊接接头。其主要特点如下：

(1) 工艺灵活、适应性强。适用于各种金属材料、各种厚度、各种结构形状及位置的焊接。

(2) 对待焊接头的装配要求较低。由于焊接过程中用手工操作控制电弧长度、焊条角度、焊接速度等，因此，对焊接接头的装配尺寸要求可相对降低。

(3) 易于通过改变工艺操作来控制焊接变形和改善接头应力状况。

(4) 焊条电弧焊设备简单，操作与维修方便。

(5) 与气体保护焊、埋弧焊等焊接方法比较，生产成本较低。

(6) 生产效率较低，焊工劳动强度较大。

(7) 对焊工的操作技术水平要求较高。

手工电弧焊操作过程包括：引燃电弧、送进焊条和沿焊缝移动焊条。如图 11－22 所示。电弧在焊条与工件(母材)之间燃烧，电弧热使母材熔化形成熔池，焊条金属芯熔化并以熔滴形式借助重力和电弧吹力进入熔池，燃烧、熔化的药皮进入熔池成为熔渣浮在熔池表面，保护熔池不受空气侵害。药皮分解产生的气体环绕在电弧周围，隔绝空气，保护电弧、熔滴和熔池金属。当焊条向前移动，新的母材熔化时，原熔池和熔渣凝固形成焊缝和渣壳。

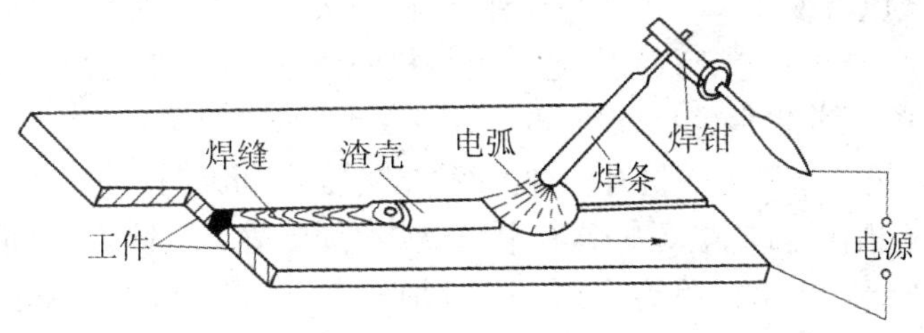

图 11－22　手工电弧焊过程示意图

(一) 焊接电弧

1. 电弧的产生

焊接电弧是在电极与焊件之间的气体介质中产生的强烈而持久的放电现象，如图 11－22 所示。焊接电弧的产生一般有接触引弧和非接触引弧两种方式，手工电弧焊采用接触引弧，如图 11－23(a)所示。将装在焊钳上的焊条，擦划或敲击焊件，由于焊条末端与焊件瞬时接触而造成短路，产生很大的短路电流，温度迅速升高，为电子的逸出和气体电离准备了能量条件。接着迅速把焊条提起 2～4mm 的距离，在两极间电场力作用下，被加热的阴极间就有电子高速飞出并撞击气体介质，使气体介质电离成正离子、负离子和自由电子，如图 11－23(b)所示。此时正离子奔向阴极，负离子和自由电子奔向阳极。在它们运动过程中和到达两极时不断碰撞和复合，使动能变为热能，便产生大量的光和热，因此，在焊条端部与焊件之间形成了电弧。

2. 焊接电弧的结构

电弧由阴极区、阳极区和弧柱区三部分组成，其结构如图 11－23(c)所示。阴极是电子供应区，温度约 2400K；阳极为电子轰击区，温度约 2600K；弧柱区位于阴阳两极之间的区域。

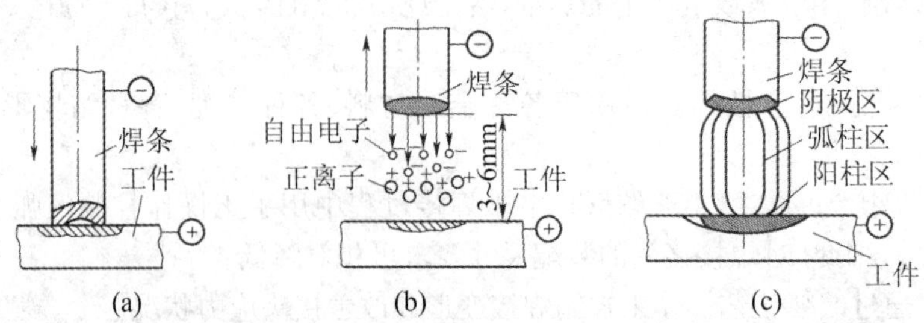

图 11－23 焊接电弧的形成和构造示意图

电弧稳定燃烧时所需的电弧电压(工作电压)约为 29～45V 左右，为保证顺利引弧，焊接电源的空载电压(引弧电压)应是电弧电压的 1.8 倍～2.25 倍。

(二) 焊条电弧焊设备及工具

1. 弧焊电源

供给电弧焊电源的专用设备称为电焊机，生产中按焊接电流的种类不同，电焊机可以分为交流电焊机和直流电焊机两类。

(1) 交流电焊机。交流电焊机实际上是一种特殊的降压变压器。焊接时，焊接电弧的电压基本不随焊接电流变化。当焊条与工件接触时，次级线圈形成闭合回路，便有感应电流通过，从而熔化工件与焊条进行焊接。这种电焊机的效率较高，结构简单，使用可靠，成本较低，噪音较小，维护、保养也很容易，但它的电弧燃烧时稳定性较差。

(2) 直流电焊机。直流电焊机有两种：一种是旋转式直流电焊机，另一种是整流式电焊机。与交流电焊机相比，直流电焊机具有电弧燃烧稳定，适宜不锈钢、薄板器材的焊接。直流电焊机构造复杂、维修不便、噪音大、成本高、损耗大，适用于焊接较重要的焊件，以及铜、铝合金等。

2. 焊条电弧焊的工具

(1) 焊钳。它的作用是夹持焊条和传导电流。一般要求电焊钳导电性能好、重量轻、焊条夹持稳固、换装焊条方便等。

(2) 焊接电缆。它的作用是传导电流。一般要求用多股紫铜软线制成，绝缘性要好，而且要有足够的导电截面积，其截面积大小应根据焊接电流大小而定。

(3) 面罩及护目玻璃。面罩的作用是焊接时保护焊工的面部免受强烈的电弧光照射和飞溅金属的灼伤。护目玻璃，它的作用是减弱电弧光的强度，过滤紫外线和红外线，使焊工在焊接时既能通过护目玻璃观察到熔池的情况，便于掌握和控制焊接过程，又避免眼睛受弧光的灼伤。

(三) 焊　条

电焊条由焊芯和药皮两部分组成。其质量的优劣直接影响到焊缝金属的力学性能。

1. 焊芯

焊芯是组成焊缝金属的主要材料。它的主要作用是传导焊接电流，产生电弧并维持电弧燃烧；其次是作为填充金属与母材熔合成一体，组成焊缝。在焊缝金属中，焊芯金属约占60%～70%。为了保证焊接质量，国家标准对焊芯的化学成分和质量作了严格的规定。常用的牌号有H08、H08MnA、H10Mn2等。

2. 药皮

药皮由一系列矿物质、有机物、铁合金和粘结剂组成。它的主要作用是：

(1) 保证焊接电弧的稳定燃烧；

(2) 改善焊接工艺性能，有利于进行各种位置的焊接；

(3) 向焊缝金属渗某些合金元素，提高焊缝的力学性能；

(4) 保护熔池与熔滴不受空气侵入；

(5) 使焊缝金属顺利脱氧、脱硫、脱磷、去氢等。

(四) 焊条的分类、型号及牌号

1. 焊条的分类

焊条的分类方法很多。按用途电焊条分碳钢焊条、低合金钢焊条、不锈钢焊条、铸铁焊条、堆焊焊条、镍和镍合金焊条、铜和铜合金焊条、铝和铝合金焊条等。按照焊条药皮熔化后的酸碱度又分为酸性焊条和碱性焊条两类。

碱性焊条熔渣中碱性氧化物的比例较高。焊接时，电弧不够稳定，熔渣的覆盖性较差，焊缝不美观，焊前要求清除油脂和铁锈。但它的脱氧和去氢能力较强，故又称为低氢型焊条，焊接后焊缝的质量较高，适用于焊接重要的结构件，焊接时采用直流电源反接。

酸性焊条熔渣中酸性氧化物的比例较高，焊接时，电弧柔软、飞溅小、熔渣流动性和覆盖性较好，因此，焊缝美观，对铁锈、油脂、水分的敏感性不大，但焊接中对药皮合金元素烧损较大，抗裂性较差，适用于一般结构件的焊接，焊接时采用交、直流电源均可。

2. 焊条型号、牌号及编制方法

焊条型号及牌号主要反映焊条的性能特点及类别。GB/T5117—1995和GB/T5118—1995中焊条型号包括以下含义：焊条类别、焊条特点（如焊芯金属类型、使用温度、熔敷金属化学组成或抗拉强度等）、药皮类型及焊接电源。

例如：E4303表示焊缝金属的抗拉强度430MPa适用于全位置焊接，药皮类型是钛钙型，电流种类是交流或直流正、反接。

3. 焊条选用原则

(1) 考虑母材的力学性能和化学成分。对于结构钢主要考虑母材的强度等级；对于低温钢主要考虑母材低温工作性能；对于耐热钢、不锈钢等主要考虑熔敷金属的化学成分与母材相当。

(2) 考虑焊件的结构复杂程度和刚性。对于形状复杂、刚性较大的结构，应选用抗裂性好的低氢型焊条。

(3) 考虑焊件的工作条件。对于工作条件特殊的，应选用相应的焊条，如不锈钢焊条、耐热钢焊条等。此外，还要考虑劳动生产率、劳动条件、经济效益、焊接质量等。

(五) 焊条电弧焊工艺

1. 焊缝空间位置

焊接时，按焊缝在空间位置的不同可分为平焊、立焊、横焊和仰焊四种（图11-24）。一般应把焊缝放在平焊位置施焊。因为平焊操作容易、劳动条件好、生产率高、质量易于保证，立焊、横焊、仰焊时焊接较为困难，应尽量避免。若无法避免时，可选用小直径的焊条，较小的电流进行焊接。

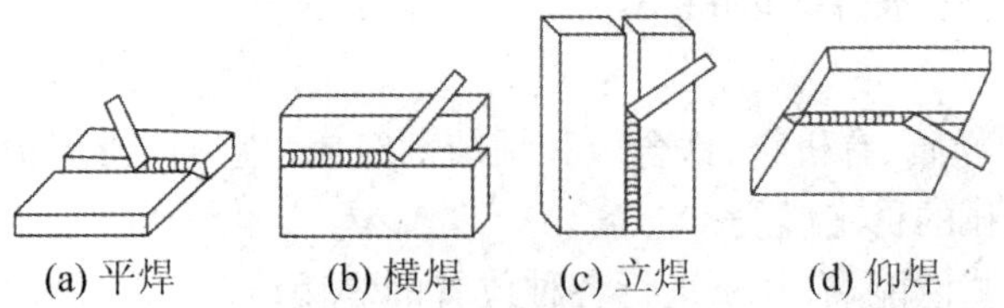

图 11-24　焊缝的空间位置

2. 焊接接头基本形式和坡口基本型式

在手工电弧焊焊接中，由于结构形状、工件厚度等条件的不同，其接头型式和坡口型式也不同。基本的焊接接头型式有：对接接头、角接接头、T形接头、搭接接头等。基本的坡口型式有 1 形坡口(不开坡口)、V 形坡口、双 V 形坡口、单边 U 形坡口和双 U 形坡口等，如图 11-25 所示。

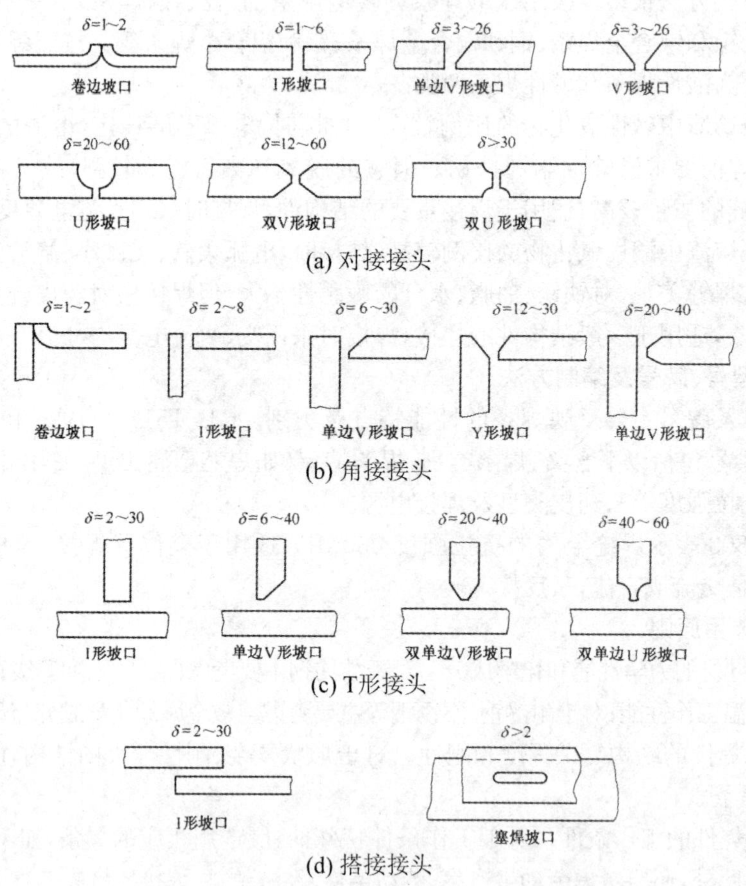

图 11-25　焊条电弧焊接头型式及坡口型式

二、埋弧自动焊

埋弧自动焊(简称埋弧焊)是电弧在焊剂层内燃烧进行焊接的方法，电弧的引燃、焊丝的送进和电弧沿焊缝的移动，是由设备自动完成的，焊接生产效率高且质量好。

（一）埋弧自动焊设备与焊接材料的选用

1. 设备

埋弧焊设备由焊车、控制箱和焊接电源三部分组成。埋弧自动焊的动作程序和焊接过程弧长的调节，都是由电器控制系统来完成的。埋弧焊电源有交流和直流两种。

2. 焊接材料

埋弧焊的焊接材料有焊丝和焊剂，焊丝和焊剂要正确配合使用以保证焊缝性能。焊丝和焊剂选配的总原则是：根据母材金属的化学成分和力学性能，选择焊丝，再根据焊丝选配相应的焊剂。例如，焊接较重要低合金结构钢，选用焊丝 H08MnA 或 H10Mn2，配合 HJ431 焊剂。焊接普通结构低碳钢，选用焊丝 H08A，配合 HJ431 焊剂；焊接不锈钢，选用与母材成分相同的焊丝配合低锰焊剂。

（二）埋弧自动焊焊接过程及工艺

埋弧焊焊接过程，如图 11－26 所示，焊剂均匀地堆覆在焊件上形成 40～60mm 厚度的焊剂层，焊丝连续地进入焊剂层下的电弧区，维持电弧平稳燃烧，随着焊车的匀速行走，完成电弧焊缝自行移动的操作。

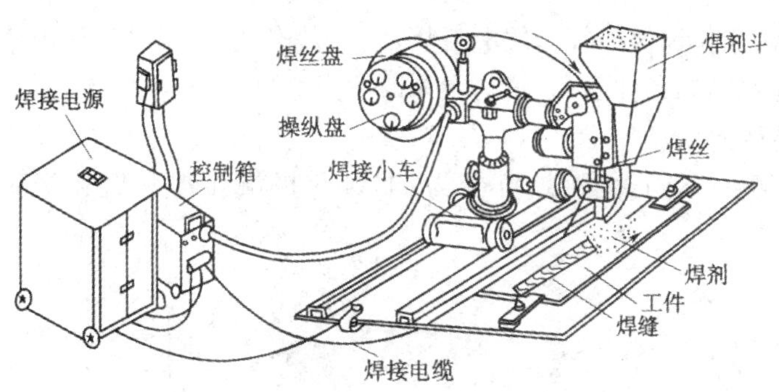

图 11－26　埋弧自动焊焊接过程示意图

埋弧焊焊缝形成过程如图 11－27 所示，焊丝、焊件在颗粒状焊剂层下发生电弧燃烧形成熔池，焊剂熔化形成熔渣，蒸发的气体使液态熔渣形成封闭的熔渣泡，有效阻止空气侵入熔池和熔滴，使熔化金属得到焊剂层和熔渣泡的双重保护，同时阻止熔滴向外飞溅，既避免弧光四射，又使热量损失少，加大熔深。比重轻的熔渣结成覆盖焊缝的渣壳。

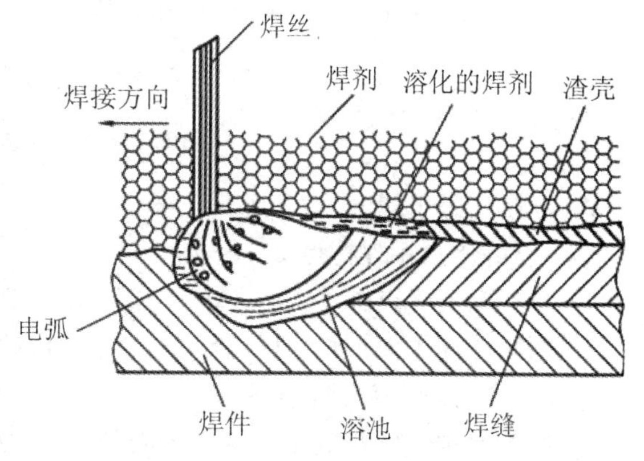

图 11－27　埋弧焊焊缝形成过程示意图

（三）埋弧自动焊的特点及应用

埋弧自动焊与手工电弧焊相比，有以下特点：

(1) 生产率高、成本低。由于埋弧焊时电流大,焊丝熔敷速度快,比手工电弧焊效率提高5倍~10倍左右;焊件熔深大,节省加工坡口的工时和费用,减少焊丝填充量;没有焊条头,焊剂可重用,节约焊接材料。

(2) 焊接质量好、稳定性高。埋弧焊时,熔滴、熔池金属得到焊剂和熔渣泡的双重保护,有害气体浸入减少;焊接操作自动化程度高,工艺参数稳定,焊缝成形美观,内部组织均匀。

(3) 劳动条件好。没有弧光和飞溅,操作过程的自动化,使劳动强度降低。

(4) 埋弧焊适应性较差。通常只适于焊接长直的平焊缝或较大直径的环焊缝,不能焊空间位置焊缝及不规则焊缝。

因此,埋弧自动焊适用于成批生产的中、厚板结构件的长直及环焊缝的平焊。

三、气体保护焊

气体保护电弧焊是用外加气体作为电弧介质并保护电弧和焊接区的电弧焊。按照保护气体的不同,气体保护焊分为二类:惰性气体保护焊,包括氩弧焊、氦弧焊以及 Ar+CO_2 混合气体保护焊等;使用 CO_2 气体作为保护的气体保护焊,简称 CO_2 焊。

(一) 氩弧焊

氩弧焊是以氩气作为保护气体的电弧焊,氩气是惰性气体,可保护电极和熔化金属不受空气的有害作用,在高温条件下,氩气与金属既不发生反应,也不溶入金属中。

1. 氩弧焊的种类

根据所用电极的不同,氩弧焊可分为:非熔化极氩弧焊和熔化极氩弧焊两种,如图11-28。

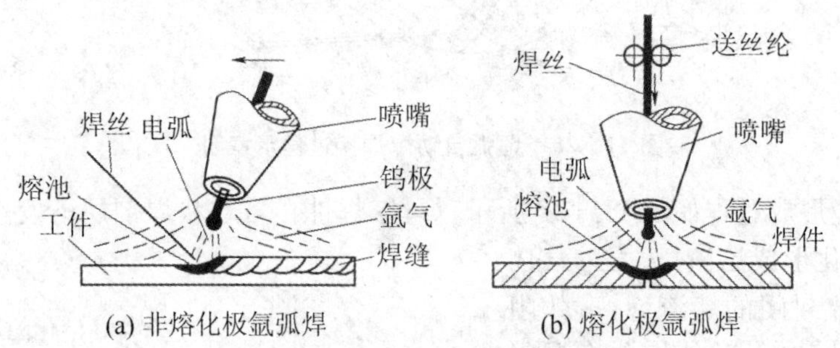

图 11-28　氩弧焊示意图

2. 非熔化氩弧焊

(1) 非熔化氩弧焊特点。

1) 具有以下优点:

① 用惰性气体保护焊接区,保护气体与熔融金属不发生任何化学反应,焊接过程中合金元素不会氧化,焊缝质量很高。

② 由于保护气体对电弧和工件有冷却作用,故电弧热量集中、温度高,一般弧柱中心温度可达10000K以上,而手工电弧焊的弧柱温度仅6000~80000K。

③ 由于电弧能量集中及保护气的冷却作用，焊缝两侧的热影响区宽度较小，薄板焊接工件变形小。

④ 能进行全位置焊接，焊接薄板具有明显优势。

⑤ 焊接过程中无飞溅，也没有焊渣，故焊后省去了清渣工作量。

⑥ 采用明弧施焊，便于观察熔池。

2）具有以下缺点：

① 熔敷效率低，焊接速度较慢。

② 焊接过程的保护效果受风影响，需采取防风措施。

③ 惰性气体较贵，焊接成本高。

④ 焊接厚板需多层多道焊，焊接应力和变形大。

⑤ TIG 焊操作不当时，焊缝容易夹钨，使接头的力学性能、塑性和冲击功降低。

（2）非熔化氩弧焊适用范围。

① TIG 焊是一种全位置焊接方法，特别适于焊接薄板，可焊接的最小厚度是 0.1mm，5mm 以下可单道焊。由于效率较低，故焊厚板时通常用来焊打底焊道；

② 可焊接大多数金属和合金，并且是活泼金属材料的首选焊接方法。如碳钢、合金钢、耐热合金、难熔金属、铝合金、铍合金、铜合金、镁合金、镍合金、钛合金及锆合金。

3. 熔化极氩弧焊

这种焊接方法采用惰性气体如氩气、氦气做保护气体，简称为 MIG 焊。

（1）熔化极氩弧焊特点。

1）具有以下优点：

① 几乎可以焊接所有金属，如铝、镁、铜、钛、镍及它们的合金、碳钢和不锈钢。

② 生产效率比 TIG 焊高得多，焊接时飞溅极小。

③ 采用直流反接时，具有阴极清理作用，不需熔剂就能除去活泼金属材料熔池表面的难熔氧化膜，提高了焊缝质量。

④ 适合焊接薄、中、厚各种板材，可焊接空间任何位置或全位置焊缝。

2）具有以下缺点：

① 目前惰性气体较贵，焊接成本较高。

② 对母材及焊丝上的油、锈等很敏感，处理不当极易产生气孔。

③ 与 CO_2 焊比较，熔深较小，效率较低，成本较高。

④ 抗风力弱，不宜在室外焊接。

（2）熔化极氩弧焊应用范围。

应用范围很广，几乎可以焊接不同厚度的所有金属，因成本较高，目前主要用于焊接有色金属、不锈钢和合金钢。也用于普通碳钢及低合金钢管道及接头打底焊道的焊接。

（二）CO_2 气体保护焊

CO_2 焊是利用廉价的 CO_2 作为保护气体，焊接成本低且又能充分利用气体保护焊的优势。CO_2 焊的焊接过程，如图 11－29 所示。

CO_2 气体经焊枪的喷嘴沿焊丝周围喷射，形成保护层，使电弧、熔滴和熔池与空气隔绝。由于 CO_2 气体是弱氧化性气体，在高温下能使金属氧化，烧损合金元素，所以不能焊接易氧化的非铁金属和不锈钢。焊接时要使用冶金中能产生脱氧和渗合金的特殊焊丝来完成 CO_2

焊。常用的 CO_2 焊焊丝是 H08Mn2SiA,适于焊接抗拉强度小于 600MPa 的低碳钢和普通低合金结构钢。为了稳定电弧,减少飞溅,CO_2 焊采用直流反接。

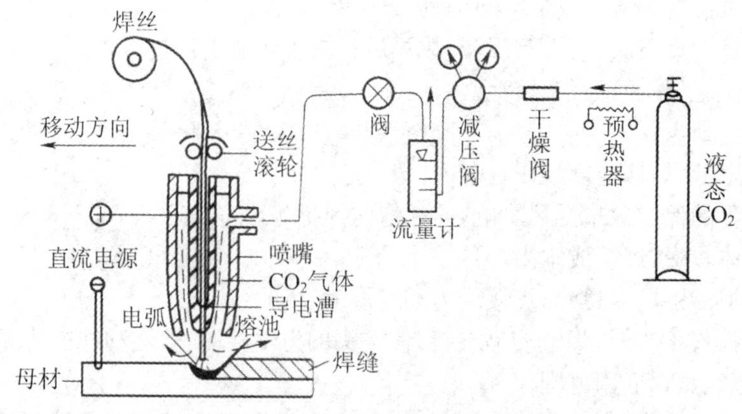

图 11-29　CO_2 气体保护焊示意图

CO_2 气体保护焊的特点如下:

(1) 成本低。CO_2 气体价廉,焊接时不需要涂料焊条和焊剂,总成本仅为手工电弧焊和埋弧焊的 45%左右。

(2) 生产率高。CO_2 焊电流大,焊丝熔敷速度快,焊件熔深大,易于自动化,生产率比手工电弧焊提高 2～4 倍。

(3) 适应性强。焊缝操作位置不受限制,能全位置焊接,易于实现自动化。

(4) 焊缝质量较好。CO_2 焊电弧热量集中,加上 CO_2 气流强冷却,焊接热影响区小,焊后变形小,弱氧化性后气氛使焊缝中氢含量低,焊接接头抗裂性好,焊接质量较好。

(5) 焊接设备较复杂,使用和维修不方便。

(6) 焊缝成形稍差,飞溅较大。

CO_2 焊主要适用于焊接低碳钢和普通低合金结构钢焊件,焊件厚度最厚 1～50mm,CO_2 自动和半自动焊已成为国内外结构钢最主要的焊接方法。

四、压焊与钎焊

压焊与钎焊也是应用比较广的焊接方法。压力焊这里主要介绍电阻焊和摩擦焊。钎焊是利用熔点比母材低的填充金属熔化后,填充接头间隙并与固态的母材相互扩散,实现连接的焊接方法。

(一) 电阻焊

电阻焊是将焊件组合后通过电极施加压力,利用电流通过焊件及其接触处所产生的电阻热,将焊件局部加热到塑性或熔化状态,然后在压力下形成焊接接头的焊接力法。与其他焊接方法相比,电阻焊具有生产率高、焊接变形小、不需另加焊接材料、劳动条件好、操作简便、易实现机械化等优点;但其设备较一般较熔焊复杂、耗电量大、可焊工件厚度(或断面尺寸)及接头形式受到限制。

按工件接头形式和电极形状不同,电阻焊分为点焊、缝焊和对焊三种形式。如图 11-30

所示。

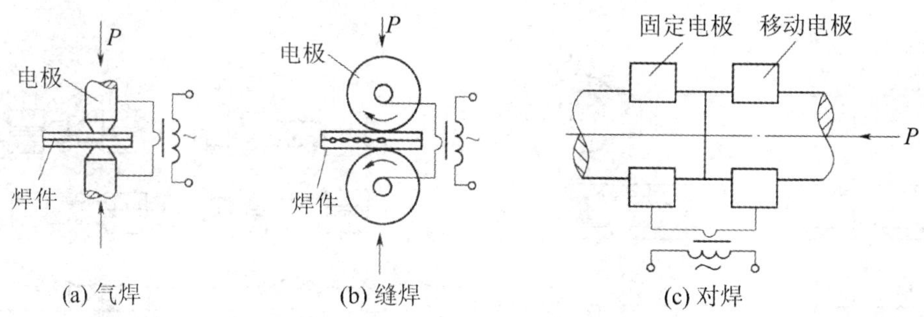

图 11－30　电阻焊种类

1. 点焊

点焊是利用柱状电极加压通电，在搭接工件接触面之间产生电阻热，将焊件加热并局部熔化，形成一个熔核（周围为塑性态），然后，在压力下熔核结晶成焊点，如图 11－30(a)所示。图 11－31 为几种典型的点焊接头形式。

焊完一个点后，电极将移至另一点进行焊接。当焊接下一个点时，有一部分电流会流经已焊好的焊点，称为分流现象。分流将使焊接处电流减小，影响焊接质量。因此两个相邻焊点之间应有一定距离。工件厚度越大，材料导电性越好，则分流现象越严重，故点距应加大。

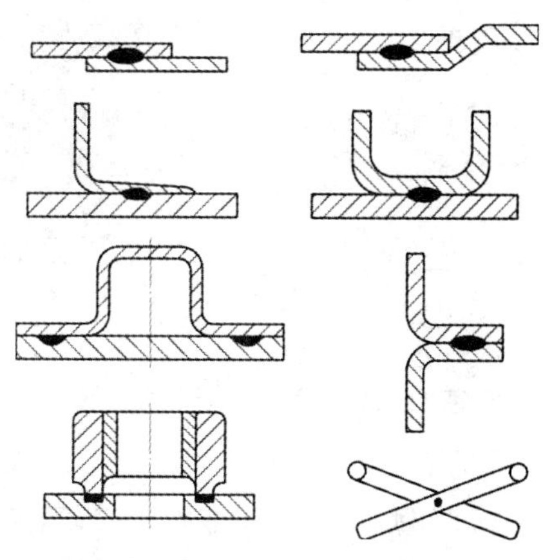

图 11－31 典型的点焊接头形式示意图

影响点焊质量的主要因素有焊接电流、通电时间、电极压力及工件表面清理情况等。点焊焊件都采用搭接接头。

点焊主要适用于厚度为 0.05～6mm 的薄板、冲压结构及线材的焊接，目前，点焊已广泛用于制造汽车、飞机、车厢等薄壁结构以及罩壳和轻工、生活用品等。

2. 缝焊

缝焊实质上是一连续进行的点焊。缝焊时接触区的电阻、加热过程，冶金过程和焊点的形成过程都与点焊相似，如图 11－30(b)所示，缝焊已广泛应用于焊管等产品的生产中。

3. 对焊

对焊可分为电阻对焊和闪光对焊两种。对焊接头形式图如图 11－32 所示，对焊示意图如图 11－33 所示。对焊主要用于刀具、管子、钢筋、钢轨、锚链、链条等的焊接。在闪光对焊的焊接过程中，工件端面的氧化物和杂质，在最后加压时随液态金属挤出，因此接头中夹渣少，质量好，强度高。闪光对焊的缺点是金属损耗较大，闪光火花易污染其他设备与环境，接头处有毛刺需要加工清理。

闪光对焊常用于对重要工件的焊接，还可焊接一些异种金属，如铝与铜、铝与钢等的焊接，被焊工件直径可小到 0.01mm 的金属丝，也可以是断面大到 $20mm^2$ 的金属棒和金属型材。

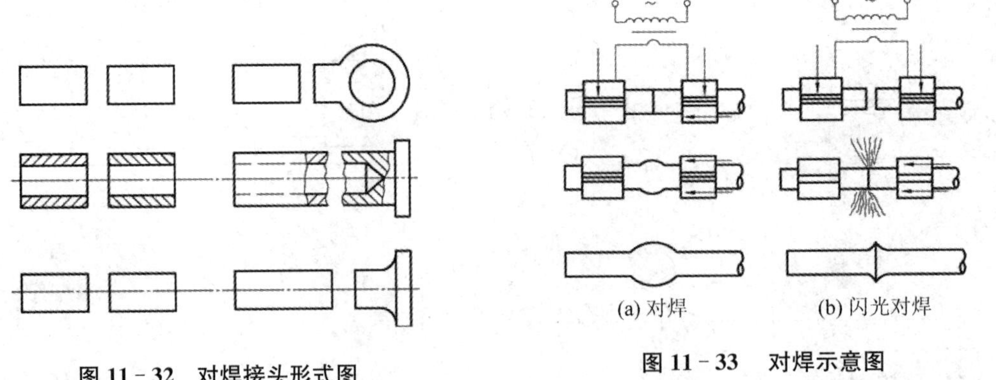

图 11-32　对焊接头形式图

图 11-33　对焊示意图

(二) 摩擦焊

摩擦焊是利用工件间相互摩擦产生的热量,同时加压而进行焊接的方法。图 11-34 是摩擦焊示意图。先将两焊件夹在焊机上,加一定压力使焊件紧密接触。然后一个焊件作旋转运动,另一个焊件向其靠拢,使焊件接触摩擦产生热量,待工件端面被加热到高温塑性状态时,立即使焊件停止旋转,同时对端面加大压力使两焊件产生塑性变形而焊接起来。

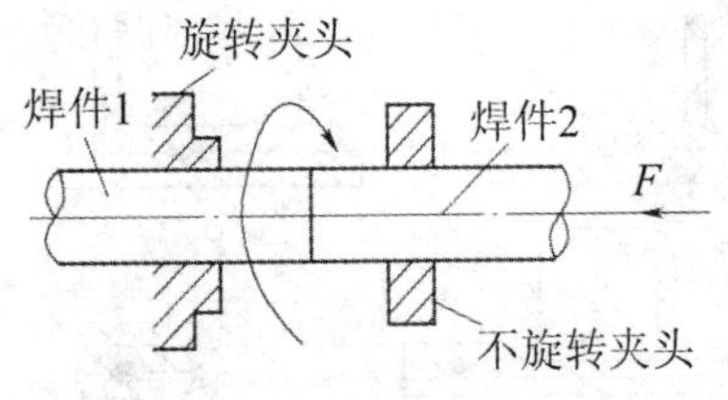

图 11-34　摩擦焊示意图

摩擦焊的特点如下:

(1) 接头质量好而且稳定,在摩擦焊过程中,焊件接触表面的氧化膜与杂质被清除,因此,接头组织致密,不易产生气孔、夹渣等缺陷。

(2) 可焊接的金属范围较广,不仅可焊同种金属,也可以焊接异种金属。

(3) 生产率高、成本低,焊接操作简单,接头不需要特殊处理,不需要焊接材料,容易实现自动控制,电能消耗少。

(4) 设备复杂,一次性投资较大。

摩擦焊主要用于旋转件的压焊,非圆截面焊接比较困难。

(三) 钎　焊

钎焊是利用熔点比焊件低的钎料作为填充金属,加热时钎料熔化而母材不熔化,利用液态钎料浸润母材,填充接头间隙并与母材相互扩散而将焊件连结起来的焊接方法。

1. 钎焊的特点

(1) 优点:

① 母材的组织、性能变化很小。

② 变形很小,均匀加热的炉钎焊变形减小到最低限度,能控制在几丝之内。

③ 接头平滑、外形美观。

④ 多条焊缝可一次施焊,生产率极高。如蜂窝结构可以一次焊成上千条焊缝。

⑤ 便于实现异种材料的焊接,可以实现不同金属、不同合金之间的焊接,也可以实现金

属、合金与非金属材料之间的焊接。

(2) 缺点:

① 接头强度一般较低。

② 接头耐热性差,工作温度低。

③ 接头装配精度、表面清理要求严格。

2. 钎焊的种类

钎焊接头的承载能力很大程度上取决于钎料,根据钎料熔点的不同,钎焊可分为硬钎焊与软钎焊两类。

(1) 硬钎焊。钎料熔点在450℃以上,接头强度在200MPa以上的钎焊,为硬钎焊。属于这类的钎料有铜基、银基钎料等。钎剂主要有硼砂、硼酸、氟化物和氯化物等。硬钎焊主要用于受力较大的钢铁和铜合金构件的焊接,如自行车架、刀具等。

(2) 软钎焊。钎料熔点在450℃以下,焊接接头强度较低,一般不超过70MPa的钎焊,为软钎焊。如锡焊是常见的软钎焊,所用钎料为锡铅,钎剂有松香、氧化锌溶液等。软钎焊广泛用于电子元器件的焊接。

钎焊构件的接头形式都采用板料搭接和套件镶接。图11-35所示,是几种常见的形式。

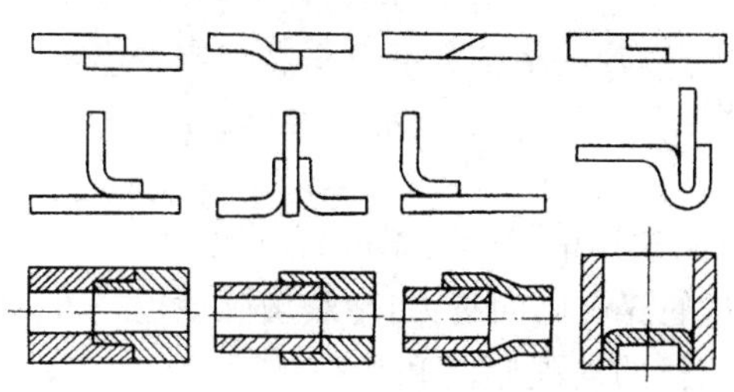

图11-35 钎焊接头形式示意图

第四节 常用金属材料的焊接

一、金属材料的焊接性

(一) 金属焊接性的概念

金属材料的焊接性是指金属材料对焊接加工的适应能力。它主要是指在一定的焊接工艺条件下(包括焊接方法、焊接材料、焊接工艺参数和结构型式等),一定的金属材料获得优质焊接接头的难易程度。焊接性包括两方面的内容:一是工艺焊接性,它主要是指某种材料在给定的焊接工艺条件下,形成完整而无缺陷的焊接接头的能力。对于熔焊而言,焊接过程一般都要经历热过程和冶金过程,焊接热过程主要影响焊接热影响区的组织性能,而冶金过程则影响焊缝的性能。二是使用焊接性，它是指在给定的焊接工艺条件下，焊接接头或整体结构满足使用要求的能力。其中包括焊接接头的常规力学性能、低温韧性、高温蠕变、抗疲劳性能，以及耐热、耐蚀、耐磨等特殊性能。

金属的焊接性是材料的一种加工性能。它取决于金属材料本身的性质和加工条件。因此，随着焊接技术的发展，金属焊接性也会改变。例如，化学活泼性极强的钛，焊接是比较困难的，以前认为钛的焊接性很不好。但自氩弧焊的应用比较成熟以后，钛及其合金的焊接结构已在航空业等部门广泛应用。由于新能源的发展，等离子弧焊接、真空电子束焊接、激光焊接等新的焊接方法相继出现，使得钨、铌、钼、钽等高熔点金属及其合金的焊接成为可能。

（二）金属焊接性评价方法

金属焊接性评价方法有直接法和间接法，即分析金属焊接性的方法和金属焊接性试验方法。焊接接头焊接性评价包括：焊缝金属化学成分分析、焊接接头的力学性能试验、焊接接头的断裂韧性试验、焊接接头的抗裂性能试验、焊接接头的探伤及其它使用性能的试验等。

下面介绍一种分析金属焊接性的方法，即碳当量法。

碳当量法是根据钢材的化学成分粗略地估计其焊接性好坏的一种间接评估法。将钢中的合金元素（包括碳）的含量按其对焊接性影响程度换算成碳的影响，其总和称为碳当量，用符号 CE 表示。国际焊接学会推荐的碳钢和低合金高强钢碳当量计算公式为：

$$CE = \mathrm{C} + \frac{\mathrm{Mn}}{6} + \frac{\mathrm{Cu}+\mathrm{Ni}}{15} + \frac{\mathrm{Cr}+\mathrm{Mo}+\mathrm{V}}{5}(100\%)$$

式中的化学元素符号表示该元素在钢材中含量的百分数。

碳当量 CE 值越高，钢材的淬硬倾向越大，冷裂敏感性也越大，焊接性越差。

(1) 当 $CE<0.4\%$时，钢材的淬硬倾向和冷裂敏感性不大，焊接性良好，焊接时一般可不预热；

(2) $CE=0.4\%\sim0.6\%$时，钢材的淬硬倾向和冷裂敏感性增大，焊接性较差，焊接时需要采取预热、控制焊接工艺参数、焊后缓冷等工艺措施；

(3) 当 $CE>0.6\%$时，钢材的淬硬倾向大，容易产生冷裂纹，焊接性差，焊接时需要采用较高的预热温度、焊接时要采取减少焊接应力和防止开裂的工艺措施、焊后适当的热处理等措施来保证焊缝质量。

由于碳当量计算公式是在某种试验情况下得到的，对钢材的适用范围有限，它只考虑了化学成分对焊接性的影响，没有考虑冷却速度、结构刚性等重要因素对焊接性的影响，所以利用碳当量只能在一定范围内粗略地评估焊接性。

二、碳钢及低合金结构钢的焊接

（一）低碳钢的焊接

低碳钢的含碳量≤0.25%，碳当量数值小于0.40%，可焊性良好，焊接时一般不需要采取特殊的工艺措施，用各种焊接方法都能获得优质焊接接头。只有厚大结构件在低温下焊接时，才应考虑焊前预热，如板厚大于50mm、温度低于0℃时，应预热到100～150℃。

低碳钢结构件手工电弧焊时，根据母材强度等级一般选用酸性焊条 E4303(J422)、E4320(J424)等；承受动载荷、结构复杂的厚大焊件，选用抗裂性好的碱性焊条 E4315(J427)、E4316(J426)等。埋弧焊时，一般选用焊丝 H08A 或 H08MnA 配合焊剂 HJ431。

焊接工艺特点：

(1) 低碳钢塑性好，含碳及其他合金少，淬硬倾向小，是焊接性最好的金属材料。

(2) 一般情况下，在焊接过程中不需要采取预热和焊后热处理等工艺措施。

(3) 可满足手工电弧焊各种不同空间位置的焊接，且焊接工艺和操作技术比较简单，容易掌握。

(4) 不需要选用特殊和复杂的设备，对焊接电源无特殊要求，一般交、直流焊接电源都可焊接。

(二) 中、高碳钢的焊接

中碳钢的含 C 量在 0.25%～0.50%之间，其焊接性较差，易产生淬硬组织和冷裂纹，热裂纹倾向较大，常须预热和后热。焊接接头的塑性和抗疲劳强度均较低，焊接时尽可能选用低氢型碱性焊条。在不允许预热时，可采用铬镍不锈钢焊条，例如 E0-19-11-16(A102)、E1-23-13-16(A302)等增加焊缝抗裂性。施焊时，均应使用小电流、慢焊速及多层焊。预热可降低热影响区的淬硬倾向，防止冷裂，可改善焊接接头的塑性，减小焊后残余应力。但在大刚度的大型结构上局部预热不当，可能会增大热应力。

(三) 低合金结构钢的焊接

焊接结构中，用得最多的是低合金结构钢，又称低合金高强钢。主要用于建筑结构和工程结构，如压力容器、锅炉、桥梁、船舶、车辆和起重机械等。

1. 普通低合金结构钢的分类

普通低合金结构钢分为强度钢、耐蚀钢和特殊性能钢(低温钢、耐热钢)。典型强度钢有 12Mn、16Mn、15MnV 等，耐蚀钢有 08AlMoV 等，特殊性能钢有 08MnNb、14MoWVTiB 等。

2. 焊接工艺特点

(1) 热影响区有淬硬倾向。低合金结构钢焊接时，热影响区可能产生淬硬组织，淬硬程度与钢材的化学成分和强度级别有关。钢中含碳及合金元素越多，钢材强度级别越高，则焊后热影响区的淬硬倾向越大。如 300MPa 强度级的 09Mn2、09Mn2Si 等钢材的淬硬倾向很小，其焊接性与一般低碳钢基本一样。350MPa 级的 Q345 即(16Mn)钢淬硬倾向也不大，但当实际含碳量接近允许上限或焊接工艺参数不当时，过热区也完全可能出现马氏体等淬硬组织。强度级别较大的低合金钢，淬硬倾向增加。热影响区容易产生马氏体组织，硬度明显增高，塑性和韧度则下降。

(2) 焊接接头的裂纹倾向。随着钢材强度级别的提高，产生冷裂纹的倾向也加剧。影响冷裂纹的因素主要有三个方面：一是焊缝及热影响区的含氢量；其次是热影响区的淬硬程度；第三是焊接接头的应力大小。

(3) 热裂纹倾向。影响热裂纹的因素主要有两点：

① 金属化学成分的偏析。普低钢内碳和硫的增多，会形成低熔点共晶，当液态金属冷却结晶时，液态的低熔点共晶偏析于晶界处最后凝固，此时晶界处强度很低，在焊接应力作用下沿晶界开裂，而形成热裂纹。锰在钢中可与硫形成 MnS 而减少硫的坏影响，因而具有

抗热裂作用。

② 焊件的残余应力。主要取决于焊件的刚性、装配顺序和焊接工艺。焊件刚性大，装配焊接时残余应力大，易产生热裂纹。

3. 低合金结构钢的焊接生产中可分别采取以下工艺措施

(1) 对于强度级别较低的钢材，在常温下焊接时与低碳钢基本一样。在低温或在大刚度、大厚度构件上进行小焊脚、短焊缝焊接时，应防止出现淬硬组织，要适当增大焊接电流、减慢焊接速度、选用抗裂性强的低氢型焊条，必要时需采用预热措施，预热温度150℃以下。

(2) 对锅炉、压力容器等重要构件，当厚度大于20mm时，焊后必须进行退火处理，以消除应力。

(3) 对于强度级别高的低合金结构钢件，焊前一般均需预热。焊接时，应调整焊接参数，以控制热影响区的冷却速度不宜过快。焊后还应进行热处理以消除内应力。

三、不锈钢的焊接

不锈钢的分类方法比较多。可按化学成分分类，有高铬型和高铬镍型不锈钢；按金相组织分类，有铁素体不锈钢、奥氏体不锈钢、马氏体不锈钢、奥氏体—铁素体双相不锈钢以及沉淀硬化型不锈钢。

铁素体型不锈钢如1Cr17等，焊接时热影响区中的铁素体晶粒易过热粗化，使焊接接头性能下降。一般采取低温预热(不超过150℃)，缩短在高温停留时间。此外，采用小电流、快速焊等工艺可以减小晶粒长大倾向。

奥氏体型不锈钢如0Cr18Ni9等。虽然Cr，Ni元素含量较高，但C含量低，奥氏体不锈钢具有良好的焊接性能，但必须正确选用焊接材料和焊接工艺，才能防止焊接接头出现热裂纹和晶间腐蚀，奥氏体型不锈钢在不锈钢焊接中应用最广。采用焊条电弧焊、埋弧焊、钨极氩弧焊时，焊条、焊丝和焊剂的选用应保证焊缝金属与母材成分类型相同。焊接时采用小电流、快速不摆动焊，焊后加大冷速，接触腐蚀介质的表面应最后施焊。

马氏体型不锈钢焊接时，因空冷条件下焊缝就能转变为马氏体组织，所以焊后淬硬倾向大，易出现冷裂纹。如果碳含量较高，淬硬倾向和冷裂纹现象更严重，因此，焊前预热温度为(200℃～400℃)，焊后要进行热处理。如果不能实施预热或热处理，应选用奥氏体不锈钢焊条。

四、铸铁的焊补

铸铁中C、Si、Mn、S、P含量比碳钢高，组织不均匀，塑性很低，属于焊接性很差的材料。因此不能用铸铁设计和制造焊接构件。但铸铁件常出现铸造缺陷，铸铁零件在使用过程中有时会发生局部损坏或断裂，用焊接手段将其修复有很大的经济效益。所以，铸铁的焊接主要是焊补工作。

铸铁的焊接主要应用在以下三种场合：

(1) 铸造件缺陷的补焊；

(2) 已损坏的铸铁成品件补焊；

(3) 铸铁件(指球墨铸铁)与钢件连接使用。

铸铁中的主要成分是铁和碳。按碳在组织中存在的不同形式,铸铁可分为:灰口铸铁、白口铸铁、球墨铸铁和可锻铸铁四种。

(一) 铸铁的焊接特点

(1) 熔合区易产生白口组织。由于焊接时为局部加热,焊后铸铁件上的焊补区冷却速度远比铸造成形时快得多,因此很容易形成白口组织,焊后很难进行机械加工。

(2) 铸铁强度低,塑性差,当焊接应力较大时,就会产生裂纹。此外,铸铁因碳及硫、磷杂质含量高,基体材料过多熔入焊缝中,易产生裂纹。

(3) 铸铁含碳量高,焊接时易生成 CO_2 和 CO 气体,产生气孔。

此外,铸铁的流动性好,立焊时熔池金属容易流失,所以一般只应进行平焊。

(二) 铸铁补焊方法

按焊前预热温度,铸铁的补焊可分为热焊法和冷焊法两大类。

1. 热焊法

热焊法,焊前将工件整体或局部预热到 600～700℃,焊补后缓慢冷却。热焊法能防止工件产生白口组织和裂纹,焊补质量较好,焊后可进行机械加工,但热焊法成本较高,生产率低,焊工劳动条件差。

2. 冷焊法

焊补前工件不预热或只进行 400℃以下的低温预热。焊补时主要依靠焊条来调整焊缝的化学成分以防止或减少白口组织,焊后及时锤击焊缝以松弛应力,防止焊后开裂。冷焊法方便、灵活、生产率高、成本低,劳动条件好,但焊接处切削加工性能较差。

五、非铁金属的焊接

常用的非铁金属有铝、铜、钛及其合金等。由于非铁金属具有许多特殊性能,在工业中应用越来越广,其焊接技术也越来越受到重视。

1. 铝及铝合金的焊接

(1) 铝及铝合金的分类。

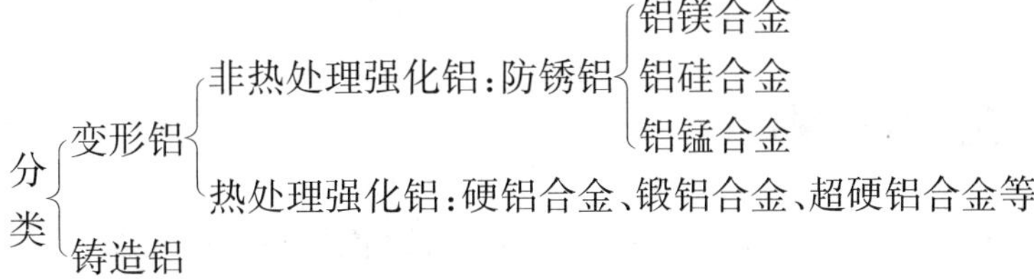

工业中主要对纯铝、铝锰合金、铝镁合金和铸铝件进行焊接。

(2) 铝及铝合金的焊接特点。

① 极易氧化。铝与氧的亲和力很大,形成致密的氧化铝薄膜(熔点高达 2050℃),覆盖在金属表面,能阻碍母材金属熔合。此外,氧化铝的密度较大,进入焊缝易形成夹杂缺陷。

② 易生成气孔。液态铝及其合金能吸收大量氢气,而固态铝却几乎不能溶解氢。因此在熔池凝固中易产生气孔。

③ 易变形、开裂。铝的导热系数较大,焊接中要使用大功率或能量集中的热源。焊件厚度较大时应考虑预热,铝的膨胀系数也较大,易产生焊接应力与变形,并可能导致裂纹的产生。

④ 熔融状态难控制。铝及其合金固态向液态转变时无明显的颜色变化,不易控制,容易焊穿,此外,铝在高温时强度和塑性很低,焊接中经常由于不能支持熔池金属而形成焊缝塌陷,因此常需采用垫板进行焊接。

目前焊接铝及铝合金的常用方法有氩弧焊、气焊、点焊、缝焊和钎焊。其中氩弧焊是焊接铝及铝合金较好的方法。气焊常用于要求不高的铝及铝合金工件的焊接。

2. 铜及铜合金的焊接

铜及铜合金的焊接比低碳钢困难得多。其特点如下:

(1) 焊缝难熔合、易变形。铜的导热性很高(紫铜为低碳钢的 6～8 倍),焊接时热量非常容易散失,容易造成焊不透的缺陷;铜的线胀系数及收缩率都很大,结果焊接应力大,易变形。

(2) 热裂倾向大。液态铜易氧化,生成的 Cu_2O,与硫生成 Cu_2S,它们与铜可组成低熔点共晶体,分布在晶界上形成薄弱环节,焊接过程中极易引起开裂。

(3) 易产生气孔。铜在液态时吸气性强,特别容易吸收氢气,凝固时来不及逸出,就会在工件中形成气孔。

(4) 易变形。铜的膨胀系数和收缩系数都大,且铜的导热性强,热影响区宽,焊接变形严重。

(5) 不适于电阻焊。铜的电阻极小,不能采用电阻焊。

(6) 铜及铜合金可用氩弧焊、气焊、埋弧焊、钎焊等方法进行焊接。其中氩弧焊主要用于焊接紫铜和青铜件,气焊主要用于焊接黄铜件。

第五节　焊接结构工艺性

设计焊接结构时,既要根据该结构的使用要求,也要考虑结构的焊接工艺要求,力求焊接质量良好,焊接工艺简单,生产率高,成本低。焊接结构工艺性,一般包括焊接件材料的选择、焊接方法的选择、焊缝的布置和焊接接头及坡口形式设计等。

一、焊接结构的材料选择

焊接结构在满足使用性能要求的前提下,首先要考虑选择焊接性能较好的材料来制造。在选择焊接件的材料时,要注意以下几个问题。

1. 抗拉强度

按强度设计的结构,材料强度越高,所需材料就越少,结构自重也越轻。但强度级别高的材料,通常其焊接性能也会下降。对承受动载荷的结构,还应考虑材料的低周疲劳或高周疲劳强度性能。在高温条件下工作的结构,应考虑高温强度和蠕变强度。低温条件下工作的还应考虑低温韧度。

2. 塑性

钢材的塑性越好，就越易于加工，而且焊接时也不易产生裂纹，并能降低焊接残余应力及应力集中的危害。但是一般钢材(非奥氏体不锈钢)当塑性好时，其强度就较低。而当强度高时，其塑性就变差。

3. 刚度

钢材的弹性模量基本上都是近似相等的，因此对于设计控制刚度的结构，采用一般强度的钢材就可以了。

4. 冲击韧性

它反映材料抵抗突变载荷的能力，同时也反映材料的缺口敏感性，是材料强度与塑性的综合反映。钢材的冲击韧性随着温度的降低而下降，并且具有在某一温度时呈突然下降的特征，通常称这一温度为无延性转变温度，并且作为该材料使用时的极限温度。

5. 断裂韧度

断裂韧度是用来反映有缺陷的材料(如存在微裂纹)抵抗开裂与失稳的能力，事实上，焊接结构中的焊接缺陷(裂纹、气孔、夹渣等)是难免的。因此，对于一些结构用断裂韧度指标来作为设计的依据就很有必要。

6. 焊接性能

对于焊接结构来说，焊接性能显然是非常重要的。钢材中的合金元素不仅对强度、塑性等物理指标有很大的影响，对焊接性能同样也有很大的影响。此外结构的刚度、板厚等对焊接性能影响也很大。

除了上面的因素外，进行焊接结构设计时还要根据结构的用途、工况等考虑结构的耐蚀、耐磨、耐热、低温、抗振动等因素。异种金属的焊接，必须特别注意它们的焊接性及其差异，对不能用熔焊方法获得满意接头的异种金属应尽量不选用。

二、焊接方法的选择

各种焊接方法都有其各自特点及适用范围，选择焊接方法时要根据焊件的结构形状、材质、焊接质量要求、生产批量和现场设备等，确定最适宜的焊接方法，以保证获得优良质量的焊接接头，并具有较高的生产效率。

选择焊接方法时应遵循以下原则：

(1) 焊接接头使用性能及质量要求。如薄板焊接时首选钨极氩弧焊和细丝二氧化碳焊；薄板搭焊接焊首选点焊；活泼金属材料焊接选择氩弧焊。

(2) 提高生产率，降低成本需要。若板材为中等厚度时，选择手工电弧焊、埋弧焊和气体保护焊均可。如果是平焊长直焊缝或大直径环焊缝，批量生产，应选用埋弧焊；如果是不同空间位置的短曲焊缝，单件或小批量生产，采用手工电弧焊为好。

(3) 可行性。要考虑现场是否具有相应的焊接设备，野外施工是否有电源以及产品批量等。

三、焊接接头的工艺设计

焊接接头的工艺设计包括焊缝的布置、接头的形式和坡口的形式等。

(一) 焊缝的布置

合理的焊缝位置是焊接结构设计的关键,与产品质量、生产率、成本及劳动条件密切相关。其一般工艺设计原则如下:

(1) 焊缝的布置尽可能的分散。焊缝密集或交叉,会造成金属过热,热影响区增大,使组织恶化。同时焊接应力增大,甚至引起裂纹。如图 11-36 所示。

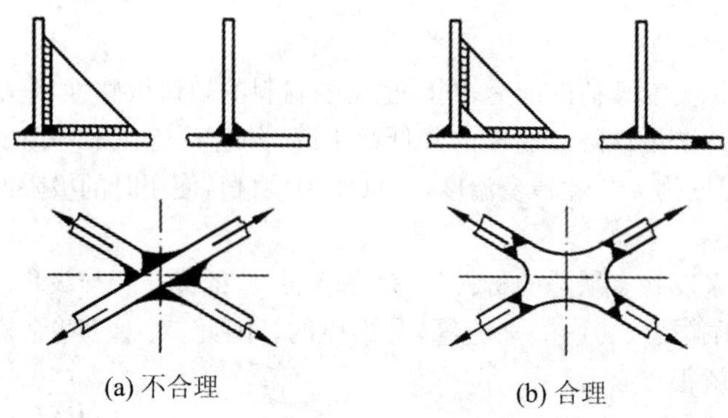

图 11-36 焊缝分散布置的设计示意图

(2) 焊缝的布置尽可能的对称。对称结构可减少变形,施工时为了更好控制减小变形,最好是能双数焊工同时施焊,如图 11-37 所示。

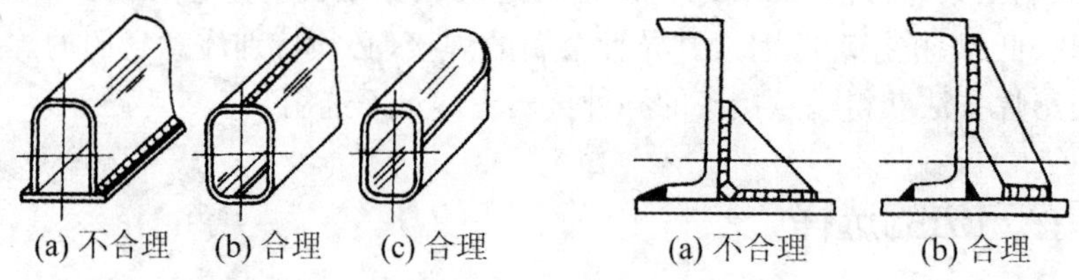

图 11-37 焊缝对称布置的设计示意图

(3) 便于焊接操作。手工电弧焊时,至少焊条能够进入待焊的位置,如图 11-38 所示。

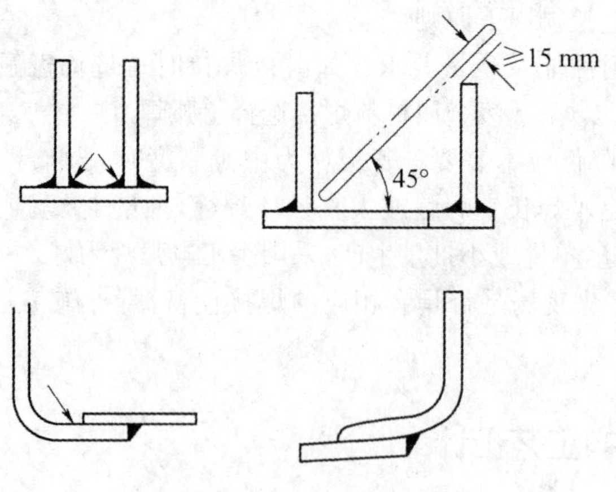

图 11-38 搭接缝焊的布置

（4）焊缝要避开应力较大和应力集中部位。对于受力较大、结构较复杂的焊接构件，在最大应力断面和应力集中位置不应布置焊缝。如图 11－39 所示。

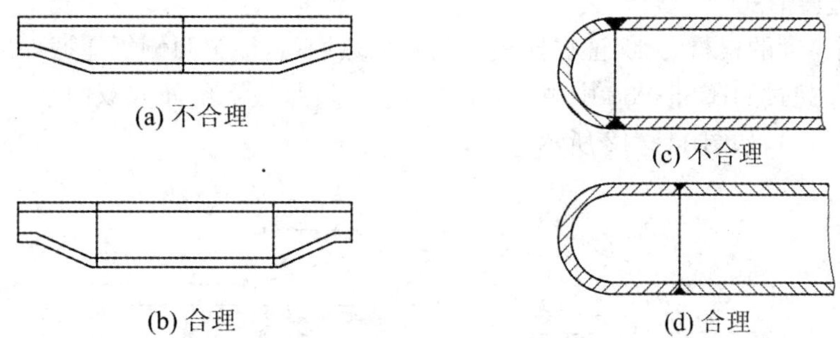

图 11－39　焊缝避开最大应力及应力集中位置布置的设计示意图

（5）焊缝应尽量避开机械加工表面。需要进行机械加工，如焊接轮毂、管配件等。其焊缝位置的设计应尽可能距离已加工表面远一些，如图 11－40 所示。

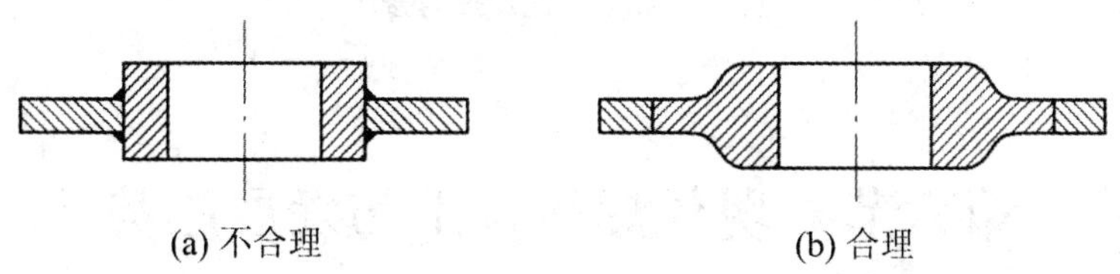

图 11－40　焊缝远离机械加工表面的设计示意图

（二）接头的设计

焊接接头设计应根据焊件的结构形状、强度要求、工件厚度、焊后变形大小、焊条消耗量、坡口加工难易程度、焊接方法等因素综合考虑决定。主要包括接头形式和坡口形式等。

1. 焊接接头形式

焊接碳钢和低合金钢常用的接头形式可分为对接、角接、T 形接和搭接等。对接接头受力比较均匀，是最常用的接头形式，重要的受力焊缝应尽量选用。如图 11－41 所示。

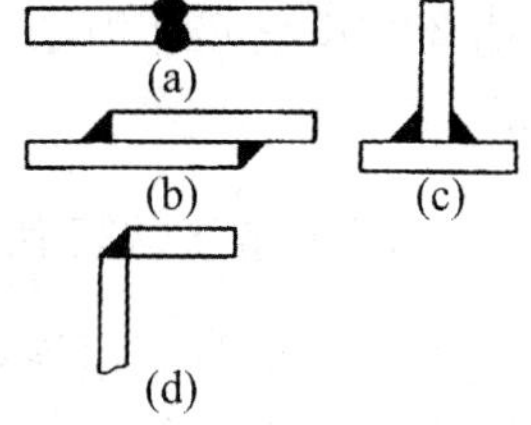

(a) 对接接头　(b)角接接头
(c) T 形接头　(d) 搭接接头

图 11－41　焊缝接头基本形式

2. 焊接坡口形式

开坡口的目的是使焊件接头根部焊透，同时焊缝美观，此外，通过控制坡口的大小，来调节焊缝中母材金属与填充金属的比例，以保证焊缝的化学成分。手工电弧焊坡口的基本形式是 I 形坡口（或称不开坡口）、Y 形坡口、双 Y 形坡口、U 形坡口等 4 种，不同的接头形式有各种形式的坡口，其选择主要根据焊件的厚度（见图 11－25）。

两个焊接件的厚度相同时，双 V 形坡口比 V 形坡口节省填充金属，而且双 V 形坡口焊后角变形较小，但是，这种坡口需要双面施焊。U 形坡口也比 V 形坡口节省填充金属，但 U 坡口需要机械加工。

坡口形式的选择既取决于板材厚度，也要考虑加工方法和焊接工艺性。如要求焊透的受力焊缝，尽量采用双面焊，以保证接头焊透，且变形小，但生产率低。若不能双面焊时才开单面坡口焊接。

3. 接头过渡形式

对于不同厚度的板材.为保证焊接接头两侧加热均匀，接头两侧板厚截面应尽量相同或相近，如板厚差超过 GB985—88 中规定允许值，应在较厚板上单面或双面削薄，其削薄长度 $L \geqslant (3-4)(\delta-\delta_1)$，如图 11-42 所示。

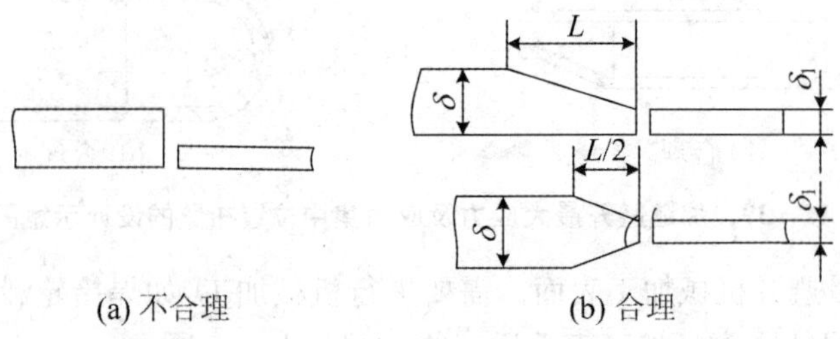

(a) 不合理　　(b) 合理

图 11-42　不同厚度对接图

第六节　现代焊接技术与发展趋势

随着现代工业技术的发展，如原子能、航空、航天等技术的发展，需要焊接一些新的材料和结构，对焊接技术提出更高的要求，于是出现了一些新的焊接工艺，如等离子弧焊、真空电子束焊、激光焊等，在此作简单介绍。

一、等离子弧焊接与切割

普通电弧焊中的电弧，不受外界约束，称为自由电弧，电弧区内的气体尚未完全电离，能量也未高度集中起来。等离子弧是经过压缩的高能量密度的电弧，它具有高温（可达 24000～50000K）、高速（可数倍于声速）、高能量密度（可达 105～106W/cm²）的特点。

（一）等离子弧焊接

等离子弧焊是利用等离子弧作为热源进行焊接的一种熔焊方法。它采用氩气作为等离子气，另外还应同时通入氩气作为保护气体。因此，等离子弧焊接实质上是一种有压缩效应的钨极氩弧焊。等离子弧焊除具有氩弧焊的优点外，还有以下特点：

（1）等离子弧能量密度大，弧柱温度高，穿透能力强，因此焊接厚度为 12mm 以下的焊件可不开坡口，能一次焊透，实现单面焊双面成形。

（2）等离子弧焊的焊接速度高，生产率高，焊接热影响区小，焊缝宽度和高度较均匀一致，焊缝表面光洁。

（3）当电流小到 0.1A 时，电弧仍能稳定燃烧，并保持良好的直线和方向性，故等离子弧焊可以焊接很薄的箔材。

等离子弧焊接已在生产中广泛应用于焊接铜合金、合金钢、钨、钼、钴、钛等金属焊件。如钛合金导弹壳体、波纹管及膜盒、微型继电器、电容器的外壳等。

（二）等离子弧切割

等离子弧切割是利用高温、高速、高能量密度的等离子焰流冲力大的特点，将被切割材料局部加热熔化并随即吹除，从而形成较整齐的割口。其割口窄，切割面的质量较好，切割速度快，切割厚度可达 150～200mm。等离子弧可以切割不锈钢、铸铁、铝、铜、钛、镍、钨及其合金等。

二、激光焊接

激光是一种亮度高、方向性强、单色性好的光束。激光束经聚焦后能量密度可达 106～1012W/cm^2，可用作焊接热源。根据激光器的工作方式，激光焊接可分为脉冲激光点焊和连续激光焊接两种，目前脉冲激光点焊已得到广泛应用。

脉冲激光点焊特别适合焊接微型、精密、排列非常密集和热敏感材料的焊件，已广泛应用于微电子元件的焊接，如集成电路内外引线焊接、微型继电器、电容器等的焊接。连续激光焊可实现从薄板到 50mm 厚板的焊接，如焊接传感器、波纹管、小型电机定子及变速箱齿轮组件等。

三、电子束焊接

电子束焊是利用高速、集中的电子束轰击焊件表面所产生的热量进行焊接的一种熔焊方法。电子束焊可分为：高真空型、低真空型和非真空型等。

真空电子束其能量密度（106～108W/cm^2）比普通电弧大 1000 倍，故使焊件金属迅速熔化，甚至气化。根据焊件的熔化程度，适当移动焊件. 即能得到要求的焊接接头。既可以焊接低合金钢、不锈钢、铜、铝、钛及其合金，又可以焊接稀有金属、难熔金属、异种金属和非金属陶瓷等。

电子束焊已在航空航天、核能、汽车等部门获得广泛应用，如焊接航空发动机喷管、起落架、各种压缩机转子、叶轮组件、反应堆壳体、齿轮组合件等。

四、焊接技术的发展趋势

近年来，焊接技术已取得了巨大进步，发展步伐加快，力争在以下方面不断取得新的进展。

(1) 计算机技术的应用。近年来，多种类型和用途的焊接数据库和焊接专家系统已开发出来，并将不断完善和商品化。各种类型的微型化、智能化设备大量涌现，如数控焊接电源、智能焊机、焊接机器人等，计算机控制技术正向自适应控制和智能控制方向发展。

(2) 扩大焊接结构的应用。改进原焊接结构和把非焊接结构合理地改变为焊接结构，以减轻重量、提高功能和经济性。随着焊接技术的发展，具有高参数、长寿命、大型化或微型化等特征的焊接制品将会不断涌现，焊接结构的应用范围将不断扩大。

(3) 焊接工艺的改进。优质、高效的焊接技术将不断完善和迅速推广,如高效焊条电弧焊、药芯焊丝 CO_2 焊、混合气体保护焊、高效堆焊等。新型焊接技术将进一步开发和应用,如扩散焊、线性摩擦焊、搅拌摩擦焊和真空钎焊等,以适应新材料、新结构和特殊工作环境的需要。

(4) 焊接热源的开发及应用。现有的热源尤其是电子束和激光束将得到改善,使其更方便、有效和经济适用。新的更有效的热源正在开发中,如等离子弧和激光、电弧和激光、电子束和激光等叠加热源,以期获得能量密度更大、利用效率更高的焊接热源。

(5) 焊接材料的开发及应用。与优质、高效的焊接技术相匹配的焊接材料将得到相应发展。高效焊条如铁粉焊条、重力焊条、埋弧焊高速焊剂、药芯焊丝等将发展为多品种、多规格,以扩大其应用范围。

习　题

1. 名词解释

(1) 焊接热影响区;(2) 酸性焊条;(3) 碱性焊条;(4) 电阻焊;(5) 钎焊;(6) 焊接性能;(7) 碳当量。

2. 填空题

(1) 焊接熔池的冶金特点是__________,__________。

(2) 按药皮类型可将电焊条分为__________两类。

(3) 常用的电阻焊方法除点焊外,还有__________,__________。

(4) 20 钢、40 钢、T8 钢三种材料中,焊接性能最好的是__________,最差的是__________。

(5) 改善合金结构钢的焊接性能可用__________、__________等工艺措施。

(6) 酸性焊条的稳弧性比碱性焊条__________、焊接工艺性比碱性焊条__________、焊缝的塑韧性比碱性焊条焊缝的塑韧性__________。

3. 选择题

(1) 汽车油箱生产时常采用的焊接方法是(　　)。

A. CO2 保护焊　　B. 手工电弧焊　　C. 缝焊　　D. 埋弧焊

(2) 车刀刀头一般采用的焊接方法是(　)。

A. 手工电弧焊　　B. 埋弧焊　　C. 氩弧焊　　D. 铜钎焊

(3) 焊接时刚性夹持可以减少工件的(　)。

A. 应力　　B. 变形　　C. A 和 B 都可以　　D. 气孔

(4) 结构钢件选用焊条时,不必考虑的是(　　)。

A. 钢板厚度　　B. 母材强度　　C. 工件工作环境　　D. 工人技术水平

(5) 铝合金板最佳焊接方法是(　)。

A. 手工电弧焊　　B. 氩弧焊　　C. 埋弧焊　　D. 钎焊

(6) 结构钢焊条的选择原则是(　)。

A. 焊缝强度不低于母材强度　　B. 焊缝塑性不低于母材塑性

C. 焊缝耐腐蚀性不低于母材　　D. 焊缝刚度不低于母材

4. 简答题

(1) 低碳钢焊缝热影响区包括哪几个部分？简述其组织和性能。

(2) 简述酸性焊条、碱性焊条在成分、工艺性能、焊缝性能的主要区别。

(3) 电焊条的组织成分及其作用是什么？

(4) 简述手工电弧焊的原理及过程。

(5) 试从焊接质量、生产率、焊接材料、成本和应用范围等方面比较下列焊接方法：

① 手工电弧焊；② 埋弧焊；③ 氩弧焊；④ CO_2 保护焊。

(6) 试比较电阻焊和摩擦焊的焊接过程有何异同？

(7) 说明下列制品该采用什么焊接方法比较合适：① 自行车车架；② 钢窗；③ 汽车油箱；④ 电子线路板；⑤ 锅炉壳体；⑥ 汽车覆盖件；⑦ 铝合金板。

参考文献

[1] 林建榕. 工程材料及成形技术[M]. 北京:高等教育出版社,2007.

[2] 汪传生,张永康. 工程材料及应用[M]. 西安:西安电子科技大学出版社,2007.

[3] 张彦华,薛克敏. 材料成形工艺[M]. 北京:高等教育出版社,2007.

[4] 王少刚. 工程材料及成形技术基础[M]. 北京:国防工业出版社,2008.

[5] 鞠鲁粤. 工程材料及成形技术基础[M]. 北京:高等教育出版社,2007.

[6] 林建榕. 工程材料及成形技术[M]. 北京:高等教育出版社,2007.

[7] 梁光启,林子为. 工程材料学[M]. 上海:上海科学技术出版社,1987.

[8] 侯书林,朱海. 机械制造基础(上册):工程材料及热加工工艺基础[M]. 北京:中国林业出版社,北京大学出版社,2006.

[9] 丁德全. 金属工艺学[M]. 北京:机械工业出版社,2000.

[10] 邓文英. 金属工艺学[M]. 北京:高等教育出版社 ,2002.

[11] 朱兴元,刘忆. 金属学与热处理[M]. 北京:中国林业出版社,北京大学出版社,2006.

[12] 王爱珍. 工程材料及成型技术[M]. 北京:机械工业出版社,2005.

[13] 黄勇. 工程材料及机械制造基础[M]. 北京:国防工业出版社,2004.

[14] 邓洪军. 焊接结构生产[M]. 北京:机械工业出版社,2004.

[15] 英若采 . 熔焊原理及金属材料焊接[M]. 北京:机械工业出版社,2000.

[16] 陈爱莲. 焊接工程技术与质量试验检测评定标准实用手册[M]. 北京:北京电子出版物出版中心,2003.

[17] 刘会霞. 金属工艺学[M]. 北京:机械工业出版社,2007.

[18] 郑明新. 工程材料[M]. 北京:清华大学出版社,1999.

[19] 崔忠祈. 金属学与热处理[M]. 北京:机械工业出版社,1988.

[20] 丁树模. 机械工程基础[M]. 北京:机械工业出版社,2004.

[21] 陈勇. 工程材料及热加工[M]. 武汉:华中科技大学出版社,2001.

[22] 王英杰,张芙丽. 金属工艺学 [M]. 北京:机械工业出版社,2010.

[23] 丁厚福. 工程材料 [M]. 武汉:武汉理工大学出版社,2009.

[24] 王纪安. 工程材料与材料成形工艺 [M]. 北京:高等教育出版社,2009.